SIEGFRIED HERZOG
INDUSTRIELLE MATERIALIENKUNDE

INDUSTRIELLE
MATERIALIENKUNDE

HANDBUCH FÜR DIE PRAXIS

BEARBEITET VON

INGENIEUR SIEGFRIED HERZOG
TECHNISCHER BERATER UND BEGUTACHTER

1924

VERLAG R. OLDENBOURG / MÜNCHEN - BERLIN

DRUCK DER
GESELLSCHAFT FÜR GRAPHISCHE INDUSTRIE
WIEN VI.

VORWORT.

Gewinnung der Rohmaterialien, ihre Vorbearbeitung und Veredlung bilden die drei Hauptaufgaben der Industrie, deren Einzelarten vor allem in stofflicher Beziehung aufeinander angewiesen sind. Allgemeine Kenntnis der wichtigsten Materialien ist für alle in der Industrie Tätigen unerläßlich. Vorliegende Arbeit soll diese Kenntnis in einfacher und rascher Weise vermitteln.

Zürich, im Winter 1924.

Der Verfasser.

INHALTSVERZEICHNIS.

NATÜRLICHE MATERIALIEN.

STEINE UND ERDEN.

Natürliche Bausteine sind jene[1]), die aus Gesteinen gewonnen wurden, welche in der Natur vorkommen und ohne weitere Behandlung, wie Brennen, Pressen oder dergleichen, zu Bauzwecken Verwendung finden können. Spezifisches Gewicht und Raumgewicht der wichtigsten natürlichen Bausteine sind aus nachstehender Tabelle zu ersehen:

Gesteinsart	Granit	Basalt	Sandstein	Kalkstein
Spezifisches Gewicht.	2,582 – 2,685	2,932—3,088	2,593—2,715	2,708—2,845
Raumgewicht........	2,563 – 2,671	2,930 – 2,999	2,112—2,140	2,683 – 2,463

Die Druckfestigkeit der natürlichen Steine, welche je nach den Fundgebieten außerordentlich verschieden ist, beträgt (in unsicheren groben Mittelwerten) von Sandstein 200—800 kg/cm², von Kalkstein 600—1000 kg/cm², von Granit 800—1600 kg/cm². Für Steine, welche im Maschinenbau Verwendung finden, kann durchschnittlich die Zugfestigkeit mit annähernd $^1/_{24}$, die Schubfestigkeit mit annähernd $^1/_{12}$, die Biegungsfestigkeit mit annähernd $^1/_6$ der Druckfestigkeit gerechnet werden.

Nach Prof. J. Hirschwald[2]) dienen zur Beurteilung der Festigkeit natürlicher Bausteine:

Durchschnittswerte der Druckfestigkeit
in kg/cm²

Gesteinsart	Vorzüglich fest	Fest	Mittelfest	Mürbe
Granit.............	2300 – 3700	1000—2200	1000—1500	600— 900
Porphyr	2500 – 3500	1800—2400	1200—1700	500—1100
Basalt.............	3500—4500	2500—3400	1300—2400	800—1200
Sandstein..........	1500 – 2200	900 – 1400	500— 800	250— 400
Grauwacke.........	1700 – 2200	1400—1600	950 – 1300	350— 550
Kalkstein	2000 – 2500	1200—1900	800—1000	200— 700
Marmor...........	1500—2000	1200—1400	900—1100	300— 800

Auf Grund der vorstehenden Druckfestigkeitswerte P können Zug-, Schub- und Biegungsfestigkeit entnommen werden aus den Reduktionsfaktoren für P, welche betragen:

---

[1]) O. Wawrzinik: Handbuch des Materialprüfungswesens für Maschinen- und Bauingenieure.

[2]) Leitsätze für die praktische Beurteilung, zweckmäßige Auswahl und Bearbeitung natürlicher Bausteine.

9

Gesteinsart	Druckfestigkeit in kg/cm²	Zugfestigkeit	Schubfestigkeit	Biegungs-festigkeit
	Reduktionsfaktor für P			
Granit............	P	0,028	0,069	0,069
Porphyr..........	P	0,033	0,064	0.105
Sandstein........	P	0,029	0,077	0,094
Kalkstein........	P	0,059	0,083	0,119

Erweichungskoeffizient ist der Quotient aus der Druckfestigkeit in trockenem Zustand und nach 28tägiger Wasserlagerung. Sättigungskoeffizient ist der Quotient aus der Wasseraufsaugung unter gewöhnlichem Druck und bei 150 Atmosphären.

Nach Prof. J. Hirschwald sind an die Verwendbarkeit der natürlichen Bausteine folgende Anforderungen betreffend die Grenzwerte der vorgenannten beiden Koeffizienten zu stellen:

Gesteinsart	Erweichungs-koeffizient Niedrigster Wert	Sättigungskoeffizient Höchster Wert bei	
		unvollkommen	sehr deutlich
		geschichtetem Gestein	
Sandsteine:			
Glatte Werkstücke in aufgehendem Mauerwerk...................	0,75	0,8	0,75
Gesimse und Kragsteine.........	0,8	0,75	0,7
Skulpturierte Architekturglieder....	0,85	0,70	0,65
Bauteile, welche unmittelbar mit dem Erdreich in Verbindung stehen	0,85	0,70	0,65
Wasserbauten.................	0,9	0,65	0,60
Grauwacken:			
Glatte Werkstücke in aufgehendem Mauerwerk...................	0,80	0,80	0,70
Gesimse und Kragsteine.........	0,85	0,70	0,65
Skulpturierte Architekturglieder....	0,85	0,65	0,60
Bauteile, welche unmittelbar mit dem Erdreich in Verbindung stehen	0,90	0,65	0,60
Wasserbauten.................	0,90	0,60	0,55
Kalksteine:			
Glatte Werkstücke im aufgehenden Mauerwerk...................	0,85	0,75	0,70
Gesimse und Kragsteine..........	0,88	0,70	0,65
Skulpturierte Architekturglieder....	0,90	0,65	0,60
Bauteile, welche unmittelbar mit dem Erdreich in Verbindung stehen	0,90	0,60	0,55
Wasserbauten.................	0,93	0,55	0,50
Marmor.....................	nicht unter 0,95	nicht unter 0,75	nicht unter 0,75

Mineralogische Härteskala.
(Nach Mohs.)

Talk..........= 1		Feldspat.........= 6
Gips oder Steinsalz..= 2		Quarz..........= 7
Kalkspat........= 3		Topas..........= 8
Flußspat........= 4		Korund (Schmirgel).= 9
Apatit..........= 5		Diamant.........= 10

Als Kalkstein werden alle an dem Aufbau der Gebirge beteiligten Gesteinsschichten der aus Kalziumkarbonat oder kohlensaurem Kalzium bestehenden und fest gewordenen Niederschläge bezeichnet (Marmor, dichte Kalksteine, Schlämmkreide, Tuffkalk, Wiesenkalk, Dolomite, dichter Magnesit, Magnesitspat, Gips).

Kalziumkarbonat (kohlensaurer Kalk, Kalkspat), $CaCO_3$, ist in reinster Form weiß, in reinem Wasser unlöslich, in kohlensäurehältigem löslich. Es besteht aus 56 Teilen Kalziumoxyd CaO, und 44 Teilen Kohlensäure, CO_2.

Kalziumkarbonat kommt in der Natur als Kalkspat (rhomboedische Kristalle) und Aragonit, als Marmor (erkennbares kristallinisches Gefüge), Kalkstein (feinkörniges bis vollständig dichtes Gefüge), dolomitischer Kalkstein (mit bemerkenswertem Gehalt an kohlensaurer Magnesia), als kieseliger Kalkstein und Kalkmergel (20% und mehr tonige Verunreinigungen) vor.

Ein besonderes Vorkommen von Kalk ist die Kreide, ein erdiges abfärbendes Gestein, das sich aus den mikroskopisch kleinen Schalen abgestorbener Lebewesen zusammensetzt.

Marmor ist ein feuerfestes Material mit einer Isolierfähigkeit bis zu 1000 Volt; darüber hinaus werden bei Verwendung für Schalttafeln deren Rückseite und Durchbohrungen für die Leitungsdurchführungen mit Isolierlack bestrichen; bei sehr hohen Spannungen werden die Durchbohrungen mit Porzellanbüchsen ausgefüttert. Weißer Marmor ist für Schalttafeln dem gefärbten vorzuziehen.

Gips, wasserhaltiges Kalziumsulfat, $CaSO_4 + 2 H_2O$, verliert beim Erhitzen auf 110—120° C den größten Teil seines Kristallwassers (gebrannter Gips), den Rest bei 170° C. Gebrannter Gips nimmt Wasser begierig auf und erhärtet dabei; diese Eigenschaft hat der totgebrannte Gips (Gips mit weniger als 3% Wasser) nicht. Zu unterscheiden ist zwischen schnell und langsam bindenden Gips.

Die zur Herstellung der Tonwaren dienenden Rohstoffe sind [1]) zu unterscheiden in plastische, welche die Formgebung ermöglichen, und in unplastische, welche als Magerungs-, Fluß-, Glasurmittel zur Änderung der Porosität, Farbe, Durchsichtigkeit, Elastizität, Sprödigkeit, Zähigkeit des Schmelzpunkts und Feuerbeständigkeit dienen. Zu jenen zählen Kaolin, Ton, Tonschiefer, Tonmergel usw., zu diesen Feldspat, Graphit, Karborundum, Kohlengrus, Korund, Kreide, Metalloxyde, Pegmatit, Quarz, Sand, Schamotte, gebranntes Tonmehl u. a. m.

Magerungsmittel dienen zur Verringerung der Schwindung des (zu fetten) Tons beim Trocknen und Brennen, porositätsfördernde Stoffe zur Auflockerung des Gefüges und Verminderung des Gewichts der Tonwaren, Flußmittel zur Veränderung des Schmelzpunkts.

---

[1]) Dr. Herm. Hecht: Lehrbuch der Keramik.

Ton ist der Sammelbegriff für alle durch Verwitterung aus feldspatigem Gestein entstandenen mineralischen Erden von mehr oder weniger kolloider Beschaffenheit, die im wesentlichen aus Tonerdesilikat bestehen und sich mit Wasser zu einer bildsamen Masse verarbeiten lassen. In seiner reinsten Gestalt kommt Ton als Kaolin vor; er besitzt in ungebranntem reinen Zustand weiße Farbe, während die Farbe der anderen Tonarten gelb, grau, blaugrau, gelbgrün, rot, dunkelbraun, dunkelblau, schwarz ist. Je nach dem Grade der Plastizität sind zu unterscheiden: magere, fette, schleimige, leicht oder langsam trocknende, stark oder schwach schwindende, stark oder weniger bindende Tone.

Kaolin ist in der Natur mit unverwitterten Gesteinsresten verunreinigt, welche durch Schlämmen entfernt werden. Kaolin zerfällt beim Erhitzen auf etwa 575° C in Tonerde und Kieselsäure unter Entweichen des chemisch gebundenen Wassers.

S e g e r teilt die Tone nach ihrer Brennfarbe ein in:

tonerdereiche und eisenarme Tone (Kaoline, feuerfeste Tone, Steinzeug-, Pfeifen-Tone) brennen weiß oder kaum merklich gefärbt;

tonerdereiche und mäßig eisenhaltige Tone (plastische Tone der Braunkohlenformation mit 20—30% Tonerde und 1—6% Eisenoxyd), brennen blaßgelb bis lederbraun;

tonerdearme und eisenreiche Tone (bessere rotbrennende Ziegeltone) brennen rot, bei gesteigerter Temperatur violettrot und schließlich blauschwarz;

tonerdearme, eisen- und kalkreiche Tone (gelbbrennende Ziegelerden oder Tonmergel) brennen gelblichweiß, bei Sinterung gelbgrün oder grün, bei völliger Schmelzung dunkelgrün bis schwarz.

Zu unterscheiden sind:

Eigentliche Tone:

    Schieferton: ziemlich mildes, ziemlich weiches Gestein, bestehend aus verhärtetem Ton, mit kleinen Glimmerplättchen und Quarzkörnern mit eingeschlossenen pflanzlichen und tierischen Resten und Schwefelkies als Beimengung; bitumenhältig: Brandschiefer; rote und bunte: Schieferletten;

    Tonschiefer: schiefriges, hartes, durch kohlige Substanzen dunkel gefärbtes Gestein;

    Urtonschiefer oder Phyllit: Töpfer-, beziehungsweise Pfeifentone, Alaun-, Salztone usw.

Tonhaltige Stoffe:

    Mergel: inniges Gemenge von Kalkstein mit 20—60% Ton, grünlichblaue bis gelbliche Farbe (infolge Vorhandensein von Eisenoxydul, beziehungsweise Eisenoxydhydrat); je nach Vorherrschen des Ton- oder Kalkgehalts ist zwischen Ton- oder Kalkmergel zu unterscheiden;

Löß: nicht plastisch, färbt in trockenem Zustand mehlartig ab;

Lehm: Verwitterungsprodukt von Mergel und Löß; zu unterscheiden sind (je nach dem Muttergestein) Mergellehm und Lößlehm; je mehr seine Lager sich der Oberfläche nähern, desto sandiger wird er (von unten nach oben: Lehm, sandiger Lehm, lehmiger Sand und Sand);

Schluff: Gemenge von Mineralstaub und Ton; beinahe so plastisch wie Ton, jedoch mit geringerer Kohäsion nach dem Trocknen.

Anorganische Magerungs- und Flußmittel:

Kieselsäure: Feuerstein, Hornstein, Infusorienerde, Kieselsinter, Quarzit, Quarzsand, Sandstein;

Schamotte und gebrannte Tonerde;

Feldspat;

kohlensaures Kalzium: Kalkspat, Kalkstein, Kreide, Marmor, Mergel;

phosphorsaures Kalzium: Apatit, Phosphorit, weißgebrannte Knochenasche;

Glasfritten, Eisenschlacken, Chausseestaub;

Bauxit, Korund;

Karborundum (Siliziumkarbid, SiC): zur Herstellung dünnwandiger Gefäße und Überzüge;

Zirkonerde (Zirkondioxyd, ZrO_2): für Tiegel zu metallurgischen Zwecken.

Organische Magerungsmittel:

Holzkohle, Kohlengrus, Sägespäne, Teer: zur Herstellung leichter Ziegel;

Graphit: für Tiegel zu metallurgischen Zwecken.

Natürlicher Bimsstein, ein vulkanisches Material, bildet eine blasige, schwammartige, oft faserige Masse von weißer, grauer, gelblicher Farbe; spezifisches Gewicht 2,19—2,2. Er wird als Wärmeschutzmittel, Schleif- und Poliermittel, zur Filtration von Wasser und in der Seifenindustrie verwendet.

Traß ist feingemahlener, vulkanischen Auswurfmassen entstammender Tuffstein, sofern das Steinmehl nach Mischung mit Kalkhydrat ein an der Luft und unter Wasser erhärtendes Bindemittel ergibt und die in den Normen festgelegten Eigenschaften aufweist.

100 l Traß wiegen 100 kg.

Schiefer ist ein feuerfestes Material, etwas hygroskopisch, mit geringerer elektrischer Isolierfähigkeit als Marmor.

Natürlicher Dachschiefer muß wetter- und farbbeständig sein, glatte, ebene Spaltflächen und feines Korn aufweisen, geringe Wasseraufnahmefähigkeit, geringes Gewicht besitzen, beim Anschlagen mit dem Hammer einen hellen Klang geben, eine angenehme dunkle, gleichmäßige und bestimmte Färbung (bläulichschwarz, grün, rotbraun) ohne starken, spiegelnden Glanz aufweisen, sich leicht und dünn aufspalten, bohren und durchlochen lassen. Seine Güte nimmt ab mit der Zunahme der Menge der eingelagerten Mineralien von Pyrit, Markasit und kohlensauren Erden. Vorhandensein von Gips ist ein Zeichen für bereits eingetretene Zersetzung, welche rasch zur Zerstörung führt.

Kieselsäure kommt in der Natur kristallisiert als Quarz und Tridymit, amorph als Opal, Kieselgur und Feuerstein (Flint) vor.

Kieselgur (Infusorienerde), als Wärmeschutzmittel und Füllmasse für Trockenelemente dienend, ist ein aus den hohlen Kieselpanzern abgestorbener Diatomeen (Algenart) gebildetes Naturprodukt von kreide- oder tonartigem Gefüge oder in Form einer lockeren Masse. Farbe: weißlich oder braunrötlich.

Durch Druck überlagernder Felsen entsteht aus dieser erdigen Masse der sogenannte Polierschiefer.

Kieselgur kommt als Wärmeschutzmittel mit Bindemitteln vermengt in den Handel, welche erforderlich sind, um die notwendige Haltbarkeit zu erzielen. Zu unterscheiden sind, soweit die Masse als Wärmeschutzmittel für Kesselanlagen verwendet wird, die Niederdruckkomposition (Kieselgur mit Baumwoll- und Haareinlage) für Temperaturen bis 120^0 C und die Hochdruckkomposition (Kieselgur mit Asbesteinlage) für höhere Temperaturen.

Kieselgur ist ein schlechter Wärmeleiter, ist säure- und feuerbeständig. Kieselgur kann sehr viel Wasser aufnehmen.

Kieselgur wird in Platten, Schnüren oder in teigigem Zustand verwendet.

Die Eignung als Wärmeschutzmittel geht aus nachstehenden Wärmeleitungszahlen hervor, welche für rheinischen Bimskies, Hochofenschaumschlacke, asphaltierten Kalkstein betragen:[1]

Temperaturbereich ^{0}C	20—65	25—128	23—36	20—40
Wärmeleitungszahl	0,20	0,095	0,070	0,055
Temperaturbereich ^{0}C	10—57	20—136		20—80
Wärmeleitungszahl	0,061	0,055		0,056

Für Kieselgur betragen die Wärmeleitungszahlen:

Temperatur ^{0}C	0	50	100	150
Lose Kieselgur	0,052	0,060	0,066	0,070
Kieselgur mit Wasser angerührt und getrocknet	—	—	—	0,083
Gebrannte Kieselgurformsteine für Heizdampfleitungen	0,064	0,071	0,078	0,085

[1] Versuche von Nußfeld, Hütte, II. Teil.

Temperatur °C	200	300	350	400
Lose Kieselgur	0,074	0,078	—	—
Kieselgur mit Wasser angerührt und getrocknet	—	—	0,123	—
Gebrannte Kieselgurformsteine für Heizdampfleitungen	0,092	0,106	—	0,120

Silizium, Si, ein zu den Metalloiden zählender Grundstoff, Atomgewicht 28,21, Dichte 2,5, kommt in der Natur nie frei, sondern als SiO_2 oder in Form von Silikaten vor. In kristallinischer Form bildet reines Silizium schwarze glänzende Blättchen oder harte, spröde Oktaeder, in amorpher Form ein braunrotes Pulver; es ist in Säuren unlöslich, in Kali- und Natronlauge löslich. In kristallinischer Form ist es elektrisch nichtleitend, in amorpher Form ein guter Elektrizitätsleiter. Seine Gewinnung erfolgt im elektrischen Ofen durch Reduktion der Kieselsäure mittels Kohle.

Die Verbindung von Silizium mit Kohlenstoff (Siliziumkarbid) ist unter dem Namen Karborundum als Schleifmittel bekannt.

Quarz, welcher in verschiedenen Abarten und Formen sich in der Natur vorfindet, hat ein spezifisches Gewicht von 2,65, Härte 7, ist bis $800°$ C beständig, wandelt sich dann in Tridymit um, schmilzt bei 1600—$1625°$ C. Quarz ist in den meisten Säuren, mit Ausnahme der Flußsäure, nahezu vollkommen unlöslich.

Quarzit besteht im wesentlichen aus Quarzkristallen.

Quarzfäden, aus geschmolzenem Quarz hergestellte dünne Fäden, werden wegen ihrer geringen Torsionsfähigkeit zum Aufhängen von Magnetsystemen in Spiegelgalvanometern verwendet.

Sand geht aus der Verwitterung von Gesteinen hervor. Das im Sand vorkommende Quarzmaterial enthält Eisen, Tonerde, Kalk, Feldspat, Glimmer, Magnesit (je nach Art der ursprünglichen Gesteine) usw.; die tonigen Bestandteile des Sandes können durch Waschen entfernt werden.

Lehm wird als Wärmeschutzmittel für Dampfleitungen verwendet; er wird zuerst in dünnem Zustand etwa 5 mm stark, hierauf in teigigem Zustand bis zu einer Stärke von 25—40 mm aufgetragen, oft unter Zwischenlage von spiralförmig umwundenen Strohzöpfen zwischen der verdünnten und teigigen Lage; diese wird mit einem Überzug aus starkem Papier oder Sackleinen versehen.

Formlehm besteht aus sandhaltigem Ton, welcher mit organischen Stoffen (Pferdedünger, Spreu, Torfgrus, Gerberlohe, Kälberhaare) aufbereitet (durchgeknetet) wird.

Gießereisand wird unterschieden in Formsand (bestehend aus 75 bis 85% Quarzsand [Kieselsäure], weniger als 15% Tonerde [magerer Sand; höherer Tonerdegehalt gibt fetten Sand, der mehr bildsam und weniger

durchlässig ist], höchstens 5—6% Eisen, höchstens 2,5% Kalkerde und
Magnesia und höchstens 0,5% an Alkalien; Korngröße für glatten,
feinen Guß etwa 0,2 mm, für gewöhnlichen Guß etwa 0,5 mm), Kern-
sand (möglichst geringer Tonerdegehalt, mit Bindemittel: Harz, Mehl,
Flußspat u. dgl., Feinheitsgrad ist von Wichtigkeit) und Feuersand
(für Stahlformguß, vermischt mit feuerfestem Ton).

Gießereisand [1]).

Stoff	Formsand für			Kernsand	Feuersand
	leichten	mittleren	schweren		
	Eisenguß				
Kieselsäure	82,21	85,85	88,40	94,30	98,04
Tonerde	9,48	8,27	6,36	1,95	1,40
Eisenoxyd........	4,25	2,32	2,00	0,33	0,06
Kalk	0,38	0,68	0,78	0,90	0,20
Magnesia	0,32	0,81	0,50	0,54	0,16
Wasser	2,64	1,68	1,73	1,05	0,14

Glimmer, ein Doppelsilikat (Verbindung von kieselsaurer Tonerde
mit kieselsauren Alkalien und Magnesia), metallisch glänzend, silberweiß bis braunschwarz, kommt in Kristallform zusammen mit Feldspat und Quarz vor und wird meistens im Tagbau gewonnen. Die
chemische Zusammensetzung ändert nach Fundort und Qualität. Allen
Arten ist die große basische Spaltbarkeit eigen; in den Handel kommen
Platten von 0,01 bis 0,2 mm Dicke vor. Die Hauptproduktionsstätten
befinden sich in Asien, Nordamerika und Nordeuropa. Die besten
durchsichtigen Qualitäten setzen sich aus Aluminiumsilikaten und
Pottasche mit verschwindend geringen Mengen von Wasser zusammen;
in den weniger guten, gefleckten und undurchsichtigen Qualitäten befinden sich Magnesia und Eisen; häufig rühren die Flecken auch von
erdigen Bestandteilen her. Nicht hygroskopisch, unverbrennbar, von
außerordentlich hoher Durchschlagfestigkeit, großem Isolierwiderstand,
leicht und genau auf $1/_{100}$ mm Dicke zu kalibrieren, vollständig flach
und biegsam, ist es das beste, bis heute bekannte Isoliermaterial. Berührung mit Öl setzt die Isolierfähigkeit von Glimmer herab. Für allgemeine Isolationszwecke genügt gewöhnliche, nicht ganz durchsichtige
Qualität, für Kondensatoren und Widerstände empfiehlt sich die Verwendung des besten, durchsichtigen und gänzlich fleckenlosen Ruby-
glimmers. Kollektorglimmer darf nicht zu hart sein, da er sich sonst
weniger abnützt als das Kollektormaterial und Anlaß zum Funken gibt.
Das spezifische Gewicht schwankt zwischen 2,8 und 3. Die Durchschlagfestigkeit einer 0,25 mm dicken, hellen Platte ohne jeden Fehler
liegt bei rund 30.000 Volt, kann jedoch, je nach Qualität, bis auf rund
600 Volt heruntergehen. Zu unterscheiden sind: Rubyglimmer (indi-

---

[1]) O. Simmersbach: Die Eisenindustrie.

scher Glimmer), leicht gefleckt, lieferbar in rundlichen oder ovalen Stücken, Bernsteinglimmer (kanadischer Glimmer), Madrasglimmer, grün gefleckt, sehr weich, ohne Eisenflecken, gleichmäßige Abnutzung mit Kupfer, lieferbar in rechteckig geschnittenen Stücken. Verwendung als elektrisches oder feuerfestes Isoliermaterial.

Asbest ist ein mitunter durch Eisen und Tonerde verunreinigtes Magnesiumkalksilikat.

Zu unterscheiden sind: Hornblendeasbest (Amiant), Serpentinasbest (Chrysotil).

Asbest ist unverbrennbar, widerstandsfähig gegen Säuren und ätzende Stoffe, schmierend, schlecht wärmeleitend, elektrisch nichtleitend, formbar, schmilzt, längere Zeit hohen Temperaturen ausgesetzt, zu einer glasartigen Masse.

Durch Klopfen (Aufbereiten) im nassen Zustand zerfällt Asbest in Einzelfasern, sogenannte Asbestwolle.

Vom aufbereiteten sortierten Asbest werden die kurzen Fasern zur Herstellung von Pappe, die mittleren zur Herstellung von Dichtungsplatten (mit Rohgummi), die langen zur Herstellung von Gespinsten verwendet.

Asbest wird vielfach mit anderen Faserstoffen zusammengesponnen; Garne bis Nr. 12 metrisch werden direkt ohne jede Beimischung aus reinem Asbest hergestellt.

Der Serpentinasbest (Fundstätten: Kanada, Neufundland, Kapland) besteht aus feinen, 15—30 cm langen, biegsamen, in einer derben Masse durcheinandergewachsenen, leicht trennbaren Kristallen (lange, feste, seidig glänzende Fasern) von selten rein weißer, meist gelb-, grün-, rot- oder blaustichiger Farbe. Er kann ohne fremde Beimengungen versponnen werden. Die Garne werden zu feuersicheren Geweben und zu Stoffbüchsenpackungen verarbeitet. Asbest läßt sich mit Albumin- und Salzfarben färben.

Hornblendeasbest ist spröde und wird zur Erzeugung von Asbestplatten (Schutz gegen Mauerfeuchtigkeit und strahlende Hitze) und Säurefiltern (unempfindlich gegen ätzende Substanzen) verwendet.

Asbest wird verwendet zu Dichtungszwecken, als feuerfestes Material, als Filtriermaterial, als Schmiermittel, zur Herstellung von Wärmeschutzmitteln, Isoliermaterialien und wasserdichten Materialien (Asbest mit Paraffin zur Auskleidung eiserner Transportgefäße für Salpetersäure), zur Herstellung von Formplatten und Formstücken.

1 m³ Asbest wiegt 576 kg.

Die Eignung von Asbest als Wärmeschutzmasse geht aus nachstehendem Tabellenbild hervor:

Temperatur °C	0	50	100	150
Wärmeleitungszahl	0,130	0,153	0,167	0,175

Temperatur °C   200   300   400   500
Wärmeleitungszahl   0,180   0,186   0,192   0,198

Talk (Talkum) ist ein wasserhältiges Magnesiumsilikat, welches nur in derbem Zustand, meist in Nierenform, in Kalkstein eingesprengt vorkommt; es besteht aus etwa 63,5% Siliziumoxyd, 31,7% Manganoxyd (oder Eisenoxyd) und 4,8% Wasser. Talk ist weiß bis hellgrün, weich und fettig anzufühlen, durchscheinend, perlmutterglänzend, spaltbar, biegsam, schwer schmelzbar, wird von Säuren nicht angegriffen; Härte 1, spezifisches Gewicht 2,7—2,8.

Talk wird als Beigabe zu gewissen Dichtungsmaterialien, zum Schmieren, zur Behandlung von Leder, zur Herstellung von Kunstdruckpapier, als Beschwermittel und Poliermittel verwendet.

Der undurchsichtige, dichtere, weniger fett sich anfühlende, nicht an der Zunge klebende, härtere, dreh- und schneidbare, meist weiße Talk heißt Speckstein (Steatit); er wird zur Herstellung von Azetylenbrennern, von feuerfesten Waren, als Schmiermittel, als Anzeichenkreide und manchem anderen verwendet.

Talk findet Verwendung in der Textilindustrie (Riegelappretur, Schlichten von Baumwollkettengarnen, Herstellung von Futterstoffen, als Zusatz zur Bläuflotte und in der Bleicherei, in der Appretur der Rohware), in der Steinholzindustrie (fugenlose Böden, Wandbekleidung, Kunstmarmor), in der Dachpappenindustrie (Erzielung heller Farbe, Verhinderung des Anklebens), in der Eisenindustrie (zum Einstreuen der Formen, als Talksteingriffel zum Bezeichnen von Stücken, die nochmals geglüht werden, als Zusatz zu Graphit zur Erhöhung von dessen Fettigkeit), in der Fettwarenfabrikation (Wagenfett), in der Gummiindustrie (Konservierung von Rohkautschuk am Gewinnungsort [Schutz gegen Oxydation], bei der Vulkanisation, zum Einstauben der Formen, als Füllmaterial für verschiedene Gummifabrikate, in der Kabelfabrikation), zur Herstellung von Dichtungsmassen (die in der Hitze nicht schwinden, für widerstandsfähige Packungen, gegen heißen Dampf, Säuren und Wasser), in der Holzindustrie (Feuersichermachung in Verbindung mit verdünnter Wasserglaslösung), in der keramischen Industrie (höhere Plastizität, leichtere Preßbarkeit), in der Beleuchtungskörperindustrie (Gasbrenner), in der Kosmetik, zur Herstellung von Kunststoffen (als Binde-, Füll- und Schutzmittel gegen äußere Einflüsse und Entzündung, Kunstseide, Kunstkautschuk), in der Lederfabrikation, in der Papierfabrikation, in der Sprengstoffindustrie (Füllung der Sicherheitsringe von Geschossen), zur Herstellung von Isoliermassen, von Stärkegummi, zum Polieren gewisser Hülsenfrüchte usw.

Graphit wird bergmännisch auf Ceylon, in Amerika, Sibirien, England Bayern, Böhmen, Tirol und Italien gewonnen. Er ist eisen- bis stahlschwarz, metallglänzend, abfärbend, nicht schmelzbar, nicht flüchtig, in hohem Grade spaltbar, fast unverbrennbar, er besitzt hohe Leitfähigkeit für Wärme und Elektrizität und ist in allen Lösungsmitteln unlöslich. Sein spezifisches Gewicht ist 2,1—2,3.

Graphit kommt in den verschiedensten Formen in den Handel: als Flockengraphit, welcher sich durch besondere Feinheit auszeichnet (Dixonsgraphit), große silbrigglänzende Kristallblättchen bildet, Schuppengraphit und Pulvergraphit in verschiedenen Feinheitsgraden. Beim Ceylongraphit sind zu unterscheiden: large Lumps (große Stücke), Lumps (mittlere Stücke), Chips (kleinere Stücke), Dust (Staub), flying Dust (feiner Staub).

Für die Beurteilung von Graphit ist sein Aschegehalt, zwischen wenig über 60% schwankend, sein Gehalt an Wasser und sein Feinheitsgrad bestimmend.

Graphit dient als Rostschutzmittel, zum Leitendmachen von Matrizen in der Galvanoplastik, zur Erzeugung von Bleistiften, in der Hauptsache aber zur Herstellung von Schmelztiegeln. Für diese darf nur reiner, eisenfreier Graphit verwendet werden. Der Bindeton muß sehr fett und bildsam sein, darf nicht zu stark schwinden, nicht zu einem Glasfluß, sondern zu einer lavaartigen Masse schmelzen. Um das Springen und Reißen der Tiegel zu verhindern, wird eine geringe Menge geeigneten Sandes der Masse zugesetzt.

Natürliche Schleifmittel sind:

rein silikatische: Quarze, Härte bis 7 nach Mohs (Quarzsande, Sandstein, Kieselerden usw., vorwiegend Poliermittel);

gemischt silikatische: Bimsstein (Härte 6 nach Mohs), Eisenoxydulgranat oder Almadin, Granat (Härte 6,5—7,5 nach Mohs);

aluminiumhaltige: Schmirgel (Härte 7,5—9), Korund (Härte 9).

Zu unterscheiden sind natürliche und künstliche Schleifsteine. Die natürlichen Schleifsteine, welche gegen die künstlichen immer mehr zurückstehen, werden aus natürlichen Quarz-, Sand- und Schiefersteinen hergestellt.

Die Anfangsgeschwindigkeit von aus Sandsteinen hergestellten Schleifsteinen beträgt für Schleifen von Werkzeugen 4—6 m/sek., für Schleifen von Arbeitsstücken 10—15 m/sek.

Gelochte Schleifsteine:

Durchmesser mm . .	400	500	600	700	800	900
Dicke mm	80	80	90	100	110	120
Gewicht kg	32	34	55	85	120	165
Durchmesser mm . .	1000	1000	1200	1200	1500	1500
Dicke mm	130	150	130	150	150	200
Gewicht kg	220	255	325	375	575	750

Als Poliermittel dienen neben den vorerwähnten Schleifmitteln Wienerkalk, Kohle, Zinnasche, Blutstein (eine Abart von Roteisenstein, Fe_2O_3), Stearinöl usw.

ERZE.

Die Metalle kommen, mit Ausnahme von Platin, Gold, Silber, Quecksilber, nur selten im gediegenem Zustand in der Natur vor; sie werden aus ihren Verbindungen (Karbonate, Oxyde, Silikate, Sulfate, Sulfide), beziehungsweise aus den durch sie dargestellten Erzen gewonnen. Die wichtigsten dieser Erze sind:

Aluminium, Al, wird auf elektrolytischem Wege (Héroult- und Hall-Verfahren) aus Bauxit, $Al_2O_3 \cdot 2\,H_2O$, gewonnen.

Antimon, Sb, wird aus Grauspießglanz (Antimonglanz), Sb_2S_3, gewonnen.

Baryumoxyd (Baryt), BaO, findet zur Herstellung von Halbkristall und Preßglas große Verwendung.

Baryumkarbonat (kohlensaurer Baryt), $BaCO_3$, kommt als Witherit (England) in der Natur vor. Das im Handel angebotene Material ist meist künstlich hergestellt; gutes Material soll unter Aufbrausen vollständig in verdünnter Salzsäure oder Salpetersäure löslich sein; Verwendung in der Glasindustrie.

Baryumsulfat (schwefelsaurer Baryt, Schwerspat), $BaSO_4$, spezifisches Gewicht 4,3—4,6, besteht aus 65,7% Baryumoxyd und 34,3% Schwefelsäure. Es bildet ein wichtiges Schmelzmittel in der Glasindustrie.

Die zur Gewinnung von Blei, Pb, dienenden Bleierze sind:

Bleiglanz, PbS, 86,6% Blei, meist mit Kupferkies, Eisenkies, Zinkblende gemengt,

Weißbleierz, $PbCO_3$, 77,5% Blei.

Chrom, Cr, wird aus Chromoxyd, Cr_2O_3, mit 98—99% Chromgehalt hergestellt.

Die wichtigsten Eisenerze [1]), deren spezifisches Gewicht zwischen 3,4 bis 5,2 (geschüttet 1,3—3,2) schwankt, sind:

Magneteisenstein (Eisenoxyduloxyd, Magnesit, Fe_3O_4) mit Beimengungen von Kalkspat, Granat, Hornblende, Chlorit, Quarz und Verunreinigungen durch Schwefel-, Magnet-, Kupferkies, Bleiglanz, Zinkblende und Arsenkies; Eisengehalt zwischen 45 bis 70%; kommt kristallisiert, körnig kristallinisch und dicht vor; Vorkommen in kristallinischer, körnig kristallinischer, dichter Form, auch als Magneteisensand; kenntlich am schwarzen Strich. Der Phosphorgehalt ist verschieden;

---

[1]) Dr. P. Schimpke: Technologie der Maschinenbaustoffe.

Franklinit, aus Eisen, Zink, Mangan und Sauerstoff bestehend, mit rund 45% Eisen und 20% Zink;

Roteisenerz (Eisenoxyd, Eisenglanz, Fe_2O_3) mit Beimengungen von Kalkspat, Dolomit, Ton und Quarz, Verunreinigungen mit Schwefelkies und phosphorsaurem Kalk; Eisengehalt durchschnittlich 30—40%, oft 40—60%; kommt vor als Eisenglanz (große rhomboedrische Kristalle, schwarzgraue Farbe), Eisenglimmer oder Eisenrahm (schuppige Kristalle, schwarzgraue Farbe), roter Glaskopf oder Blutstein oder Hämatit (kugelige und nierenförmige Absonderungen mit strahliger Textur), Roteisenstein (dicht, derb), gemeines Roteisenerz oder Roteisenmulm (erdig oder mulmig), oolithisches Roteisenerz, roter Rogeneisenstein; alle Arten geben beim Streichen über weißen Untergrund einen roten Strich. Eisenglanz und Glaskopf sind im allgemeinen phosphorrein; der gewöhnliche Roteisenstein enthält geringeren, der oolithische meist mittleren Phosphorgehalt;

Titaneisen mit 2—5,7% Titan;

Brauneisenerz (Eisenhydroxyd, Raseneisenstein, Minette, $2 Fe_2O_3 + 3 H_2O$), Zersetzungsprodukt anderer Eisenerze; Eisengehalte 30—45%; kommt vor als gemeiner oder mulmiger oolithischer Brauneisenstein (erdig), Rasenerz (ockrig), Brauneisenstein (dicht), Schaleneisenstein (schalige Form), Nierenerz, Bohnerz, brauner Glaskopf (nieren- oder traubenförmig), Linsenerz (größere oder kleinere Kugeln); kenntlich am braunen Strich; gewöhnlicher Brauneisenstein hat geringen oder mittleren Phosphorgehalt, Rasenerz und oolithischer Brauneisenstein hohen; mulmige Brauneisensteine enthalten häufig Zink oder Arsen; häufig finden sich Vermengungen mit Spateisenstein (Mangangehalt);

Spateisenerz (Spateisenstein, Kohleneisenstein, Eisenkarbonat, $FeCO_3$); 28—40% Eisen; kommt vor als Spateisenstein (kristallisiert, blättrig kristallisiert, 30—40% Eisen), Toneisenstein oder Sphärosiderit (mit Ton und Mergel vermengt, 28—35% Eisen), Kohleneisenstein oder Schwarzstreif, Blackband (Toneisenstein mit Kohle, 24—30% Eisen); in unzersetztem, frisch gefördertem Zustand sind die Erze gelblichweiß, im gerösteten braun bis blauschwarz; sie sind phosphorarm;

Toneisenstein oder Sphärosiderit ist Eisenkarbonat in dichtem, feinkörnigem Zustand; er ist graubraun, meist mit Ton gemengt; der im Steinkohlengebirg vorkommende ist schwarz (Kohlengehalt) und heißt Kohleneisenstein; jener enthält wenig, dieser meist über ½% Phosphor.

Manganerze (zur Herstellung von Spiegeleisen und Ferromangan dienend), mit 50—55% Mangan und 1—7% Eisen, kommen vor als Manganite, Manganspate, Hausmannit, Psilomelan, Pyrolusit, Waderze. Ihre Bewertung richtet sich nach dem Phosphor- und Kieselsäuregehalt.

Eisendisulfide, FeS_2, Schwefelkies, Eisenkies oder Pyrit, Wasserkies, Speerkies, Markasit.

Die Eisenerze werden nach Analyse verkauft.

Zur Gewinnung von Eisen dienen außer den Eisenerzen:

Kiesabbrände mit etwa 60%Fe und 0,3—5%S (aus dem zur Schwefelsäurefabrikation verwendeten Schwefelkies, FeS_2, gewonnen;

Nebenerzeugnisse aus Hüttenprozessen:

Frischfeuerschlacken mit 55—60% Fe,
Puddelschlacken mit 55—60% Fe,
Hammerschlag mit 60—75% Fe,
Walzensinter mit 60—75% Fe,
Konverterauswürfe mit 30% Fe.

Zuschläge dienen in der Eisenerzeugung zur Überführung der in den Eisenerzen enthaltenen erdigen und kieseligen Stoffe, sowie der Asche der Brennstoffe, in eine leicht schmelzbare Verbindung — Schlacke. Zu unterscheiden sind:

Basische Zuschläge:
Kalkstein $CaCO_3$,
Dolomit $CaCO_3 + MgCO_3$,
Flußspat $CaFl_2$,

Saure Zuschläge:
Quarzsand SiO_2,
Tonschiefer $Al_2O_3 + SiO_2$,
die meisten Schlacken.

Kobalt, Co, wird aus Kobalt-Nickel-Arseniden und aus Kobaltmanganerz (Erdkobalt) mit 3—6% Kobalt gewonnen.

Kupfer kommt in kleinen Mengen vielfach gediegen vor, abbauwürdig in den Vereinigten Staaten von Nordamerika und in Bolivien.

Die wichtigsten Kupfererze sind: Rotkupfererz (Cuprit), Cu_2O, (88,8% Kupfer), Schwarzkupfererz (Tenorit, Melakonit), CuO (79,8% Kupfer), Kupferglanz (Chalkozit), Cu_2S (79,8% Kupfer), Buntkupfererz (Bornit, zusammengesetzt aus 3 Cu_2S und Fe_2S_3 mit 55,5% Kupfer in den reinen Kristallen), Kupferkies (Chalkopyrit), $Cu_2S . Fe_2S_3$ mit 34,5% Kupfer in den reinen Kristallen, daneben Kupfervitriol (als Verwitterungsprodukt), Salzkupfererz (Chile), Kupferindig, Arsen- und Antimonkupfererze, Malachit, Kupferlasur (Bergblau) und Kieselkupfer (grün).

Mangan, Mn, wird aus Braunstein, MnO_3, im reinsten Zustand aus 63% Mangan und 37% Sauerstoff bestehend, mit bis zu 97% Mangangehalt hergestellt.

Molybdän, Mo, wird aus Molybdänglanz, MoS_2, mit 98% Molybdängehalt gewonnen.

Nickel, Ni, wird aus Garnierit ($NiO . MgO . SiO_2 . H_2O$), welches infolge der Beimengungen nur 7—8% Nickel und aus nickelhaltigen Magnet- und Kupferkiesen, welche 1—6% Nickel enthalten, gewonnen.

Osmium, Os, wird aus Osmiumtetroxyd, OsO_4, gewonnen.

Tantal, Ta, wird aus Tantaloxyd, Ta_2O_5 gewonnen.

Titan, Ti, wird in reinem Zustand aus Titansäure (TiO_3) oder als Ferrotitan hergestellt.

Vanadium, V, wird aus Vanadiumsäure, V_2O_5, hergestellt.

Wismut, Bi, welches auch gediegen vorkommt, wird aus Wismutglanz, BiS_3, und Wismutocker, Bi_2S_3, gewonnen.

Wolfram, W, wird aus Wolframit, $FeWO_4$, und Scheelit, $CaWO_4$, gewonnen.

Zur Gewinnung von Zink, Zn, dienen die Zinkerze:

Zinkblende, ZnS, 67,1% Zink,
edler Galmei, Zinkkarbonat, $ZnCO_3$, 52,2% Zink,
Kieselzinkerz (Kieselgalmei) $Zn_2SiO_4 + H_2O$,
Willemit, Zn_2SiO_2,
Rotzinkerz (Zinkit), ZnO.

Zinn, Zn, wird aus Zinnstein (Bergzinn, Seifenzinn), SnO_2, 78,6% Zinn, infolge der Beimengungen jedoch meist nur 0,3—2% Zinngehalt, gewonnen.

BRENNSTOFFE.

Alle festen Brennstoffe sind, mit Ausnahme von Holz und Holzkohle, fossilen Ursprungs oder Veredlungsprodukte von fossilen Brennstoffen.

Mit zunehmendem Alter des Brennstoffs weicht seine Zusammensetzung von jener des Holzes ab.

Die gewöhnlich verwendeten Brennstoffe enthalten als Hauptbestandteile Kohlenstoff und Wasserstoff, daneben zumeist auch Schwefel.

Der Heizwert eines Brennstoffs wird nach der vom Internationalen Verband der Dampfkesselüberwachungsvereine aufgestellten Verbandsformel:

$$N = 81\,C + 290\,(H - {}^1/_8\,O) + 25\,S - 6\,W$$

bestimmt, in welcher in Gewichtsprozenten bezeichnen: C = Gehalt an Kohlenstoff, H = Gehalt an Wasserstoff, O = Gehalt an Sauerstoff, S = Gehalt an Schwefel, W = Gehalt an Wasser, N = absoluter Heizwert in Wärmeeinheiten für 1 kg.

Verbrennungswärme oder absoluter Heizwert ist die in Wärmeeinheiten für 1 kg Brennstoff ausgedrückte Wärmemenge, welche bei
dessen vollständigen Verbrennung erzeugt wird. Nach seinem Heizwert,
seinem Wassergehalt und seinem Aschengehalt wird der Brennstoff in
der Technik [1]) bewertet. Es verbrennen beispielsweise:

1 kg Kohlenstoff zu CO mit 2430 WE,
1 kg Kohlenstoff zu CO_2 mit 8100 WE,
1 kg CO zu CO_2 mit 2430 WE,
1 kg Wasserstoff zu H_2O (Dampf) mit 29.030 WE,
1 kg Silizium zu SiO_2 mit 7830 WE,
1 kg Phosphor zu P_2O_5 mit 5900 WE,
1 kg Mangan zu MnO_2 mit 2200 WE.

Natürliche Brennstoffe sind [1]):

Holz: lufttrocken: 50—57% C, 6% H, 41—43% O, 1,5% im Mittel
Asche, Heizwert 2800—3600 WE/kg.

Durch trockene Destillation der Wälder entstanden:

Torf (nach der Gewinnungsart: Stichtorf, Baggertorf, bei dick-
flüssigem, schlammigem Torf; Streichtorf, Preßtorf): 50 bis
60% C, 4,5—6% H, 28—40% O Aschegehalt gewöhnlich 5 bis
10% (über 25% Asche für Feuerungszwecke nicht mehr
brauchbar), Heizwert 3000—4500 WE/kg, Wassergehalt: frisch
gestochen 80—90%, ausgetrocknet 15—25%, spezifisches Gewicht von Stichtorf 0,20—0,50, von Preßtorf von 1,000—1,10;

Braunkohle (Lignit, gemeine, ältere fette Braunkohle): 55—70° C,
4—7% H, 15—30% O (oft 2—3% S), 2—10% Asche, Heizwert 2500—5000 WE/kg, spezifisches Gewicht 1,20—1,40;

Steinkohle (Back-, Sand-, Sinterkohlen): 4—5% H, 4—10% O,
$^3/_4$—2% S, 79—82% C (Gasflammkohle), 82—85% C (Gas-
kohle), 85—90% C (Fettkohle), bis zu 96% C (Magerkohle,
Anthrazit), Aschegehalt normal 4—5%, höchstens 10%,
Heizwert 6500—8500 WE/kg.

Durch trockene Destillation im Erdinnern entstanden:
flüssige:

Erdöl: 82—86% C, 12—14% H, 1—5% O+N+S, Heizwert
9800—11,500 WE/kg;

gasförmige:

Erdgas oder Naturgas: 60—80% CH_4 (leichter Kohlenwasserstoff), 0—3% H, 3—10% N, Heizwert 7800—8500 WE/cbm.

---

[1]) Technologie der Maschinenbaustoffe von Dr. Ing. P. Schimpke, Leipzig,
S. Hirzel.

Rohe Brennstoffe.

(Nach Ledebur.)

Brennstoff	Chemische Zusammensetzung der reinen Brennstoffmasse				Entgasungsrückstand	Flüchtige Entgasungserzeugnisse	Nutzbarer Wasserstoff	Wärmeleistung	Gewöhnl. Feuchtigkeitsgehalt in lufttrockenem Zustand	Gewöhnlicher Aschegehalt
	Kohlenstoff	Wasserstoff	Sauerstoff	Stickstoff	der reinen Brennstoffmasse					
	%	%	%	%	%	%	%	W-E	%	%
Holz	50,5	6.2	42,3	1,0	25,0	75,0	0,91	3600	20	2
Torf................	60,0	6,0	32,0	2,0	35,0	65.0	2.00	5000	20—3	6—20
Jüngere Braunkohle, Lignit	61,5	5,5	33,0		40,0	60,0	1,37	5500	25—40	5—15
Eigentliche Braunkohle..	69,5	5,5	25,0		45,0	55,0	2,37	7000	5 - 10	3—15
Fette Braunkohle	75,5	5 5	19,0		50.0	50,0	3,13	8000	4 - 8	3 - 10
Steinkohlen:										
a) Langflammige, nicht backende, trockene Kohlen.............	77,5	5,5	17,0		55,0	45,0	3,38	8200		
b) Langflammige Backkohlen (Gaskohlen).	82,0	5,5	12,5		65,0	35,0	3,94	8600		
c) Gewöbnliche Backkohlen (Schmiedekohlen)	86,5	5,0	8,5		70,0	30,0	3,94	9000	2 - 4	2—15
d) Kurzflammige Backkohlen (Kokskohlen)	89,5	4,5	6,0		78,0	22,0	3,75	9400		
e) Magere anthrazitische Kohlen	92,0	3,0	5,0		85,0	15,0	2,37	9200		
Anthrazite	94,0	2,0	4,0		92,0	8,0	1,50	9200		

Mittlere Zusammensetzung verschiedener fester Brennstoffe.

(Nach Bunte.)

Brennstoff	Zeit der Bildung	Kohlenstoff	Wasserstoff	Sauerstoff	Freier Wasserstoff	Koks
		Prozent				
Holz	jetzt	50	6	44	—	15
Torf................		60	6	34	2.	20
Braunkohle	Tertiär	65	6	29	2,5	40
Wälderkohle	Kreide, Jura	70	6	24	3	45
Flammkohle		75	6	19	4	50
Gaskohle............		80	6	14	4	60
Kokskohle...........	Karbon	85	5	10	4	70—80
Magerkohle		90	4	6	3	90
Anthrazit (Koks).....		95	2	3	2	95
Graphit	Silur und archäische Formen	100	—	—	—	100

Chemische Zusammensetzung der aschefreien Brennstoffe [1].

Brennmaterial	Kohlenstoff	Wasserstoff	Sauerstoff	Freier Wasserstoff	Spezifisches Gewicht
Holz....................	44	6	50	—	0,35
Torf....................	60	6	34	2	0,60
Braunkohle	65	7	28	3	1,00
Steinkohle: Flammkohle ...	75	6	19	4	1,25
Gaskohle...............	80	6	14	4	1,30
Kokskohle	85	5	10	4	1,35
Magerkohle	90	4	6	3	1,40
Anthrazit	95	2	3	1,5—2,0	1,50
Koks	95	2	3	1,5	1,90

Gewöhnliches Brennholz enthält ungefähr 25% Wasser, 74% Holzmasse (mit etwa 50% Kohlenstoff, 43% Wasserstoff, 6% Sauerstoff dem Gewichte nach) und 1% Asche. Nadelhölzer und weichere Hölzer erzeugen eine größere Flamme als die ihnen um 25—30% an Heizwert überlegenen Harthölzer, welche eine stärker glühende Masse ergeben. Bei vollständiger Verbrennung zu Kohlensäure beträgt der Heizwert von Fichte 5085, Tanne 5035, Buche 4780, Eiche 4620 Wärmeeinheiten. Die Reihenfolge des Heizwertes ist etwa: Buche, Kiefer, Ahorn, Ulme, Lärche, Tanne, Fichte, Linde, Pappel, Eiche, Weide.

Auf 100 kg Trockensubstanz des Holzes entfallen nach Abzug der Asche:

Holzart	Kohlenstoff kg	Wasserstoff kg	Sauerstoff kg
Harte Hölzer			
Eiche.......................	50,0	6,06	43,94
Rotbuche	48,88	6,12	45,4
Weißbuche	48,84	6,19	44,97
Mittelharte Hölzer			
Ahorn	49,80	6,31	45,89
Birke......................	49,53	6,28	44,19
Esche ....:...	49,36	6,07	44,57
Föhre	50,65	6,19	43,16
Ulme	50,19	6,42	43,93
Weiche Hölzer			
Edeltanne	50,83	6,26	42,91
Fichte	49,59	6,38	44,03
Pappel......................	49,7	6,31	43,99
Weide	48,84	6,36	44,80

Aschegehalte.

Holzart	Prozent	Holzart	Prozent
Birke.....................	0,26	Kirschbaum	1,4
Buche	0,5	Nußbaum	2,5
Eiche.....................	0,5	Roßkastanie	2,8
Kiefer	0,26	Tanne	0,24

[1] u. ff. O. Simmersbach: Die Eisenindustrie.

26

Nach Gottlieb [1] ist die Zusammensetzung einiger Holzarten im trockenen Zustand:

Holzart	100 Teile enthalten					Heizwert von 1 kg bei Verbrennung zu Kohlensäure (CO_2) mit	
	Kohlenstoff	Wasserstoff	Sauerstoff	Stickstoff	Asche	flüssigem Wasser	Wasserdampf
Eiche	50,16	6,02	43,45	—	0,37	4620	4295
Buche	49,06	6,11	54,17	0,09	0,57	4780	4450
Tanne	50,36	5,92	43,39	0,05	0,28	5035	4715
Fichte	50,31	6,20	43,08	0,04	0,37	5085	4750
Mittel	49,56	6,11	43,82	0,1	0,42	4818	4488

Der obere Heizwert von 1 kg der trockenen Holzsubstanz beträgt im Durchschnitt 4800 Wärmeeinheiten, der untere Heizwert vollkommen trocken 4490, mit 10% Wasser 3950, mit 20% Wasser 3400, mit 30% Wasser 2860 Wärmeeinheiten.

Ladegewichte von Holz und Holzprodukten.

	1 m³ wiegt kg	eine 10 t-Ladung faßt m³
Buchen-Scheitholz	400	25,0
Eichen-Scheitholz.......................	420	23,8
Fichten-Scheitholz.......................	320	31,3
Nadelholz in Scheiten.....................	330	30,3
Weißtannen-Scheitholz	340	29,4
Holzkohlen von Weichholz.................	150	66,6
Holzkohlen von Hartholz	222	45,5

Geschichtetes Brennholz enthält an Holzmasse bei:

Klobenholz 75%,
Knüppelholz 60—70%,
Stockholz (Reisig) 50%.

Torf ist der jüngste der durch Zersetzung von Pflanzenteilen entstandenen fossilen Brennstoffe.

Der Gehalt des Torfes, in der wasser- und aschefreien Substanz gedacht, bewegt sich in den Grenzen: Kohlenstoff 50—60%, Wasserstoff 5—7%, Sauerstoff und Stickstoff 35—43%.

Der Wassergehalt von Rohtorf beträgt 80—90%. Der zur Verwendung kommende Torf enthält bis zu 25%, guter, lufttrockener Torf sollte nur 15—20% Wasser enthalten.

Der Aschegehalt des Torfes schwankt zwischen 1—50%. Torfe von Niederungsmooren sind aschereicher, jene von Hochmooren ascheärmer (weniger als 5%).

Je nach der Art der Gewinnung ist zwischen Handtorf (Stich-, Streif-, Tret-, Backtorf) und Maschinentorf zu unterscheiden. Nach

---

[1] Journal für praktische Chemie, 1883.

Gifhorn enthält Maschinentorf 57,62% Kohlenstoff, 5,74% Wasserstoff, 35,50% Sauerstoff, 1,14% Stickstoff, 2,5% Asche und hat einen nach dem Wassergehalt schwankenden Heizwert von 4960—4040 Wärmeeinheiten.

Ladegewichte und Laderäume von Torf.

	1 m³ wiegt kg	Eine 10 t-Ladung faßt m³
Lufttrockener Torf	325—410	24,4—30,8
Feuchter Torf........................	550—650	15,4—18,2

Torfmull findet Verwendung als Wärmeschutzmittel. Seine Wärmeleitungszahlen sind nach Nußfeld [1]:

Temperaturbereich °C	20—65	25—128	23—36	20—40
Wärmeleitungszahl	0,20	0,095	0,070	0,055
Temperaturbereich °C	10—57	20—136		20—80
Wärmeleitungszahl	0,061	0,055		0,056

Braunkohlen sind fossile Anhäufungen verkohlter Pflanzenreste der Tertiärformation, insbesondere der mittleren Abteilung derselben, dem Miocän, welches die größten Kohlenlager enthält. Die physikalischen und chemischen Eigenschaften der Braunkohlen wechseln innerhalb weiter Grenzen. Nach den äußeren Eigenschaften sind zu unterscheiden [2]:

Lignit, holzige oder faserige Braunkohle, gelb bis dunkelbraun, mit holzartigem Bruche, oft in Stücken, worin holzartige Teile neben erdigen und selbst pech- bis glanzkohlenartigen vorkommen.

Gemeine Braunkohle, derbe, mehr oder weniger dichte Massen, zum Teil mit Spuren von Holzstruktur, dichtem bis erdigem Bruch, hellbrauner bis schwarzbrauner Farbe.

Erdige Braunkohle, erdig, mehr oder weniger zerreibbar, gelblich, hellbraun bis dunkelbraun oder braunrot, mit mattem Bruche, ohne alle organische Struktur, ganz amorph. (Schwellkohle [bitumenreich], Schmierkohle, Rußkohle usw.)

Blattkohle und Papierkohle (Stinkkohle), übereinander liegende, sehr dünne Platten und Lagen, diese grau, gelblich, blaß- bis dunkelbraun, jene stets dunkel, glänzend und von höherem Kohlenstoffgehalt.

Moorkohle, derb, ohne Holzstruktur, meist locker und schwammig, dunkelbraun bis pechschwarz, mit Resten von Sumpfgewächsen und Holzstücken.

---

[1] Hütte, II. Teil.
[2] Dr. O. Danner: Handbuch der chemischen Technologie.

Pechkohle und Glanzkohle, die festesten und härtesten Sorten schwarzbraun bis pechschwarz.

(Gagat, Jett, dicht, vollkommen muschelig, sammet- bis pechschwarz, fest, wenig spröde [Verwendung als Schmuckstein]).

Die wasser- und aschefrei gedachte Braunkohle (reine brennbare Substanz) hat einen Gehalt von 63—75% Kohlenstoff, 14—30% Sauerstoff und einen je nach Herkunft wechselnden Wasserstoffgehalt (2,79—4,66%).

Deutsche Förderbraunkohlen haben einen durchschnittlichen Feuchtigkeitsgrad von 40—50%, oft bis 60%, einen Aschegehalt von 3—6%, einen Heizwert von selten über 3200 Wärmeeinheiten für das kg. Die im allgemeinen hochwertigen böhmischen Braunkohlen haben einen durchschnittlichen Feuchtigkeitsgehalt von 30—45%, einen Aschegehalt von 1,5—4%, einen Heizwert von 3500—7000 Wärmeeinheiten für das kg.

Infolge ihres hohen Feuchtigkeits- und Aschegehalts sind die Braunkohlen für Kesselfeuerungen vielfach ungeeignet; auch zerfallen sie leicht an der Luft, dürfen daher nicht lange unbenützt liegen bleiben; ihre Verwendung für Dampfkessel erfordert besondere Rostkonstruktionen.

1 m³ lufttrockene Braunkohle in Stücken wiegt 650—780 kg; 1 10 t-Ladung faßt 12,8—15,4 m³.

Nach Muck werden die Steinkohlenarten unterschieden in:

Glanzkohle, tiefschwarze Farbe, lebhafter Glanz, meist große Sprödigkeit, ausgezeichnete Spaltbarkeit, meist ascheärmer als die anderen Kohlenarten, liefert höhere Koksausbeute. (Eine Abart ist die blätterteigartige Kohle.)

Anthrazit, sehr kohlenstoffreich, sehr wenig flüchtige Bestandteile abgebend, grauschwarze bis rötlichschwarze Farbe, etwas metallischer Glanz, mit geringem Rauch und Geruch verbrennend.

Mattkohle (Streifkohle), geringerer Glanz, grauschwarze bis bräunlichgraue Farbe, Mangel an Spaltbarkeit, unebener bis muscheliger Bruch, größere Festigkeit, kohlenstoffärmer, reicher an Aschegehalt.

Cannelkohle (Parrotkohle), ebener bis flachmuscheliger Bruch, grau-, bis samt-, selten pechschwarz.

Brand- oder Kohlenschiefer, mit Kohlensubstanz mehr oder weniger imprägnierte Tonschiefer, grau-, bräunlich bis reinschwarz.

Faserkohle (mineralische Holzkohle, faseriger Anthrazit), deutliche Pflanzenstruktur, grau- bis samtschwarz, seideglänzend, abfärbend, hohe Koksausbeute.

Steinkohlen, welche beim Erhitzen (Schmelzen) zusammenfließen (zusammenbacken), heißen Backkohlen; jene, welche nur zusammensintern, Sinterkohlen; der Übergang zwischen beiden Sorten wird durch die backenden Sinterkohlen gebildet.

Der Aschegehalt der Steinkohle soll nicht mehr als 10%, jene der gewaschenen nicht mehr als 4% betragen.

Der Wassergehalt der Steinkohle liegt meist zwischen 2—3%.

Die Steinkohle entwickelt beim Verbrennen, je nach Herkunft, 6500—7800 Wärmeeinheiten.

Nach der Korngröße werden die Steinkohlen [1]) unterschieden in: Grobkohle (Faustgröße und darüber), Würfelkohle (Kinderfaust- bis Mannfaustgröße), Nußkohle (Nuß I 50/80 mm, Nuß II 30/50 mm, Nuß III 15/30 mm, Nuß IV 7/12 mm), Grus- und Staubkohle (alle Kohle unter Nußkohle, beziehungsweise durch 20 mm-Siebmaschen gehend), Kleinkohle (Gemenge aus Würfel-, Nuß- und Gruskohle), Förderkohle (Kohle unsortiert, wie sie aus der Grube kommt).

Anthrazit wird in vier Körnungsgrößen, Nr. I—IV, auf den Markt gebracht, von welchen Nr. I und II zur Feuerung in Füllöfen, Nr. III zur Feuerung von Sauggaserzeugern dienen, Nr. IV den Erbsanthrazit bildet.

Ladegewichte und Laderäume von Steinkohle und Steinkohlenprodukte.

	1 m³ wiegt kg	eine 10 t-Ladung faßt m³
Ruhrkohle	809— 860	11,6—12,5
Saarkohle......................................	720— 800	12,5—13,9
Niederschlesische Kohle	820— 870	11,5—12,2
Oberschlesische Kohle..........................	760— 800	12,5—13,2
Zwickauer	770— 800	12,5—13,0
Briketts	1000—1100	9—10
Gaskoks	360— 470	21,3—27,8
Zechenkoks	380— 530	18,9—26,3

Sinterkohle ist das beste Feuerungsmaterial für Dampfkessel; sie verbrennt mit langer Flamme, wird dabei weich, ohne zu schmelzen, sintert zusammen, ohne den Rost zu verstopfen.

Backkohle muß zur Kesselanfeuerung mit Sandkohle gemischt werden, da sie sonst zu einer zusammenhängenden Masse zusammenschmilzt, welche den Rost verstopft.

Sandkohle allein kann in Kesselfeuerungen nicht verwendet werden, da ihre kurze Stichflamme schädlich auf den Kessel einwirkt.

Erdöl findet sich in allen Schichten der Erde in mäßig großen Tiefen unter der Erdoberfläche, in der Hauptsache im Sedimentgestein. Sand und Sandsteine können erdölführend sein, Ton, Tonschiefer und Gips finden sich unter den Öllagern.

---

[1]) Auch die Braunkohlen.

Die bedeutendsten Vorkommen von Erdöl finden sich in Rußland (zwischen Baku und Batum, darunter die bedeutendsten jene von Balachany, Bibi-Eybat und Ssurachani), in Amerika (Pennsylvanien, Ohio, Indiana, Texas, Louisana, Kanada, Mexiko, Wyoming), in Rumänien (Policiori, Glodeni, Kampina, Bustenari, Moreni), Galizien (Borislaw-Tustanovice, Schodnica und Krosno), Indien und Japan; daneben findet sich Erdöl im Elsaß, in Oberbayern, in Hannover usw.

Das russische Erdöl ist gekennzeichnet durch seinen Gehalt an Naphthenkohlenwasserstoffen und geringen Gehalt an Paraffinkohlenwasserstoffen; es ist sehr kältebeständig. Die amerikanischen Erdöle sind in Öle mit Paraffinbasis (in der Hauptsache aus Paraffinkohlenwasserstoffen zusammengesetzt, Grundlage für die wertvollsten Schmieröle) und in Öle mit Asphaltbasis zu unterscheiden. Die rumänischen Öle zerfallen in zwei Gruppen: Grenzkohlenwasserstoffreiche mit bis zu 6% Paraffin, mit 15—17% Benzin, und naphthenenreiche mit 23—26% Benzin. Die galizischen Öle sind paraffinreich (Borislaw-Tustanovice) oder paraffinarm (Schodnica und Krosno).

Die Aufbereitung des Erdöls erfolgt durch Destillation in drei Hauptstufen: 1. Stufe (Fraktion), bis 150° C siedend, ergibt das Rohbenzin, die zweite, von 150—300° C siedend, das Leuchtpetroleum, die dritte, über 300° C siedend, die Petroleumrückstände (Masut in Rußland, Pacura in Rumänien). Die Zusammensetzung des Rohöls schwankt, wie aus nachstehender Tabelle [1]) zu ersehen ist, in weiten Grenzen:

Rohöl aus	Spezifisches Gewicht	Benzin	Leuchtöl	Rückstand
		Prozent		
Pennsylvanien..........	0,79—0,82	10—20	55—75	10—20
Galizien	0,82—0,90	5—30	35—40	30—55
Ohio	0,80—0,85	10—20	30—40	35—50
Baku	0,83—0,90	0—5	25—35	55—65

Erdöl, Rohöl, Rohpetroleum ist gewöhnlich dunkel, bräunlich bis schwarz gefärbt, vereinzelt (Pennsylvanien) hellgelb bis rötlich, bald dünnflüssig, bald außerordentlich zäh, fast pechhaltig, mit Petroleum- oder lauchhaltigem (bei Schwefelgehalt) Geruch. Zu unterscheiden ist zwischen paraffinarmen Ölen (0—1% Paraffin, wenig Benzin, wenig Petroleum [Leuchtöl], dagegen viel schwerer erstarrendes Schmieröl enthaltend) und paraffinreicheren Ölen (3—8% Paraffin, erhebliche Mengen von Benzin, Petroleum und dünnflüssigere Schmieröle enthaltend); zur ersten Art gehören die Rohöle von Baku, zur letzten jene von Pennsylvanien. Aus den Rohölen werden durch Abtreibung, Destillation und Raffination die leichten, die schweren Benzine, das höher siedende Petroleum, die Schmieröle und Paraffin gewonnen [2]).

[1]) Ost: Lehrbuch der chemischen Technologie.
[2]) Dr. D. Holde: Untersuchung der Mineralöle und Fette.

Die rohen Erdöle bestehen aus hoch siedenden Kohlenwasserstoffen nichtaromatischer Natur, mit großer Kohlenstoffzahl, von welchen sich die leichteren nicht, die schwereren teilweise in konzentrierter Schwefelsäure lösen, aus Sauerstoff-, Schwefel- und Stickstoffverbindungen, die an Mengen jenen gegenüber sehr zurücktreten. Es enthalten:

Rohöle von Galizien:
86,18% Kohlenstoff, 13,82% Wasserstoff;
Rohöle von Baku:
86,21% Kohlenstoff, 13,49% Wasserstoff, 0,30% Sauerstoff;
Rohöle von Pennsylvanien:
86,10% Kohlenstoff, 13,90% Wasserstoff.

Gasöl ist die Bezeichnung für alle Minerale, welche zur Gaserzeugung dienen (Leichtöle des Braunkohlenteers, des Schieferteers und das Solaröl).

Im rohen Erdöl finden sich wechselnde Mengen von Asphalt; amerikanische und russische Öle sind asphaltarm. Die Entflammbarkeit der russischen Rohöle liegt meistens unter 70^0 C, doch entflammen benzinreiche Öle (hannoversche) zwischen 70 und 80^0 C.

Asphalt oder Naturasphalt oder Erdpech oder Bergteer oder natürliches Goudron (zum Unterschied von dem bei der Behandlung der Nadelbaumharze gewonnenen Harzpech) ist ein mit Verunreinigungen (Sand, Kalk, Ton usw.) vermengter, der Erdrinde entstammender Harzstoff (Bitumen), beziehungsweise mit Asphaltbitumen natürlich getränkter Kalkstein von brauner Farbe und bituminösem Geruch; er ist hart, spröde und dickflüssig.

Natürlicher Asphalt kommt am Toten Meer (syrischer Asphalt, teils schwimmend, teils an den Seeufern), auf der Insel Trinidad, in Venezuela, in Mexiko, Kalifornien, Kanada, Ural usw., an verschiedenen Orten als Bergteer und in bituminösem Kalkstein (durch Auskochen gewonnen) vor. Syrischer Asphalt hat rein schwarze Farbe, muscheligen Bruch, spezifisches Gewicht 1,103, schmilzt bei 135^0 C; Trinidad-Asphalt, der große Ähnlichkeit mit dem syrischen Asphalt hat, jedoch mehr braun gefärbt ist, schmilzt bei 130^0 C und enthält große Mengen mineralischer Beimengungen (Aschegehalt 33—47%); mexikanischer Asphalt ist schwarz, das Pulver braun und von starkem Geruch; Bergteer ist mehr oder weniger dickflüssig, von braunschwarzer bis rotbrauner Farbe. Natürliche Asphalte enthalten nach F. Lindenberg [1]:

Kohlenstoff . . 65,92—89,40%,   Sauerstoff . . . 0,40—11,54(?)%,
Wasserstoff . . 7,31—12,00%,   Stickstoff . . . 0,00— 1,70%.
Schwefel . . . 1,40—10,06%,

Asphalt (Erdpech, Erdharz), besteht aus Kohlenstoff, Wasserstoff und Sauerstoff, findet sich in der Natur als harzartige, fossile Masse,

[1] Die Asphaltindustrie.

besitzt dunkelbraune bis schwarze Farbe. Asphalt dient in dünnen Schichten als Überzug gegen Nässe und Säuren. Die reinen Asphaltsorten werden zu Lacken und Isoliermaterialien verarbeitet.

Goudron ist die Bezeichnung entweder für reines Asphaltbitumen oder für das durch Öl ausgezogene (weniger gute) oder mit Petrolasphalt oder Petrolpech (Erdöldestillationsrückstand) versetzte Asphaltbitumen. Das reine Asphaltbitumen (bestehend aus Kohlenstoff, Wasserstoff und Sauerstoff) ist glänzend schwarz, zähe, fest, bei schwachem Erwärmen erweichend, wasserundurchlässig, bituminös riechbar, brennbar, in Terpentinöl und Chloroform leicht löslich, in Weingeist fast unlöslich.

Asphaltmastix, Goudron, wird durch Zusammenschmelzen von gereinigtem Trinidadasphalt mit natürlichem Bergteer gewonnen; die bei einer bestimmten Temperatur geschmolzene Masse nimmt bei der Abkühlung teigartige Beschaffenheit an und erhärtet schließlich zu einem festen, wasserundurchlässigen Körper. Gutes Goudron muß, in kaltem Wasser abgekühlt, nach kurzer Zeit so hart werden, daß es sich nur mit dem Hammer zerschlagen läßt, bei einer Temperatur von etwa 37^0 (Handwärme) sich zu Fäden ausziehen lassen, zwischen 40—50^0 C vollständig schmelzen soll.

Die mit Bitumen getränkten Steine eignen sich besonders zur Herstellung von Pflasterungsmaterial; am besten ist jenes Asphaltgestein, dessen Bitumengehalt etwa 10% beträgt. Ein an Bitumen ärmeres Gestein läßt sich nur schwer stampfen, wird in der Kälte rissig, ist gegen Feuchtigkeit durchlässig; Asphaltgestein mit über 10% Bitumengehalt besitzt als Pflaster zu wenig Härte und erweicht zu stark im heißen Sommer. Durch entsprechende Mischungen wird das zur Herstellung des Stampfasphalts geeignete Material (in Pulverform) gewonnen.

Rohes Erdwachs oder Mineralwachs oder Ozokerit, eine paraffinähnliche Kohlenwasserstoffverbindung mit dem Paraffin ähnlichen Eigenschaften wird (hauptsächlich in Galizien) bergbaumäßig abgebaut, und zwar in zusammenhängenden gelbbraunen bis dunklen Stücken (Bracken) oder in Form von wachsgetränktem Gestein. Die Verunreinigungen werden durch Schmelzen in offenen Pfannen an der Gewinnungsstelle entfernt. Im Rohzustand ist rohes Erdwachs eine schwarze wachsartige Masse mit matter Oberfläche und schwach bituminösem Geruch; es schmilzt bei 60—85^0 C. Durch Behandlung mit Schwefelsäure (Reinigung) wird reines Erdwachs, Ceresin, mit weißer Farbe erhalten, dessen Handelswert von der Farbe und dem Schmelzpunkt abhängt. Es dient zur Fabrikation von Kabel- und Walzenmassen wie Luxuskerzen. Vielfach wird es durch Beimengungen von Paraffin (schwer erkennbar), von Kolophonium, Erdölrückständen, Talk, Stearin, Talg usw., gefälscht.

WASSER.

Wasser besteht aus 11,111% Wasserstoff und 88,889% Sauerstoff; Wasser gefriert bei 0^0 C (in völliger Ruhe, oder mit einer Schichte Öl bedeckt wie im luftleeren Raum einige Grade unter 0^0 C); beim Abkühlen des Wassers tritt Volumenverminderung bis etwa $+ 4^0$ C, darunter Volumenvergrößerung um etwa 10% bis zur Eisbildung ein (daher Eis leichter als Wasser). Reines Wasser ist geruch- und geschmacklos, in dünnen Schichten farblos. Wasser ist schwer zusammendrückbar; es ist 773mal schwerer als Luft von 0^0 C und 819mal schwerer als Luft von 15^0 C. Wasser siedet nur in metallenen Gefäßen normal (100^0 C bei 760 mm Barometerstand $= 1$ Normalatmosphäre), in gläsernen bei einer um 1^0 C höheren Temperatur. Wasser löst feste, flüssige und gasförmige Stoffe. Der Gefrierpunkt von Salzlösungen ist niedriger als jener von reinem Wasser. Kältemischungen sind Salze oder Salzgemische, welche beim Lösen in Wasser eine bedeutende Abkühlung herbeiführen.

Es ist zwischen veränderlicher (temporärer, durch Auskochen zu beseitigende) und bleibender (permanenter, durch Bikarbonate des Kalks und der Magnesia bedingte) Härte zu unterscheiden. Die Härte wird aus der gefundenen Menge Kalk und Magnesia berechnet oder, namentlich für technische Zwecke, direkt bestimmt. 1 deutscher Härtegrad $= 1$ Teil Gesamtkalk auf 100.000 Teile Wasser.

Trinkwasser soll durchaus frei von schädlichen Stoffen sein und zum Genuß anregen.

Kesselspeisewasser [1]) soll so beschaffen sein, daß es möglichst wenig zerstörend auf die Kesselbleche und Armaturen einwirkt. Die Rostbildungen sind auf Vorhandensein von Sauerstoff und Kohlensäure im Wasser zurückzuführen. Bei gut vorgewärmtem Wasser oder Wasser, welches vorwiegend kohlensaures Kalzium enthält, kann die Rostbildung ein wenig beschränkt werden, auch durch eine dünne Kesselsteinschicht. Wasser, welches Chlormagnesium enthält, wirkt rasch zerstörend auf die Kesselbleche; diese schädliche Wirkung kann bei Gegenwart von Kalziumkarbonat behoben werden. Schwefelwasserstoffhaltiges Wasser und Grubenwasser, fetthaltiges Wasser, Kondensationswasser greifen die Kessel stark an. Alle Kesselsteine bildenden Bestandteile des Wassers müssen unschädlich gemacht werden durch Überführung der Kesselsteinbildner in leichtlösliche Verbindung oder durch deren Ausfällen, beides, bevor das Wasser in den Dampfkessel gelangt (Beseitigung der Bikarbonate durch Vorwärmer oder Zusatz von Kalkmilch, von Gips, durch kohlensaures Natrium, von doppelkohlensauren und schwefelsauren Verbindungen durch Vermischen von

---

[1]) Dr. Ferd. Fischer: Das Wasser.

Kalkmilch und Soda). In jedem Falle ist Warmspeisen dem Kalt-
speisen vorzuziehen.

Nach Dr. H. Klut[1]) gelten zur ungefähren Wegleitung als Anhalts-
punkte für die chemische Zusammensetzung eines guten Kesselspeise-
wassers die nachstehenden Zahlen (1 Milligramm in 1 Liter):

(Reaktion gegen Lackmuspapier: schwachalkalisch.)
Salpetersäure (N_2O_5) unter 100.
Ammoniak (NH_3) unter 1.
Chlor (Cl) unter 200.
Schwefelsäure (SO_3) unter 20—30.
(Gips ist der gefährlichste Kesselsteinbildner.)
Kaliumpermanganat-Verbrauch unter 60.
Freie Kohlensäure: höchstens Spuren.
Luftsauerstoff: möglichst wenig.
Schwefelwasserstoff: höchstens Spuren.

Härte für leicht zu reinigende Großwasserraumkessel (Flammrohr-
kessel) unter 12°, für schwer oder gar nicht befahrbare, besonders
Wasserrohrkessel unter 6°, bleibende Härte, wenn sie vorwiegend durch
Sulfate (Gips) bedingt ist, unter 2—3°.

Abdampfrückstand: unter 200—300.
Kieselsäure (SiO_2): unter 15.

Spannungen und Temperaturen von gesättigtem Dampf.
(Nach Regnault.)

t° C	Druck Atm.	t° C	Druck Atm.	t° C	Druck Atm.	t° C	Druck Atm.	t° C	Druck Atm.
0	0,0061	17	0,0190	42	0,0803	80	0,4670	165	6,940
1	0,0065	18	0,0202	43	0,0847	85	0,5700	170	7,843
2	0,0070	19	0,0215	44	0,0892	90	0,6914	175	8,839
3	0,0075	20	0,0229	45	0,0939	95	0,8340	180	9,929
4	0,0080	25	0,0310	46	0,0989	100	1,0000	185	11,123
5	0,0086	30	0,0415	47	0,1041	105	1,1930	190	12,430
6	0,0092	31	0,0440	48	0,1095	110	1,4150	195	13,842
7	0,0099	32	0,0465	49	0,1151	115	1,6700	200	15,380
8	0,0105	33	0,0492	50	0,1210	120	1,9620	205	17,070
9	0,0113	34	0,0521	52	0,1336	125	2,3700	210	18,848
10	0,0124	35	0,0551	54	0,1473	130	2,6720	215	20,791
11	0,0129	36	0,0582	56	0,1622	135	3,097	220	22,882
12	0,0138	37	0,0649	58	0,1783	140	3,576	225	25,130
13	0,0147	38	0,0666	60	0,2051	145	4,113	230	27,535
14	0,0157	39	0,0685	65	0,2460	150	4,712		
15	0,0167	40	0,0722	70	0,3067	155	5,379		
16	0,0178	41	0,0762	75	0,3796	160	6,121		

Wasser für Stärkefabriken muß frei von Gärungserregern, von darin
schwebenden Stoffen, von Ammoniak oder Salpetrigsäure sein.

---

[1]) Untersuchung des Wassers an Ort und Stelle.

Wasser für Zuckerfabriken muß frei sein von faulenden Stoffen und von Salzen.

Wasser für Bierbrauereien muß frei sein von organischen Verunreinigungen und giftigen Salzen; für dunkle Biere ist weiches, für Weiß- und Lagerbiere hartes Wasser mit einem merklichen Zusatz von Sulfaten der alkalischen Erden (weniger Magnesiumsulfat im Verhältnis zum Gips) vorzuziehen.

Für Branntweinbrennereien gilt im wesentlichen das gleiche; überdies ist Wasser mit viel Gehalt an Kalziumkarbonat nachteilig (schlechtere Kühlung). Für Likörfabriken ist hartes Wasser unbrauchbar.

Wasser zum Ausspülen von Weinfässern und -flaschen muß rein sein, darf kein Eisen und keine faulenden Stoffe enthalten.

Wasser für Bäckereien darf keine faulenden Stoffe enthalten.

Wasser zum Waschen der Rohwolle soll weich, zur Behandlung der Seiden härter sein. Für Bleichereien und Färbereien ist fließendes, klares, farbloses Wasser erforderlich. Wasser für Papierfabriken darf weder Eisen, noch Humus, noch faulende Stoffe enthalten.

Wasser für Gerbereien soll weich und darf nicht faulig sein.

Kalk- und magnesiahaltiges Wasser muß zur Verwendung für technische Waschzwecke auf 80—100° erhitzt und von dem gebildeten Niederschlag abgegossen werden.

Kältemischungen.
(Lunge nach Meidinger.)

Mischung	Temperatur-abnahme °C	Spez. Wärme der Lösung	Volumen-gewicht der Lösung	Wärmeverlust von	
				1 kg	1 l Mischung
1 Teil Kochsalz, 3 Teile Eis	21	0,83	1,18	125	100
3 Teile krist. Glaubersalz, 2 Teile konzentr. Salzsäure	37	0,74	1,31	55	74
2 Teile salpetersaures Ammoniak, 1 Teil Salmiak, 3 Teile Wasser .	30	0,70	1,20	42	51
3 Teile Salmiak, 2 Teile Salpeter, 10 Teile Wasser............	26	0,76	1,15	40	46
3 Teile Salmiak, 2 Teile Salpeter, 4 Teile krist. Glaubersalz, 9 Teile Wasser	32	0,72	1,22	50	61

Kältemischungen[1].

Mischungen mit Wasser:	Abkühlung:
5 Teile Salmiak, 5 Teile Kalisalpeter, 16 Teile Wasser	von $+10°$ C bis $—17°$ C
5 Teile Salmiak, 5 Teile Kalisalpeter, 16 Teile Wasser, 8 Teile kristallisiertes Glaubersalz	„ $+10°$ C „ $—20°$ C
1 Teil Ammoniumnitrat, 1 Teil Wasser . .	„ $+10°$ C „ $—20°$ C

[1] H. Blücher: Auskunftsbuch für die chemische Industrie.

Mischungen mit Wasser:	Abkühlung:		
1 Teil Ammoniumnitrat, 1 Teil Wasser, 1 Teil kristallisiertes Natriumkarbonat	von +10° C bis		—25° C
5 Teile kristallisiertes Kalziumchlorid, 3 Teile Wasser	„ +10° C	„	—15° C
Mischungen mit verdünnten Säuren:			
6 Teile kristallisiertes Glaubersalz, 5 Teile Ammoniumnitrat, 5 Teile verdünnte Salzsäure	„ +10° C	„	—28° C
6 Teile Natriumphosphat, 4 Teile verdünnte Salpetersäure	„ +10° C	„	—20° C
5 Teile kristallisiertes Glaubersalz, 4 Teile verdünnte Schwefelsäure (aus 1 Teil Säure + 1 Teil Wasser)	„ +10° C	„	—18° C
8 Teile kristallisiertes Glaubersalz, 5 Teile konzentrierte Salzsäure	„ +10° C	„	—22° C
Mischungen mit Schnee (oder gestoßenem Eis):			
1 Teil Chlornatrium, 2 Teile Schnee . . .	„ + 0° C	„	—20° C
1 Teil Salmiak, 5 Teile Schnee, 2 Teile Chlornatrium	„ + 0° C	„	—30° C
1 Teil Salmiak, 5 Teile Schnee, 2 Teile Chlornatrium, 1 Teil Kalisalpeter	„ + 0° C	„	—35° C
5 Teile Ammoniumnitrat, 12 Teile Schnee, 5 Teile Chlornatrium	„ + 0° C	„	—40° C
5 Teile kristallisiertes Kalziumchlorid, 4 Teile Schnee	„ + 0° C	„	—50° C
1 Teil Salpetersäure, 2 Teile Schnee . . .	„ + 0° C	„	—56° C

TIERISCHE STOFFE.

Die tierischen Fasern sind zu unterscheiden in Schafwolle, Seidenhaare (Ziegen-, Mohair-, Kaschmir-, Tibet-, Kamel-, Lama-, Vigogne-, Pakowolle), Pferdehaare, Kunstwolle und Seiden (Maulbeerseide, wilde Seiden, Kunstseide).

Wolle ist die allgemeine Bezeichnung für verspinnbare Tierhaare (Schafwolle [des Hausschafes], Ziegenwolle [Kaschmirziege, Angoraziege], Kamelhaar [Grund- oder Flaumhaar], Vigognewolle [amerikanische Vikunjaart], Pakohaar [Alpako], Kuhhaare. Falsche Vigognewolle ist ein versponnenes Gemisch von viel Baumwolle und sehr wenig eigentlicher Wolle).

Im engeren Sinne des Wortes wird mit Wolle das Haarkleid des Schafes, die Schafwolle, bezeichnet.

Nach der Herkunft ist die Schafwolle zu unterscheiden in Austral-wolle (Australien, Neuseeland), Kapwolle, La-Plata-Wolle (Argentinien, Uruguay), Mittelmeerwolle (Türkei, Syrien, Marokko), ostindische, chinesische, tibetanische und europäische Wolle. Das Höhen- oder Landschaf hat unter 150 mm lange, gekräuselte, verschieden starke, das Niederungsschaf bis 550 mm lange, nie gekräuselte, ziemlich grobe, das deutsche Landschaf wenig gekräuselte, trockene, spröde Wolle.

Merinowolle (in zwei Klassen, AA und A, und Zwischenstufen unter-schieden) ist die von den spanischen Merinoschafen, Croßbredwolle (in sieben Klassen, B, C I, C II, D I, D II, E I, E II, und Zwischen-stufen unterschieden) die von Kreuzungen englischer Böcke mit Merinomutterschafen herrührende Wolle.

Beim Scheren der Schafe bleibt das ganze Haarkleid, Vließ, infolge des die einzelnen Haare zusammenklebenden Fettes zusammenhängend. Aus dem ausgebreiteten Vließ werden die einzelnen Teile ausgeschie-den (sortiert). In der Reihenfolge ihres Gütegrades sind zu unterschei-den: Schulterblätterwolle, Rippen- oder Flankenwolle, Halsteilwolle, Wolle der Seitenflächen der Hinterschenkel (Keule, Hosen); die schlechteste Wolle kommt vom Wolfsbiß (hinterster Teil der Hinter-schenkel). Lammwolle (zart, fein, geringe Länge, Elastizität und Festigkeit) wird gemischt zu Filzwaren verwendet.

Rauf- oder Gerberwolle ist jene Wolle, welche von den Fellen ge-schlachteter Tiere herrührt (auch Hautwolle genannt, im Gegensatz zur [vom lebenden Tier gewonnenen] Schurwolle). Sie ist ebenso gut wie die Schurwolle von lebenden gesunden Schafen; schlechter ist hin-gegen die sogenannte Sterblingswolle, welche von in krankem Zu-stand geschlachteten oder infolge Krankheit zugrunde gegangenen Tieren herrührt.

Wert und Brauchbarkeit der Wolle werden bestimmt nach der Farbe (in der Regel weiß, doch auch naturgefärbt grau, braun, schwarz, gelblich, rötlich), dem Glanz (glanzlose Wolle wird als „trüb" be-zeichnet), der Sanftheit, Milde und Zartheit (beim Angreifen mit den Fingerspitzen, Wolle ohne Sanftheit heißt „barsche", „rauhe", „harte" Wolle), der Geschmeidigkeit (geschmeidiges, an einem Ende gehaltenes Haar wird durch den geringsten Luftzug hin und her bewegt), der Kräuselung, der Feinheit (durch Stapelziehen, Gegenhalten gegen eine schwarze Unterlage festgestellt), der Gleichförmigkeit (Treue, Ausgeglichenheit, gleichmäßige Dicke der ganzen Länge nach), der Länge (im natürlich gekräuselten und gerade ausgestreckten Zustand bis 550 mm), der Dehnbarkeit (bis zu 50% der Länge, wenn ohne nennenswerte Dehnung abreißend, „spröde"), der Festigkeit und Elastizität (erkennbar durch Zusammendrücken eines Wollfleckens).

Zu unterscheiden sind: Streichwolle (Kratzwolle, Tuchwolle, alle entschieden gekräuselten Wollen mit bis zu 100 mm ausgestreckter

Länge) zur Herstellung tuchartiger, gefilzter, gewalkter Zeuge und Kammwolle (meist über 240 mm lang, mit großer Festigkeit, Weichheit) zur Herstellung von Kammwollzeugen (nicht entfilzte Zeuge).

Die Wolle wird nach dem Waschergebnis gewertet, dem Rendement, das ist die Feststellung der Menge reiner Wolle, welche aus der Schweißwolle (Rohwolle) nach erfolgter Wäsche gewonnen werden kann.

Das spezifische Gewicht der reingewaschenen Wolle, welches auf 17% Feuchtigkeitsgehalt konditioniert wird, ist 1,3 (nur fett- und lufthaltige reine Wolle schwimmt auf dem Wasser).

Durch die Bestimmung des Aschegehalts (beim Verbrennen der Wolle), welcher weniger als 1% des Wollgewichts beträgt, läßt sich leicht nachweisen, ob wollene Stoffe mit mineralischen Stoffen beschwert werden (der Aschegehalt ist dann größer).

Beim Ankauf von Schafwolle gilt als Norm für naturfeuchte Wolle: es werden auf das (in besonderen Trockenapparaten bestimmte) Trockengewicht bei loser Wolle 17%, bei Kammgarn 18¼% zugeschlagen.

Ziegenwolle hat größere Faserlänge, stärkeren Glanz und bedeutendere Glätte als Schafwolle, ist fast ungekräuselt; sie wird meist zu harten Kammgarnen (Weft) verwendet.

Zu Plüschgeweben und feinen Tüchern wird Mohair, das Haar der Angoraziege (fein, weiß, leicht gekräuselt, 150—200 mm lang), zur Erzeugung feiner Winterstoffe das Haar der Kaschmirziege (bedeutende Länge, schwache Kräuselung, hervorragend seidenartiger Glanz), zu Winter- und Pelzdecken die Tibetwolle, das Haar der Tibetziege (gröber, matter Glanz), verwendet.

Aus dem feinen, grau- bis rötlichbraunen Flaumhaar des Kamels werden Stoffe, Decken und Treibriemen, aus dem weißen Haar des Lama festes Gewebe, aus der Vigognewolle (besonders weich, glänzend, zu unterscheiden vom Vigognegarn, welches aus einer Mischung von Baum- und Schafwolle erzeugt wird), dem Haar des Vikuna, Trikotagen und Teppichgarne hergestellt. Eine gute Wolle liefert auch das Pako; seine Wolle, Alpako, ist nicht zu verwechseln mit der unter dem gleichen Namen gelieferten Kunstwolle.

Pferdehaare können nicht versponnen werden.

Fette sind organische Substanzen, welche bei gewöhnlicher Temperatur feste oder talg- oder butter- oder schmalzartige Konsistenz haben.

Öle sind organische Substanzen von flüssiger Konsistenz.

Öle und Fette hinterlassen auf Papier einen bleibenden durchscheinenden Fleck; ihre Farbe wechselt von weißlichgelb (feste Fette) bis gelb und gelbgrün (flüssige Öle) wie rotbraun (flüssige Trane); ihr Geruch und Geschmack ist für jede Art spezifisch; an der Luft und im Licht sind sie leichter veränderlich als Mineralöle, werden sauer und ranzig.

Tierische Öle und Fette werden durch Ausschmelzen der fetthaltigen Körperteile gewonnen.

Talg hat gelblichweiße Farbe, frischen, nicht ranzigen Geruch, ist frei von Mineralsäuren, fremdartigen Beimengungen, Haut- und Fleischteilen, in Äther klar und ohne Rückstand löslich; Entflammungspunkt 33—40° C.

Wollfett (durch Extraktion der rohen Schafwolle gewonnen) ist in rohem Zustand eine schmierige, unangenehm bockartig riechende, gelbe oder braune, zähe Masse, in gereinigtem Zustand (Lanolin) weiß oder lichtgelb, durchscheinend, von salbenartiger Konsistenz, fast geruchlos, hat ein spezifisches Gewicht von 0,94—0,97, schmilzt zwischen 31 bis 42° C.

Wollöle sind die in den Wollwebereien und Wollkämmereien zum Einfetten der Wolle benutzten Öle, wozu nichttrocknende fette Öle (Olivenöl, Schmalzöl und Knochenöl) verwendet werden; sie müssen in der Walke leicht entfernbar sein und sollen sowohl beim Lagern wie beim Verarbeiten des mit ihnen eingefetteten Materials wenig Wärme entwickeln.

Oleïne aus Fetten (gelbe bis dunkelbraune, klare oder teilweise trübe Öle) werden zur Seifenfabrikation, in der Wollspinnerei und zur Herstellung wasserlöslicher Öle verwendet.

Degras ist das beim Entfetten von sämischgrauem Leder erhaltene Fett (oxydierter Tran). Reines Degras kommt als Moëllon in den Handel.

Trane, aus Seetieren gewonnene Öle, mit eigenartigem, fischähnlichem Geruch, spezifisches Gewicht 0,900—0,930, werden ähnlich dem Rüböl zu Schmierzwecken verwendet.

Walrat hat ein spezifisches Gewicht von 0,95—0,96, schmilzt bei 42—45° C und hat kristallinische Struktur.

Schmalzöl oder Lardöl, durch Auspressen des abgekühlten Schweineschmalzes gewonnen, wird wegen seiner Beständigkeit gegen Kälte und Sauerwerden als Schmiermittel für feinste Mechanismen verwendet.

Klauenöl (hellgelb, fast geruchlos), aus den Klauen der Wiederkäuer gewonnen (sehr beständig), wird zur Schmierung von Uhren und Präzisionsmechanismen verwendet.

Konsistenz, Flüssigkeitsgrad, spezifisches Gewicht und Erstarrungspunkte von tierischen Ölen und Fetten.

(Nach Dr. D. Holde, Untersuchung der Mineralöle und Fette.)

Material	Konsistenz bei Zimmerwärme	Flüssigkeitsgrad (Viskosität) bei 20° C	Spez. Gewicht	Erstarrungspunkt ° C
Rindstalg	fest	—	0,943—0,952	Schmelzpunkt 42,5—46
Hammeltalg	fest	—	0,937—0,940	» 46,5—51
Talgöl	flüssig bis halbfest	—	bei 100° C 0,794	Erstarrungspunkt 32,9—41,0, 34,5—37,5
Schweineschmalz .	salbenartig	—	0,931—0,938	Erstarrungspunkt 27,1—29,9
Robbentran	—	—	—	Schmelzpunkt 36—40

Seide ist der glänzende Faden, welcher bei der Verpuppung der Raupe des Seidenspinners, Maulbeerspinners (Bombyx mori), erzeugt wird. Die Raupe erzeugt vorerst rauhere Seide (Flockseide), dann den feineren Faden des Kokons, welcher etwa 3700 m lang ist, von dem ohneweiters höchstens 900 m brauchbar sind. Der Kokon hat gelbe bis weiße Farbe, einen Durchmesser bis zu 25 mm und wiegt 1—3 g.

Die Maulbeerseiden sind zu unterscheiden in chinesche Rohseide (vier Hauptsorten: Tsatlee, Haysan, Yuenfá, Haynigs; geringwertige: Chincum, Woozies, Skeins; gelbe: Shantung-, Minchewsseide), japanische Rohseide (Oshiu-, Dshoshiuseide und die Seiden der südlichen Provinzen: Etschizen, Hamamatsuki, Owari, Yse, Mashta, Tango), italienische Rohseide (extra, classica, sublime, corrente), französische Rohseide (Cevennes-, Ardèche-, Dauphiné-, Vivarais-, Carpentrus-, Provence-, Valreas- und Lubernonseide).

Die echte Naturrohseide (zum Unterschied von der Seide des Ailanthusspinners, der Rizinusraupe, des Tussahspinners und anderen, wie der Kunstseide) ist weiß, blau bis hochgelb, oft mit einem Stich ins Rötliche; die mittlere Dicke ist 0,013—0,026 mm (2500—3600 m wiegen 1 g); sie läßt sich um 12—15 % dehnen, hat eine Reißlänge von 33 km, eine absolute Festigkeit von 45 kg/mm².

Zu unterscheiden sind: Rohseide (Grezseide, nur durch Abhaspeln der Kokons gewonnen), Florettseide (alle aus den Abgängen bei der Gewinnung und Verarbeitung der Rohseide sich ergebenden Fäden), Bourrette (Stumba, die aus den Kämmlingen bei Verarbeitung der Florettseide sich ergebenden Fäden), Seidenshoddy (Fäden aus gebrauchten Seidenfasern).

Die Rohseide ist ein grauer, gelblichweiß bis grünlichweißer oder schöner gelber (italienische) Faden, welcher aus dem Fibroïn (eigentliche Seide) und dem sie umhüllenden Seidenleim (Seidenbast, Serizin) besteht, welcher 20—26 % des Gewichts der Rohseide beträgt; erst durch sein Entfernen (Entbasten, Entschälen, Degummieren, Abkochen in auf 90—95° C erhitzte Lösungen neutraler Seife) kommt die reinweiße glänzende Seide zum Vorschein.

Haspelrohseide muß einen runden, glatten, überall gleich dicken, glänzenden Faden aufweisen.

Um den Gewichtsverlust zu vermindern (5—10 %) wird die Seide oft nur teilweise entbastet (abgekocht); die so gewonnene Seide heißt Soupleseide oder souplierte Seide. Der Seidenglanz wird durch Strecken, Glätten erhöht, chevillierte (lüstrierte) Seide. Durch Behandlung mit Weinsäure, Zitronsäure (billiger: Essigsäure, Ameisensäure) wird die Seide rauschend, aviviert. Um den durch das Entbasten entstehenden Verlust auszugleichen, wird die Seide künstlich beschwert (mit Metallsalzen, Zinnsalzlösungen usw.). „Pari", beschwerte Seide, ist jene, bei welcher nur das durch das Entbasten verlorene Gewicht ersetzt wird; jede weitergehende Beschwerung liefert „Überpari"-Seide; beschwerte Seide ist billiger als unbeschwerte, aber nicht haltbar, um so weniger, je mehr sie beschwert ist. Konditionieren ist die Festsetzung des Seidengewichts mit Bezug auf einen bestimmten Feuchtigkeitsgehalt (erfolgt durch die Konditionierungsanstalten).

Der verkaufsfähige Seidenfaden wird unterschieden in: Organsin (Kettenseide, beste, festeste Seide, aus 2—3 Fäden [je aus 3—8 Kokonfäden] gezwirnt), Tramseide (Trama, Einschlagseide, ein- bis dreifädig [je aus 3—12 Kokonfäden] gezwirnt), Marabuseide (aus weißer schöner Rohseide, wie Trama hergestellt, gefärbt und nochmals gezwirnt, sehr steif), Pelseide (ein einziger grober Rohseidenfaden aus acht und mehr Kokonfäden), Nähseide, Strichseide (weniger gezwirnt, aber dichter als Nähseide), kordonierte Seide (aus besonders schönen, feinen Rohseidenfäden), Stickseide (sehr schwach gedreht, sehr fein).

Die beim Haspeln der Kokons und durch die nicht abhaspelbaren Kokons entstehenden Abfälle werden zur Erzeugung der Florette- oder Chappeseide, deren Abfälle in der Bourettespinnerei verwendet.

Der Handelswert der Seide ist durch die Feinheit ihrer Faser bestimmt, welche durch „Titrieren" festgestellt wird. Die Nummer ist durch den Titre gegeben:

Lyoner Titre: Zahl der Grains (0,0531 g) auf 500 m Fadenlänge;
Turiner Titre: Zahl der Gramme auf 9000 m Fadenlänge;
Amerikanischer Titre: Gewicht von 20 Yards in grains (0,065 g);
Metrischer Titre: Zahl der Dezigramme auf 1000 m Fadenlänge.

Die wilden Seiden (Seiden von nicht gezüchteten Raupen) bestehen aus dickeren und kräftigeren Fäden als die Maulbeerseiden; sie sind dunkler gefärbt. Die wichtigste unter ihnen ist die Tusarseide (Tusserseide, Tussah), von einem indischen und südchinesischen Spinner gewonnen; weitere wilde Seiden sind: die Eriaseide (des Ricinusspinners), die Mugaseide (aus Assam), die Yamamajseide (japanischer Eichenspinner, der echten Seide am ähnlichsten).

Byssus oder Seeseide ist das Produkt gewisser Muscheln, welche mittels der ausgeschiedenen Faserbündel sich an die Felsen anheften (Sizilien, Sardinien, Korsika).

Rohes Bienenwachs (durch Ausschmelzen der Honigwaben gewonnen) ist gelb, manchmal rötlichbraun gefärbt, spröde, von feinkörnigem Bruch, riecht nach Honig, ist fast geschmacklos, hat ein spezifisches Gewicht von 0,96—0,97, schmilzt zwischen 63—64° C.

Bienenwachs kommt gebleicht und ungebleicht oder als Extraktionswachs in den Handel. Es wird vielfach durch Zusatz von Ceresin, Paraffin und Montanwachs gefälscht.

Chinesisches Wachs hat gelblichweiße Farbe, kristallinische Struktur, ein spezifisches Gewicht von 0,93—0,97 und schmilzt zwischen 80—83° C.

42

PFLANZLICHE STOFFE.

Im technischem Sinne ist Holz die vom Kambium, dem Bast und der Rinde umschlossene Masse der Sträucher und Bäume. Kambium ist das zwischen Bast und Holzkörper liegende, aus einer schmalen Schicht zarter Zellen bestehende Muttergewebe, welches nach außen Bastzellen, nach innen Holzzellen durch Teilung ablagert. Wird Holz geschnitten, so entsteht je nach der Schnittrichtung Hirnholz (Schnitt senkrecht zur Längsachse des Stammes), Spiegel- oder Spaltholz (Schnitt durch die Achse des Stammes) und Fladerholz (Schnitt senkrecht zur Längsachse des Stammes); die bezüglichen Schnitte werden als Hirn- oder Querschnitt, beziehungsweise Radial-, Spalt- oder Spiegelschnitt, beziehungsweise Flader-, Sehnen- oder Tangentialschnitt bezeichnet. Der Querschnitt zeigt in der Mitte die Markröhre, um sie herum die Jahresringe (für jedes Jahr ein Ring, bei Hölzern der heißen Zone meist fehlend), um sie herum konzentrisch das Kambium, den Bast und die Rinde. Durch das Absterben (Aufhören der Wasserführungsfähigkeit) der Zellen erscheinen die nach innen liegenden Jahresringe bei einigen Holzarten, den Kernhölzern, dunkler. Im Gegensatz dazu wird das aus jüngeren Jahresringen gebildete, meist weniger feste und heller gefärbte Holz als Splintholz bezeichnet. Zwischen Kernholz und Splintholz liegt bei manchen Holzarten eine fast ebenso trockene Schicht wie das Kernholz, mit einer dem Splintholz ähnlichen Färbung, welche Reifholz heißt. Zu den Kernholzbäumen zählen unter anderen: Apfelbaum, Eiche, Kiefer, Lärche, Zirbel, zu den Splintholzbäumen unter anderen: Ahorn, Birke, Linde, Rotbuche, Weißbuche, zu den Reifholzbäumen unter anderen: Erle, Fichte, Tanne, Ulme, Weißdorn.

Die jungen Zellenwandungen, aus einem Kohlehydrat, dem Pflanzenzellstoff oder Zellulose, gebildet, verdicken und verholzen mit der Zeit durch Aufnahme von Ligninsubstanzen; der Zelleninhalt besteht aus Wasser, Luft und verschiedenen organischen sowie mineralischen Stoffen, diese finden sich auch in den Zellenwandungen. Die mineralischen Stoffe bleiben beim Verbrennen des Holzes als Asche (Gemenge aus Kali, Kalk, Kieselsäure, Magnesia, Natron, Phosphorsäure, Schwefelsäure) zurück.

Nach R. B. Griffin und A. D. Little enthalten:

Holzart	Zucker, Gummi usw., im Wasser löslich	Fette, Harze usw., in Äther und Alkohol löslich	Zellstoff	Inkrusten und zusammen- klebende Stoffe
Tanne	2,81	3,73	66,32	50,75
Pappel..............	4,80	1,85	80,35	55,80
Birke	2,14	0,93	82,99	42,18
Gelbe Birke	1,88	0,97	82,36	53,80

Die von gefärbten Pigmenten herrührende Farbe des Holzes[1]) ist für dessen Brauchbarkeit, Güte und Unterscheidung bestimmend; gesundes Holz ist gleichmäßiger gefärbt als krankes, Holz von älteren Bäumen und verarbeitetes dunkler als jenes von jüngeren Stämmen und unverarbeitetes; der Luft ausgesetztes und unter Wasser befindliches Holz wird dunkler, Splintholz ist am hellsten, Reifholz dunkler, Kernholz am dunkelsten.

Das spezifische Gewicht der Holzfaser ist annähernd 1,5, das kleinste spezifische Gewicht hat der Balsambaum mit 1,3. Je nach dem spezifischen Gewicht unterscheidet man sehr leichte, leichte, ziemlich schwere, mittelschwere, schwere, sehr schwere Hölzer

Holz-Kubikmetergewichte.

Sehr leichte	Leichte	Mittelschwere	Schwere	Sehr schwere
		H ö l z e r		
		K i l o g r a m m		
290—380	385—480	480—580	580 - 675	675—770

Durchschnittliche spezifische Holzgewichte.

Bei °C	Art	Sehr leichte	Leichte	Ziemlich schwere	Mittel- schwere	Schwere	Sehr schwere
				H ö l z e r			
60	getrocknet	0,40—0,49	0,50—0,59	0,60—0,69	0,70—0,79	0,86	0,90
110	gedarrt	0,30—0,40	0,40—0,50	0,50—0,60	0,60 - 0,70	0,70—0,80	0.80 und da· über

Spezifische Gewichte von Holzarten.

	Lufttrocken	Frisch geschlagen		Lufttrocken	Frisch geschlagen
Akazie.	0,58—0,85	0,75—1,0	Mahagoni	0,55—1,05	
Apfelbaum	0,66—0,84	0,95—1,25	Nußbaum	0,6 —0,8	0,8 —1,0
Birke	0,51—0,77	0,8 —1,1	Pappel	0,4 —0,6	0,6 —1,05
Birnbaum	0,61—0,73	0,95—1,1	Pitchpine	0,83—0,85	
Buchsbaum	0,91—1,16	1,2 —1,25	Pockholz	1,2 —1,4	
Ebenholz.	1,26		Roßkastanie	0,6	0,75—1,15
Eiche	0,7 —1,0	0,93—1,3	Rotbuche	0,66—0,83	0,85—1,12
Esche	0,57—0,94	0,7 —1,15	Steineiche	0,7 —1,05	0,84—1,25
Fichte (Rottanne)	0,35—0,6	0,4 —1,05	Tanne (Weißtanne)	0,37—0,75	0,75—1,2
Hickory	0,6 —0,9		Teakholz	0,9	
Kiefer (Föhre)	0,31—0,75	0,4 —1,1	Ulme (Rüster)	0,56—0,82	0,8 —1,2
Kirschbaum	0,75—0,85	1,0 —1,2	Weide	0,5 —0,6	0,8
Lärche	0,47—0,56	0,8	Weißbuche	0,6 —0,82	0,9 —1,15
Linde	0,35—0,6	0,6 —0,9			

[1]) H. Wilda: Das Holz.

Die Zerstörungen von gefälltem Holz sind auf Infektion durch Holzpilze, die im Walde in das gesunde gefällte Holz gelangen, zurückzuführen. Die Holzpilzentwicklung kann durch Austrocknen unschädlich gemacht werden; dauernd feuchtes oder abwechselnd feuchtes und trockenes Holz wird durch die Holzpilze rasch zerstört. Erkennungszeichen: Rotstreifigkeit (rotbraune Verfärbung des Holzes bei Buchen, Erlen, Fichten, Kiefern, Tannen), Verblauung (bei nassem Wetter geschlagene und verarbeitete Kiefern), Stockigkeit oder Erstickung (weißliche Flecke bei Buchen und Erlen), Trockenfäule (Folge der steigenden Zersetzung), Vermoderung oder Naßfäule (weiterer Fortschritt der Zersetzung, namentlich wenn Holz unmittelbar auf der Erde gelagert ist), Trockenfäule oder echter Hausschwamm (in verbautem Holz, bewirkt Bräunung, Vermürbung, mit starkem Schwund verbundene, vollständige Zersetzung des Holzes), gekennzeichnet durch muschel- oder omeletteförmige, übereinanderliegende fleischige Feuchtkörper mit weißem Rand und braungefärbte, mit welligen Runzeln überzogene Fläche, ferner durch dicke, löschpapierartige, leicht vom Holz lösbare, graue oder grauweiße Häute.

Je besser das Holz, desto dichter und schwerer ist es. Trockenes Holz eines Laubbaumes ist (unter gleichen Verhältnissen) im Winter 8—9% schwerer als im Sommer, jenes eines Nadelbaumes rund 5%. Das Eigengewicht des Holzes ist im grünen Zustand am größten. Das beim Fällen der Bäume vorhandene Gewicht ist das Grundgewicht oder Frischgewicht mit rund 50% Wasser im Splintholz und rund 15% Wasser im Kernholz. Das Lufttrockengewicht ist das Gewicht des längere Zeit unter Dach in trockenen Räumen aufbewahrten Holzes, beziehungsweise bei 10—15% Wassergehalt. Darrgewicht ist das Gewicht des bei 110^0 künstlich getrockneten Holzes.

Der Wassergehalt von frisch gefälltem Holz beträgt bei Nadelhölzern etwa 57%, bei weichen Laubhölzern etwa 52%, bei harten Laubhölzern etwa 42%, von lufttrockenem Holz bei Nadelhölzern etwa 8—12%, bei Laubhölzern etwa 17%.

Durchschnittlicher Wassergehalt in 100 Teilen frischgefällten Holzes.

Holzart	Grenzwerte	Mittelwerte	Holzart	Grenzwerte	Mittelwerte
	Prozent			Prozent	
Ahorn	27—49	38	Karri	54—60	—
Birke	24—53	38	Kiefer	40—54	47
Buche	20—43	32	Lärche	17—60	38
Eiche	22—39	31	Linde.............	36—57	46
Erle	33—58	45	Pappel.............	43—61	52
Esche	14—32	24	Roßkastanie	37—52	45
Fichte	40—57	47	Ulme	24—44	34
Jarrah	etwa 50	—	Weide	30—49	39

Holzart	Frischgewicht		Lufttrockengewicht	
	Grenzwerte	Mittelwerte	Grenzwerte	Mittelwerte
Sehr leichte Hötzer				
Fichte	0,40—1,07	0,74	0,35—0,6	0,47
Linde	0,58—0,87	0,72	0,32—0,59	0,45
Schwarzpappel	0,61—1,07	0,84	0,39—0,59	0,49
Leichte Hölzer				
Erle	0,63—1,01	0,82	0,42—0,68	0,55
Kiefer	0,38—1,08	0,73	0,31—0,80	0,55
Roßkastanie..............	—	—		0,58
Wacholder	—	1,1	—	0,50
Weide	—	0,79	0,49—0,59	0,54
Weißtanne	0,77—1,23	1,0	0,37—0,75	0,56
Ziemlich leichte Hölzer				
Ahorn	0,83—1,05	0,93	0,53—0,81	0,67
Birke	0,80—1,09	0,95	0,51—0,77	0,64
Birnbaum................	0,96—1,07	1,02	0,61—0,73	0,67
Lärche..................	0,52—1	0,76	0,44—0,80	0,62
Ulme	0,78—1,18	0,98	0,56—0,82	0,69
Schwedische Kiefer	—	—	—	0,68
Mittelschwere Hölzer				
Akazie...................	0,75—1	0,88	0,58—0,85	0,72
Apfelbaum...............	0,95—1,26	1,1	0,66—0,84	0,75
Eberesche...............	0,87—1,13	1	0,69—0,89	0,70
Hickory.................	1,33	—	0,6—0,9	0,75
Nußbaum	0,91—0,92	0,92	0,60—0,81	0,70
Rotbuche	0,9—1,12	1,02	0,66—0,83	0,74
Weißbuche...............	0,92—1,25	1,12	0,62—0,82	0,72
Zwetschke	0,87—1,17	1,02	0,68—0,9	0,79
Schwere Hölzer				
Berberitze...............	—	1,1	—	0,81
Eibe....................	—	1,03	—	0,84
Jarrah..................	bei 30° C getrocknet		0,73—0,94	0,83
Mahagoni	—	—	0,56—1,06	0,81
Pitchpine (Pechkiefer)......	—	—	0,83—0,85	0,84
Sommereiche.............	0,93—1,28	1,1	0,69—1,03	0,86
Steineiche	—	—	0,71—1,07	0,89
Stringy bark	0,88—1,05	0,96	0,77—0,82	0,80
Sehr schwere Hölzer				
Blackbutt	—	1,05	0,912—1,067	0,98
Buchsbaum	—	—	1,20—1,26	1,23
Ebenholz	—	—	—	1,26
Eisenholz	—	—	1,036—1,14	1,09
Grenadillholz.............	—	—	—	0,93
Karri...................	—	1,15	0,73—1,09	0,91

[1]) Diese und andere Tabellen nach H. Wilda: Das Holz.

Holzart	Frischgewicht		Lufttrockengewicht	
	Grenzwerte	Mittelwerte	Grenzwerte	Mittelwerte
Sehr schwere Hölzer				
Königsholz	—	—	—	1,02
Palisander	bei 30° C getrocknet		—	0,91
Pockholz.................	—	—	1,17—1,39	1,28
Red gum	—	1,04	—	0,94
Spotted gum	—	1,07	—	0,96
Tallow wood	—	—	0,94—1,23	1,08
Teakholz................	—	—	—	0,90
Turpentine	—	1,10	—	0,91

Der Wechsel des Wassergehalts des Holzes zieht Änderungen seines Rauminhalts nach sich — das Holz arbeitet. Gegenmittel sind: Entrinden der im Herbst zu fällenden Bäume im vorhergehenden Frühjahr, Aufstapeln der gefällten und zerschnittenen Stämme, so daß sie weder sich noch die Erde berühren, sorgfältiges Verarbeiten im Darrofen, Herstellung stärkerer Hölzer durch Aufeinanderleimen verschiedener Holzstücke, von größeren Flächen durch Verwendung von Rahmen, Füllungen und Furnieren. Das Arbeiten des Holzes äußert sich als Schwinden, Quellen, Reißen, Werfen und Windschiefwerden.

Holz hält sich am besten in nassem Sand-, Ton- und Lehmboden, weniger gut in trockenem Sandboden, am schlechtesten im Kalkboden. Die Fällungszeit ist von keinem Einfluß auf die Lebensdauer; Winterholz ist dem Angriff der Insekten leichter ausgesetzt. Wechsel von Nässe und Trockenheit beeinflußt die Lebensdauer am ungünstigsten; hierbei hält sich Kiefernholz höchstens 20, Eichenholz höchstens 50 Jahre. Die Lebensdauer ist am größten, wenn das Holz dauernd trocken oder dauernd unter Wasser gehalten wird. Feuchter und warmer Luft ausgesetztes Grubenholz wird rasch durch die Holzpilze zerstört und hält Kiefernholz kaum ein Jahr, Eichenholz höchstens 3—4 Jahre.

Lebensdauer verschiedener Holzarten.

Holzart	Im Freien, Wind und Wetter ausgesetzt	Dauernd unter Wasser	Trocken
	Jahre		
Birke...................	15—40	—	—
Buche..................	10—60	unbegrenzt	300—800
Eiche..................	100	unbegrenzt	300—350
Erle	14—20	—	—
Esche	15—64	unbegrenzt	300—800
Espe	14—20	—	—
Fichte	40—70	250—400	120—200
Kiefer	40—85	250—400	120—200
Lärche	40—85	—	—
Linde	—	250—400	120—200
Pappel	14—20	—	—
Ulme..................	60—90	—	—
Weide	30	—	—

Die Lebensdauer des im Wasserbau verwendeten Holzes wird durch Fäulnisprozesse begrenzt, welche die freiliegenden Teile ergreifen und in verhältnismäßig kurzer Zeit vernichten. Vollständig unter Wasser befindliche Holzteile bleiben dabei meist von diesen Erscheinungen verschont, da schädliche Proteinstoffe ausgewaschen werden und zugleich durch Ablagerung von mineralischen Bestandteilen in den Hohlräumen des Holzes eine Art von Verkieselung des Holzkörpers platzgreift.

Weißfäule (nur unter Anwesenheit von Luft möglich, ein Oxydationsprozeß) tritt an Orten ein, welche dem Holz nicht gestatten, die ihm noch innewohnende Feuchtigkeit abzugeben, oder auch dann, wenn das Holz bei nicht zu niedriger Temperatur häufig angefeuchtet wird, ohne zwischendurch völlig austrocknen zu können. Das Holz nimmt eine helle, meist schneeweiße Färbung an und erhält eine vollständig zerreibbare Beschaffenheit, die es technisch unbrauchbar macht.

Naßfäule entsteht nur bei Anwesenheit von größeren Mengen Wasser und wird durch eine gewisse Höhe der Temperatur wie durch Anwesenheit von proteinartigen organischen Substanzen begünstigt.

Vermoderung ist ein tiefgreifender Spaltungsprozeß, der zur Absonderung von Sumpfgas oder dem Sumpfgas ähnlichen Kohlehydraten führt und als sekundäre Erscheinung die Entwicklung von Kohlensäure und Wasserdampf aufweist. Das Produkt der Zersetzung ist dunkel, rotbraun bis schwarz gefärbt, hat seine feste Konsistenz und seine technische Nutzbarkeit vollständig eingebüßt.

Die Betonummantelung von Hölzern, unter der Bodenfläche, aber über Grundwasser verwendet, hält ein Anfaulen der Hölzer außerordentlich zurück. Besonders widerstandsfähig zeigen sich Eiche und Kiefer. Anstriche (Durchtränkungen) von Holz für Wasserbauten bewähren sich nicht.

Das Trocknen des Holzes kann auf natürlichem oder künstlichem Wege erfolgen. Je langsamer es erfolgt, desto sicherer geht es vor sich. Zur Sicherung des langsamen Austrocknens bleiben die Stämme mit der Rinde (gegebenenfalls mit der in schraubenförmigen Streifen verbleibenden) längere Zeit liegen. Die natürliche Trocknung (in luftigen Schuppen für Zimmerholz, in gewärmten Lagerräumen für Tischlerholz) erfordert für Eichenholz 2—5 Jahre, für andere Hölzer 1—4 Jahre. Künstliches Trocknen erfolgt (in Darröfen) meist bei 70—80° C; Holz zu Eisenbahnschwellen wird oft nur sechs Stunden lang auf 100° C erhitzt. Bei Hölzern, die leicht zum Reißen neigen, wird das künstliche Trocknen oft durch Dämpfen (Behandlung mit überhitztem Wasserdampf während 60—80 Stunden) unterstützt; das Dämpfen zieht meist eine Verminderung der Festigkeit nach sich; gedämpftes Holz ist härter, leichter und dunkler als ungedämpftes.

Wasserverlust verschiedener Holzarten beim Trocknen im Darrofen.

Holzart	Wasserverlust für	
	Splintholz	Kernholz
	% des Grüngewichts	
Ahorn	40—50	30—40
Birke	40—50	30—40
Eiche	40—50	30—40
Esche	40—50	30—40
Fichte	45—65	16—25
Föhre	45—65	16—25
Pappel	60—65	40—60
Tanne	45—65	16—25
Ulme	40—50	30—40
Walnuß	40—50	30—40

Mit der Zunahme der Geschwindigkeit der Trocknung des Holzes wächst infolge der auftretenden Beanspruchungen die Gefahr der Rissebildung, insbesondere beim Trocknen von grünem Holz an der Sonne oder im Darrofen, wobei auftretende kleinere Risse verschwinden, radiale Risse aber bleiben und sich vergrößern. Zu unterscheiden sind: Strahlenrisse (vom Splint zum Kern), Kernrisse (vom Kern zum Splint), Sternrisse (vom Holzmittel ausgehend), Luft- oder Trockenrisse (parallel zur Faserrichtung an der Oberfläche), Kernspaltung (Aufreißen eines aus Kernholz geschnittenen Brettes von unten nach oben).

Beim Eintauchen in Wasser und bei Behandlung mit Dampf nimmt das Holz die vor dem Trocknen innegehabte Gestalt an, das Holz quillt. Splintholz nimmt das Wasser schneller auf als Kernholz. Die meisten Weichhölzer nehmen innerhalb vierundzwanzig Stunden rund 20—25%, Harthölzer 5—20% ihres Rauminhalts an Wasser auf.

Wasseraufnahme verschiedener Holzarten.

Holzarten	Wasseraufnahme bis zur vollen Sättigung in der Richtung			Zunahme nach	
	der Länge	des Halbmessers	der Sehne	Raum	Gewicht
	Prozent				
Buche	0,2	5,03	8,06	9,5—11,8	63—99
Esche, jung	0,281	4,05	6,56	—	—
Esche, alt	0,187	3,84	7,02	7,5	70
Fichte	0,076	2,4	6,18	4,4—8,5	70—166
Kiefer	0,12	3,04	5,72	—	—
Lärche	0,075	2,17	6,3	—	—
Sommereiche, jung	0,4	3,9	7,55	—	—
Sommereiche, gedämpft	0,32	2,66	5,59	5,5—7,9	60—91
Sommereiche, alt	0,13	3,13	7,78	—	—
Tanne	0,104	4,82	8,13	3,6—7,2	83—133
Ulme	0,124	2,94	6,22	9,7	102

Die Festigkeit nimmt mit der Dichte und der Trockenheit zu; Kernholz ist fester als Splintholz. Die Zugfestigkeit wird durch den

Holzart	Druckfestigkeit	Zugfestigkeit
	Kilogramm/Quadratzentimeter	
Fichte	1 296—448	750 — 780
Tanne	1 245—460	110—1080
Steierische Lärche	1 476 - 686	—
Lärche	1 406 - 625	600 - 1390
Deutsche Kiefer	1 225—440	150 - 1270
Schwedische Kiefer	1 420—620	—
Seekiefer, entharzt	1 530	—
Seekiefer, nicht entharzt	1 505	—
Yellow pine	1 340	—
Pechkiefer (Pitch pine)	1 480 - 700	—
Ulme	1 236—540	180—1040
Esche	1 440	110—1500
Rotbuche	1 320 - 600	1340
Deutsche Eiche	1 345 - 510	223—1450
Longleaf pine	1 240 - 830	—
Cuban	1 200—740	—
Shortleaf pine	1 320 - 600	—
Loblolly pine	1 270 - 780	—
Weimutskiefer (white pine)	(12%) 220 - 600	—
Red pine	(12%) 300—570	—
Spruce	(12%) 310 - 700	—
Baldcypress	(12%) 210 - 690	—
Zeder	(12%) 220 - 430	—
Douglas spruce	(12%) 290—620	—
White oak	(12%) 360 - 880	—
Red oak	(12%) 380 - 860	—
Yellow oak	(12% 0) 390—600	—
Ironback	1 770	900—1500
Tallow wood	1 595	840—1740
Blackbutt	1 595	1000 - 1750
Spotted gum	1 612	—
Red gum	1 602	—
Turpentine	1 672	—
Mountain ash	1 525	810—1820
Mahagoni	—	930—1400
Jarrah	—	700—1120
Karri	—	970—1310
Teakholz	—	—
Djati	—	—

Verlauf der Fasern beeinflußt. Holz mit verworfenen Fasern kann nur $^1/_{10}$—$^1/_{20}$ der Zugfestigkeit des Holzes mit geradem Fasernlauf aushalten; Knotenbildungen und Trockenrisse beeinträchtigen die Zugfestigkeit. Die Nadelhölzer bieten größeren Widerstand gegen Druck, die Harthölzer größeren Widerstand gegen Zug. Nadelhölzer zerknicken bei 10—14facher Länge des Durchmessers, Laubhölzer bei 5—8facher Länge des Durchmessers. Harte Hölzer besitzen größere Biegungsfestigkeit als Nadelhölzer. Die Biegsamkeit steigt mit dem

Biegungsfestigkeit	Scherfestigkeit		Elastizitätsgrenze
senkrecht	parallel	senkrecht	
	zur Faser		
	Kilogramm/Quadratzentimeter		
420— 425	40—65	220—260	210—250
838	30—60	273	170—250
—	—	—	
850—1300	45—70	250	140—170
330— 900	30—60	210	170
—	—	—	—
—	—	—	—
—	—	—	—
—	60	270	145—220
—	—	—	200—250
700—1100	65—85	290—390	160—245
600—1000	75—95	270	270—350
230—1250 (15%)	—	—	—
—			
270—1040 (15%)	—	—	—
320— 780 (12%)	—	—	—
220— 900 (12%)	—	—	—
—			
160—1040 (12%)	—	—	—
260— 640 (12%)	—	—	—
270— 900	—	—	—
400—1400	—	—	—
500—1160	—	—	—
360—1050	—	—	—
220— 950 (12%)	—	—	—
—	—	—	—
—	—	—	—
—	—	—	—
—	—	—	—
—	—	—	—
—	—	—	—
—	74—140	—	—
—	74—126	—	—
1085	—	—	—
1064	—	—	—

Feuchtigkeitsgehalt und wird erhöht durch vorhergehende Behandlung mit Wasserdampf, die eine dauernde Biegung des Holzes ermöglicht. Leichtere Holzarten lassen sich leichter abscheren als zähe; die Scherfestigkeit von grünem Holz beträgt etwa 30% jener von trockenem. Harte Hölzer sind im allgemeinen zerbrechlicher als weiche. Zähes Holz muß eine Zugbeanspruchung von mindestens 100 kg/cm² und

---

[1]) Die eingeklammerten Zahlen geben den Feuchtigkeitsgrad an; 1 = lufttrocken.

eine Längsabscherung von mindestens 70 kg/cm² aushalten können. Saftreiches Holz läßt sich leichter spalten als trockenes. Die Spaltbarkeit ist am geringsten in der Spiegelfläche, im Sehnenschnitt $1^1/_3$—$1^1/_2$mal größer. Ebenholz und Pockholz lassen sich nicht spalten. leicht spalten die Eiche, Nadelhölzer, Pappel, Rotbuche und Weide. weniger leicht die Esche und Ulme, schwer der Buchsbaum, die Eberesche, Roteibe und die meisten exotischen Hölzer.

Die Spaltfestigkeit, der Trennungswiderstand der Faserrichtungen. ist am geringsten in der Spiegelebene.

Schwer	Schwer und mittelschwer	Leicht und sehr leicht
Spaltbare Hölzer		
Pockholz Ebenholz Buchsbaumholz	Weißbuchenholz Ulmenholz Eschenholz	Rotbuche Erle Kiefer und Eiche Linde Tanne und Fichte Pappel

In der Faserrichtung beträgt die Zugfestigkeit der weichen Hölzer (Fichte, Kiefer, Tanne usw.) 750 kg/cm², der harten Hölzer: Eiche 1000 kg/cm², Buche 1200 kg/cm²; die Druckfestigkeit der weichen Hölzer 350 kg/cm², der harten Hölzer: Eiche 500 kg/cm², der Buche 600 kg/cm²: die Biegungsfestigkeit der weichen Hölzer 500 kg/cm², der harten Hölzer: Eiche 650 kg/cm², der Buche 750 kg/cm².

Im rohen Durchschnitt ist die Zugfestigkeit 2 × Druckfestigkeit, die Biegungsfestigkeit annähernd $1\frac{1}{3}$ × Druckfestigkeit.

Die Scherfestigkeit beträgt für weiche Hölzer 40 kg/cm², für harte Hölzer: Eiche 75 kg/cm², Buche 85 kg/cm²; die Quetschgrenze für weiche Hölzer 40 kg/cm², für harte Hölzer 120 kg/cm².

Zulässige Spannungen des Holzes [1]).

Material	Zug		Zug und Druck wech- selnd	Druck		Biegung			Schub		
	ru- hend	schwel- lend		ru- hend	schwel- lend	ru- hend	schwel- lend	wech- selnd	ru- hend	schwel- lend	wech- selnd
	Kilogramm/Quadratzentimeter										
Weiche Hölzer: in Faserrichtung	150	100	50	75	50	105	70	35	15	10	5
senkrecht zur Faser	--	—	—	20	10	--	--	--	30	20	10
Weiche Hölzer: in Faserrichtung	180	120	60	90	60	120	80	40	30	20	10
senkrecht zur Faser	—	—	--	45	30	—	—	--	75	50	25

[2]) Nach A. v. Lachemair: Materialien des Maschinenbaues.

52

Die Härte der Hölzer kann durch die Tiefe der Einkerbungen gemessen werden, welche bei einer bestimmten gleichbleibenden Druckkraft hervorgerufen wird, oder durch die Größe dieser Kraft bei gleichbleibender Kerbtiefe. Bei einer Kerbtiefe von 1¼ mm werden als weiche Hölzer (Kastanie, die meisten Nadelhölzer, Pappel) jene bezeichnet, welche eine Kerbkraft von 100 kg/cm² erfordern, als mittelharte (leichtere Arten der Birke, harte Nadelhölzer) jene, deren Kerbkraft 110—160 kg/cm², als harte (Buche, Eiche, Sykomore, Ulme, Walnuß) jene, deren Kerbkraft mehr als 220 kg/cm², als sehr harte (gutes Eichenholz, hartes Ahornholz, Hickory) jene, deren Kerbkraft mehr als 220 kg/cm² beträgt. Die Härte des Holzes ist quer zu den Fasern kleiner als längs der Fasern; im gleichen Stamm ist Splintholz weicher als Kernholz, das gegen die Stammspitze zu gelegene weicher als jenes gegen den Stammfuß zu gelegene. Je trockener das Holz ist, desto größer ist seine Härte.

Wird die Bearbeitbarkeit des Holzes als Maßstab zugrunde gelegt, so sind nach N ö r d l i n g e r zu unterscheiden:

steinhart: Pockholz, Ebenholz u. a.,

beinhart: Buchsbaum, Beinholz u. a.,

sehr hart: Weiß-, Schwarzdorn, Mandelbaum u. a.,

hart: Ahorn, Hainbuche, Wildkirsche u. a.,

ziemlich hart: Esche, Plantane, Ulme u. a.,

etwas hart: Silberahorn, Edelkastanie, Rotbuche, Nußbaum, Eichenarten u. a.,

weich: Kiefer, Fichte, Tanne, Roßkastanie, Erle, Birke u. a.,

sehr weich: Linde, Pappel, Weimutskiefer u. a.,

plastisch: manche Eukalyptusarten, Korkhölzer und andere Leichthölzer.

Liegen die Flächen der Jahresringe senkrecht zur Belastung, so ist das Holz am wenigsten elastisch; in den Fasern verworfenes oder knotiges Holz ist elastischer als reines; ein auf der druckbeanspruchten Seite des Holzes liegender Knoten wirkt weniger schädlich als der auf der gezogenen Seite liegende; schwere Hölzer derselben Art sind im allgemeinen weniger elastisch als leichtere, grünes Holz weniger als trockenes, das nach dem Zopfende zu liegende mehr als das dem Stammende zu liegende; bei alten Nadelhölzern ist das Splintholz am wenigsten elastisch, bei harten Hölzern meist am stärksten. Der Dehnungskoeffizient in der Faserrichtung beträgt bei Holz im Mittel etwa 1 : 114.000.

Schwinden des Holzes ist die Verkleinerung seines Raummaßes beim Trocknen. Es ist auf die Verdünnung der Holzfasern und ihrer Wandungen bei gleichbleibender Faserlänge zurückzuführen. Splintholz schwindet stärker als Kernholz, jüngeres Holz mehr als älteres, Nadelhölzer schwinden gleichmäßiger als Laubhölzer.

Die Schwindung beträgt:
in der Faserrichtung etwa ½ %,
in der Halbmesserrichtung etwa 5 %,
in der Sehnenrichtung etwa 10 %.
Das spezifische Gewicht beträgt:
für weiche Hölzer, frisch gefällt 0,75,
für weiche Hölzer, lufttrocken 0,55,
für harte Hölzer, frisch gefällt 1,05,
für harte Hölzer, lufttrocken 0,85.

Schwindmaße verschiedener Holzarten.

Holzart	Schwindung in Prozent der ursprünglichen Länge in der Richtung		
	der Achse	des Halbmessers	der Sehne
Ahorn	0,072	3,35	6,59
Apfelbaum	.0,109	3	7,39
Birke	0,222	3,86	9,3
Birke, russische	0,065	7,19	8,17
Birnbaum	0,228	3,94	12,7
Buchsbaum	0,026	6,02	10,20
Ebenholz	0,010	2,13	4,07
Eiche, jung	0,4	3,90	7,55
Eiche, alt	0,13	3,13	7,78
Erle	0,369	2,91	5,07
Esche, jung	0,18—0,821	4,05	2,6—11
Esche, alt	0,187	3,84	7,02
Fichte (Rottanne)	0,076	1,1—2,48	2—7,3
Guajak (Pockholz)	0,625	5,18	7,50
Kiefer (Föhre)	0,08—0,2	0,6—3,04	2—5,72
Kirschbaum	0,112	2,85	6,05
Lärche	0,075—0,1	2,17—2,3	4,3—6,3
Linde	0,208	7,79	11,50
Mahagoni	0,11	1,09	1,79
Nußbaum	0,223	3,53	6,25
Pappel	0,125	2,59	6,40
Pflaumenbaum	0,025	2,02	5,22
Roßkastanie	0,088	1,84	5,82
Rotbuche	0,2	2—6	7—11
Weißtanne, jung	0,122	2,91	6,72
Weißtanne, alt	0,086	4,82	8,13
Ulme (Rüster)	0,014—0,124	1,2—2,94	2,7—6,22
Weide	0,697	2,48	7,31
Weimutskiefer	0,16	1,8	5
Weißbuche	0,4	6,66	10,3
Zeder	0,017	1,3	3,38

Seitenbretter krümmen sich von der Kernseite weg. Holz wird wind-
schief, wenn es aus drehwüchsigen Stämmen geschnitten, oder wenn
gleichmäßiges Schwinden unmöglich ist.
Zur Verhinderung des Reißens empfiehlt sich die Verwendung von
möglichst trockenem, älterem Holz und die der gestellten Aufgabe entsprechende richtige Konstruktion der Holzverbindung.

Holz hat wegen seiner hygroskopischen Eigenschaften nur geringe elektrische Isolierfähigkeit, welche durch Imprägnieren mit Ölen oder flüssigen Isolierstoffen erhöht werden kann, wodurch jedoch die Feuergefährlichkeit zunimmt. Daher wird Holz in elektrischen Anlagen selten als Träger der Isolierkörper verwendet.

Von den sogenannten Farbhölzern, deren Farbstoffe industriell verwertet werden, sind unter anderen zu nennen:

Blauholz (Campecheholz, Blutholz) ist das Kernholz des mittelamerikanischen Blutbaumes (Haematoxylon Campechianum). Aus seinem Farbstoff, dem Haematoxylin, werden durch Oxydation, je nach Art des Oxydationsmittels, blauviolette bis schwarze Farben, durch Extrahieren die Blauholzextrakte (Campechekarmin) gewonnen.

Fisettholz (ungarisches Gelbholz, junger Fustik) ist das Kernholz des in Südeuropa wachsenden Perückensumachs (Rhus cotinus), welches einen roten Farbstoff, Fustin, enthält, aus welchem mittels verdünnter Säuren der gelbe Farbstoff Fisettin abgeschieden wird.

Gelbholz (alter Fustik), das Stammholz des amerikanischen Färbermaulbeerbaums (Morus tinctoria), enthält als Farbstoff das Morin, das sich in Alkalien mit gelber Farbe löst und schwerlösliche Metalllacke bildet; überdies findet die Gelbholzabkochung Verwendung in der Woll- und Seidenfärberei.

Die Hauptmenge der Bestandteile des Holzes wird durch die Zellulose (44,4% Kohlenstoff, 6,2% Wasserstoff, 49,4% Sauerstoff) gebildet, deren Verbrennungswärme 4150 Wärmeeinheiten für 1 kg ist.

Zellstoff oder Zellulose wird aus Holz oder verholzten Pflanzenteilen, Gräsern u. dgl. durch vollständige Entfernung der Inkrusten auf chemischem Wege hergestellt. Durch Behandlung (Kochen) mit Alkalien, die sich auf das Natrium zurückführen lassen, entsteht die Alkali- oder Natronzellulose, durch Kochen mit Glaubersalz (Natriumsulfat) der Sulfatzellstoff, durch Behandlung mit Sulfiten der Sulfitzellstoff.

Die Ausbeute an Zellulose beträgt beim Sulfitverfahren: Tanne 50,75%, Pappel 55,80%, Birke 42,18%, gelbe Birke 53,80%, beim Natronverfahren: Fichte 35%, Tanne 37%, Weißföhre 38%, Schwarzföhre 34%, Lärche 33%, Rotbuche 30%, Pappel 35%, Weißbirke 29%, Esche 26%, Erle 34%.

Zellulose oder Zellstoff unterscheidet sich vom Holzstoff dadurch, daß er die reine, durch chemische Mittel von allen Nebenbestandteilen befreite Zellulose darstellt.

Holzschliff (unrichtig auch Holzstoff genannt) wird aus dem gewachsenen Holz durch Schleifen (Andrücken des Holzklotzes an einen Schleifstein) hergestellt; arbeitet die Steinoberfläche im wesentlichen nach der Faserrichtung des Holzes, so entsteht (der bessere, regelmäßigere) Längsschliff; arbeitet sie quer zum Fasernlauf, so entsteht der (unregelmäßigere) Querschliff. Zu fein gemahlener Schliff — tot gemahlener — ist für die Papierfabrikation unbrauchbar.

Besonders geschmeidige Fasern werden aus gedämpftem Holz (besonders geeignet zu Lederpapieren und Lederpappen) hergestellt: brauner Schliff oder Dampfholzschliff.

Die Pflanzenfasern werden eingeteilt in Samenfasern (Baumwolle), Stengelfasern (Flachs, Hanf, Jute, Ramie, Nessel, Sunnhanf, Torffaser), Blattfasern (neuseeländischer Flachs, Manila-, Ananas-, Aloëhanf, Waldwolle) und Fruchtfasern (Kokosfaser), verschiedene Fasern (Holz, Stroh, Rohr, Kautschuk).

Die Pflanzenfasern, welche Einzelzellen darstellen (Baumwolle, Kapok) sind sofort verspinnbar, jene welche als Zellenbündel vorkommen (Flachs, Hanf, Jute, Nessel usw.) müssen vorher aufbereitet werden.

Die Baumwollpflanze, zu den Malvengewächsen gehörend, kommt als Baum von 3—6 m Höhe, als Strauch von 1—2 m Höhe und als etwa 80 cm niedriges, krautartiges Gewächs in Ländern mit heißfeuchtem Klima (Nord- und Südamerika, West- und Ostindien, Nordafrika, Kleinasien) vor.

Baumwolle ist das Samenhaar der Baumwollpflanze (Gossypium), deren Frucht durch eine 3—5-fächrige Kapsel gebildet wird. Jedes Fach enthält 3—8 von Wollfasern eingehüllte Samenkörner, deren Außenhaut die Baumwollfasern trägt. Die beim Herausnehmen aus den Kapseln gesichtete Baumwolle wird getrocknet, egreniert (entkörnt, 40—15% handelstaugliche Ausbeute aus der Rohwolle) und in stark gepreßten Ballen von 35—370 kg Gewicht verpackt. Baumwolle ist rein weiß, gelblich, rötlich, bläulichweiß oder bräunlichgelb (Nankingbaumwolle).

Die Fasern der Baumwolle sind 8—53 mm lang und 4,5—8,2 mm dick; das spezifische Gewicht der reinen Baumwolle beträgt 1,47—1,50. Baumwolle nimmt, mit Ätzkalilauge behandelt, seidenartigen Glanz an, läßt sich sehr gut färben (Merzerisieren). Feuchte Baumwolle verliert ihre Geschmeidigkeit und wird faulig. Unreife, glasige, nicht schraubenförmig gewundene Fäserchen in sonst guter Wolle ergeben tote Baumwolle (nimmt keine Farbe an). Die Güte der Baumwolle, das heißt die einfache Faserlänge (Stapel), Festigkeit, Feinheit und Weichheit der Haare wird durch das Stapelziehen (wiederholtes Auseinanderzupfen eines Wollklumpens mit beiden Händen bis zum Heraustehen eines Bartes aus beiden Händen) bestimmt. Die schönste Baumwolle ist die Sea Island oder lange Georgia. Die im Handel vorkommenden, überdies in Gütestufen unterschiedenen Baumwollsorten werden nach ihrem Ursprungsland benannt.

Die Baumwolle kommt in Form von gepreßten kubischen, in Jutepacktuch gehüllten, mit Stahlbändern verschnürten Ballen (Tara 1 bis zu 6% vom Bruttogewicht) oder in Form von gepreßten Rundballen (Lowrybales, roundlap bales, Reaganballen, Tara 1—1½%) in den Handel.

Die wichtigsten Handelssorten [1]) werden von der Liverpool-Cotton-Bokers-Association unterschieden in:

nordamerikanische Baumwolle (sehr gut; extralange Georgia oder Sea Island, gelblichweiß, vollkommen rein, 35—45 mm Stapellänge; lange Georgia, wie vorstehend, 30—35 mm Stapellänge; kurze Georgia oder Louisiana, reinweiß, ziemlich rein, 20—35 mm Stapellänge; New Orleans, Alabama, Florida, Mississippi, Mobile, Virginia, Upland, Texas, Arkansas, Tenessee, rein weißgelb und weiß, nissig, verunreinigt mit Laub und Schalen, Stapellänge 20—35 mm);

südamerikanische Baumwolle (mittelgut; brasilianische, glänzend gelblichweiß, hochgradig rein, Stapellänge 20—34 mm; Pernambuco, Alagoas, gelblichweiß, ziemlich rein, 20—34 mm; Bahia, stark gelblich, verunreinigt mit unreinen Flocken und Schalen, 20—34 mm; Guyana, gelblichweiß, ziemlich rein, 20—34 mm; Columbia, glänzend, unrein, 20—34 mm; Peru, schmutzig grauweiß, ziemlich rein, 20—34 mm);

westindische Baumwolle (mittelgut; Portoriko, Java, Domingo, Haiti, Martinique, Quadelupe, Kuba, St. Vincent, schön rein gelblichweiß, wenig rein, Stapellänge 20—34 mm);

ostindische Baumwolle (stark verunreinigt; Broach, Bhaunagar, Hinghinghaut, gelblichweiß, glänzend, ziemlich rein, Stapellänge 15—28 mm; Dhollera, Omrawutee, Omra, gelblichweiß, mit Laub, Staub, Finnen verunreinigt, 15—28 mm; Madras, Tinivelly, schmutzig gelblichweiß, wie vorstehend, 15—28 mm; Scinde, Rangoon, Dharwar, Kalkutta, Komptah, wie vorstehend, 15—20 mm; Bengal, gelbfleckig, rein weiß, mit Schalen verunreinigt bis ziemlich rein, 10—15 mm);

afrikanische Baumwolle (Macco [Ägypten], hochweiß oder braun, sehr rein, Stapellänge 30—50 mm; Algier Bourbon, Réunion, stark gelblichweiß, unrein, 20—30 mm).

Die bei der Baumwolle sich ergebenden Abfälle (ägyptische: Macco-Scart [gereinigt Afritti], ostindische: Fly [sehr minderwertig], amerikanische: linters) werden zur Erzeugung von Grobgarnen verwendet.

Im gewöhnlichen Zustand beträgt der Feuchtigkeitsgehalt der Baumwolle 5—7%, beim Lagern an feuchter Luft steigt er bis zu 20%; im Handel wird der Zuschlag für Feuchtigkeit bis auf 8½% festgesetzt.

Baumwolle verbrennt ziemlich rasch und hinterläßt an Asche kaum 1% des Baumwollgewichts.

---

[1]) A. Weiß: Textiltechnik und Textilhandel.

Die Baumwolle wird, um ihr die Eigenschaften der tierischen Faser zu verleihen, mit Gelatine oder Leim imprägniert (animalisieren).

Bei der Verarbeitung der Baumwolle entstehen Abfälle[1]) von verschiedener Qualität, welche eine ihr entsprechende Verwertung finden; diese Abfälle werden unterschieden in: Zupfwolle (Pickings, während des Seetransports durch Platzen der Verpackung schmutzig gewordene Teilchen, sehr wertvoll), Flügelwolle (Blowings, Abfall des Öffners- und des Schlagmaschinenprozesses), Bodenflug (mit Staub vermengte, vom Staubsauger abgezogene Teilchen), Krempelflug, Cambings (bei der Abnehmerwalze abfallende Florteile), Deckelputz (Strips, der von den Kardendeckeln abgestreifte Rückstand, etwa 60% des Rohstoffwerts), Spinnflug (Roller ends, öliger, an den Streckwalzen der Feinspinnmaschinen sich ansetzende Rest), Walzenwolle (Laps, beim Reißen um die Streckwalzen sich wickelnden Vorgarnfäden, annähernder Wert der Rohbaumwolle), Putzdeckelabfall (an den Putztüchern), Spinnereifäden (abfallende Garnfäden) und Spinnkehricht (Sweepings).

A. Weiß[2]) unterscheidet den Flachs nach der Herkunft (russischer, deutscher, französischer, belgischer, irischer, schlesischer usw. Flachs), nach der angewandten Rotte (wasser-, tau-, gemischt und künstlich gerösteter Flachs) und nach dem Grad der Bearbeitung (Stengel-, Roh-, Röst-, Brech-, Schwing-, Hechelflachs und Flachswerg).

Flachs (Frühlein oder Frühflachs, im Frühjahr, Spätlein oder Spätflachs im Juni angesäter, dieser meist weniger gut [kernig] als jener) ist die Bastfaser des Leines (Leinpflanze). Der (mit der Wurzel aus der Erde) ausgezogene Flachs wird nach erfolgter Sortierung von den Leinknoten (Samenkapseln) durch Abstreifen (Riffeln, Reffeln) derselben, von der dünnen Oberhaut und den Wurzeln (durch Brechen) entfernt; der hierauf zurückbleibende Strohflachs oder Rohflachs enthält lufttrocken etwa im Mittel 60% Holz, 12% Fasern und 28% andere Stoffe. Handgehechelter Flachs enthält 10,5% Hechelflachs und 8,4% Hechelhede, maschinengehechelter 17% Hechelflachs und 5,6% Hechelhede.

Die vollständig aufgelöste reine Flachsfaser (bestehend aus reinem Pflanzenzellstoff, Zellulose) ist 4—66 mm lang und 12—26 mm dick. Der ausgeschwungene (noch nicht gehechelte) Flachs, Schwingflachs oder Reinflachs bildet eine Handelsware. Der gehechelte Flachs wird nach Nummern (1½—8) sortiert (englische Numerierung gibt an, wieviel mal 300 Yard, Wiener Numerierung gibt an, wieviel mal 360 Wiener Ellen auf ein englisches Pfund gehen). Die bei der Flachszubereitung gewonnenen Abfälle heißen Werg (Hechelwerg, Hede). Die Hechelfaser ist (selten) bis zu 600 mm lang; sie hat geringere Elastizität als Baumwolle. Guter Flachs hat seidenartigen Glanz, große Weichheit und Glätte; die Fasern sind fein, gleichartig, nicht erkenn-

---

[1]) A. Weiß: Textiltechnik und Textilhandel.
[2]) Vorlesungen über Textiltechnik und Textilhandel.

bar bandförmig, nicht mürbe, ohne Schäben (Reste von Holzteilchen).
Hechelflachs (gehechelter Flachs) soll hellweiß bis gelblichgrau (flachs-
blond) oder stahlgrau sein; Flachs mit grüner bis bräunlicher Farbe
ist minderwertig und schwer zu bleichen.

Nach Witt [1]) werden aus 1000 kg Flachsstroh nach der Kaltwasser-
röste und nach folgendem Trocknen 728,6 kg, nach dem Brechen
411,2 kg, nach dem Schwingen 217,2 kg, nach dreimaligem Hecheln
92,5 kg Flachs und 112,9 kg Hede, nach sechsmaligem Hecheln nur
noch 78,5 kg Flachs und 126,9 kg Hede erhalten.

Im gewöhnlichen Zustand enthält der Flachs 6—8% Feuchtigkeit;
im Handel werden 12% als Norm genommen.

Das spezifische Gewicht des Flachses ist 1,5.

Die Hanffaser (Bartfaser der Hanfpflanze [Canabis sativa]) ist der
Flachsfaser sehr ähnlich, unterscheidet sich aber von ihr durch die
stumpfen dickwandigen Enden. Die spinnfähige Hanffaser ist mehr
gelblich, gröber, fester und härter als die Flachsfaser. Die Hanffaser
wird meist zu Seilerwaren, Segeltuche, Säcke verarbeitet.

Die geerntete Hanfpflanze wird in Bündeln zum Trocknen auf die
Felder gestellt, dann geröstet, geriffelt und gehechelt. Die gewonnenen
Einzelnfasern sind 1—1,75 m lang. Der frisch ausgeraufte Hanf verliert beim Trocknen auf den Feldern über die Hälfte seines Gewichts
und bildet dann das Hanfstroh; es besteht aus 25% Bast; aus ihm
werden etwa 70% reine Faser erhalten.

Schleißhanf, eine besonders reine, starke und lange Faser, wird gewonnen, indem von der frischen Pflanze der ganze Bast in zusammen-
hängender Form abgelöst (abgeschleißt) wird.

Die Nesselpflanzen (Utriceen), wozu auch die gewöhnliche Brennessel,
insbesondere aber die japanischen, chinesischen und indischen Nesselpflanzen zählen, liefern gute Gespinstfasern; die letztgenannten besitzen
im Gegensatz zur gewöhnlichen Brennessel keine Brennhaare, liefern
eine schöne, seidenglänzende und widerstandsfähige Faser, welche unter
dem Namen Chinagras, Ramie, Rhea industriell verarbeitet wird. Ihr
Bast kommt in Strängen bis zu 2 m Länge in den Handel. Die Ramiefaser ist schöner, glänzender, fester und weißer als Flachs.

Die reine Nesselfaser der einheimischen Nessel ist unter allen Bastfasern die am wenigsten verholzte; sie wird in allen Zweigen der Textilindustrie verwendet.

Die Ramiefaser wird aus einer chinesischen Nesselpfanze gewonnen;
sie wird für Gasglühlichter, Netze und Filter verwendet.

Zu den Blattfasern gehören der neuseeländische Flachs (widerstandsfähig gegen Fäulnis, verwendet zu Tau-, Segelwerk, Fischereinetze usw.),
der Manilahanf (Taue, Transmissionsseile, Bindfaden), Sisalhanf,
Ananashanf, Aloëhanf und die Waldwolle (aus gegärten und gekochten

---

[1]) Chemische Technologie der Gespinstfasern.

Fichten- und Föhrennadeln mit Baum- oder Schafwolle vermischt versponnen).

Sunn- oder Madrashanf, eine lange indische Bastfaser wird zu Packleinwand, Säcken und Papier verarbeitet.

Die Torffaser wird, gewöhnlich mit Wolle vermischt, zu gröberen Streichgarnen für Matten, Pferdedecken, Läufern verwendet.

Weitere Fasern, welche industriell verwendet werden, sind unter anderen der Gambohanf, der Neuseelandflachs (aus den 1—2 m langen Blättern der Phormium-Pflanzen gewonnen), der Manilahanf (philippinische Musa textilis), die Aloëfaser, Ananasfaser, Palmfaser und Kokosnußfaser.

Die Zugfestigkeit des Manilahanfes beträgt 800 kg/cm², des badischen Hanfes 600 kg/cm², des russischen und italienischen um 10% weniger als jene des letztgenannten; die Dehnungsziffer des Hanfes liegt zwischen $1/6000$—$1/15000$.

Außer der eigentlichen Hanfpflanze liefern verschiedene Agavensorten (z. B. die mexikanische Sisalagave) in ihren langen starken Blättern eine dem Hanf fast gleichkommende Bastfaser.

Jute (Kalkuttahanf) ist die Bastfaser mehrerer ostindischer Corchorusarten (Tiliaceenart).

Die Bastfasern haben eine Länge von 2—4 m, die Elementarzellen eine Länge von 5 mm, eine Dicke von 9,015—0,035 mm. Jute ist leicht entflammbar, daher feuergefährlich und sehr hygroskopisch; die handelsmäßig zulässige Feuchtigkeitsmenge beträgt 14%.

Die Farbe der Jutefaser schwankt zwischen silbergrau bis dunkelbraun; die abgeschnittenen Wurzelenden sind von bedeutend geringerer Qualität als der Mittelteil samt Spitzen und besitzen matten Glanz bei dunkler Färbung.

Von der Juterohfaser wird der untere Teil etwa 30 cm lang abgeschnitten und bildet die zur Papierfabrikation verwendeten Juteenden.

Jute wird unter dem Einfluß von Luft, Licht und insbesondere Feuchtigkeit schlecht und brüchig, verrottet (Erhitzen mit Natriumsulfit vermindert etwas die Neigung zum Verrotten). Jute ist gegen Soda und Säuren sehr empfindlich und läßt sich nicht sehr gut bleichen und färben.

Die wichtigsten Handelsarten sind: Serajgunge (beste, feinfaserig, helle Färbung), Nerajgunge (gröbere, ungleiche, teils dunkel, teils hell gefärbte Faser), Dacoa (harte, spröde Faser, reine Farbe), Daisee (feinfaserig, braun), Dowrah (dunkelbraune, kurze, harte Fasern), Rejections (die aus den genannten Sorten ausgeschiedenen, groben, kurzen, verworrenen Fasern), Cuttings (geringste Sorte, die abgetrennten Wurzelenden).

Die bei der Zurichtung der Jute gewonnenen Abfälle liefern das Jutewerg, zum Unterschied von Hanfwerg.

Handels-Kapok ist ein Gemenge von Frucht- und Samenhaaren, die vorwiegend Gewächsen der Bombaceen, aber auch Asclepiadeen, Apocynaceen und Bixaceen entstammen, Pflanzenfamilien, deren Frucht- beziehungsweise Samenhaare als Pflanzendumen und Pflanzenseiden bezeichnet werden. Die Fasern knicken leicht ein und brechen schon bei geringer Beanspruchung entzwei. Mikroskopisch stellt Kapok ein sehr dünnwandiges, einzelliges Gebilde von kreisrundem Querschnitt ohne Verstärkungsleisten dar. Die Gespinste weisen geringe Reißfestigkeit auf. Sie werden zum Teil zu ähnlichen Zwecken wie Baumwollgespinste verwendet.

Zur Unterscheidung zwischen tierischen und pflanzlichen Fasern gibt Dr. H. Blücher [1]) u. a. folgende Wegleitungen: tierische Fasern riechen beim Verbrennen nach verbranntem Horn, erlöschen außerhalb der Flamme, liefern alkalische Dämpfe; pflanzliche Fasern verbrennen rasch auch außerhalb der Flamme, riechen empyreumatisch, liefern saure Dämpfe; konzentrierte Salpetersäure färbt in der Wärme tierische Fasern gelb, während pflanzliche farblos bleiben; eine Mischung aus gleichen Volumenteilen von konzentrierter Salpeter- und Schwefelsäure (Nitriersäure) löst Seide, färbt Wolle gelb bis braun, läßt Farbe und Struktur pflanzlicher Fasern unverändert, macht diese jedoch nach dem Trocknen äußerst entzündlich. Chlorzinklösung von 60^0 Bé löst Seide bei 100^0 C, greift Wolle und pflanzliche Fasern nicht an; Kupferammoniaklösung löst Seide, Flachs, Baumwolle, Hanf, Wolle nicht.

Pflanzliche Öle und Fette werden durch Auspressen oder Extrahieren der betreffenden Samen und Früchte gewonnen.

Die Öle sind zu unterscheiden [2]) in nichttrocknende (Olivenöl, Erdnußöl, vorzügliche Schmiermittel, da sie sich wenig verändern) halbtrocknende (Rüböl, Baumwollsaatöl, Sojabohnenöl) und trocknende (Leinöl, Hanföl, Mohnöl).

Olivenöl wird aus den reifen Früchten des Ölbaumes (*Olea europea var sativa)* gepreßt und ist dann dünnflüssig, klar, hell- oder goldgelb, oft grünstichig, trübt sich bei $+ 10^0$ C, erstarrt fast zur Hälfte bei $+6^0$ C. Möglichst fettfreies Olivenöl wird in Verbindung mit Mineralöl für Spindel und leichtere Lager verwendet.

Erdnußöl oder Arachisöl wird aus der tropischen Leguminose *(Arachis hypogea)* gewonnen, wegen seines leichten Fettwerdens selten in reinem Zustand zur Schmierung verwendet.

Rizinusöl wird aus dem Samen der Rizinusstaude *(Ricinus communis)* gewonnen; reines Rizinusöl ist farblos und durchsichtig, technisches schwach grün bis gelbstichig; es besitzt außerordentlich hohe Schmierfähigkeit und wird zur Schmierung von schweren, umlaufenden Wellen verwendet.

[1]) Auskunftsbuch für die chemische Industrie.
[2]) Dr. R. Ascher: Die Schmiermittel, ihre Art, Prüfung und Verwendung.

Rüböl wird aus den der Brassica-Gruppe angehörenden Raps- und Kohlsaaten gepreßt (seltener extrahiert). Es wird als Zusatz (in geringen Mengen) zum mineralischen Schmieröl behufs Erhöhung von dessen Schmierfähigkeit verwendet.

Baumwollsaatöl oder Kotonöl, aus den Samen der Baumwollsorten (*Gossypium*) gewonnen, wird den Mineralölen zur Erhöhung ihrer Schmierfähigkeit zugesetzt.

Palmöl, Palmkernöl und Kokosfett dienen zur Herstellung von gewissen Schlichte- und Appreturmitteln.

Dickflüssiges Leinöl wird für genau gedrehte Flanschen als Dichtungsmaterial verwendet.

Konsistenz, Flüssigkeitsgrad, spezifisches Gewicht und Erstarrungspunkte von pflanzlichen Ölen und Fetten.

(Nach Dr. D. Holde: Untersuchung der Mineralöle und Fette.)

Material	Konsistenz bei Zimmerwärmo	Flüssigkeitsgrad (Viskosität) bei 20° C	Spezifisches Gewicht	Erstarrungspunkt Grade Celsius
Olivenöl	flüssig	11 — 13	0,914 — 0,919	je nach Art — 9 bis 0
Rizinusöl	»	139 — 140	0,961 — 0,974	je nach Art — 18 bis — 10
Baumwollsaatöl (Kotonöl)	»	9 — 10	0,930 — 0,992	meist bei Null
Sesamöl	»	10 — 10,5	0,924 — 0,992	— 5 bis — 3
Rüböl	»	11 — 15	0,913 — 0,918	talgartig bei Null
Hanföl	»	8,3	0,925 — 0,928	— 15 flüssig, — 27,5 starr
Leinöl	»	6,8 — 7,4	0,930 — 0,935	— 15 flüssig, — 27,5 starr
Holzöl	»	39	0,941 0,944	frisches + 2 bis + 3, altes — 21
Klauenfette und Knochenöle	stearinreiche, zum Teil fest	12,0	0,914 — 0,916	je nach Stearingehalt über oder unter Null

Die Lieferungsbedingungen der preußischen Staatsbahnen fordern für:

Maschinenrüböl: unter 0,3% Säuregehalt (SO₃), gut abgelagert, frei von Mineralsäuren, Schleim und fremdartigen Beimischungen, nicht trocknend, beim Lagern keinen Bodensatz gebend;

Lampenrüböl: Säuregehalt wie vorstehend, bestgeläutertes Raps- oder Rüböl, schleim-, harz- und wasserfrei, Mineralsäurespuren, keine fremdartigen Beimengungen, beim Lagern keinen Bodensatz gebend, mit heller weißer Flamme, nicht rußend, geruchlos brennend;

Leinöl: abgelagert, frei von Schleim und fremden Beimischungen, bei längerem Lagern keinen Bodensatz, in dünner Schicht auf Glas oder Porzellan bei 20° C spätestens nach 5 Tagen einen trockenen, klebefreien Überzug bildend.

Der natürliche Kautschuk (im reinen Zustand ein Kohlenwasserstoff [C₅H₈]x) wird aus den drei Hauptklassen der kautschukliefernden Pflanzen: *Euphorbiaceen* (darunter als wichtigste, den Paragummi liefernd, die *Hevea brasiliensis*), *Apocynoceen* und *Urtiaceen* durch Anzapfen gewonnen [1]). Von den wichtigsten Sorten enthalten reinen Kautschuk: Para fine 91,9%, Para entrefine 90,3%, Ceara 87,7%, Columbia 81,9%, Westindian 70,6%, Massai 76,8%, Kassai 79,0%, Oberkongo 72,7%, Madagaskar 79,0%, Mozambique 80,4%, Borneo Ia 73,1%, Borneo IIIa 57,3%.

Die beste Kautschuk-, beziehungsweise Gummisorte (Paragummi) wird aus der *Hevea brasiliensis* durch Anzapfen der Bäume gewonnen; der herausfließende Saft wird über ein starkrauchendes Feuer zum Gerinnen und Trocknen gebracht und kommt als Rohgummi (Brotform von 5—15 kg Gewicht) in den Handel.

Dem Rohgummi, welcher unter 10^0 C hart und steif, bei 30^0 C weich, bei 50^0 C klebrig wird, werden 7—10% Schwefelblüte unter Erhitzen auf $120—150^0$ C beigesetzt, um vulkanisiertes Weichgummi zu erhalten; dieses ist hellgrau, sehr elastisch, luft- und wasserbeständig, widerstandsfähig gegen Säuren, elektrisch gut isolierend, zwischen — 20^0 C und + 80^0 C unveränderlich. Durch Schwefelzusatz bis 30%, längeres Erhitzen bis 165^0 C wird Hartgummi (Ebonit), ein schwarzes, hornartiges, sehr hartes (Isolier-) Material, erhalten.

Der Rohkautschuk des Handels enthält neben seinen natürlichen Begleitstoffen (Harze, unorganische Bestandteile usw.) Feuchtigkeit, Sand, Baumrindenstücke und sonstige Verunreinigungen, deren Feststellung durch verschiedene Untersuchungen einen Schluß auf den Gehalt an Reinkautschuk ermöglicht; überdies wird der Rohkautschuk nach seinem Viskositätsgrad bewertet und mechanisch geprüft.

Der gewaschene Rohkautschuk (Aussehen: rauhes, von zahlreichen Knoten und Unebenheiten durchsetztes Fell) besitzt geringe Elastizität und Widerstandskraft, läßt sich nicht in Formen pressen und haftet schlecht aneinander. Um ihn plastisch, klebrig und aufnahmefähig für andere Körper zu gestalten, wird er durch vorgewärmte Walzen bearbeitet.

Aus ihm werden durch Erweichen, Zerschneiden, Walzen und Trocknen die Gummiplatten hergestellt.

Guttapercha ist der aus einer in Malakka und Sumatra wachsenden Sapotazeenart gewonnene, an der Luft erstarrte Milchsaft, welcher im Rohzustand eine rötlichgelbe, schwammige und elastische Masse bildet; sie wird vor der Verwendung einem Reinigungsprozeß unterworfen; die Gewinnung erfolgt in ähnlicher Weise wie jene von Gummi. Guttapercha bleibt in der Kälte bis — 10^0 C unveränderlich, wird bei + 50^0 C weich, bei + 90^0 C knetbar; wird in der Hauptsache zur Isolierung der Unterseekabel verwendet.

Soondie ist eine Guttaperchasorte, welche aus der „Bagan goolie" von Borneo gewonnen wird.

---

[1] Dr. Ing. K. Gottlob: Technologie der Kautschukwaren.

Balata, in ähnlicher Weise wie Gummi gewonnen, ist der eingetrocknete (weißliche oder rötliche schwammige Masse bildende) Milchsaft des Bullettree *(Mimusops Balata);* er kommt in dünnen Platten, meist mit Rindenstücken vermengt, in den Handel, ist lederartig zäh, sehr biegsam, weicher aber zäher als Guttapercha und widerstandsfähiger gegen Licht und Luft, leitet aber Wärme und Elektrizität schlechter als Guttapercha. Balata wird zur Herstellung von Treibriemen (in nicht zu warmen Räumen), Förderbändern, als elektrisches Isoliermaterial, zur Fabrikation von Schuhsohlen verwendet.

Harze sind pflanzliche, in Wasser unlösliche, in Alkohol, Äther, ätherischen Ölen usw. lösliche Ausscheidungsprodukte. Zu unterscheiden sind: echte (eigentliche) Harze, Balsame, Gummiharze und fossile Harze (Asphalt, Bernstein, Erdwachs).

Das sogenannte gemeine Harz, auch Fichtenharz genannt (ein Ausscheidungsprodukt von lebenden Bäumen), wird neben der Fichte aus verschiedenen Koniferenarten (Tanne, Kiefer, Föhre usw.) gewonnen. Zu unterscheiden sind [1]: das natürliche Harz (gefundenes, gesammeltes Material, entstanden aus den aus den Bäumen tretenden Balsamen [Terpentinen], aus welchen das flüchtige Öl an der Luft verdunstet ist, natürliches Fichten- und Weißföhrenharz, Wurzelpech u. a. m.) oder künstlich gewonnenes Harz (Entfernung des flüchtigen Öls aus dem Terpentin durch Destillation unter Zurücklassung des Harzes, gekochtes Terpentin, Weißpech oder Wasserharz, Kolophonium).

Das natürliche Fichten- und Föhrenharz ist halbweich bis hart, gelblich, bräunlich oder rötlich mit eigenartigem, terpentinartigem Geruch und bitterem Geschmack.

Wurzelpech ist hart und spröde, schwefelgelb, stellenweise rötlich gefärbt, schmeckt rein bitter.

Gekochtes Terpentin ist von mattgelber Farbe, hat nur wenig Geruch und Geschmack.

Weiß- oder Wasserharz hat hellgelbe Farbe und poröse Beschaffenheit. Beim Liegen an der Luft überzieht es sich mit einer dunklen, transparenten Schicht.

Kolophonium entsteht durch Schmelzen von gekochtem Terpentin oder Rohharz, bis es klar geworden ist. Die besten Sorten sind völlig kristallfrei. Es hat ein spezifisches Gewicht von 1,07—1,09, erweicht bei 80° C und schmilzt bei 100° C.

Das gemeine Harz dient zur Herstellung von Lacken, von Brauerpech, von Kitten, in der Drucktechnik und als Verfälschungsmittel von wertvollen Harzen.

Bernstein ist von urweltlichen Koniferen stammendes (fossiles) Baumwachs von hellgelber bis dunkelbrauner Farbe.

[1] Dr. Ing. Fr. Seeligmann und E. Ziecke: Handbuch der Lack- und Firnisindustrie.

Bernstein wird in vier Sorten: als weißer, gelber, roter Bernstein und Bernsteinabfälle gehandelt; durch deren Zusammenschmelzen wird Schmelzbernstein (Ambroid) erhalten. Künstlicher (amerikanischer) Bernstein wird durch Schmelzen und Formen von Harzen (Kopal, Mastix) gewonnen.

Kopale sind rezent fossile Körper, welche durch Ausgrabungen (Ostindien, Südamerika, Australien, tropisches Westafrika) gewonnen und nach ihren Fundorten bezeichnet werden. Manche Kopale sind farblos, die meisten zwischen gelb und braun; die Bruchfläche ist meist glas- oder harzartig (mitunter auch fettglänzend), eben, körnig, splitterig, muschelig. Das spezifische Gewicht schwankt zwischen 1,045—1,139. Nach Wiesner [1]) werden vom härtesten Material nach unten in bezug auf Härte klassiert: Sansibar, Mosambik, Sierra-Leone (Kieselkopal), Gabon, Angola, Benguela, Kauri, Manila, südamerikanischer Kopal. Je nach der Sorte liegt der Schmelzpunkt (Verflüssigungstemperatur) zwischen 115^0 C (brasilianischer Kopal) und 340^0 C (Lindi in Ostafrika).

Indisches Dammarharz (Sumatra) ist das Produkt verschiedener Dipterocarpaceenbäume, australisches Dammarharz (Kauriharz, Kaurikopal, Cowdi genannt) stammt von verschiedenen Dammararten (Kaurifichten). Die Handelssorten des Dammarharzes sind: ostindischer Dammar (bestaubte, erbsen- bis faustgroße Stücke, farblos bis gelblich, glasiger Bruch, an den Händen schwach klebend, eigentümlicher Geruch), geblockter Dammar (grau bis braun, glasig, Klebrigkeit und Geruch wie vorstehend), roter Dammar (rosenrot gefärbte Stücke, leicht mit Kopal verwechselbar), brauner Dammar (dunkelbraun), schwarzer Dammar (in der Masse schwarze, im durchfallenden Licht rote Färbung, tropfsteinartig, hart, klingend, bräunliche Kruste). Das spezifische Gewicht ist 1,04—1,05; bei 75^0 C erweicht Dammar, bei 100^0 C wird Dammar dickflüssig, bei 150^0 C dünnflüssig und klar. Verwendung unter anderem in der Lackfabrikation.

Mastix ist das Harz des auf Chios gepflanzten immergrünen Strauches *Pistacia Lentiscus,* welcher als reines Mastix, Mastixtränen (gelblich bis grünlich, durchsichtig, glasglänzend, weiß bestäubt, hart, spröde, bitter gewürzig schmeckend), oder verunreinigt als gemeiner Mastix in den Handel kommt; spezifisches Gewicht 1,04—1,07, Schmelzpunkt 93—104^0 C. Es dient unter anderen zur Herstellung von Firnissen und Kitten.

Echter Sandarak stammt von der afrikanischen Konifere *Callitris quadrivalis* (unechter deutscher ist das aus den Wurzeln alter Wacholderstämme ausfließende Harz) und wird in länglichen (3,5 cm) oder rundlichen (0,5—1,5 cm Durchmesser) Formen (die feinsten Sorten in durchsichtigen Tränen von weißlichgelber Farbe) in den Handel

---

[1]) Rohstoffe des Pflanzenreichs.

gebracht. Das spezifische Gewicht ist 1,066—1,092, der Schmelzpunkt 145—148° C. Verwendung unter anderem zur Herstellung von (härteren) Firnissen.

Gummilack entsteht durch Stiche einer Schildlaus in die jungen Triebe der Gummilackbäume, worauf der Harzsaft ausfließt. Gummilack wird als Stocklack (der aus den Zweigen hängende Gummilack, harzige Masse, runde, ovale, dunkelbraune bis schwärzliche Scheiben) und Körnerlack (Samenlack, die von der Pflanze abgebrochenen Harzkrusten, gelblichrötliche Körnchen) und als Schellack (Kunstprodukt aus Gummilack, unregelmäßige größere oder kleinere, etwa 1 mm dicke Stücke von hellerer oder dunklerer, ins Rote gehender Farbe, ziemlich hart, glänzend, mehr oder weniger durchscheinend, Kuchenlack in Form von Klumpen, Tafellack in Form von Blättchen, gesponnener Schellack [bronzeglänzend] in Form von Fäden, gebleichter Schellack, weiß, seidenglänzend) in den Handel gebracht. Schellack findet in der Industrie ausgebreitete Verwendung zur Herstellung von Spirituslacken, zu Kitten, als Appreturmittel, zu Isoliermassen usw. und wird vielfach verfälscht.

Japanlack ist der Milchlack des (chinesischen, japanischen) Lackbaumes, *Rhus vernicifera;* er dient zur Herstellung wertvoller Lackarbeiten.

Terpentin ist eine Lösung von Harz in Terpentinöl, welche aus den Abietineën (Fichten, Tannen, Föhren usw.) ausfließt. Die Handelsterpentine werden in feine Terpentine (Lärchenterpentin oder venetianisches Terpentin [unter dem letzgenannten Namen meist Kunstprodukte, reiner ist durch eine Flamme entzündbar, Kunstprodukte nicht], Kanadabalsam und Straßburger Terpentin) und gemeine Terpentine unterschieden. Alle Terpentine sind in Äther, Benzin, Terpentinöl, Weingeist usw. löslich.

Gummigutt ist das Gummiharz der indischen *Garcinia Morella Desr.;* es ist giftig, dient unter anderem zur Herstellung spiritiöser Lacke.

Ammoniakgummi (Ammoniakharz) ist Gummiharz einer persischen Doldenpflanze, gelblichweiße bis braunrote Körner, welche sich schwer pulverisieren lassen und mit rußender Flamme verbrennen; es wird unter anderem zur Herstellung von Kitten verwendet.

Gummiharze sind Gemenge von Gummi mit Harzen, die durch Erhärten des Milchsaftes verschiedener Pflanzen entstehen.

Elemi ist ein Gemisch verschiedener, von den Burserazeen herrührenden Harzen, eine weißliche bis dunkelgelbliche, weiche Masse, welche als Zusatz zu Firnissen verwendet wird, um deren Sprödewerden zu verhindern. Im Handel kommt hauptsächlich das Manilaelemi, neben ihm das (ostindische) Yukatanelemi und brasilianische Elemi vor.

Balsame sind Gemenge harziger Stoffe, welche von Pflanzen gebildet und von ihnen freiwillig oder nach Verletzung der Rinde ausgeschieden werden (Terpentin, Kanada-, Kopaivbalsam usw.).

ERZEUGTE MATERIALIEN.

BRENNSTOFFE.

Künstliche Brennstoffe sind:

Holzkohle:

> Meilerkohle (hochwertige Holzkohle), 90,4% C, 2,7% H, 5,7% O+N, 1,1% Asche, Heizwert 7300 WE/kg, spezifisches Gewicht 0,2—0,4 (geschüttet 0,13—0,24);
>
> Retortenkohle: 80—84% C, 2—4% H, 10—15% O + N, 1—2% Asche, Heizwert 6500—6800 WE/kg;

Koks:

> Gaskoks (für hüttentechnische Zwecke nicht verwendbar);
>
> Hüttenkoks: 95% C, 3% H, 0,75—2% S, 2% O+N, rund 8% Aschegehalt, Heizwert 6300—7500 WE/kg, spezifisches Gewicht 0,87—1,02 (geschüttet 0,45—0,53);
>
> Briketts: Braunkohlenbriketts und Steinkohlenbriketts.

Gase:

> Leuchtgas rund 5000 WE/cm³;
>
> Hüttenkoksgas: im Mittel rund 4300 WE/cm³;
>
> Erdöldestillate (Benzin 10.000 WE/kg, Petroleum 10.500 WE/kg, Gasöl 10.000 WE/kg);
>
> Steinkohledestillate (Teer 8250—9100 WE/kg);
>
> Luftgas (Vergasung im Generator ausschließlich unter Luftzufuhr);
>
> Wassergas (Vergasung im Generator ausschließlich unter Zufuhr von Wasserdampf, 48—52,5% Wasserstoff, 37—41% CO, 3,5—5,5% CO_2, 2,5—5,5% N, Heizwert 2600 WE/cm³);
>
> Mischgas (Vergasung im Generator unter gleichzeitiger Einführung von Luft und Wasserdampf);
>
> Generatorgas (25—30% CO, 8—12% H, 1—2% CH_4, 3—5% CO_2, 53—60% N, Heizwert 1100—1400 WE/cm³);
>
> Mondgas (25—27% H, 3—5% CH_4, 11—12 CO, 14—16% CO_2, 41—46% N, Heizwert WE/cm³);
>
> Gichtgas 8—10% CO_2, 25—30 CO, 1—2% H, 55—60% N, Heizwert 800—900 WE/cm³);
>
> Azetylen (durch Zerlegung von Kalziumkarbid gewonnen; 1 kg Kalziumkarbid gibt rund 300 l Azetylengas von 14.500 WE/cm³).

Holzkohle wird durch den bei der Erhitzung von Holz unter Luftabschluß verbleibenden Rückstand gebildet. Mit der Verlangsamung der Verkohlung und der Steigerung der Temperatur wird die Ausbeute an Holzkohle, zugleich ihr Sauerstoff- und Wasserstoffgehalt kleiner, hingegen ihr Kohlenstoff- und Aschegehalt größer. Aus einem Gewichtsteil Holz ergeben sich durchschnittlich 0,10—0,25 Gewichtsteile Holzkohle. Wird das Holz bei 150° C getrocknet und bei 300° C verkohlt, so beträgt die Ausbeute bei Eichenholz 46%, Fichte 40,75%, Ulme 34,7%, Hainbuche 34,6%, Birke 34,17%, Esche 33,3%, Linde 31,85, Pappel 31,1%, Roßkastanie 30,9%. Nach dem spezifischen Gewicht sind zu unterscheiden: weiche Holzkohlen (spezifisches Gewicht 0,47—0,57, weniger dichtes Gefüge) und harte Holzkohlen (spezifisches Gewicht 1,4—0,4, dichteres Gefüge); die leichteste Holzkohle mit 1,05 spezifisches Gewicht entsteht bei 290° C, die schwerste, mit spezifischem Gewicht 2, bei 1500° C; bei 350° hat die Holzkohle das gleiche Gewicht wie das Holz, aus dem sie hergestellt wurde. Bei 270—330° C erhaltene Holzkohle heißt Röst- oder Rotkohle (leicht zerreiblich, braunrot bis braunschwarz), die bei 340° erhaltene heißt Schwarzkohle. Mit zunehmender Herstellungstemperatur nehmen die Fähigkeit, Feuchtigkeit aufzunehmen, und die Entzündlichkeit ab, die Dichtigkeit, Festigkeit, Wärme- ud Elektrizitätsfeuchtigkeit zu. Die im Handel vorkommende geformte Holzkohle wird aus pulverisierter Holzkohle unter Zusatz von Steinkohlenteer oder aus Steinkohlenkleister mit etwas Salpeter hergestellt. Gelagerte Holzkohle enthält gewöhnlich 5—10% Wasser.

Holzkohle hat einen Heizwert bis zu 7300 Kalorien; sie wird zur Erzielung hoher Temperaturen bei Flammen- und Rauchbildung verwendet.

Sie dient zum Ausglühen und Härten feiner Eisen- und Stahlteile, in der Metallurgie zur Entoxydierung der Metalloxyde, in der Elektrotechnik als Kontakt- und Stromabnahmemittel, als Klär-, Polier-, Reinigungs-, Konservierungsmittel und zur Pulverfabrikation.

Holzasche wird wegen ihres Gehalts an kohlensaurem Kali in der Bleicherei, Färberei und Seifensiederei verwendet. Die ausgelaugte Asche (Seifensiederasche) dient zur Darstellung von grünem Glas und zu Düngerzwecken.

Koks wird durch Erhitzung der Kohle unter Luftabschluß (trockene Destillation) hergestellt. Zur Verkohlung geeignet sind die backenden Kohlen von mittlerem Wasserstoff- und Sauerstoffgehalt.

Steinkohlenkoks wird als Hauptprodukt in der Kokerei, als Nebenprodukt bei der Leuchtgasfabrikation hergestellt.

In der brennbaren Substanz von Koks finden sich bis zu 98% Kohlenstoff, Wasserstoff selten über 1%, Sauerstoff um 2,5% herum.

Der Heizwert von Koks schwankt je nach dem Aschegehalt zwischen 6500—7000 Wärmeeinheiten für das Kilogramm.

Koks soll eine hellgraue, poröse Masse von metallischem Glanz, hellem Klang und hoher Festigkeit bilden.

Zechenkoks ist dem Gaskoks an Heizkraft überlegen, schlackt auch weniger; er ist besonders für Zentralheizungen geeignet.

Bei der Verkokung von Steinkohle werden etwa 35—50% Gewichtsteile, bei jener von Anthrazit bis zu 60% Gewichtsteile Koks gewonnen.

Koks wird in physikalischer und chemischer Beziehung bewertet. Besonders wichtig ist die Festigkeit des Koks (gekennzeichnet in der Härte seiner Porenwände, Kokssubstanz), insbesondere, wenn es sich um seine Verwendung als Schmelzkoks handelt. Harter Koks gibt beim Ein-, Ausladen und Transport weniger Lösche und geringeren Absieb als weicher Koks. Die Menge des Koksstaubs am Empfangsort sollte nicht mehr als 6% betragen; die Beschickung im Hochofen erfordert besonders hohe Koksfestigkeit. Die chemische Bewertung des Koks gipfelt in der Hauptsache in der Feststellung des Asche- und Feuchtigkeitsgehalts. Guter Hochofenkoks soll nur bis 9% Asche aufweisen, guter Gießereikoks nicht mehr als 6%; Koks von guter Beschaffenheit soll einen Wassergehalt von nur 2—4% aufweisen, marktgängige Ware 6—8%, einen höchsten Schwefelgehalt (für Hochofenkoks) von 3%.

Oberschlesischer Koks.

Bestandteile	Hochofenkoks		Würfelkoks		Nußkoks	
	trockene	aschefreie	trockene	aschefreie	trockene	aschefreie
bezogen auf	Substanz					
	Prozent					
Kohlenstoff...............	84,87	97,55	83,72	91.82	80,03	89,08
Wasserstoff	0,44	0,50	1,24	1,36	0,96	1,07
Stickstoff	1,67	1,92	1,43	1,57	1,30	1,45
Sauerstoff................	0,02	0,03	4,79	5,25	7,55	8,40
Asche	13,00	—	8.82	—	10,16	—
Schwefel.................	1,08	—	0,91	—	0,89	—

Briketts sind geformte Verbindungen von Kohlenabfällen mit Teer. An erster Stelle stehen die aus den Abfällen des Anthrazits hergestellten Briketts, an nächster jene aus langflammiger Steinkohle hergestellten; magere Steinkohle liefert Briketts von geringem Heizwert.

Zur Herstellung von Braunkohlenbriketts eignet sich am besten ein Kohlenmaterial von nicht unter 4—6% und nicht über 13—14% Bitumengehalt und von einem Wassergehalt von 16—20%.

Zur Brikettierung muß die Braunkohle bis auf 12—15% Feuchtigkeitsgehalt getrocknet werden. Beim Pressen der Briketts (rund 1200 Atm.) schmilzt infolge der entstehenden Hitze das Bitumen der Braunkohle und verkittet die Kohlenstückchen zu einer festen, gleichmäßigen Masse. Ein gutes Brikett soll ruhig abbrennen, ohne zu zerfallen.

Die Braunkohlenbriketts zeichnen sich durch Wetterfestigkeit, reinlichen, rauchfreien Brand aus.

1 m³ Braunkohlenbriketts wiegt 900—1000 kg; 1 10-t-Ladung faßt 10 bis 11 m³.

Zur Herstellung von Steinkohlenbriketts dient die Feinkohle der mageren und wenig backenden Sorte, welche für die direkte Verfeuerung auf dem Roste zu feinkörnig und zur Verkokung zu kurzflammig sind.

BAUSTOFFE.

Gebrannter Kalk ist, je nach der Art des verwendeten Kalksteins, mehr oder weniger reines Kalziumoxyd, CaO. Beim Löschen entsteht Kalziumhydroxyd, $Ca(OH)_2$, welches beim Liegen an der Luft Wasser und Kohlensäure aufnimmt.

Kalke werden durch Brennen von Kalksteinen bei Temperaturen unterhalb der Sintergrenze gewonnen. Das Brennen des Kalks besteht in der Erhitzung des Rohkalks behufs Zersetzung des Karbonats zur Austreibung des Kohlendioxyds. Die eigentliche Brenntemperatur beginnt mit 856⁰ C; je dichter der Kalkstein ist, desto höherer Brenntemperatur, die 1100—1200⁰ C beträgt, bedarf er. Zur Erzeugung von 10.000 kg Brennkalk, die aus 17.860 kg reinstem Kalkstein mit Kohle von 7800 WE und 10% Asche bei 1200⁰ C gebrannt werden, sind 2394 kg Kohle oder etwa 23,9% des erzeugten Stückkalks erforderlich. Das Ablöschen des Kalks, die Vereinigung von Ätzkalk mit Wasser, beginnt schon mit 60⁰ C (anfangs mit wenig Wasser übergießen), erfolgt aber erst, wenn die mit Wasser angerührte Masse von 1 kg sich auf 115⁰ C erhitzt hat. Ein Raumteil Kalk erfordert zum Löschen 2,61 Teile Wasser.

Zu unterscheiden sind Luftkalk, Wasserkalk und schwach hydraulische Kalke.

Luftkalke werden durch Brennen von kohlensaurem Kalk (hochkalkhaltige Kalksteine) erzeugt. Sie erhärten an der Luft durch Kohlensäureaufnahme von außen nach innen. Sie kommen gelöscht und ungelöscht in Stückform oder gemahlen in den Handel. Vor der Verarbeitung zu Mörtel muß der Kalk gelöscht werden. (Wasserzusatz, bis der Ätzkalk vollständig zu Kalkhydrat umgewandelt ist.) Gelöschter Trockenkalk soll ein feines, mehlartiges Pulver bilden; sandartige Beschaffenheit ist auf unrichtiges Löschen oder minderwertigen Kalkstein zurückzuführen. Gelöschter Breikalk besitzt speckige Beschaffenheit, weiße, graue oder gelbliche Farbe; durch Einsumpfen darf er eindicken aber nicht erhärten; Kalke mit hydraulischen Eigenschaften sind zum Einsumpfen nicht geeignet. Das spezifische Gewicht des reinen Kalksteins beträgt 2,5—2,7, jenes des reinen gebrannten Kalks je nach dem Brenngrad 2,6—3,4, jenes von chemisch reinem Kalkhydrat 2,08 bis 2,30.

Wasserkalke werden durch Brennen von Kalkmergeln oder Kiesel-kalken gewonnen. Sie erhärten nicht allein durch Kohlensäureaufnahme von außen nach innen, sondern vornehmlich in sich durch chemische Bindung von Wasser. Sie werden im allgemeinen hydraulisiert und zerkleinert als „Sackkalk", seltener als „Stückkalk" in den Handel ge-bracht. Zum Einsumpfen sind Wasserkalke nicht geeignet, weil sie schnell hart werden.

Es sind folgende Gruppen von Brennerzeugnissen der Wasserkalke zu unterscheiden:

Portlandzement: Rohgestein, aufbereitet, gesintert, mit Wasser nicht zerfallend;

sogenannte Zemente als Naturzement, Romanzement, Dolomit-zement: Rohgestein, nicht aufbereitet, gebrannt, mit Wasser nicht zerfallend;

Wasserkalk und Romankalk, dieser als Bezeichnung für gelöscht auf den Markt kommende magnesiaarme Dolomitkalke: Roh-gestein, nicht aufbereitet, gebrannt, mit Wasser zerfallend.

Zur Herstellung von Putzkalk bedarf es eines möglichst reinen, gut und rasch ablöschenden Brennkalks, der wenig Rückstände läßt und einen fettigen, speckigen und steifen Kalkbrei in möglichster Aus-giebigkeit liefert. Der Kalk muß frei von Sprengkörnern sein, welche durch nachträgliches Löschen die glatte Putzwand verunzieren oder ganz vernichten.

Löschkalk dient zum Anstreichen von Außen- und Innenwänden von Gebäuden und hölzernen Gegenständen, dem „Weißbinden", und als Rostschutzmittel zum Anstrich von Eisenteilen (widerstandsfähiger durch Zusatz von Schlämmkreide oder Marmormehl). Löschkalk wird zu gutem Mörtel verarbeitet bei einem Verhältnis von 10—12% Ätz-kalk, 15% Wasser, 75% Sand.

1 m³ gelöschter Kalk erfordert 0,6 m³ lose geschütteten gebrannten Kalks von 480 kg Gewicht; 100 kg gebrannter Kalk ergeben 275 kg ge-löschten Kalk; 1 m³ lose geschütteter gebrannter Kalk ergibt 1,7—2,0 m³ gelöschten Kalk. Nach B u r s c h a r t z liefern 100 kg gebrannter Kalk im Durchschnitt 370 kg, beziehungsweise 280 kg Kalkteig und 130 kg Kalkpulver, oder in Raumteilen:

	unabgesiebt	abgesiebt
lose eingelaufen	rund 300 l	rund 320 l
fest eingerüttelt	rund 200 l	rund 190 l.

100 l gelöschter Kalk, welche 130 kg wiegen, enthalten 48 kg ge-brannten Kalk.

Chlorkalk (Bleichkalk) wird durch Einwirkung von Chlor auf mög-lichst reinen, sehr sorgfältig gebrannten, zur staubigen Trockenheit ge-löschten Kalk gewonnen. Handelschlorkalk enthält nicht mehr als 40%

aktives Chlor. Chlorkalk dient als Bleich-, Desinfektions- und Oxydationsmittel, zum Entfuseln von Spiritus und manchem anderen.

Die Bewertung des Kalks hängt von seinem Verwendungszweck ab. Man erkennt ihn daran, daß er in Stücken in verdünnter Salzsäure in der Kälte unter Aufbrausen (CO_2), löslich ist, während magnesiahaltiger Kalk sich erst beim Erhitzen löst.

Der natürliche Gips ist Kalziumhydrosulfat, $CaSO_2(OH)_4$. Durch Erhitzen des Rohgipses entstehen bei:

107^0 C das Halbhydrat $CaSO_4$, $^1/_2 H_2O$ mit 5,23% Hydratwasser,
190^0 C das lösliche Anhydrit, wasserfreies $CaSO_4$,
500—600^0 C der Estrichgips, entwässerter, schwach gesinterter $CaSO_4$.

Zur Herstellung von Stückgips wird Rohgips auf 130^0 C erhitzt.

Der Raumzuwachs beträgt für den aus Estrichgips hergestellten Gips 61,8 Volumenprozent (lineare Ausdehnung 3,953), für den aus Stückgips gewonnenen Gips 25,3 Volumenprozent (lineare Ausdehnung 2,924).

Beton ist ein Stoff von steinartiger Beschaffenheit, welcher unter Verwendung des Portlandzements oder anderer Zementarten aus der Verarbeitung (Betongemenge) großer Massen von Zusatzstoffen, wie Sand, Kies, Schotter (Grob- und Kleinschlag), hergestellt wird.

Der benutzte Sand soll nicht zu fein und scharfkantig sein, der Kies vorwiegend rauhe Körper und keine Beimengungen aufweisen, der Steinschlag würfelig, wetterbeständig, frei von Erde, Staub und lehmigen Bestandteilen (gewaschen) sein.

Nach der Zusammensetzung sind unter anderem zu unterscheiden:

Kiesbeton: Gemisch aus Bindemittel, Sand und Kies,
Schotterbeton: Gemisch aus Bindemittel, Sand und Steinschotter,
Kies-Schotterbeton: Gemisch aus Bindemittel, Sand, Kies und Steinschotter,
Schlackenbeton: Gemisch aus Bindemittel, Sand und Schlacken oder Bindemittel und Schlacken,
Ziegelbeton: Gemisch aus Bindemittel, Sand und Ziegelbrocken.

Nach der Form sind zu unterscheiden:

Stampfbeton (je nach der Trockenheit der Mischung Hart- und Weichbeton), das ist die Herstellung größerer Körper in der Baugrube oder an Teilen des zu errichtenden Gebäudes, und Betonwerksteine (Kunststeine), in besonderen Formen hergestellte Einzelstücke.

Je nach der Mischung werden verschiedene Druckfestigkeiten erzielt, wie:

Gewöhnlicher Zementmörtel: 1 Raumteil Zement, 6 Raumteile Sand, Druckfestigkeit 86—123 kg/cm²,

1 Raumteil Portlandzement: 3 Raumteile Sand, 5 Raumteile Kies, Druckfestigkeit 111,6 kg/cm²,

1 Raumteil Portlandzement: 2 Raumteile Sand, 5 Raumteile Kies, Druckfestigkeit 170,5 kg/cm²,

1 Raumteil Portlandzement: 2 Raumteile Sand, 3 Raumteile Kies, Druckfestigkeit 196,2 kg/cm²,

1 Raumteil Portlandzement: 5 Raumteile Sand, 5 Raumteile Kies, Druckfestigkeit 263—333 kg/cm².

Zu Maschinenfundamenten werden Stampfbeton oder Backsteinmauerwerk verwendet. Der Stampfbeton (1 Teil Portlandzement, 3 Teile Sand, 5 Teile Schotter) wird schichtenweise aufgetragen. Der Beton soll graugrün sein und beim Stampfen schwitzen. Romanzement soll wegen seiner geringen Bindefähigkeit nicht benutzt werden. Der Fundamentsockel soll wenigstens 150 mm über den Maschinenboden hervorragen. Vor Ausgießen der Schraubenlöcher ist eine Trockenzeit von mindestens 24 Stunden erforderlich.

Für Backsteinfundamente sind festgebrannte, hell klingende Ringofenziegel zu verwenden, welche angenäßt werden. Der Mörtel wird (ohne Kalk) aus 1 Teil Portlandzement mit 3—4 Teilen körnigem, nicht lehmhaltigen Sand gemischt. Die Trockenzeit muß mindestens sechs Tage währen. Der Auflagedruck soll höchstens 0,06 kg betragen, der Erdboden mit höchstens 0,02 kg belastet werden.

Die Aussparungen für die Fundamentschrauben sollen mit einer Mischung aus 1 Teil Zement und 1—2 Teilen feingesiebtem Sand ausgegossen werden.

Eigenschaften von Stampf-(Kies-)beton.

Mischung in Raumteilen	Wasserzusatz	Zementmenge in 1 m³ frisch gestampftem Beton	Gewichtsmenge Zement auf 1 m³ Kies	Mittleres Raumgewicht von frisch gestampftem Beton	Grenzwerte für die Druckfestigkeit nach 28 Tagen Luftlagerung	Festigkeit nach Luftlagerung von 7	28 Tagen		Festigkeitszunahme bis zu 28 Tagen (7 Tage = 100 gesetzt) 7 Tage	28 Tage		Raumgewicht, bezogen auf erhärteten luft-trockenen Beton	Spezifisches Gewicht wie nebenstehend	Dichtigkeitsgrad	Binde-dichtigkeitsgrad
	%	kg	kg	g/cm³	kg/cm²	kg/cm³			Prozent		g/cm³			
						7	28		7 Tage	28 Tage				
						Tagen								
1:3	6,8	510	400	2,400	250—440	300	350	117	17	2,330		0,900	0,100
1:4	6,4	400	300	2,300	220—300	220	270	123	23	2,250		0,865	0,135
1:5	5,8	310	250	2,250	180—250	170	215	127	27	2,200		0,845	0,155
1:6	5,4	260	200	2,200	130—200	130	175	133	33	2,160		0,830	0,170
1:7	5,1	230	170	2,170	110—180	110	150	138	38	2,135	2,6	0,820	0,180
1:8	4,8	200	150	2,150	90—150	90	130	143	43	2,115		0,810	0,190
1:9	4,4	180	130	2,130	80—130	75	110	147	47	2,100		0,805	0,195
1:10	4,0	160	120	2,110	70—120	60	90	150	50	2,090		0,800	0,200
1:15	3,8	100	30	2,060	40—70	30	50	166	66	2,050		0,790	0,210
1:20	3,6	80	60	2,030	30—60	20	40	200	100	2,030		0,780	0,220

Transportbeton ist ein auf einer Zentralstelle bereiteter, von hier nach den Verwendungsstellen beförderter Beton, welcher, um das Abbinden oder dessen Beginn auf dem Transport zu verhindern, mit langsam bindenden Zement angemacht, während des Transports gekühlt und gerüttelt wird.

Schleuderbeton ist mittels Preßluft oder Dampfdruck verarbeiteter Beton von großer Dichte und Festigkeit.

Bimsbeton, ohne Sandzusatz, nur aus Zement und Bimsmaterial bestehend, hat geringes Raumgewicht und geringe Festigkeit, wird daher nur als Füll- oder Isolierstoff verwendet. Mit Sandzusatz steigen die Festigkeit und das Raumgewicht.

Es beträgt nach Geusen [1]) das Raumgewicht von:

	Lufttrocken kg/m³	Feucht kg/m³
Bimsbeton ohne Sandzusatz......................	1090—1290	1250—1450
Bimsbeton mit 1 Raumteil Bims und 1 Raumteil Sand	1440—1620	1680—1750
Bimsbeton mit soviel Sandzusatz, daß sich die Zusammensetzung dem Kiesbeton nähert............	1870—2060	2020—2180

Werden zur Erhöhung der Zugfestigkeit oder behufs Spannungsausgleich in den Beton nach bestimmten Grundsätzen Stabeisenstäbe, Gußeisengerippe u. dgl. eingelegt, so ergibt sich der armierte Beton. Beton mit Zusatz von Kohlenschlacken ist für Eisenbeton nicht geeignet, da sie die Rostbildung der Eiseneinlagen begünstigen.

Die künstlichen Bausteine sind zu unterscheiden in Kunststeine, zu deren Erzeugung gemahlene oder zerkleinerte Steine, Kalk, Zement, Asphalt, Gips u. dgl. Verwendung finden, und in jene, die durch Brennen erzeugt werden, gebrannte Steine.

Künstliche Kalksandsteine werden durch innige Mischung von Sand und Kalk mit einer durchschnittlichen Mindestdruckfähigkeit von 140 kg/cm² hergestellt.

Schwemmsteine werden durch Mischung von Bimssteinsand (Vorkommen bei Andernach a. Rh. und am Laacher See) mit Löschkalk in solchem Zustand, daß der Kalkgehalt der fertigen Steine 6% beträgt, hergestellt.

Dem Bimssteinsand verwandt und benachbart gelagert ist der Traß (Vorkommen im Brohl- und Netteltal), welcher, zu 1,5 Teilen mit der gleichen Menge Kalk und 2 Teilen Sand gemischt, die Traßsteine liefert.

An Kalksandsteine sind folgende Anforderungen zu stellen [2]):

in seiner äußeren Gestalt weist der Kalksandstein gleichmäßige Abmessungen bei dichter Oberfläche, sowie rechtwinkelige volle Kanten und Ecken auf; ein Mindestmaß ist unzulässig;

---

[1]) Handbuch für Eisenbetonbau.
[2]) Dr. H. B. Kosmann: Die technische Verwendung des Kalks.

74

beim Anschlagen gibt der Kalksandstein einen hellen, reinen und vollen Klang;

die Spaltung mit dem Mauerhammer erfolgt leicht in der gewollten Richtung, ohne daß der Stein zerbröckelt oder in viele Stücke zerspringt;

die Bruchfläche hat ein gleichmäßiges Gefüge und ist frei von Kalk- körnern und Hohlräumen; Einsprengungen von mäßig grobem Kiesel sind zulässig;

der höchst zulässige Bruch bei der Anfuhr beträgt 5 %;

als mittlere Mindestdruckfestigkeit gelten 140 kg/cm²; Steine mit geringerer Druckfestigkeit werden handelsüblich als Mörtelsteine angesprochen;

die Wasseraufnahme stellt sich höchstens auf 15 % vom Gewicht der trockenen Steine;

der Stein muß frost- und wetterbeständig sein;

die Widerstandsfähigkeit gegen Einwirkung von Schadenfeuer hat ungefähr derjenigen eines Mauerziegels zu entsprechen;

die Kalksandsteine müssen frei von löslichen Salzen sein, welche Verfärbungen hervorrufen.

Kunstgranit ist eine Isoliermasse, welche aus pulverisiertem Granit besteht, der unter sehr hohem Druck gepreßt und sodann einer Tempe- ratur von 1500° C ausgesetzt wird. Er besitzt eine Druckfestigkeit von 700—1000 kg/cm², eine Zugfestigkeit von 60—70 kg/cm², ist gegen Temperatureinflüsse, Alkalien, Säuren, mit Ausnahme von Fluorwasser- stoffsäure, widerstandsfähig und hat einen bedeutenden elektrischen Widerstand. Infolgedessen eignet er sich besonders als Isolations- material für hohe Spannungen, namentlich wenn es sich um Kon- struktionen handelt, die Wettereinflüssen, Stößen usw. ausgesetzt sind, wie zum Beispiel für „Dritte Schienen" bei Bahnen.

Kunsttuffstein wird in Form von Platten, Steinen, Halbschalen ge- liefert, ist sehr leicht, besteht aus Kieselgur, essigsaurer Tonerde, Mergel und Gips, läßt sich mit der Säge bearbeiten und nageln. Auch hier wird eine 1 cm starke Putzschicht über dem Stein aufgetragen.

Korkstein ist ein gutes Wärmeschutzmittel, gerät aber bei langdauern- der Einwirkung des Feuers ins Glimmen und verbrennt dann allmäh- lich; diese Gefahr wird bei gutem Material, bei welchem die Kork- teilchen mit erdigem Material umgeben sind, geringer. Über den Kork- stein wird zur Sicherheit eine schützende Putzschicht aufgetragen.

Künstlicher Bimsstein wird durch Pressen von Bimssteinpulver mit Bindemitteln in Tafel- oder Ziegelform hergestellt.

Ziegeleierzeugnisse sind: Hintermauerungsziegel, Vormauerungsziegel, Verblender, Loch- und Hohlziegel, Ringziegel (Radialsteine), Bauterrakotten, poröse oder Leichtziegel, Tonplatten, Dachziegel (Biberschwänze, Falzziegel, Pfannenziegel) und Drainrohre.

Die Ziegel müssen wetterbeständig, frostbeständig (bei der Gefrierprobe kein Zerfallen oder keine Absplitterung zeigen) und genügend druckfest sein, einen gewissen Grad von Porosität aufweisen, einerseits um als schlechte Wärmeleiter zu wirken, anderseits um bei Witterungsumschlag die Feuchtigkeitsaufnahme zu erleichtern, damit nicht ein Niederschlag von Feuchtigkeit an den Wänden der Wohnräume eintritt. (Die Aufnahmefähigkeit guter Mauerziegel beträgt bis zu 15%, jene der Verblender 4—10%.)

Hintermauerungsziegel (Vollziegel für Hintermauerung) sind unglasiert, haben rauhe, unbearbeitete, unebene Oberfläche, meist ungerade Kanten, unreine und ungleichartige Farbe; bessere Ziegel sind auf der Bruchfläche ohne Hohlräume, Streifungen und Steineinschlüsse, geringere Qualitäten ungleichartig und meist nicht strukturfrei. Hartgebrannte Ziegel geben beim Anschlag einen hellen Klang, Schwachbrand ist weniger klingend; die Wasseraufnahme soll durchschnittlich 12—15%, die Druckfestigkeit bei Schwachbrand mindestens 100 kg/cm², bei Scharfbrand 150 kg/cm², bei Hartbrand mindestens 250 kg/cm² sein; der Ziegel muß sich mit dem Mauerhammer leicht behauen lassen, schnell austrocknen, darf keine löslichen Salze enthalten. Sie werden im Reichsmaß 250×120×65 mm als Handstrich- oder Maschinenziegel in den Handel gebracht.

Vormauerungsziegel (Vollziegel für Vormauerung) werden meist unglasiert (etwas sorgfältiger als Hintermauerungsziegel), mit rauher aber ebener Oberfläche, geraden, scharfen Kanten, gleichartig reiner Brennfarbe, strukturfreiem Bruch und gleichmäßigem Brand ausgeführt und ausgelesen, bevor sie in den Handel kommen; sie geben beim Anschlagen einen hellen Klang. Die Druckfestigkeit soll im Mittel mindestens 150 kg/cm², für Hartbrand über 250 kg/cm², die Wasseraufnahme höchstens 8% des Gewichtes betragen. Sie werden im Reichsmaß oder im Klostermaß 285×135×85 mm hergestellt.

Lochziegel sind senkrecht zur Lagerfläche gelocht; sie werden im Reichsmaß, oft als Hohlblockziegel in größeren Abmessungen hergestellt; im übrigen gelten für sie die Ausführungen betreffend die Vormauerungsziegel; die Lochziegel besitzen eine größere Druckfestigkeit als die Vollziegel.

Hohlziegel sind wagrecht zur Lagerfläche (wegen der besseren Durcharbeit und des gleichmäßigeren Durchbrands) in der Längsrichtung gelocht; im übrigen gelten die Ausführungen betreffend Lochziegel.

Eine als Qualitätsware anzusehende Abart der Hohlziegel sind die Hourdis; sie besitzen 2, 4, 6, 8 usw. Löcher in ein oder zwei Reihen übereinander, bei 1 m Länge mit nur 6—10 mm starken Stegen; die Oberfläche ist glatt und meist gerieft; die besten Qualitäten werden in Längen bis zu 3 und 4 m hergestellt.

Poröse Ziegel oder Leichtziegel (für nichttragende Wände, zum Ausmauern von Fachwerk, für Balkons, schallsichere Wände, Gewölbe in höheren Stockwerken) haben im allgemeinen geringere Druckfestigkeit als gewöhnliche Mauerziegel; ihre Oberfläche ist rauh und unrein, ihre Kanten sind gerade; sie werden als Voll-, Loch- oder Hohlziegel im Reichsmaß hergestellt. Als Deckenziegel werden sie nach besonderen Anweisungen geformt.

Ziegelsteine haben die Normalgröße 25×12×6,5 cm, das Normalgewicht 3,3 kg. Gewicht für 1 m³ gut getrocknetes Ziegelmauerwerk 1423 kg. Für 1 Kubikmeter Mauerwerk sind 400 Normalziegel, 0,15 m³ Kalk oder Zement und 0,3 m³ Sand nötig. Auf 1 m Mauerhöhe entfallen 13 Schichten bei 12 mm Lagerfugen.

Für 10 mm Stoßfugen ergeben sich folgende Wandstärken:

½ Stein	= 12 cm		3½ Steine	=	90 cm
1 „	= 25 „		4 „	=	103 „
1½ Steine	= 38 „		4½ „	=	116 „
2 „	= 51 „		5 „	=	129 „
2½ „	= 64 „		5½ „	=	142 „
3 „	= 77 „		6 „	=	155 „

Ringziegel oder Radialsteine, zum Schornsteinbau dienend, sind als Lochziegel ausgebildet und müssen sorgfältig gearbeitet sein; ihre Formgebung erfolgt nach bestimmten Normen.

Tonplatten haben die Anforderung der Vormauerungsziegel zu erfüllen; sie dienen als Fußbodenbelag, werden vier-, sechs- oder achtkantig in Größen von etwa 20×20 cm bei 4—6 cm Dicke geformt, mit geriefter oder glatter Oberfläche versehen; ihre Brennfarbe ist gelb oder rot, selten schwarz.

Dachziegel müssen strukturfreie, feinkörnige, erdige Bruchfläche aufweisen, beim Anschlagen hell klingen, eine Wasseraufnahmsfähigkeit von 2—4% ihres Gewichts besitzen. Sie werden in den mannigfachsten Formen und Farben, gedämpft, geteert, glasiert, unglasiert (mit Seifenlauge und darauf mit Eisenvitriollösung oder Alaun, oder auch mit dünnem Tonschlamm oder Melasse getränkt) ausgeführt. Zu unterscheiden sind: Biberschwänze oder Ochsenzungen (glatt oder gerieft, 33—42 cm lang, 15—16 cm breit, 0,8—1,5 cm tief, beim Verdecken nebeneinander gelegt, ohne ineinanderzugreifen), Firstziegel oder Hohlziegel (gewölbte Form) und Dachpfannen, beziehungsweise Falzziegel (welche mittels Fälze einander ganz oder teilweise überdecken, mit ∽ förmigem Querschnitt), Nonnen (beim Verlegen nach oben offene

Hohlziegel, mit halbrundem Querschnitt), Mönche (mit halbrundem Querschnitt, beim Verlegen nach unten offene Hohlziegel).

Die zu den Decken verwendeten Steine zeigen die mannigfachsten Formen. Zu deren verbreitetsten, welche vielen anderen als Vorbild gedient haben, gehören der Försterstein, der rheinische Formstein, der Sekurastein oder der Kleinesche Stein. Die Steine greifen haken- oder falzförmig ineinander. Zur Ummantelung der eisernen Trägerflanschen, behufs deren Unsichtbarmachung und zur Erzielung eines vollständigen Feuerschutzes, dienen besondere Anfängersteine oder Trägerschutzplatten, welche mit nasenförmigen Vorsprüngen oder falzartig die Flanschen umgreifen.

Zum Feuerschutz von Deckenträgern dienen besondere, ihnen angepaßten Formziegel. Zum Feuerschutz ihrer eisernen Unterzüge werden Ummantelungen aus mörtelartigen Stoffen gewählt, welche Einlagen aus Drahtgeflecht, Streckmetall, Drahtziegelgewebe oder anderen geeigneten Stoffen erhalten. Zu ihnen zählen auch die Bakula-Gewebe (Ziegler & Esch in Mainz), welche im wesentlichen aus 5 und 8 mm starken Holzstäbchen bestehen, die mittels verzinkten Drahtes zu einer Art Gewebe verbunden werden und in Breiten von 0,3—2,0 m bis zu 15 m langen Rollen geliefert werden.

Als Mörtel werden Zementmörtel oder auch Gipsputz (Rabitz) oder Asbestfeuerschutzmassen (siehe feuerfeste Mörtel) verwendet.

Feuerfeste Baustoffe [1]) sind in der Hauptsache in quarz-, tonerde-, kohlenstoff-, magnesia-, dolomit- und chromithaltige zu unterscheiden.

Den Ausgangsstoff der Quarzkalksteine oder Silikate bildet der zu den Sandsteinen zu zählende Quarzit, ein in der Hauptsache aus Kieselsäure bestehendes Gestein; die Quarzite zeigen im Feuer eine starke Raumzunahme, welche sie danach dauernd behalten. Bei dem „Wachsen" des Quarzits vermindert sich sein spezifisches Gewicht von 2,65 des Rohquarzes bis aus 2,32 des gebrannten. Zur Herstellung der Quarzkalksteine wird der gemahlene Quarzit mit Kalkmilch gebunden, gemahlener Ton zugesetzt, geformt und gebrannt. Die Quarztonsteine, deren Hauptmasse der Quarzit, deren Bindemittel aber der Ton bildet, gehören wie die Quarzkalksteine zur Gattung der sauren feuerfesten Steine, im Gegensatz zu den mit einem Zusatz von Quarz hergestellten Schamottesteinen (Quarzschamottesteinen), welche zur Gattung der halbsauren Steine zählen.

Schamottesteine sind alle feuerfesten Steine, welche aus gebranntem Ton — Schamotte — mit rohem Ton als Bindemittel hergestellt werden. Frisches Mauerwerk aus Schamottesteinen muß durch langsames Anwärmen vorsichtig ausgetrocknet werden, damit alles Wasser daraus entfernt ist, bevor es höheren Wärmegraden ausgesetzt wird.

---

[1]) Friedrich Wernicke: Die Herstellung feuerfester Baustoffe.

Der zu feuerfesten Steinen verwendete Bauxit ist ein dem Ton ähnliches mürbes bis mildes Gestein von heller Farbe. Der rohe Bauxit wird gemahlen, mit tonerdehaltigem Bindeton verknetet, scharf gebrannt und die derart erhaltene Schamotte wieder gemahlen, mit etwas Bindeton versetzt, zu Steinen — Bauxitsteinen — geformt und gebrannt.

Glenboigsteine sind Schamottesteine aus englischen, in der Steinkohlenformation gefundenen Schiefertonen. Dynaxitsteine sind Schamottesteine rheinischer Herkunft, Dynamidonsteine werden aus künstlichem Korund und reiner Tonerde mit Ton als Bindemittel unter hohem Druck hergestellt.

Kohlenstoffsteine werden aus einer Mischung von Koks und Teer hergestellt. Sie müssen sehr hart sein, eine Druckfestigkeit von mindestens 120 kg/cm² besitzen, dichtes, feinkörniges Gefüge aufweisen, hellen Klang geben und ein Raumgewicht von 1,2—1,4 besitzen. Sie werden im Eisenhochofen als Bodensteine, zum Bau von Schmelzöfen für die Gewinnung von Blei, Kupfer und Aluminium verwendet.

In diese Gruppe zählen auch die Kohleelektroden, deren Rohstoffe durch auf bestimmte Feinheit zerkleinerten Koks, Holzkohle, Anthrazit, Ruß, Retortengraphit, Teerkoks, Petrolkoks und Graphit gebildet werden. Als Bindemittel dient, wie bei der Herstellung der Kohlenstoffsteine, der Koks, welcher beim Verglühen der Elektroden von der Verkokung des der Rohstoffmischung hinzugesetzten Teeres (Pech- und Erdöl gemischt) übrig bleibt. Für elektrolytische Kohle wird vorzugsweise Holzkohle, für poröse Kohlen Zusätze von Holzpulver oder Salmiak, für Effektkohlen kalzium-, magnesium- und siliziumhaltige Verbindungen als Zusätze verwendet. Der elektrische Widerstand der Elektroden darf bei den schwersten Stücken auf 1 m Länge 400 Ohm für 1 mm² nicht übersteigen und geht mit wachsendem Querschnitt auf 80 bis 100 Ohm herab. Der Aschegehalt soll bei guten Eelektroden 2,5—3% betragen, das Raumgewicht 1,5—1,55, die Druckfestigkeit 230 bis 410 kg/cm², die Biegefestigkeit 51—81 kg/cm².

Lichtkohlen (Bogenlichtkohlen) werden aus künstlich hergestellter Kohlenmasse (reine oder mit Leuchtzusätzen versehene) gefertigt. Zu unterscheiden sind: Homogenkohle (untere [negative] Kohle bei Gleichstrombogenlampen), aus Reinkohle bestehend, Dochtkohle (obere [positive] Kohle mit doppeltem Durchmesser der Unterkohle bei Gleichstromlampen, obere und untere Kohle bei Wechselstromlampen) mit einem von Reinkohle umgebenen Kern (aus lockerer Kohlenmasse), Effektkohlen mit Leuchtzusätzen zur Färbung des Lichtbogens, und Metallstiftkohlen, bei welchen die Leitfähigkeit durch einen mit dem Kohlenstift verbundenen Kupfer- oder Nickeldraht erhöht ist.

Bei Verwendung von Reinkohle beträgt die Brenndauer für Gleichstromkohlen bei 200 mm Länge 10—12 Stunden, bei 290 mm 16 bis

18 Stunden, bei 325 mm 18—23 Stunden, für Wechselstromkohlen bei 200 mm 8—9 Stunden, bei 290 mm 12—14 Stunden, bei 325 mm 14 bis 16 Stunden. Die Batteriekohlen für galvanische Elemente werden, in Platten- oder Prismenform aus Retorten- oder Kunstkohle hergestellt, besonders für Bunsen- oder Chromsäureelemente verwendet. Für Salmiakelemente (Leclanché-, Fleischer-, Beutel-Elemente) erhalten die Kohlenkörper einen Zusatz von Braunstein, welches als depolarisierendes Mittel dient.

Karborundumsteine werden aus Karborundum (chemische Verbindung des Siliziums mit dem Kohlenstoff, SiC, im elektrischen Ofen aus Sand und Kohle gewonnen) mit organischen Bindemitteln oder gutem Bindeton oder Wasserglas hergestellt.

Magnesitsteine, in der Hauptsache aus Magnesit (Magnesiumkarbonat, $MgCO_3$) bestehend, bilden den feuerbeständigsten basischen Ofenbaustoff. Ein guter Magnesitstein besitzt dunkelbraune Farbe, dichtes Gefüge, hohe Festigkeit und Härte sowie einen hellen Klang. Ein gebrannter Stein in den Maßen $230 \times 118 \times 65$ mm wiegt 4,2 kg.

Die Dolomitsteine bilden den wichtigsten und unentbehrlichsten feuerfesten Rohstoff für die Herstellung des Thomasstahles. Dolomit besteht in reinem Zustand aus 30,5% Kalk, 21,7% Magnesia und 47,8% Kohlensäure; er wird ausschließlich in gebranntem Zustand verarbeitet. Eine Mischung von gebranntem, gemahlenem Dolomit und wasserfreiem Teer dient in den Thomasstahlwerken zur Herstellung des feuerfesten Futters der Konverter, Konverterbirnen und Steinen.

Chromitsteine besitzen eine sehr hohe Feuerfestigkeit und sind unempfindlich gegen die Angriffe von Basen und Säuren; ihr Hauptbestandteil ist Chromit (ein Chromeisenerz, FeO, Cr_2O_3). Sie werden in den Martinöfen verwendet.

Feuerfeste (keramische) Stoffe sind jene, deren Schmelzpunkt über Segerkegel 26 liegt. Sie werden aus schwer schmelzbaren Tonen, Schamotte, Quarziten, beziehungsweise unter Zusatz schwer schmelzbarer Erden gewonnen. Wenn sie nicht aus eisenhaltigem Magnesit oder unter Zusatz von Graphit hergestellt sind, haben sie einen weißen bis gelblichen, selten einen dunkler gefärbten Scherben, dessen Bruch erdig oder quarzig, oder erdig mit Einschüssen von Stücken aus gebranntem Ton oder Quarz, splittrig oder körnig ist. Die an die feuerbeständigen Stoffe zu stellenden Anforderungen richten sich nach ihrem Verwendungszweck und umfassen im allgemeinen: Schwerschmelzbarkeit (Feuerfestigkeit), Standfestigkeit (nicht erweichend bei längerer Beanspruchung in hohen Temperaturen), Widerstandsfähigkeit gegen chemische Einwirkung, Volumenbeständigkeit in höheren Hitzegraden,

Widerstandsfähigkeit gegen Temperaturwechsel, mechanische Festigkeit und Dichte.

Nach Dr. Hecht [1]) werden die feuerfesten Erzeugnisse nach ihrer Gestaltung unterschieden in:

Vollware:

Steine mit überwiegend tonigem Charakter:

Tonsteine,

gewöhnliche Schamottesteine,

Schamottesteine mit besonderen Zuschlägen von Tonerde oder tonerdereichen Stoffen, wie gebrannten Bauxit oder aus geschmolzenem Bauxit hergestellten künstlichen Korund (Alundum, Aloxit, Dynamidon, Diamantin, Elektrorubin);

gemischte Tonquarzsteine:

Quarzschamottesteine,

Quarztonsteine:

Sandtonstein aus Sand oder Klebsand, gebunden mit plastischem feuerfesten Ton,

Quarztonstein (Tondinas) aus Quarzit mit feuerfestem Bindeton;

Quarzkalksteine (auch Dinas genannt):

Silikasteine I, aus Findlingsquarzit mit 2% Kalkbildung, gegebenenfalls unter Zusatz von organischen Klebstoffen,

Silikasteine II, aus Felsquarzit oder Kohlensandstein in gleicher Weise gebunden;

Oxydische Steine:

Tonerdesteine oder Dynamidonsteine, bestehend aus geschmolzener Tonerde oder künstlichem Korund mit feuerfestem Bindeton,

Magnesitsteine aus sintergebranntem, wenig Kieselsäure, Kalk, Tonerde, aber meist etwas mehr Eisenoxyd enthaltendem Magnesit, mit schwachgebrannter Magnesia gebunden,

Dolomitsteine aus hochgebranntem Dolomit, mit Teer gebunden,

Chromitsteine aus Chromeisenstein unter Zusatz von feuerfestem Bindeton, Kalkmilch, schwachgebrannter Magnesia oder Teer,

kohlenstoffhaltige Steine aus aschenfreiem Koks, mit Teer als Bindemittel,

Karborundum- (Siliziumkarbid-) Steine aus Karborundum mit organischen Bindemitteln oder unter Zusatz von scharfgebrannter Schiefertonschamotte mit feuerfestem Bindeton.

---

[1]) Lehrbuch der Keramik.

Hohlware:

Kapseln zum Brennen von feinkeramischen Waren (2 Teile Ton, 1—2 Teile Schamotte oder 2 Teile Ton, 1—1,5 Teile Roh-kaolin, 2—3 Teile Schamotte),

Muffeln zum Aufschmelzen von Farben, Glasuren oder Emaillen (1 Teil fetter, 1 Teil sandhaltiger Ton, 3—4 Teile Schamotte),

Schmelztiegel (müssen bei genügender Feuerfestigkeit hin-reichend dicht sein, um der chemischen Einwirkung des Schmelzgutes und dem Eindringen der Schlacke widerstehen zu können, dürfen bei Anwärmung weder reißen noch springen, müssen unempfindlich gegen Temperaturwechsel sein und einen Bindeton besitzen, welcher möglichst schon bei Segerkegel 1—3 dicht brennt, ohne im hohen Feuer zu er-weichen oder glasartig spröde zu werden):

Schamottetiegel zum Einschmelzen von basischen Stoffen (1 Teil Ton, 1—2 Teile Schamotte),

quarzhaltige Tiegel, werden von Metalloxyden und Alkalien stark angegriffen, sind weniger feuerbeständig als gute Schamotte- oder Graphittiegel (bis zu 5 Teilen reiner feiner Quarzsand auf 2 Teile fettem Bindeton),

kohlenstoffhaltige Tiegel oder Graphittiegel, unschmelzbar, werden bei plötzlichem Temperaturwechsel nicht rissig (1 Teil Graphit, 1—3 Teile Ton),

Tiegel aus besonderen Massen, werden für besonders hohe Temperaturen aus Kalk, Magnesia, Korund, Tonerde, Alun-dum, Zirkonoxyd, Quarzglas, Karborundum hergestellt;

Glashafen, werden aus leicht sinternden Tonen hergestellt, welche möglichst hohe Feuerbeständigkeit besitzen, um die beim Schmelzen des Glases erforderliche Temperatur aushalten zu können.

Die Tonwaren, gleichviel ob sie glasiert oder unglasiert sind, werden nach der Beschaffenheit des Scherbens in poröse und dichte Tonwaren geschieden; jene, auch als Irdengut oder Tongut bezeichnet, haben einen erdigen Bruch, welcher an der Zunge klebt, diese, auch als Sinter-zeug oder Tonzeug bezeichnet, haben einen dichten, gesinterten, muscheligen, meist mattglänzenden Bruch und kleben nicht an der Zunge. Dr. H. Hecht[1]) gibt folgende Einteilung der Tonwaren:

Irdengut

(brennen, bis die schwerschmelzbaren Bestandteile und die Fluß-mittel nur zusammenkitten, ohne eine völlige Verdichtung des Scherbens herbeizuführen oder das Innere der kleinsten Ton-und Quarzteilchen im chemischen Sinne aufzuschließen):

---

[1]) Lehrbuch der Keramik.

Baumaterial: nicht weißbrennend, Ziegeleierzeugnisse: Ziegel, Verblender, Bauterrakotten, Hohlziegel, poröse Steine, Drainageröhren, Dachziegel; vorwiegend weiß brennend, feuerfeste Erzeugnisse: Schamottesteine, Dinas und Silikatsteine, feuerfeste Erzeugnisse aus besonderen Stoffen, feuerfeste Hohlware;

Geschirr: nicht weiß brennend, Töpfereierzeugnisse: antike Geschirre, Töpfergeschirr, Blumentöpfe, Wasserkühler, Lackware, sogenannte ordinäre Fayence, Ofenkacheln; weißbrennend, Steingut: Tonsteingut, Tonzellen, Tonpfeifen, Kalksteingut, Feldspat- oder Hartsteingut, Sanitätsgeschirr, Feuertonware.

Sinterzeug:

Scherben nicht oder nur an den Kanten durchscheinend.

Baumaterial: nicht weißbrennend, Klinkerware: Klinker, Fliesen, Tonröhren; vorwiegend weiß brennend: säurefeste Steine.

Geschirr: nicht weiß brennend: Wannen, Tröge, chemische Gefäße usw.; vorwiegend weiß brennend: Steinzeug, auch künstlich gefärbt, Fein-Terrakotten, Wedgewoodware, Chromolith usw.; Scherben durchscheinend, Porzellan oder Weißzeug.

Baumaterial: weiß brennend: Wandplatten, Futtersteine für Trommelmühlen usw. aus Hartporzellan.

Geschirr: weiß brennend: Hartporzellan; Weichporzellan (Knochenporzellan, Frittenporzellan, Parian, Seigerporzellan).

Tonrohre müssen zur Erhöhung ihrer Wasserdichtigkeit mit Glasur überzogen sein; sie ist bei Steinzeugröhren nicht nötig, doch werden sie wegen des besseren Aussehens und zur Erzielung größerer Glätte der Innenwandungen ebenfalls glasiert; beide sind meist zylindrische Muffenrohre von 50—400 mm Lichtweite.

Kanalisationsröhren oder Steinzeugröhren, zur Ableitung der Abwässer dienend, werden mit Lehm- oder Salzglasur versehen.

Säurefeste Steine werden am widerstandsfähigsten aus scharf gebrannten Porzellanmassen mit 25—50 Teilen Tonsubstanz, 45—30 Teilen Quarz und 30—20 Teilen Feldspat hergestellt.

Porzellan sind Tonwaren, welche vollkommen gesinterten, dichten Scherben mit muscheligem Bruch, weiße Farbe und Transparenz, große Sprödigkeit und Härte, große chemische und mechanische Widerstandsfähigkeit besitzen. Porzellan wird in erster Linie aus Kaolin, Quarz und Feldspat hergestellt. Die fein vermahlenen Rohmaterialien werden zu einer plastischen Masse vereinigt, welche geformt, getrocknet, verputzt und bei etwa 800^0 gebrannt (verglüht), hierauf glasiert und bei etwa 1400^0 C gebrannt wird. Porzellanglasuren sind Alkalierdalkalisikate mit überwiegend Erdalkalien.

Die Porzellanmasse ist um so isolierfähiger, je feuerfester der Kaolingehalt, je größer der Feldspatgehalt, je feiner die Mahlung und je höher die Brenntemperatur waren. Die Glasur ist ein Kali-Kalk-Tonerdeglas, welches aus Kaolin, Quarz, Feldspat und Kalk zusammengesetzt ist, wobei jedoch Feldspat und Kalk überwiegen, damit bei derselben Temperatur, bei welcher die Masse bloß erweicht, die Glasurbestandteile vollkommen flüssig werden und die Masse mit einer glasigen, gleichmäßigen Decke überziehen. Die Glasur muß hart und von solcher Zusammensetzung sein, daß sie allen Witterungseinflüssen widersteht.

Zu unterscheiden sind:

	Hartporzellan %	Weichporzellan %
Tonsubstanz	42—66	25—35
Feldspat............................	17—37	20—35
Quarz	12—30	41—45

Die Druckfestigkeit von Porzellan beträgt durchschnittlich 4000 bis 5000 kg/cm², die Biegungsfestigkeit im Mittel 490 kg/cm².

Das übliche Porzellan des Handels hat im allgemeinen den Erweichungspunkt wie Segerkegel 15—16, Berliner technisches Porzellan Segerkegel 30—31, Rosenthalsches chemisches Porzellan Segerkegel 32.

Das spezifische Gewicht des verglühten Porzellans beträgt etwa 2,60—2,62, des gargebrannten Porzellans 2,3—2,5; die spezifische Wärme von Rosenthal-Porzellan, Selb, ist 0,25, seine Wärmeaufnahmegeschwindigkeit 0,00064, die Härte von schwach verglühtem Porzellan 2, von stark verglühtem 2,5.

Die Farbe des Porzellans hängt vom Gehalt an Eisen- und Titanverbindungen und von der Art des Brennens ab. In reduzierender Ofenatmosphäre gebranntes, eisen- und titanarmes Porzellan zeigt eine vollkommen weiße Farbe.

Die elektrische Leitfähigkeit des Porzellans, welche mit steigender Temperatur zunimmt, ergibt sich aus nachstehender Zusammenstellung:

Temperatur	Leitfähigkeit		Temperatur	Leitfähigkeit	
50	$0,465 . 10^{-15}$	Ohm^{-1} cm^{-1}	600	$0,32 . 10^{-6}$	Ohm^{-1} cm^{-1}
70	$0,25 . 10^{-13}$	» »	800	$0,55 . 10^{-6}$	» »
160	$0,582 . 10^{-12}$	» »	1000	$1,0 . 10^{-6}$	» »
189	$0,26 . 10^{-11}$	» »	1100	$1,3 . 10^{-6}$	» »
400	$0,05 . 10^{-6}$	» »			

Die Durchschlagfestigkeit des Porzellans hängt von der Brenntemperatur und der chemischen Zusammensetzung ab. Die Dielektrizitätskonstante ist 5,73, die Fortpflanzungsgeschwindigkeit des Schalles ist (schwankend) im Mittel 4900—5200 m/sec.

Zum Unterschied von Porzellan hat Steingut keinen dichten Scherben, sondern ist porös und dadurch leichter brüchig, doch ist der Scherben ebenfalls weiß, hat durchsichtige Glasur und ist äußerlich dem Porzellan ähnlich.

Aus pulverisierten Asbestfasern wird durch Pressung und Erhitzung bis auf 1700° C Asbestporzellan hergestellt; es findet gleiche Verwendung wie die Tonzylinder für galvanische Elemente.

Asbestzementschiefer, Eternit, wird nach dem Verfahren der Eternitwerke dadurch hergestellt, daß gelockerter Asbest im Holländer mit Zement im bestimmten Verhältnis unter reichlichem Wasserzusatz verrührt wird; die breiige Masse wird über Siebzylinder oder Filzplatten mittels Vakuum filtriert, in Platten geschnitten, welche in hydraulischen Pressen mit 800 Atm. Druck gepreßt werden, worauf sie zum Abbinden mehrere Wochen liegen bleiben.

Plattengröße: 4—25 mm dick, 120 mm breit, 120, 250, 300, 400 mm lang. Eigengewicht für 1 cm Dicke 17 kg/m². Druckfestigkeit bei Luftlagerung 1000, bei 5 Monate Luft und 9 Monate Wasserlagerung 900, Zugfestigkeit längs und quer 100—150, Biegungsfestigkeit glatter Platten 250—400, gewellter 250.

Aus Asbestzementschiefer werden Dacheindeckungen und Außenwandbekleidungen hergestellt; er wird vielfach an Stelle von anderem feuerfesten Material verwendet.

Asbestzementschiefer findet in der Elektrotechnik als Isoliermaterial Verwendung, da er sich beliebig bearbeiten, mit Gewinde versehen, drehen, hobeln, fräsen u. dgl. läßt, überdies bei Herstellung von Einzelstücken, im Gegensatz zu anderen Isoliermaterialien, keiner teueren Matrizen bedarf. Besonders bekannt ist das aus Sondereternit hergestellte „Marmorit", welches bei Prüfungen im nassen Zustand Durchschlagspannungen von 75.000 Volt und darüber und Isolationswiderstände in Megohm für 1 cm³ bei 1000 Volt von mehr als 20.10^6 aufwies.

V u l k a n a s b e s t, ein elektrisches Isoliermaterial, wird durch Vulkanisierung eines Gemisches von Asbestfasern und Kautschuk hergestellt. Aus dem Gemisch werden durch hohen Druck und Wärme Formstücke (zum Beispiel Spulenkörper) hergestellt. Die Erwärmung ist bis 150° C zulässig; die Durchschlagfestigkeit beträgt bei 12,5 mm Plattenstärke 3000 Volt. Wegen der faserigen Beschaffenheit ist das Material schwer zu bearbeiten.

Asbestfeuerschutzmassen kommen teils in Teigform, teils als Pulver in den Handel und werden an der Verbrauchsstelle angemacht.

Reine Asbestplatten werden ohne andere Materialien bis zu 3 mm Stärke für bearbeitete Flächen zu Dichtungszwecken verwendet, wenn die Flächen nicht mit Wasser in Berührung kommen; andernfalls werden die Asbestplatten mit Graphit, Firnis, Mennige getränkt. Muß die Dichtung öfter gelöst werden, so werden die Asbestoberflächen mit Graphit oder Kreide eingerieben, um ein Festkleben zu verhindern. In jedem Falle ist die Berührung der Asbestplatten mit Wasser oder Dampf zu vermeiden, da durch sie der Asbest mit der Zeit zerstört wird. Oft werden die Kanten solcher Platten mit einer dünnen Einfassung aus Kupferblech versehen.

Die aus Asbest hergestellten Dichtungsplatten haben Stärken bis zu 5 mm, Breiten normal bis zu 1,5 m, Längen nach Bedarf. Die aus Asbest und Gummi hergestellten Dichtungsplatten haben oft noch größere Breiten und Stärken. Die Asbestseile haben einen Durchmesser gewöhnlich bis zu 30 mm. Auch Asbestpulver wird zu Dichtungszwecken verwendet. Asbestfäden werden auch als Stopfbüchsenpackungen verwendet. Asbestpackungen haben den Nachteil, daß sie das Öl schlecht halten.

Durch Imprägnieren von Asbestplatten mit Bakelit wird Biasbeston, ein halbfeuerfestes Isoliermaterial, gewonnen.

Die Hochofenschaumschlacke, aus dem Gasgichtstaub der Hochofenbetriebe gewonnen, wird, mit einem Bindemittel (in ähnlicher Weise wie Kieselgur) gemischt, als Wärmeschutzmasse verwendet; die Farbe ist dunkelgrau.

Mikanit oder Preßglimmer wird aus kleinen Glimmerblättchen und Schellacklösung unter hohem Druck bei Erwärmung erhalten. Weißes Mikanit, für hohe Temperatur verwendbar, läßt sich nicht biegen, braunes Mikanit (mehr Schellackgehalt) läßt sich bei Erwärmung unter Druck in Formen pressen. Mikanit wird in Platten, als Mikanitpapier (Glimmerpapier, Mikafolium), Mikanitasbest (Glimmerstückchen, Asbest und Schellack), Mikanitleinwand, Mikanitguttapercha (Mikanit- und Guttaperchaschichten) hergestellt.

Kleine dünne Glimmerplättchen werden mittels eines isolierenden Bindemittels auf dünne Leinengewebe — Glimmerleinwand — oder dünnes Papier — Glimmerpapier — befestigt; beide dienen für isolierende Auskleidungen; Durchschlagfestigkeit bei 0,4, beziehungsweise 0,3 mm Stärke 11.000 Volt für:

Plattenstärke 1 mm . . 35.000 Volt
„ 2 „ . . 48.000 „
„ 3 „ . . 75.000 „

Megohmit ist ein aus kleinen Glimmerstücken und einem Bindemittel hergestelltes elektrisches Isoliermaterial, welches sich in kaltem

Zustand bohren, drehen, fräsen, schneiden läßt und bei einer Temperatur von 70—90° C weich wird. Die Durchschlagfestigkeit beträgt bei:

$$0,4 \text{ mm} \quad . \quad . \quad 12.500 \text{ Volt}$$
$$0,6 \quad \text{,,} \quad . \quad . \quad 20.500 \quad \text{,,}$$
$$0,8 \quad \text{,,} \quad . \quad . \quad 27.500 \quad \text{,,}$$
$$1,0 \quad \text{,,} \quad . \quad . \quad 36.000 \quad \text{,,}$$

Silit wird nach einem besonderen Verfahren aus Siliziumkarbid hergestellt, und zwar für elektrische Widerstände (200—20.000 Ohm), für elektrische Heizkörper (bis 1400° C) und als feuerfestes Widerstandsmaterial für schroffen Temperaturwechsel.

Silundum, ein hohen Temperaturen gegenüber sehr widerstandsfähiges Widerstandsmaterial, welches bei geringsten Druckschwankungen große Widerstandsänderungen aufweist, daher sehr gut für Mikrophonkontakte geeignet ist, besteht aus einer Kohlenmasse, welche durch Glühen in Siliziumdämpfen zum Teil in Siliziumkarbid übergeführt wird.

Steatit, ein elektrisches Isoliermaterial, besteht aus gebranntem Speckstein und bildet eine porzellanartige, harte, feste Masse, welche gegen Feuchtigkeit, Säuren und Temperatureinflüsse sehr beständig ist.

Künstlicher Graphit wird im elektrischen Ofen hergestellt.

Glas im allgemeinsten Sinne des Wortes ist ein aus seinem Schmelzfluß durchweg amorph erstarrter Stoff. Glas im besonderen Sinne ist ein derartiger, aus Verbindungen der Kieselsäure (auch Borsäure und Flußsäure) mit mindestens zwei Basen (neben welche sich Eisen, Blei, Zink, Wismut usw.) hergestellter Stoff.

Man unterscheidet nach den chemischen Hauptbestandteilen[1]): Quarzglas, Tonerde-Natronsilikat, Kalk-Kalisilikat usw.

Die spezifische Wärme des Glases schwankt zwischen 0,08—0,25.

Die Rohmaterialien (Schmelzmaterial) zur Herstellung des Glases sind:

Kieselsäure (SiO_2) in kristallisierter oder amorpher Form (Quarzit, Sand, Kieselgur, Feuerstein) und Borsäure, B_2O_3, zur Einführung saurer Oxyde;

die leicht und schwer schmelzenden Alkalien, Natriumoxyd (Natron), Na_2O, Chlornatrium (Stein-, Kochsalz), $NaCl$, Natriumsulfat (Glaubersalz), Na_2SO_4, Kaliumoxyd (Kali), K_2O, Kaliumkarbonat (Pottasche), K_2CO_3, Kalziumoxyd (Kalk), CaO, Baryumoxyd (Baryt), BaO, Strontiumoxyd (Strontian), SrO, Zinkoxyd, ZnO, Bleioxyd, PbO, Aluminiumoxyd (Tonerde), Al_2O_3, zur Einführung basischer Oxyde;

Kaolin, Feldspate, Eruptivgesteine und Bruchglas, welche mehrere glasbildende Oxyde enthalten;

---

[1]) R. Dralle: Die Glasfabrikation.

Arsentrioxyd (Arsenik), As_2O_3, Salpeter (Natrium-, Kaliumsalpeter), $NaNO_3$ und KNO_3, als Läuterungsmittel (zur Erzielung eines klaren, stein- und blasenfreien Flusses);

Eisen-, Mangan-, Chrom-, Kobalt-, Nickel-, Selen-, Silber-, Gold-, Uranverbindungen wie seltene Erden als Färbungs- und Entfärbungsmittel;

Phosphor-, Fluor- und Zinnverbindungen als Trübungsmittel.

Die wichtigsten Bestandteile der technischen Gläser sind Kieselsäure, Kalk und Natron.

Je nach Art der Herstellung ist zu unterscheiden zwischen Tafelglas (geblasenes oder Streck- oder Walzenglas, Spiegelglas, Drahtglas) und Hohlglas (Weiß-, Halbweißhohlglas und Flaschenglas).

Bleiglas ist stark bleioxydhaltiges Glas; da es Röntgenstrahlen nicht durchläßt, dient es als Schutzmittel gegen dessen schädigenden Wirkungen. Bleiglas, farblos oder schwach grünlich, färbt sich bei längerer Einwirkung kräftiger Röntgenstrahlenmengen, je nach seiner Zusammensetzung, braun gelb oder blauviolett.

Das spezifische Gewicht des gewöhnlichen Bleiglases beträgt 2,4—2,6, des Bleikristallglases über 4,5.

Hartglas sind Glassorten aus besonderem Glasfluß, durch schnelle Abkühlung hergestellt, welche mechanischen Einflüssen besser als gewöhnliche Gläser widerstehen können.

Alabasterglas ist durchscheinendes mattes Glas.

Matte Glasglocken verursachen einen Lichtverlust von:

15% bei mattgeschliffenem Glas,	20% bei Opalglas,
15% „ Alabasterglas,	30% „ Milchglas.

Lichtstreuende Glasglocken schonen das Auge und vermeiden starke Glasschatten. Sie bestehen aus rauhem Glas, am besten Alabasterglas; der Lichtbogen ist bei ihnen nicht sichtbar, da sie selbst leuchtend erscheinen.

Zur gleichmäßigen Verteilung des Lichtes elektrischer Glühlampen dienen Glasglocken aus Holophanglas, bei welchen durch viele kleine Prismen das Licht zum Teil reflektiert, zum Teil zerstreut wird.

Quarzglas, gekennzeichnet durch einen verschwindend kleinen Ausdehnungskoeffizienten und völlig unempfindlich gegen den schroffsten Wärmewechsel, wird gewonnen, indem reiner Quarzsand längere Zeit hoch über seinen Erweichungspunkt erhitzt wird; es wird zur Herstellung von Tiegeln und Röhren für Laboratoriumszwecke verwendet.

Zur Herstellung von Geißlerröhren und optischen Versuchen dient Uranglas (Kanarienglas), ein uranoxydhaltiges Glas, welches in der Durchsicht eine gelbe Farbe besitzt, bei auffallendem Lichte lebhaft grün fluoresziert. Unter Einfluß der Röntgen- und Radiumstrahlen wird das Uranglas ebenfalls zur Fluoreszenz gebracht.

Je nach seiner Zusammensetzung zeigt Glas verschiedene Eigenschaften als elektrisches Isoliermaterial. Flintglas weist höhere Isolierfähigkeit als gewöhnliches Fensterglas, bleifreies Glas eine höhere als bleioxydhaltiges auf.

Glas kann in heißem weichen Zustand zu äußerst feinen, seideartigen Fäden ausgezogen werden, welche wie Garne zu Geweben, Bändern, Spitzen usw. verarbeitet werden können; doch sind Glasgewebe nicht so schmiegsam, wie Gewebe aus tierischen oder pflanzlichen Faserstoffen. Aus 1 kg Glas kann ein Faden von ungefähr fünf Millionen Meter Länge gezogen werden.

Glasfarben sind Metalloxyde oder Metallsalze, welche sich im Glas zu gefärbten Silikaten umbilden; zur Anwendung kommen Verbindungen von Eisen (Eisenoxydul: grün, Eisenoxyd: gelb, orangegelb, rot, braun, violett), Mangan (Braunstein: violett), Kupfer (Kupferoxyd: blaugrün. Kupferdioxyd: blutrot), Kobalt (blau), Silber (gelb), Chrom (intensiv gelbgrün), Gold (Rubinglas), Uran (grünlichgelb fluoreszierend).

Wasserglas (kieselsaures Kali oder Natron) wird durch Zusammenschmelzen von Pottasche (K_2OCO_2) oder Soda (Na_2OCO_2) mit reinem Sand (SiO_2) oder Feuerstein erhalten; es ist wasserhell bis gelblich, in Wasser löslich; es muß verschlossen aufbewahrt werden, da es von der Kohlensäure der Luft unter Bildung von kohlensauren Alkalien und Ausscheidung von wasserhaltiger Kieselsäure zersetzt wird.

Verwendung als Feuerschutzmittel für Holz, Textil- und Papierstoffe, zu Anstrichen und Kitten.

Nutzholz wird unterschieden in Waldnutzholz (Reiserholz bis 7 cm Durchmesser, Derbholz bis 14 cm Durchmesser, Stammholz über 14 cm Durchmesser, Langholz (alle unzerschnittenen Hölzer), Schichtholz (die zerschnittenen und geschichteten Hölzer), waldkantige Balken (Kanten durch Teile der Rinde gebildet) und die bei ihrer Herstellung sich ergebenden Abfälle (Schwarten), Bauholz (Voll- oder Ganz- oder Lang- oder Stammholz: Bezeichnung für berindetes oder entrindetes unbeschlagenes Rundholz oder beschlagenes Kantholz): als Rundholz (bebeilt, das heißt ohne Rinde), Kantholz (durch Axt und Beil aus dem Rundholz gehauen oder gesägt, je nach der Kantenform: scharf-, voll-, baumkantig), Halbholz (ein durch Sägeschnitt in zwei gleiche Teile geschnittener Balken), Kreuzholz (ein durch zwei aufeinander senkrecht stehende Sägeschnitte in vier gleiche Teile geschnittener Balken), Schnittholz (Balken, Bretter, Dielen, Bohlen, Planken, Latten: 2—3 cm dick, 5—7 cm hoch, bis 5 m lang), Furniere: 0,1—1,0 mm dünne Blätter.

Je nach seiner Art wird Holz verwendet für Bauzwecke (Hoch- und Wasserbau), Möbel, Tischler- und Drechslerarbeiten, im Mühlenbau,

für Wasserräder, Masten, Brunnenröhren, Böttcherarbeiten, Bleistift-
hülsen, Faßhähne, Werzeugtische, Eisenbahnschwellen, Eisenbahn-
wagen, Straßenfuhrwerke, im Grubenbau, für Brücken und sonstige In-
genieurarbeiten, für Riemenscheiben, Radzähne, landwirtschaftliche
Geräte, Radfelgen und Naben, im Schiffbau, in der Waffenfabrikation.
zu Pochstempeln, zur Herstellung von Kisten, Holzkohle, Holzwolle.
Holzstoff, Zellulose, für Pflasterungen, als Brennmaterial, s. d.

Hinsichtlich der Schnittart sind zu unterscheiden:

> Rundholz oder Ganzholz: gewöhnlich nur entrindet, beschlagenes
> (mit der Axt annähernd in Balkenform gebracht, wahnkantig
> oder baumkantig);
> Halbholz: gehälftetes Ganzholz;
> Kreuzholz: gevierteltes Ganzholz;
> Kantholz: splintfreie Balken, scharfkantige Balken, vollkantige
> Balken, baumkantige Balken, Pfosten;
> Breitschnittholz: Planken von 10—15 cm Stärke, Bohlen von
> 5—10 cm Stärke, Bretter von 1,5—4,5 cm Stärke;
> Latten: Dachlatten von $2,5 \times 5$ bis 4×6 cm Stärke, Doppellatten
> von 5×8 cm Stärke, Spalierlatten von $1,5 \times 2,5$ bis 2×4 cm
> Stärke;
> Schiffbauholz: beschlagene oder geschnittene Stücke von 24 cm
> Dicke: Hölzer; von 5—23 cm Dicke, besäumt oder behauen:
> Planken; wenn sie noch Baumkanten besitzen: Bohlen;
> Derbholz: Stangenholz von 7—14 cm Durchmesser, Reiserholz von
> weniger als 7 cm Durchmesser.

Festmeter ist die Bezeichnung für 1 cm³ feste Holzmasse, Raummeter
der Rauminhalt von 1 cm³ eines geschichteten Stapels Hölzer von
$1 \times 1 \times 1$ m.

**Baurundholz oder Langholz oder unbeschlagenes Ganzholz ist nach
Stärke und Länge zu unterscheiden in:**

A r t	Zopfdurchmesser	Länge
	Zentimeter	
Außergewöhnlich starkes Holz	5 und mehr	14 und mehr
Gewöhnlich starkes Holz	25—35	12—14
Mittelbauholz (Riegelholz)	20—25	9—12
Kleinbauholz (Sparrholz)	15—20	9—11
Bohlstämme	13—15	7—9
Lattstämme	8—13	7—9

Sägeblöcke haben eine mittlere Länge von 8 m bei 35—50 cm Zopfstärke.

Das Baukantholz (Verbandholz) ist im Handel in allen Abmessungen
von 8×8 cm — 28×30 cm erhältlich.

Normen des Innungsverbands deutscher Baugewerkmeister:

8	10	12	14	16	18	20	22	24	26	28	30
1. Normalprofile für Bauhölzer in cm

1. Normalprofile für Bauhölzer in cm

8	10	12	14	16	18	20	22	24	26	28	30
8×8	8×10	10×12	10×14	12×16	14×18	14×20	16×22	18×24	20×26	22×28	24×30
—	10×10	10×12	12×14	14×16	16×18	16×20	18×22	20×24	24×26	26×28	28×30
—	—	—	14×14	16×16	18×18	18×20	20×22	24×24	26×26	28×28	—
—	—	—	—	—	—	20×20	—	—	—	—	—

2. Größte Widerstandsmomente W_{max} vorstehender Querschnitte in cm³

8	10	12	14	16	18	20	22	24	26	28	30
85	133	240	327	512	756	933	1291	1728	2253	2875	3600
—	167	268	392	597	864	1067	1452	1920	2704	3397	4200
—	—	—	457	683	972	1200	1613	2304	2929	3659	—
—	—	—	—	—	—	1333	—	—	—	—	—

3. Kleinste Trägheitsmomente J_{min} vorstehender Querschnitte in cm⁴

8	10	12	14	16	18	20	22	24	26	28	30
341	427	1000	1167	2304	4116	4573	7509	11664	17333	24845	34560
—	833	1723	2016	3659	6144	6827	10692	16000	29952	41011	54880
—	—	—	3201	5461	8748	9720	14667	27648	38081	51251	—
—	—	—	—	—	—	13333	—	—	—	—	—

Sägemehl wird als Wärmeschutzmittel verwendet. Seine Wärmeleitungszahlen sind nach Nußfeld[1]):

Temperaturbereich °C	20—65	25—28	23—36	20—40
Wärmeleitungszahl	0,20	0,095	0,070	0,055
Temperaturbereich °C	10—57	20—136	20—80	
Wärmeleitungszahl	0,061	0,055	0,056	

Für Holzmasten elektrischer Leitungsanlagen wird Kiefer- oder Fichtenholz mit einer Zopfstärke von 15—20 cm verwendet.

Durchschnittliche Eigengewichte von Baustoffen.
Nach der Preuß. Ministerial-Vorschrift vom 24. Dezember 1919.

Baustoff	Durchschnitts-gewicht in kg/m³	Baustoff	Durchschnitts-gewicht in kg/m³
Erde, Sand, Lehm, naß...	2100	Basaltlava, ziemlich dicht	2800
Erde, Lehm, Sand, trocken	1600	Basaltlava, porig	1800
Kies, naß..............	2000	Marmor.................	2700
Kies, trocken...........	1700	Kalkstein, dicht..........	2500
Koksasche	750	Kalkstein, porig	2000
Kesselschlacke (einge-stampfte)	1000	Sandsteine (schwerere Grauwacke und Kohlen-sandstein).............	2700
Hochofenschlacke: Stückschlacke in der Körnung von Eisen-bahnschotter	1400	Sandsteine, sonstige	2400
Granulierter Schlacken-sand	1000	Tuffstein, Porphyr und dichter Kalktuff	2000
Bimssteinsand..........	700	Bimsstein, Leuzit und lockerer Kalktuff	1400
Werkstücke aus Granit, Syenit, Porphyr	2800	Mauerwerk aus: Klinkern.............. Ziegeln	1900 1800
Basalt.................	3000	Vollziegeln, porigen....	1100

[1]) (Hütte, II. Teil.)

91

Baustoff	Durchschnittsgewicht in kg/m³	Baustoff	Durchschnittsgewicht in kg/m³
Mauerwerk aus:		Baureife Hölzer (luft	
Lochziegeln	1300	trockene haben um etwa	
Lochziegeln, porigen ...	1000	50 kg/m³ weniger Ge	
Schwemmsteinen	1000	wicht):	
Korksteinen	600	Kiefer (Föhre)	700
Kalksandsteinen	1800	Fichte (Rottanne)	600
Kunstsandsteinen	2100	Tanne (Weißtanne)	600
Zementmörtel	2100	Lärche	650
Kalkzementmörtel......	1900	Pechkiefer (Pitchpine)..	900
Kalkmörtel...........	1700	Gelbkiefer (Yellopine) ..	800
Traßmörtel..........	2000	Eiche	900
Gips (gegossen).......	1000	Buche	800
Beton aus Kies, Granit		Australische Harthölzer ..	1100
schotter u. dgl........	2200	Gußeisen	7250
Beton einschließlich Eisen		Schweißeisen...........	7800
einlagen	2400	Flußeisen	7850
Beton aus Ziegelschotter .	1800	Flußstahl	7860
Beton aus Kohlenschlacke		Blei..	11400
mit Sandzusatz.......	1600	Bronze	8600
Beton aus Bimskies mit		Kupfer, gewalzt	8900
Sandzusatz..........	1600	Zink, gegossen	6900
Beton aus Hochofen		Zink, gewalzt	7200
schlacke	2200	Zinn, gewalzt	7400
		Messing..............	8600

Durchschnittliche Eigengewichte von Baustoffen.

Nach Angaben der Technischen Versuchsanstalt in München.

Baustoff	Gewicht in kg/m³	Baustoff	Gewicht in kg/m³
Korksteine	190—330	Rheinische Schwemm	
Korkersatzstoffe.........	190—430	steine	630
Torfplatten.............	192—280	Linoleum	1183
Kunstbims (Hochofen		Asbestschiefer	1783
schaumschlacke).......	360		

Durchschnittliche Eigengewichte von Baustoffen.

Nach den österreichischen Regierungsvorschriften vom 15. Juni 1911, über die Herstellung von Tragwerken aus Eisenbeton oder Stampfbeton bei Hochbauten.

Baustoff	Gewicht in kg/m³	Baustoff	Gewicht in kg/m³
Schweißeisen...........	7800	Fichtenholz, lufttrocken...	600
Flußeisen	7850	Holzstöckelpflaster	1100
Roheisenguß	7300	Steinholzbelag	1400
Stahl..................	7900	Glas..................	2600
Blei	11400	Erde, trocken	1350
Kupfer, gewalzt	9000	Erde, feucht............	1800
Eichenholz, lufttrocken ...	800	Lehm, trocken..........	1600
Buchenholz, lufttrocken ..	750	Lehm, feucht..........	2000
Lärchenholz, lufttrocken..	650	Schotter, Kies	1900
Kiefernholz, lufttrocken...	600	Sand	1600
Tannenholz, lufttrocken ..	600	Mauerschutt............	1400

Baustoff	Gewicht in kg/m³	Baustoff	Gewicht in kg/m³
Granulierte Hochofen-schlacke	850	mit Roman- oder Port-landzementmörtel	1700
Steinkohlenasche und Kohlenlösche	750	aus geschlämmten oder Maschinenziegeln:	
Gußasphalt........	1200	mit Weißkalkmörtel	1700
Gußasphalt mit Riesel-schotter.....	2100	mit Roman- oder Port-landzementmörtel	1800
Stampfasphalt	2040	aus Klinkerziegel mit Portlandzementmörtel	1950
Terrazzo	2200	aus Hohl- (Loch-)Ziegeln	
Feinklinkerplatten	2300	mit Weißkalkmörtel ..	1400
Steinpflaster aus Kalkstein, Sandstein u. dgl., je nach der Steingattung	2000—2500	aus porösen Vollziegeln mit Weißkalkmörtel ..	1300
Steinpflaster aus Granit, Basalt, Porphyr u. dgl..	2700	aus porösen Hohl-(Loch-) Ziegeln mit Weißkalkmörtel	1200
Gipsdielen	1000	Bruchsteinmauerwerk aus Kalkstein, Sandstein u. dgl., je nach Stein-gattung	2000—2500
Gips in Verbindung mit Schlacke	1250		
Füllungsbeton aus Zement und Schlacke.........	1000—1300		
Korkstein	320	Bruchsteinmauerwerk aus Granit, Basalt, Porphyr u. dgl.............	2700
Trockener Weißkalkmörtel	1520		
Trockener Roman- und Portlandzementmörtel ..	1700		
Stampfbeton, mindestens .	2200	Quadermauerwerk aus Kalkstein, Sandstein u. dgl., je nach Stein-gattung	2100—2600
Eisenbeton, mindestens...	2400		
Ziegelmauerwerk samt Mörtelputz, und zwar: aus gewöhnlichen Voll-ziegeln:		Quadermauerwerk aus Granit, Basalt, Porphyr u. dgl...............	2800
mit Weißkalkmörtel	1600		

Eigengewichte von Bauteilen.

Preußische Ministerial-Vorschrift vom 24. Dezember 1919.

Holzbalkendecken (die Zahlen gelten für ein Holzgewicht von 650 kg/cm³):

Balken 24 × 26 cm stark, bei 1 m Entfernung von Mitte zu Mitte	41	kg/m²
Balken 24 × 26 cm stark, bei einer Verminderung der Entfernung um je 5 cm mehr je	2,5	„
Halbholzbalken 12 × 26 cm stark, bei 0,8 m Entfernung von Mitte zu Mitte	26	„
Lagerhölzer, 10 × 10 cm stark, bei 1 m Entfernung von Mitte zu Mitte	7	„
Lagerhölzer, 10 × 10 cm stark, bei einer Verminderung der Entfernung um je 5 cm mehr je	0,4	„
Kieferner Bretterfußboden, beziehungsweise Schalung, 2,0 cm stark	13	„

Kieferner Bretterfußboden, beziehungsweise Schalung, 2,5 cm stark	16	kg/m²
Kieferner Bretterfußboden, beziehungsweise Schalung, 3,0 cm stark	20	,,
Kieferner Bretterfußboden, beziehungsweise Schalung, 3,5 cm stark	23	,,
Kieferner Bretterfußboden, beziehungsweise Schalung, 6,0 cm stark	40	,,
Gestreckter Windelboden aus Schleetstangen, 7 cm Durchmesser (25 kg), Lehm und Stroh dazu (160 kg)	185	,,
Stülpdecken aus 3 cm starken Brettern, mit 8 bis 11 cm starkem Lehmschlag mit Stroh	168	,,
Halber Windelboden bei 1 cm Balkenentfernung:		
Stakhölzer, 3 cm stark	13	,,
Latten, 4 × 6 cm stark	3	,,
Lehmschlag, 11 cm stark, einschließlich Stroh	134	,,
Ganzer Windelboden bei 1 m Balkenentfernung:		
Stakhölzer, 4 cm stark	16	,,
Latten, 4 × 6 cm	3	,,
Lehmzuschlag (ausschließlich Stakhölzer, 26 cm stark)	274	,,
Rohrung und Putz	20	,,
Gewölbte Decken (Preußische Kappen bis 2 m Spannweite, ohne Trägergewicht):		
½ Stein stark aus Ziegeln, einschließlich Hintermauerung	275	,,
½ Stein stark aus Ziegeln, einschließlich Hintermauerung	540	,,
½ Stein stark aus Lochziegeln	200	,,
½ Stein stark aus Schwemmsteinen oder porigen Lochziegeln	155	,,
Decke aus Rabitz in Gewölbeform, 5 cm stark (in der Grundfläche gemessen), bei Verwendung leichter Zuschlagstoffe	100	,,
Decke aus Rabitz usw., für jedes Zentimeter Mehrstärke . . . . ,	20	,,
Ebene Stein- und Betondecken (ohne Trägergewicht):		
10 cm starke Betondecke einschließlich Eiseneinlagen (für Verstärkungen an den Aiflegern durch Kehlen oder Schrägen ist das Gewicht mit einem Eigengewicht von 2200 kg/cm³ in jedem Falle besonders zu ermitteln)	240	,,

Ebene Steindecken ohne Eisen (Bauart, kleine und ähnliche), und zwar:

16 cm starke Decke ohne Eisen, aus porigen Lochziegeln in Zementmörtel (für Verstärkungen an den Auflagen usw., wie vorstehend)	125	kg/m²
12 cm starke Decke, wie vor	150	,,
12 ,, ,, ,, aus Vollsteinen	220	,,

Ebene Steindecken mit Eisen (Bauart: kleine und ähnliche), und zwar:

12 cm starke Decke aus Schwemmsteinen in Zementmörtel, einschließlich Eisen	125	,,
12 cm starke Decke aus vollen Hartbrandziegeln in Zementmörtel, einschließlich Eisen (für Verstärkungen an den Auflegern usw., wie vorstehend) . .	220	,,
10 cm starke Decke aus porigen Lochziegeln in Zementmörtel, einschließlich Eisen	130	,,
12 cm starke Decke aus porigen Lochziegeln in Zementmörtel, einschließlich Eisen	156	,,
15 cm starke Decke aus porigen Lochziegeln in Zementmörtel, einschließlich Eisen	195	,,
18 cm starke Decke aus porigen Lochziegeln in Zementmörtel, einschließlich Eisen	234	,,
20 cm starke Decke aus porigen Lochziegeln in Zementmörtel, einschließlich Eisen	260	,,

Stegzementdielen mit Eisen (nur für Dächer und unbelastete Decken zulässig), und zwar:

5 cm starke Stegzementdielen	90	,,
8 ,, ,, ,, ...	120	,,
10 ,, ,, ,, ...	155	,,

Deckenfüllstoffe:

Je 1 cm-Auffüllung mit Sand	16	,,
,, 1 ,, ,, ,, Lehm	16	,,
,, 1 ,, ,, ,, Koksasche	7	,,
,, 1 ,, ,, ,, Kesselschlacke	10	,,
,, 1 ,, ,, ,, Kesselschlackenbeton mit Sandzusatz, und zwar im Mischungsverhältnis 1 : 4 : 4 (1 Teil Zement, 4 Teile Kesselschlacke, 4 Teile Sand)	19	,,
Desgleichen 1 : 5 : 3	17,25	,,
,, 1 : 6 : 2	15,50	,,
,, 1 : 7 : 1	13,75	,,
,, 1 : 8	12	,,

Estriche und Fußbodenbelag in Stärke von:

je 1 cm Zement oder Zementfliesen	22	,,
,, 1 ,, Gips	21	,,

je 1 cm Terrazzo . . . . 20 kg/m²
„ 1 „ Gußasphalt . . . . 14 „
„ 1 „ Tonfliesen . . . . 20 „
„ 1 „ Korkplatten (als Unterlage) . . . . 3 „
„ 1 „ Steinholzfußboden (Torgament) . . . . . 18 „
„ 1 „ Xylolith . . . . 18 „
„ 1 mm Linoleum . . . . 1,30 „

Putz und Drahtputz:

Rohrdeckenputz einschließlich Rohr . . . . 20 „
Je 1 cm Putz in Kalkmörtel . . . . 17 „
„ 1 „ „ „ Kalkzementmörtel . . . . 19 „
„ 1 „ „ „ Zementmörtel . . . . 21 „
„ 1 „ „ „ Traßmörtel . . . . 20 „
„ 1 „ „ „ Gipsmörtel . . . . 10 „
„ 1 „ Rabitz- oder Drahtputz . . . . 15 „
„ 1 „ Monier- oder Zementdrahtputz . . . . . 24 „

Dächer (für 1 m² geneigte Dachfläche ohne Pfetten und Dachbänder, jedoch einschließlich der Sparren, die im allgemeinen in 1 m Abstand 12×16 cm stark angenommen werden):

Einfaches Ziegeldach aus Biberschwänzen von Normalform, einschließlich Lattung und Sparren (Splißdach) 75 „
dasselbe, aber böhmisch gedeckt, in voller Mörtelbettung . . . . 85 „
Doppeldach aus Biberschwänzen von Normalform, einschließlich Lattung und Sparren (Splißdach) . . . 95 „
dasselbe, aber böhmisch gedeckt . . . . 115 „
Kronendach aus Biberschwänzen von Normalform, einschließlich Latten und Sparren (Splißdach) . . . 105 „
dasselbe, aber böhmisch gedeckt . . . . 130 „
Pfannendach auf Lattung in böhmischer Deckung, einschließlich Lattung und Sparren bei Verwendung kleiner, sogenannter holländischer Pfannen . . . . 80 „
dasselbe, wie vor, aber mit großen Pfannen . . . . 85 „
dasselbe, wie vor, aber auf Stülpschalung, einschließlich Schalung, Strecklatten, Dachlatten und Sparren (verschaltes Pfannendach) . . . . 100 „
Falzziegeldach aus Biberschwänzen von Normalform, einschließlich Lattung und Sparren (Splißdach) . . 65 „
Mönch- und Nonnendach, wie vor . . . . . . 100 „
„ „ „ „ „ böhmisch gedeckt 115 „
Englisches Schieferdach auf Lattung und Sparren . . 45 „
„ „ „ Schalung, einschließlich Schalung und Sparren . . . . 55 „

Deutsches Schieferdach auf Schalung und Pappunter-
lage, einschließlich Pappe, Schalung und Sparren
(aus Steinen von rund 35×25 cm)   65   kg/m²
Dasselbe wie vor (aus Steinen von rund 20×25 cm) . .   60   „
Zinkdach in Leistendeckung, einschließlich Schalung,
Sparren usw. (Zinkblech Nr. 13)   40   „
Kupferdach, mit doppelter Falzung eingedeckt, ein-
schließlich wie vor (Kupferblech 0,6 mm stark) . .   40   „
Wellblechdach aus verzinktem Eisenblech auf Winkel-
eisen . . . . ,   25   „
Einfaches Teerpappdach, einschließlich Schalung und
Sparren   35   „
Doppelpappdach wie vor   35   „
Holzzementdach, einschließlich Schalung, Sparren und
einer 7 cm starken Kiesschicht bei 14×18 cm Spar-
renstärke   180   „
Leinwanddach (Weber-Falkenberg und ähnliche), ein-
schließlich Lattung und Sparren   25   „
Schindeldach, einschließlich Lattung und Sparren . .   80   „
Rohrdach, einschließlich Lattung und Sparren . . .   75   „
Glasdach auf Sprosseneisen, einschließlich dieses bei
4 mm starkem Glas   22   „
Dasselbe bei 5 mm starkem Rohglas   25   „
    „   „   5 „   „   Drahtglas   30   „
    „   „   6 „   „   Rohrglas   30   „
    „   „   6 „   „   Drahtglas   35   „
Für jedes mm Mehrstärke des Glases Mehrgewicht . .   3   „
Desgleichen bei Verwendung von Drahtglas   5   „
Gewölbtes Dach aus Glasbausteinen (Bauweise Fal-
connier u. ä.)   65   „
   Österreichische Regierungsvorschriften:
Einfaches Ziegeldach   100   „
Doppeltes   „   125   „
Falzziegeldach   64   „
Einfaches Schieferdach   73   „
Doppeltes   „   82   „
Schieferdach aus Kunstschieferplatten mit Dachpappen-
unterlage   41   „
Einfaches Pappdach mit nichtbesandeter Dachpappe .   32   „
Doppeltes Teerpappdach   35   „
Holzzementdach mit 8 cm hoher Schotterlage . . .   200   „

1 Kubikmeter Mauerwerk erfordert 400 Ziegel normaler Form mit 0,15 Kubikmeter Kalk (oder Zement) und 0,3 Kubikmeter Sand.

1 Kubikmeter Bruchsteinmauerwerk erfordert 1,3 Kubikmeter aufgesetzte Bruchsteine.

Materialmengen für 1 Quadratmeter Mauerwerk.
(Einschließlich 3 cm Putz.)

Wandstärke		Anzahl Ziegel Stück	Erforderliche Mörtelmenge m³	Gewicht kg
Stein	cm			
$^1/_2$	12	50	0,035	250
1	25	100	0,07	450
$1^1/_2$	38	150	0,105	650
2	51	200	0,14	850
$2^1/_2$	64	250	0,175	1050
3	77	300	0,21	1250

Druckfestigkeit von Mauerwerk im Vergleich zur Körper- und Materialfestigkeit der Steine.
(Nach H. Burchartz.)

Steinsorte	Körperfestigkeit[1) in kg/cm²	Materialfestigkeit[2) in kg	Mauerwerkfestigkeit in kg/cm²							
			Kalkmörtel				Zementmörtel			
			28 Tage		115 Tage		28 Tage		115 Tage	
			Risse	Zerstörung	Risse	Zerstörung	Risse	Zerstörung	Risse	Zerstörung
Zement-(Leicht-)Steine	35	29	12	17	—	—	—	—	—	—
Hintermauerungssteine	95	90	19	32	—	—	—	—	—	—
Rathenowersteine	139	158	36	54	41	59	99	128	112	142
Kalksandsteine	147	—	—	—	—	—	148	148	—	—
Kalksandsteine	185	178	58	76	51	78	177	179	—	182
Gelbe Klinker	369	655	—	—	—	—	144[3)	178	—	über 238
Birkenwerder Klinker .	382	639	102	132	89	157	206	263	238	238
Rotbraune Klinker	494	558	—	—	—	—	173	250	—	—

Ziegelmauerwerk.

Material	Mittlere Druckfestigkeit der unvermauerten Steine in kg/cm³	Zulässige Belastung in kg/cm² bei Mörtel, bestehend aus:			
		1 Teil Kalk 2 Teile Zement 4,4%	7 Teile Kalk 1 Teil Zement 16 Teile Sand 4,8%	1 Teil Zement 6 Teile Sand 5,5%	1 Teil Zement 3 Teile Sand 6,3%
Gewöhnliche Hintermauerungssteine...	206	9,1	9,8	11,3	13
Bessere Steine (Mittelbrand)	258	11,4	12,4	14,2	16,3
Klinkersteine	379	16,7	18,2	20,8	24
Poröse Vollsteine	184	8,1	8,8	10,1	11,6
Poröse Lochsteine	84	3,7	3	4,6	5,3
Lochsteine	194	8,5	9,3	10,7	12

[1) Druckfestigkeit der Körper aus zwei aufeinandergemauerten Steinhälften.

[2) Druckfestigkeit aus den Steinen herausgeschnittener Würfel.

[3) Vermutlich schlechter Zement.

METALLE.

Die Metalle sind äußerlich gekennzeichnet durch den Metallglanz und ihre Farbe, welche mit Ausnahme von Baryum, Gold, Kalzium, Kupfer und Strontium, meist weiß oder weißgrau bis weißgelb, in Pulverform jedoch fast durchwegs schwarz ist. Sie sind mit Ausnahme von Quecksilber feste Körper, welche durch die Eigenschaften der Schmelzbarkeit, Dehnbarkeit, Wärme- und elektrische Leitfähigkeit gekennzeichnet sind.

Nach ihrem spezifischen Gewicht werden sie in Leichtmetalle, deren spezifisches Gewicht unter 5 liegt, und in Schwermetalle, alle übrigen, unterschieden.

Spezifische Gewichte der Metalle [1]) bei Zimmerwärme bezogen auf Wasser von $4^0 = 1$.

Metall	Spezifisches Gewicht	Metall	Spezifisches Gewicht	Metall	Spezifisches Gewicht
Kalium	0,86	Cerium	6,80	Silber	10,50
Natrium	0,97	Zink	7,10	Blei	11,34
Kalzium	1,55	Zinn	7,28	Palladium	11,50
Magnesium.....	1,74	Mangan........	7,45	Iridium	15,8
Silizium	2,34	Eisen..........	7,86	Tantal	16,5
Vanadium	5,5	Kobalt.........	8,60	Quecksilber	13,59
Aluminium.....	2,70	Kadmium......	8,64	Gold	19,30
Arsen	5,70	Nickel........	8,80	Platin	21,40
Antimon	6,62	Kupfer	8,93	Osmium	22,48
Chrom........	6,70	Wismut........	9,80		

Nach ihren chemischen Eigenschaften werden die Metalle unterschieden in: Alkaliengruppe (Cäsium, Kalium, Lithium, Natrium, Rubidium), Aluminiumgruppe (Aluminium, Gallium, Indium, Thallium), Antimongruppe (Antimon, Arsen, Niob, Tantal, Vanadium, Wismut), Bleigruppe (Blei, Germanium, Zinn), Chromgruppe (Chrom, Molybdän, Uran, Wolfram), Eisengruppe (Eisen, Kobalt, Mangan, Nickel), Erdalkaliengruppe (Baryum, Kalzium, Radium, Strontium), Kupfergruppe (Gold, Kupfer, Quecksilber, Silber), Magnesiumgruppe (Beryllium, Kadmium, Magnesium, Zink), Platingruppe (Iridium, Osmium, Palladium, Platin, Rhodium, Ruthenium), Titangruppe (Thorium, Titan, Zirkonium), Zergruppe (Cer, Didym, Lanthan, Yttrium).

Die Festigkeit eines Metalles wird durch Aufnahme eines fremden Stoffes meist mit steigendem Gehalt des zugesetzten Stoffes bis zu einem gewissen Punkt (eutektischer Punkt) erhöht, bei dessen Überschreitung eine plötzliche Änderung der Festigkeit (in positiver oder negativer Richtung) eintritt. Die Festigkeit des Kupfers wird beispiels-

---

[1]) u. ff. Legierungen und ihre Anwendung für gewerbliche Zwecke von A. Ledebur.

weise schon durch sehr kleine Mengen von Phosphor, Mangan und Zinn deutlich gesteigert. Noch stärkere Wirkungen als Zinn übt ein Aluminiumzusatz auf die Festigkeit des Kupfers aus, dagegen steht die Wirkung des Zinns hinter jener der beiden zuletzt genannten Metalle zurück. Mit der Bruchfestigkeit steigt bei der Legierung eines Metalles regelmäßig die Streckgrenze.

Durch Veränderung der Abkühlungsgeschwindigkeit beim Guß, durch nachträgliches Ausglühen, durch Erhitzen auf höhere Wärmegrade mit nachfolgendem Abschrecken in Wasser, Öl usw. lassen sich die Eigenschaften gewisser Legierungen verändern. Meist pflegt schnelle Abkühlung nach dem Guß die mechanischen Eigenschaften günstig zu beeinflussen.

Durch Bearbeiten im kalten Zustand (Kaltrecken) läßt sich die Festigkeit mancher Legierungen (auf Kosten der Dehnbarkeit) auf mehr als das doppelte Maß steigern; dabei wird das Material spröder.

Mit sinkender Temperatur pflegt die Festigkeit anzusteigen unter gleichzeitiger Verringerung der Dehnbarkeit des Stoffes.

Durch Legierung mit anderen Stoffen wird die Härte der Metalle meist erheblich gesteigert; hingegen wird ihre Geschmeidigkeit sehr nachteilig beeinflußt.

Härte der Metalle.
(Blei = 1).

Blei	1	Gold	10,7	Kupfer	19,3
Zinn	1,7	Zink	11,7	Platin	24,0
Wismut	3,3	Silber	13,3	Schmiedeisen	60,7
Kadmium	6,9	Aluminium	17,3	Graues Gußeisen	64,0

Metall-Härteskala.
Nach Gallner.

Blei	= 1
Zinn	= 2
Hartblei	= 3
Kupfer, geglüht	= 4
„ gegossen	= 5
Weiche Bronze	= 6
Temperguß	= 7
Schweißeisen	= 8
Graues Gußeisen	= 9
Verstärktes Gußeisen	= 10
Flußeisen	= 11
Flußstahl	= 12
Werkzeugstahl, ungehärtet	= 13
„ gehärtet und blau angelassen	= 14

100

Werkzeugstahl, gehärtet und orangegelb bis violett an-
gelassen . . . . = 15
Werkzeugstahl, gehärtet und strohgelb angelassen . . . = 16
Harte Lagerbronze (Phosphorbronze) . . . . = 17
Werkzeugstahl, glashart . . . . = 18

Girardin gibt für die Dehnbarkeit der Metalle bei der mechanischen
Bearbeitung folgende absteigende Reihenfolge an:
Hämmerbar: Blei, Zinn, Gold, Zink, Silber, Aluminium, Kupfer,
Platin, Eisen. Walzbar: Gold, Silber, Aluminium, Kupfer, Zinn, Blei,
Zink, Platin, Eisen, Nickel, Palladium. Ziehbar: Platin, Silber, Eisen,
Kupfer, Gold, Aluminium, Nickel, Palladium, Zink, Zinn, Blei.

Die reinen Metalle sind durch schneidende Werkzeuge oder Feilen
schwieriger zu bearbeiten als ihre Legierungen.

Durch Legierung wird die Schmelztemperatur der Metalle teils erniedrigt, teils erhöht und die Aufnahmefähigkeit für Gase verändert.

Schmelztemperaturen der Metalle.
(Bezogen auf den Schmelzpunkt des Eises = 0° C.)

Metall	0° Celsius	Metall	0° Celsius	Metall	0° Celsius
Aluminium..	657	Kalzium	800	Rhodium ...	1940
Antimon	630	Kobalt......	1492	Roheisen ...	(etwa) 1100
Arsen	817	Kupfer	1084	Silber	961
Blei	327	Magnesium .	635	Vanadium...	1715
Eisen, rein ..	1510	Mangan.....	1128	Wismut.....	269
Gold	1063	Natrium	98	Wolfram	3100 ± 60
Gußstahl....	(etwa) 1375	Nickel	1456	Zinn	232
Iridium.....	2200	Palladium...	1541	Zink	419
Kadmium ...	322	Platin	1780		
Kalium	62,5	Quecksilber .	— 39		

Spezifische Wärme einiger Metalle.
(Wärmemenge, um die Temperatur von 1 kg um 1° C zu erhöhen.)

Aluminium.....	0,21	Zink..........	0,095	Quecksilber	0,033
Magnesium.....	0,25	Silber	0,057	Platin	0,032
Eisen..........	0,119	Gold	0,031	Blei	0 031
Nickel	0,11	Zinn	0,056	Messing........	0,098
Kupfer........	0,095	Antimon	0,051	Konstantan....	0,098

Mittlerer linearer Ausdehnungskoeffizient von Metallen
zwischen 1—100° C.

Metall	Linearer Aus-dehnungskoeffizient	Metall	Linearer Aus-dehnungskoeffizient
Kalium	0,000083	Eisen...............	0,000012
Natrium	0,000072	Kobalt..............	0,000012
Kalzium	nicht bekannt	Kadmium	0,000030
Magnesium..........	0,000027	Nickel	0,000015

Metall	Linearer Aus-dehnungskoeffizient	Metall	Linearer Aus-dehnungskoeffizient
Silizium	0,000077	Kupfer	0,000017
Aluminium...........	0,000023	Wismut..............	0,000013
Antimon	0,000017	Silber	0,000019
Chrom...............	nicht bekannt	Blei	0,000029
Cerium	„	Palladium...........	0,000012
Zink.................	0,000029	Quecksilber	0,000181
Zinn	0,00C023	Gold	0,000014
Mangan..............	nicht bekannt	Platin	0,000009

Das Wärmeleitungsvermögen der Metalle ist, wenn die spezifische Wärmeleitfähigkeit des Silbers = 100 gesetzt wird, durch nachstehende Werte der technisch wichtigsten Metalle gekennzeichnet:

Aluminium.....	31,33	Kadmium	20,C6	Silber	100
Antimon	21,50	Kupfer........	104,07	Wismut........	1,80
Blei	8,50	Magnesium.....	34,30	Zink..........	28,10
Eisen	11,90	Platin	8,40	Zinn..........	15,20
Gold	53,20	Quecksilber	1,35		

Wärmeleitfähigkeit und elektrische Leitfähigkeit einiger Metalle.

Metall	Wärme-leitfähigkeit	Elektrische Leitfähigkeit	Metall	Wärme-leitfähigkeit	Elektrische Leitfähigkeit
	bei 18° Celsius			bei 18° Celsius	
Silber	1,006	61,4 ×10⁴	Zinn	0,157	8,82 ×10⁴
Kupfer.........	0,8915	60,0 ×10⁴	Nickel	0,1420	8,50 ×10⁴
Gold..........	0,7003	41,28×10⁴	Eisen..........	0,1436	8,36 ×10⁴
Aluminium.....	0,4804	31,2 ×10⁴	Blei	0,0827	4,80 ×10⁴
Magnesium.....	0,3760	20,8 ×10⁴	Antimon	0,042	2,48 ×10⁴
Zink..........	0,2653	16,51×10⁴	Quecksilber	0,0197	1,046×10⁴
Kadmium......	0,2216	13,25×10⁴	Wismut........	0,0194	0,840×10⁴
Platin	0,1664	9,24×10⁴			

Spezifischer Leitungswiderstand von Metallen.

(Widerstand, den ein Metalldraht von 1 m Länge und 1 mm² Querschnitt dem Stromdurchgang entgegensetzt; elektrisches Leitungsvermögen.)

Metall	Spezifischer Widerstand	Metall	Spezifischer Widerstand
Aluminium........... .	0,03–0,05	Nickel	0,15
Antimon...............	0,5	Platin	0,12–0,16
Blei	0,22	Quecksilber	0,95
Eisen.................	0,10–0,12	Silber	0,016 - 0,018
Gold	0,02	Stahl .... ·.	0,10–0,25
Kadmium..............	0,07	Wismut...............	1,2
Kupfer	0,018–0,019	Zinn	0,06
Magnesium............	0,04	Zink	0,10

Die Widerstandsfähigkeit von Metallen gegen chemische Einflüsse nimmt um so mehr ab, je weiter das betreffende Metall in der elektrischen Spannungsreihe vom Platin, welches den höchsten Widerstand gegen chemische Einflüsse aufweist, absteht. Die Spannungsreihe der wichtigsten Metalle in 1% Kochsalzlösung bei 18° C ist:

Metall	Spannung gegen Normal-Kalomelelektrode nach 120 Stunden in Volt	Metall	Spannung gegen Normal-Kalomelelektrode nach 120 Stunden in Volt
Platin	+ 0,357	Antimon	− 0,261
Gold	+ 0,218	Silizium	− 0,315
Chrom	+ 0,150	Zinn	− 0,422
Tellur	+ 0,110	Blei	− 0,483
Quecksilber	+ 0,044	Thallium	− 0,693
Silber	+ 0,0006	Aluminium..........	− 0,737
Nickel	− 0,080	Kadmium	− 0,741
Molybdän	− 0,164	Elektrolyteisen	− 0,755
Wismut..............	− 0,202	Zink	− 1,037
Kupfer	− 0,223	Mangan..............	− 1,120
Wolfram..........	− 0,240	Magnesium..........	− 1,598

Kalium, K, ist ein silberweißes, sehr weiches und leichtes Metall, welches luftunbeständig ist und auf Wasser zersetzend einwirkt. Es wird unter Petroleum aufbewahrt; Atomgewicht: 38,85, spezifisches Gewicht: 0,86, Schmelzpunkt: 62,5° C. Es wird auf elektrischem Wege aus Kaliumhydroxyd gewonnen.

Chlorkalium, KCl, wird aus Carnallit und Kainit (Staßfurter Abraumsalze) und anderen gewonnen. Es wird neben anderen Fabrikationen zur Herstellung von Pottasche, Salpeter, Kaliumchromat, wie auch anderer Kalisalze und zu Düngezwecken verwendet.

Pottasche (Kaliumkarbonat) K_2CO_3 kommt in zwei Formen in den Handel: kristallisierte Pottasche (Kristallpottasche) mit 79,3% wasserfreier Pottasche und 20,7% Wasser und kalzinierte Pottasche, welche 68,2% Kali (Kaliumoxyd, K_2O) und 31,8% Kohlensäure (CO_2) enthält. Wegen des Wasserballastes (Transportkostenerhöhung) wird vorwiegend kalzinierte Pottasche gehandelt. Pottasche schmilzt bei 895° C; sie wird unter anderem in der Glasfabrikation, Seifenfabrikation, in der Wollwäscherei, Bleicherei, Färberei und Schmierseifenfabrikation verwendet.

20%ige Kalilauge wird als Elektrolyt für den Eisen-Nickelakkumulator (Edison-Akkumulator) verwendet.

Kaliumpermanganat, $KMnO_3$, und Natriumpermanganat, $NaMnO_3$, finden als Desinfektions- und Bleichmittel in der Färberei und Zeugdruckerei Verwendung.

Die Verbindung Kaliumcyanid oder Cyankalium (chemisches Zeichen: KCN), eine in den Handel in Stücken- oder Stangenform gebrachte weiße bis grauweiße kristallinische Masse (starkes Gift) findet zur Herstellung von Gold- und Silberbädern und zur elektrolytischen Goldgewinnung nach dem Cyanidverfahren Verwendung; entwickelt bei Zutritt von Feuchtigkeit einen starken Blausäuregeruch.

Kaliumchromat, K_2CrO_4, zitronengelbe Kristalle, und Natriumbichromat, $K_2Cr_2O_7$, rote Kristalle, finden in der Färberei und zur Darstellung von Chromfarben Verwendung.

Brechweinstein, eine Kaliumantimonverbindung, weiße Kristalle, dient als Beizmittel in der Baumwollfärberei.

Natrium, Na, ist von silberweißer Farbe, sehr leicht und weich, ist an der Luft nicht beständig, wirkt auf Wasser zersetzend, muß unter Petroleum aufbewahrt werden und wird auf elektrolytischem Wege aus Natriumhydroxyd hergestellt. Atomgewicht: 23,00, spezifisches Gewicht 0,97.

Salz, NaCl, findet sich in der Natur im Meerwasser, in den Salzseen, Salzflüssen und Salzquellen, ferner in mächtigen Lagern in reiner Form oder mit Ton, Gips und Magnesia durchsetzt. Es wird je nach seinem Vorkommen durch freiwillige Verdunstung (Meerwasser), durch Tagbau oder Bergbau (Steinsalz) oder als Salzsoole (Salzquellen) gewonnen. Das Kochsalz dient zu Speise- und Fabrikationszwecken. Das Salz für industrielle Zwecke wird durch Beimengungen (Steinsalz: $^3/_8\%$ Eisenoxyd und $^1/_4$—$^1/_2\%$ Wermutkrautpulver, Lecksteinviehsalz: $^1/_4$—$^3/_8\%$ Eisenoxyd und $^1/_4\%$ Holzkohlenmehl, Düngesalz: 1% Seifenpulver, $^1/_4\%$ Kienöl) zu Speisezwecken untauglich gemacht, denaturiert.

Salzgehalt gesättigter Sole bei verschiedenen Temperaturen.

Temperatur ^oC	Salzgehalt $\%$	Temperatur ^oC	Salzgehalt $\%$
— 14	26,3	+ 64,9	28,0
— 1,1	26,5	+ 81,7	28,5
+ 25,0	27,0	+ 96,7	29,0
+ 46,4	27,5	+ 107,9	29,4

Soda, Na_2CO_3 (kohlensaures Natrium, Natriumkarbonat), wird in Form einer weißen undurchsichtigen Masse, spezifisches Gewicht 2,5, als Kristallsoda (mit $62,92\%$ Wasser), spezifisches Gewicht 1,423 bis 1,475, Schmelzpunkt 853^0 C, und als kaustische Soda (Ätznatron, Sodastein) in den Handel gebracht. Soda findet Verwendung in der Glas- und Seifenfabrikation, in den Färbereien, Bleichereien und in der Papierfabrikation, zu Reinigungszwecken und in der chemischen Industrie.

Um die durch den hohen Wassergehalt auflaufenden Frachtspesen zu verringern, wird für große Transportmengen (Glasfabrikation usw.) die Kristallsoda durch kalzinierte Soda (in Öfen mit Rührvorrichtungen hergestellt) oder Sekundasoda ersetzt.

Glaubersalz, $Na_2SO_4 + 10H_2O$, schmilzt in wasserfreiem Zustand unzersetzt bei 880^0 C. Gutes Material ist rein weiß, höchstens mit schwach grünlichgelbem Stich. Es muß zwischen den Fingern zerreiblich sein. Der Gehalt an Na_2SO_4 sollte 95—97% betragen, an Kochsalz nicht mehr als 0,5%, an freier Säure (SO₃) nicht mehr als 1%, für Spiegelglasfabrikation an Eisen nicht mehr als 0,02%. Glaubersalz dient zu verschiedenen industriellen Zwecken, zur Darstellung von Natriumsilikat, Wasserglas usw., zur Verhüttung kiesiger Antimonerze, zur Herstellung von Soda (Leblancsches Verfahren), von Ultramarin, in der Spiegelglas- und Hohlglasfabrikation. Es kommt in der Natur vor, wird jedoch in der Hauptsache aus Kochsalz und Schwefelsäure, beziehungsweise Schwefeldioxyd und Luft, hergestellt.

Alaun (Kalium- oder Natriumlauge), ein Doppelsalz, wird in der Zeugdruckerei, in der Färberei als Bleichmittel, in der Lackfarbenindustrie, in der Weißgerberei (Alaungerberei), in der Papierfabrikation als Klärmittel verwendet.

Salpeter kommt als Natriumnitrat, NaNo₃ (Perusalpeter, Chilisalpeter, Natronsalpeter) und als Kaliumnitrat, KNO₃ (ostindischer Salpeter, Kalisalpeter, Salpeter), in der Natur vor. Jenes dient als Düngemittel und zur Herstellung von diesem, dieses zur Herstellung von Schießpulver und in der Metallurgie.

Salpetersäure, HNO₃ (aus Chilisalpeter und Schwefelsäure hergestellt), ist eine wasserhelle, stechend riechende Dämpfe ausstoßende, ätzende Flüssigkeit mit einer Dichte von 1,552 bei 15⁰ C; rote rauchende Salpetersäure (an der Luft rote Dämpfe von Untersalpetersäure ausstoßend) hat eine Dichte von 1,5. Rohe Salpetersäure dient zum Ätzen der Metalle, zum Gelbbrennen von Bronze und Messing, zur Herstellung von Königswasser (⅓ Salpetersäure, ⅔ Salzsäure), zum Gelbfärben von eiweißhaltigen Stoffen (Wolle, Horn, Federn, Seide, Haut usw.), in der chemischen Industrie.

Salpetersäure.
(Bei 0⁰ C.)

Gr. Bé.	Spez. Gew.	Proz. N_2O_5	Gr. Bé.	Spez. Gew.	Proz. N_2O_5
10	1,075	11,27	39	1,370	50,91
15	1,116	16,80	40	1,383	53,07
20	1,163	22,85	41	1,397	55,52
25	1,210	28,99	42	1,410	57,86
27	1,231	31,66	43	1,424	59,59
30	1,263	35,82	44	1,438	63,64
32	1,285	38,73	45	1,453	67,00
33	1,297	40,32	46	1,468	70,63
34	1,308	41,78	47	1,483	74,70
35	1,320	43,47	48	1,498	79,94
36	1,332	45,25	49	1,514	84,92
37	1,345	47,08	49,4	1,520	85,44
38	1,357	48,96			

Borax kommt in zwei Formen in den Handel: gewöhnlicher oder prismatischer Borax, $Na_2B_4O_7 + 10\,H_2O$, farblose durchsichtige

Kristalle, spezifisches Gewicht 1,75, und oktaëdrischer Borax, $Na_2B_4O_7$ +
5 H_2O, bildet große, viel härtere Kristalle als jener, spezifisches Gewicht
1,81. Geschmolzener Borax löst Metalloxyde zu farbigen Gläsern, andere
Salze auch zu Emaillen auf. Borax dient zum Löten und Schweißen von
Metallen, als Flußmittel zur Herstellung von Metallegierungen, in der
Weißwarenappretur zur Herstellung von Glanzstärke, in der Gerberei usw.

Aluminium, Al, kommt gediegen nicht vor. Reinere, vorwiegend aus
Aluminiumoxyd bestehende Mineralien sind Korund, Saphir, Rubin,
Smaragd, Topas, Amethyst, mehr verunreinigt: gemeiner Korund, am
unreinsten: Schmirgel. Den Hauptbestandteil des Bauxit und Wocheinit
(Fundorte: Südfrankreich, Island, Ungarn, Kärnten, Dalmatien, Ver-
einigte Staaten von Nordamerika) bildet das Aluminiumhydroxyd
$Al_2(HO)_6$.

Aluminium hat ein Atomgewicht 2.71, spezifisches Gewicht (rein)
2,58, beziehungsweise (gegossen) 2,64, beziehungsweise (gewalzt) 2,70,
Schmelzpunkt 658° C, besitzt eine silberähnliche Farbe, ist sehr dehnbar, ziemlich hart.

Aluminium ist gegen die Einwirkung der Atmosphärilien ziemlich
widerstandsfähig, wird von Kochsalzlösungen (Seewasser) und Alkalien,
unter Bildung einer weißlichen Oxydhaut kräftig angegriffen; auch
Wasser greift Aluminium an, und zwar wird ausgeglühtes (weiches)
Aluminium von Wasser bei Zimmerwärme nur unbedeutend und gleichmäßig über die ganze benetzte Fläche angegriffen; kaltgewalztes (hartes)
Aluminium zeigt unter der Einwirkung der im gewöhnlichen Leitungs-
wasser gelösten Kalksalze Aufbeulungen und Aufblätterungen. Die Zer-
setzungserzeugnisse des Aluminiums sind auf den menschlichen Körper
ohne schädliche Einwirkung. Übrigens wächst die Widerstandsfähigkeit
des Aluminiums mit seinem Reinheitsgrad; es ist in Schwefelsäure und
Salpetersäure ziemlich schwierig, in Kali- oder Natronlauge (unter
Wasserstoffentwicklung) ziemlich leicht löslich.

Die von der Herstellung herrührenden Verunreinigungen des Aluminiums sind vorwiegend Eisen und Silizium. Sehr gutes technisches
Reinaluminium enthält etwa 0,15% Fe und 0,25% Si.

Die Zugfestigkeit des gegossenen Aluminiums beträgt 10—12 kg/mm²,
des gewalzten und gehämmerten 22—26 kg/mm², des gezogenen 26 bis
30 kg/mm², die Bruchdehnung im gegossenen Zustand etwa 3%; der
Ausdehnungskoeffizient für Wärme ist rund $^1/_{450}$ bei 100° C Temperaturunterschied; es ist nicht nur in der Kälte, sondern auch in dunkel-
kirschroter Hitze schmiedbar, walzbar und ziehbar. Härte und Festigkeit des reinen Aluminiums lassen sich durch Legierung beträchtlich
steigern, doch erleidet die Verarbeitungsfähigkeit durch Walzen und
Ziehen starke Einbuße.

Festigkeitseigenschaften von Aluminium.
(Aluminium-Industrie A.-G., Neuhausen.)

Art des Reinaluminiums	Streckgrenze	Zugfestigkeit	Bruchdehnung
	kg/mm²		%
Kokillenguß...........................	4,5	10,7	24,5
Geschmiedet.........................	—	12	22,4
8 mm-Blech, hart.....................	—	11,1	11,9
5 „ „ „	13,4	13,8	3,5
2 „ „ „	15,9	16,5	2,5
4 mm-Draht, hart....................	—	19	3,2
3 „ „ „	—	20	3
2 „ „ „	—	23	3
1 „ „ „	—	26	2

Das Wärmeleitungsvermögen des Aluminiums ist bei 0° C 0,343, bei 100° C 0,362, sein Ausdehnungskoeffizient für 100° C 0,00231, seine spezifische Wärme bei 100° C 0,232, beim Schmelzpunkt 0,2845. Reinaluminium hat ein Schwindmaß von 1,8%, spezielle Gußlegierungen 1,3%; der elektrische Leitungswiderstand von 99%igem Aluminium in Form kaltgezogenen Drahtes ist 29,5 Ohm für den Kilometer und Quadratmillimeter bei 15° C, demnach 33,9 (60% von jenem des hartgegossenen Kupferdrahts). Die Pittsburgh Reduction Co. gibt folgende Vergleichstabelle zwischen Aluminium und Kupfer:

	Aluminium	Kupfer
Spezifisches Gewicht.................	2,68	8,93
Verhältnis der spezifischen Gewichte	1	3,33
Leitfähigkeit	54—63	96—99
Zugfestigkeit für den Quadratzoll	24.000—55.000 Pfd.	30.000—65.000 Pfd.
Auf 1 mm²	17—38 kg	21—45 kg

Handelsaluminium hat die Form von kleinen Barren und Blöcken und enthält im Mittel 99,9% Aluminium, 0,06% Silizium und 0,04% Eisen.

Aluminium wird in der Eisen- und Stahlgießerei zur Erzielung eines dichten, gas- und oxydfreien Gusses, im Automobil- und Luftschiffbau, für elektrische Freileitungen, zu Gebrauchsgegenständen und zur Herstellung von Legierungen verwendet.

Thermit, ein Gemisch von Metalloxyd und Aluminium, brennt, wenn entzündet, unter bedeutender Wärmeentwicklung (3000° C) und unter Reduzierung des Metalloxyds zu reinem Metall bei gleichzeitiger Bildung von Aluminiumoxyd (Tonerde); diese Eigenschaft wird behufs Gewinnung von reinen kohlenstoffreien Metallen und Legierungen verwendet.

Aluminiumdrähte.

Drahtdurchmesser mm	0,5	1,0	1,5	2,0	2,5	3,0	3,5
Gewicht für den m in kg	0,53	2,04	4,59	8,17	12,76	18,38	25,00

Drahtdurchmesser mm	4,0	4,5	5,0	5,5	6,0	6,5
Gewicht für den m in kg	33,91	42,93	53,00	64,12	76,32	89,58
Drahtdurchmesser mm			7,0	7,5	8,0	8,5
Gewicht für den m in kg			103,90	119,30	135,70	153,20
Drahtdurchmesser mm			9,0		9,5	10
Gewicht für den m in kg			171,70		191,40	212,00

Blanke Aluminiumleitungen.

Durchmesser	Querschnitt	Widerstand für 1 km	Bruchfestigkeit	Gewicht für 1 km
mm	mm²	Ohm bei + 15° C.	kg	kg
1	0,785	36,6	12	2,04
1,5	1,767	16,27	27	4,59
2	3,142	9,15	47	8,17
2,5	4,909	5,86	74	12,76
3	7,069	4,06	106	18,38
3,5	9,621	2,99	144	25,0
4	12,566	2,29	188	32,6
4,5	15,904	1,80	238	41,3
5	19,6	1,47	294	50,9
6	28,3	1,02	425	73,5
7	38,5	0,746	578	100
8	50,3	0,572	755	131
10	78,5	0,366	1178	204

Die Verhältnisse zwischen Aluminium- und Kupferleitungen ergeben sich aus:

	Aluminium	Kupfer
Spezifischer Widerstand	0,029	0,0175
Spezifisches Gewicht	2,7	8,95
Schmelztemperatur	650°	1100°
Bruchfestigkeit in kg/mm²	17—20	35—40
Querschnitt bei gleicher Leitfähigkeit	1,655	1,0
Gewichtverhältnis bei gleicher Leitfähigkeit	1,0	2,0
Gewichtsverhältnis bei gleichem Querschnitt	1,0	3,32

Aluminiumdrähte von Aluminiumspulen werden nach dem Oxydationsverfahren mit einer dünnen Oxydschicht überzogen, welche sich gegenüber hohen Spannungen wie eine isolierende Umhüllung verhält.

Aluminiumblech.

Dicke mm	Gewicht kg/m²	Dicke mm	Gewicht kg/m²	Dicke mm	Gewicht kg/m²	Dicke mm	Gewicht kg/m²
5,0	13,50	2,5	6,75	0,8	2,16	0,3	0,81
4,5	12,15	2,0	5,40	0,7	1,89	0,25	0,675
4,0	10,80	1,5	4,05	0,6	1,62	—	—
3,5	9,45	1,0	2,70	0,5	1,35	—	—
3,0	8,10	0,9	2,43	0,4	1,08	—	—

Aluminiumrohre.

Äußerer Durchmesser mm	Wandstärke	
	0,5 mm	1 mm
	Gewicht für den Meter in kg	
5	0,0190	0,0340
6	0,0233	0,0424
8	0,0317	0,0590
10	0,0403	0,0763
12	0,0487	0,0933
15	0,0612	0,1185
20	0,0827	0,1612
25	0,1039	0,2035
30	0,1250	0,2460
35	0,1408	0,2884
40	0,1612	0,3308
45	0,1816	0,3731
50	0,2020	0,4156
55	0,2223	0,4579
60	0,2430	0,5005

Aluminiumfolien dienen zur Belegung von Leydener-Flaschen und Kondensatoren.

Tonerde (Aluminiumoxyd) Al_2O_3, Schmelzpunkt rund 2000° C, weist als glasbildendes Oxyd für die Glasindustrie wertvolle Eigenschaften auf.

Antimon, Sb, Atomgewicht 120,2, spezifisches Gewicht 6,62—6,72, Schmelzpunkt 430° C, hat silberweiße Farbe, ist sehr spröde; die Handelware enthält 98—99% Antimon. Es wird zu Legierungen, welche hohe Härte aufweisen sollen, sowie zur Herstellung von Thermobatterien verwendet.

Arsen, As, Atomgewicht 75,01, spezifisches Gewicht 5,70, bildet glänzende, stahlgraue, spitze Rhomboeder (Scherbenkobalt), ist spröde, pulverisierbar und sublimiert ohne zu schmelzen. Amorphes Arsen, spezifisches Gewicht 4,71, wird durch Sublimation in Wasserstoffstrom erhalten.

Arsenige Säure, As_2O_3, amorph, farb- und geruchlos, sehr giftig, schwach metallisch-süßlicher Geschmack, dient als Beize in der Zeugdruckerei, zur Herstellung grüner Farben, zur Reinigung der Glasschmelze, in der Metallurgie usw.

Arsensäure, H_3AsO_4, farb- und geruchlose Kristalle, sauer metallisch schmeckend, dient zur Herstellung des Fuchsins und im Zeugdruck.

Tantal, Ta, Atomgewicht 182,5, spezifisches Gewicht (rein) 16,5, Schmelzpunkt 2250—2300° C, bildet ein eisengraues Pulver, wird durch Erhitzen bis zur Rotglut hämmerbar, ist in Königswasser, Salpeter- und Schwefelsäure nicht, in einem Gemisch von Salpeter- und Flußsäure löslich; Tantal wird zur Herstellung der Tantallampen-Glühdrähte und zu Werkzeugen (große Härte und Widerstandsfähigkeit) verwendet.

Vanadium, Va, Atomgewicht 51,2, spezifisches Gewicht 5,5, Schmelzpunkt 1720° C, wird nach dem Thermitverfahren gewonnen; es bildet
ein hellgraues, kristallinisches, silberglänzendes Pulver; es wirkt auf
Eisen härtend und findet in der Stahlindustrie Verwendung.

Wismut, Bi, Atomgewicht 208,9, spezifisches Gewicht 9,80, Schmelz-
punkt 268° C, ist ein stark glänzendes, rötlichweißes, sehr sprödes, beim
Biegen knirschendes, in würfelartigen Rhomboedern kristallisierendes
Metall. Die Handelsware enthält 99,3—99,7% Wismut; es wird zur
Herstellung von leicht schmelzbaren Legierungen und des Schnellots
verwendet.

Blei, Pb, hat eine graue, auf frischer Schnittfläche (schnell oxy-
dierend) bläulichweiße Farbe, abfärbend, ist das weichste aller Metalle,
Härte 1,5, Atomgewicht 207,20, spezifisches Gewicht 11,34, ist sehr geschmeidig, unelastisch, kann in kaltem Zustand gebogen werden, läßt
sich zu Blechen und Platten walzen, zu Röhren und Draht pressen,
gut gießen, Schmelzpunkt 330° C; Zugfestigkeit des Bleies im gewalzten
Zustand 2 kg/mm²; Quetschgrenze 50 kg/cm².

Blei überzieht sich an feuchter Luft mit einer grauen Schichte von
basischem Bleikarbonat, welches das darunter liegende Material schützt.

Blei ist gegen organische Säuren (Essigsäure) wenig, gegen Salzsäure
und Schwefelsäure sehr widerstandsfähig; die Berührung mit Kalk und
Portlandzement wirkt schädigend.

Die Gewinnung erfolgt durch Rösten von Bleiglanz (PbS), nachfolgendem Glühen unter Luftabschluß und Niederschlagsarbeit.

Blei findet Verwendung zur Dachdeckung, Platten, Drähten, Schmelz-
streifen, zu Dichtungsringen, isolierenden Zwischenlagen zwischen
Hirnholzflächen, zum Ausgießen, zu Legierungen, als Schutzhülle für
Leitungskabel, zu Akkumulatoren, in der chemischen Industrie zur Herstellung von Gefäßen und Bleikammern, in der chemischen und Farben-
industrie (zur Gewinnung von Bleifarben), zur Herstellung von Weichloten und von Legierungen, welche sich fast alle durch leichte Schmelz-
arbeit und größere Härte als das Blei selbst auszeichnen, zum Vergießen
von Eisenteilen in Stein, zu Schutzbekleidungen gegen Röntgenstrahlen,
wegen seiner leichten Formgebung in gewöhnlicher Temperatur in um-
fangreichem Maße zu Wasserleitungsröhren und als Schutzhülle für Kabel.
Für Leitungswasser-, Trinkwasser-Leitungen ist die Giftigkeit der sich
bildenden Bleilösungen ungefährlich, da die Röhren sich in kürzester
Frist mit einem Schutzüberzug von kohlensaurem Blei überziehen, und
dieser die weitere Auflösung von Blei verhindert. Für destilliertes
Wasser sind Bleirohrleitungen nicht verwendbar, da es ein recht be-
trächtliches Lösungsvermögen für Blei besitzt und eine Schutzschicht
nicht oder nur unvollkommen gebildet wird.

Handelsblei hat einen Bleigehalt von 99,99%.

Walzblei.

(L. Keßler & Sohn, Bernburg-Saale.)

Stärke mm	Gewicht kg/m²	Stärke mm	Gewicht kg/m²	Stärke mm	Gewicht kg/m²	Stärke mm	Gewicht kg/m²
0,5	5,7	2,00	22,8	4,00	45,6	8,00	91,2
0,75	8,6	2,25	25,7	4,50	51,3	9,00	102,6
1,00	11,4	2,50	28,5	5,00	57,0	10,00	114,0
1,25	14,3	2,75	31,4	5,50	62,7	—	—
1,50	17,1	3,00	34,2	6,00	68,4	—	—
1,75	20,0	3,50	39,9	7,00	79,8	—	—

Bleidrähte.

(Vereinigte Blei- und Zinnwerke, G. m. b. H., Köln a. Rh.)

Stärke in mm	Gewicht von 100 m kg	Stärke in mm	Gewicht von 100 m kg	Stärke in mm	Gewicht von 100 m kg	Stärke in mm	Gewicht von 100 m kg
1,0	0,895	3,5	10,968	6,0	32,232	11,0	108,34
1,5	2,014	4,0	14,325	7,0	43,872	12,0	128,93
2,0	3,581	4,5	18,131	8,0	57,300	13,0	151,30
2,5	5,596	5,0	22,384	9,0	72,52	14,0	175,49
3,0	8,058	5,5	27,084	10,0	89,53	15,0	201,45

Bleidrähte.

(G = Gewicht von 1000 m in kg.)

Nr.	G	Nr.	G	Nr.	G	Nr.	G	Nr.	G
10	9,00	30	80,0	50	222	80	570	120	1280
15	20,0	35	109	55	268	90	725	130	1500
20	36,0	40	142	60	322	100	890	140	1740
25	56,0	45	180	70	235	110	1075	150	2000

Bleibleche werden durch Walzen gegossener Platten hergestellt.

Bleibleche.

(Bleiindustrie A.-G., Freiburg i. S.)

Stärke mm	Gewicht kg/m²	Größte Breite m	Größte Länge m	Stärke mm	Gewicht kg/m²	Größte Breite m	Größte Länge m	Stärke mm	Gewicht kg/m²	Größte Breite m	Größte Länge m
0,2	2,28	0,5	3	1,75	19,9	2	8	6	68,2	3	10
0,3	3,42	0,5	3	2	22,7	2,5	10	6,5	73,9	3	10
0,4	4,56	0,75	3	2,25	25,6	2,5	10	7	79,5	3	10
0,5	5,7	1,5	3	2,5	28,4	2,5	10	7,5	85,2	3	10
0,6	6,8	1	3	2,75	31,2	3	10	8	90,9	3	10
0,7	7,9	1	3	3	34,1	3	10	8,5	96,6	3	10
0,8	9,1	1	3	3,5	39,8	3	10	9	102,3	3	10
0,9	10,2	1	3	4	45,5	3	10	9,5	107,9	3	10
1	11,3	1,5	8	4,5	51,1	3	10	10	113,6	3	10
1,25	14,2	2	8	5	56,8	3	10	11	125	3	10
1,5	17	2	8	5,5	62,5	3	10	12	136,4	3	10

Bleiröhren werden durch die Bleirohrpresse, seltener durch Ziehen von Bleistreifen, hergestellt.

Bleiröhren.
(Bleiindustrie A.-G., Freiburg i. S.)

Abmessungen		Metergewicht	Größte Länge	Drucksicherheit für Weichbleirohr	Abmessungen		Metergewicht	Größte Länge	Drucksicherheit für Weichbleirohr	Abmessungen		Metergewicht	Größte Länge	Drucksicherheit für Weichbleirohr
Lichte Weite	Wandstärke				Lichte Weite	Wandstärke				Lichte Weite	Wandstärke			
mm	mm	kg	m	Atm.	mm	mm	kg	m	Atm.	mm	mm	kg	m	Atm.
3	1	0,14	180	16	12	2	1	40	8	16	2,4	1,6	50	7,25
	1,5	0,23	100	25		2,5	1,3	62	10		2,5	1,7	47	8
	2	0,35	75	33		3	1,6	50	12		3	2,1	38	9
4	1,5	0,29	87	18		3,5	1,9	44	15		3,5	2,4	33	11
	2	0,4	62	25		3,6	2,05	40	15		4	2,8	30	12
	2,5	0,57	45	31		4	2,3	35	16		4,5	3,3	24	14
	3	0,7	35	37		4,4	2,5	32	17		5	3,7	22	15
5	1,5	0,4	65	15		4,5	2,6	31	18		5,4	3,8	21	16
	1,75	0,4	65	17		5	3	27	20	17	1,5	1	40	5,5
	2	0,5	60	20	13	1,5	0,85	50	5,5		1,9	1,3	30	6
	2,5	0,7	46	25		2	1,1	39	7		2	1,4	57	7
	3	0,9	35	30		2,5	1,4	58	9		2,5	1,7	47	7,5
6	1,5	0,4	67	12		3	1,7	47	11		3	2,2	36	9
	2	0,6	45	16		3,25	2	40	12		3,5	2,5	32	10
	2,5	0,8	35	20		3,5	2,15	37	13		4	3	27	11
	3	1	30	25		3,75	2,3	34	14		4,5	3,4	24	13
7	1,5	0,5	55	10		3,9	2,35	34	15		4,9	3,8	22	14
	2	0,7	40	14		4	2,4	33	15		5	3,9	21	14
	2,5	0,9	30	17		4,1	2,5	32	16	18	1,5	1	40	5
	3	1	30	21		4,5	2,8	28,5	17		2	1,4	57	6
8	1,5	0,5	50	9		4,75	3	27	18		2,5	1,8	44	7
	2	0,8	30	12		4,8	3,1	24	18,5		3	2,3	35	8
	2,5	0,9	28	15		5	3,2	26	19		3,5	2,7	30	9
	3	1,2	20	19	14	1,5	0,9	45	5,5		4	3,1	27	11
9	1,5	0,6	43	8		2	1,2	66	7		4,4	3,4	24,5	12
	2	0,8	30	11		2,5	1,5	53	9		4,5	3,6	22	12
	2,5	1	50	14		3	1,8	45	10,5		5	4,1	19	14
	3	1,3	38,5	16		3,5	2,2	37	12,5		5,4	4,5	18	15
	3,5	1,6	32,5	19		4	2,6	31	14		5,5	4,6	18	15
10	1,5	0,6	40	7		4,5	3	28	15		5,6	4,7	17	15,5
	2	0,9	28	10		5	3,5	23	17,5		6	5,1	16	17
	2,5	1,15	20	12	15	1,5	1	80	5	19	1,5	1,1	60	3,75
	3	1,5	55	15		2	1,2	66	6		2	1,5	53	5
	3,3	1,6	50	16		2,5	1,6	50	8		2,5	1,9	42	6
	3,5	1,7	46	17		2,9	1,8	44	10		3	2,4	33	8
	4	2	40	20		3	1,9	43	10		3,5	2,8	28,5	9
11	1,5	0,7	35	7		3,5	2,3	35	12		3,7	3	27	9,5
	2	0,9	45	9		3,75	2,5	32	13		3,9	3,2	26	10
	2,5	1,2	34	11		4	2,7	30	13		4	3,3	24	10
	3	1,5	55	13		4,5	3,2	25	15		4,5	3,8	21	12
	3,5	1,8	50	16		5	3,5	23	16		4,9	4,2	19	12,5
	4	2,1	40	18	16	1,5	1	80	4,5		5	4,3	18	13
12	1,5	0,8	30	6		2	1,5	53	6,25		5,1	4,4	18	13

[1] Die Drucksicherheit bei Hartbleirohr ist doppelt so hoch als bei Weichbleirohr.

Abmessungen		Metergewicht	Größte Länge	Drucksicherheit[1] für Weichbleirohr	Abmessungen		Metergewicht	Größte Länge	Drucksicherheit[1] für Weichbleirohr	Abmessungen		Metergewicht	Größte Länge	Drucksicherheit[1] für Weichbleirohr
Lichte Weite	Wandstärke				Lichte Weite	Wandstärke				Lichte Weite	Wandstärke			
mm		kg	m	Atm.	mm		kg	m	Atm.	mm		kg	m	Atm.
19	5,3	4,6	17	13,5	21	3,9	3,5	22	9	23	2,5	2,3	34	5
	5,5	4,8	16	14		4	3,6	22	9		2,9	2,7	29	6
	6	5,3	11,5	16		4,1	3,7	21	9		3	2,8	28	6,5
20	1,5	1,2	60	3,5		4,3	3,9	20	10		3,5	3,3	26	7
	2	1,6	50	5		4,5	4,1	19	10		4	3,8	21	8
	2,5	2	40	6		5	4,6	17	12		4,5	4,4	18	9
	3	2,4	33	7		5,5	5,2	15	13		5	5	16	10
	3,4	2,8	28	8		6	5,8	14	14		5,2	5,3	15	11
	3,5	2,9	27	8	22	1,5	1,3	50	3		5,5	5,6	14	12
	4	3,4	23	10		2	1,7	49	4,5		6	6,2	12,5	13
	4,4	3,8	21	11		2,4	2,1	38	5	24	1,5	1,4	50	3
	4,5	3,9	20	11		2,5	2,2	36	5		2	1,9	40	4
	4,6	4	18	11,5		3	2,7	29	7		2,5	2,4	33	5
	4,8	4,3	17,5	12		3,4	3,1	25	7,5		3	3	27	6
	5	4,5	16,5	12		3,5	3,2	25	8		3,5	3,5	23	7
	5,3	4,8	16	12		3,6	3,3	24	8		4	4	20	8
	5,45	4,9	15	12,5		4	3,7	21	9		4,5	4,6	17	9
	5,5	5	15	13		4,5	4,2	19	10		4,7	4,85	17	10
	6	5,6	14	15		5	4,8	16	11		5	5,2	15	10
21	1,5	1,2	60	3,5		5,5	5,4	14,5	12		5,5	5,8	13,5	11
	2	1,6	50	4,75		5,7	5,6	14	12,5		5,6	5,9	13,5	11,5
	2,5	2,1	37	6		6	6	13	13		6	6,4	12,5	12
	2,9	2,5	32	6,5	23	1,5	1,3	50	3,25		7	7,8	18	14,5
	3	2,6	30	7		1,9	1,7	46	4		8	9,2	16	16
	3,5	3,1	26	8		2	1,8	44	4,5					

Bleischwamm, feinverteiltes metallisches Blei, bildet den Hauptbestandteil der negativen Akkumulatorenplatten.

Bei längerem Gebrauch von Bleiakkumulatoren löst sich die aktive Masse allmählich los und setzt sich als Gemenge von Bleisulfat und Bleistaub, welcher Akkumulatorenschlamm genannt wird, auf den Boden der Akkumulatorengefäße nieder.

Beim Erhitzen oxydiert Blei zu Bleiglätte (PbO) und Mennige (Pb_3O_4).

Bleioxyd, PbO, kommt als Massicot (gelbes amorphes Pulver) und als Bleiglätte (gelblich [Silberglätte] nach schnellem, rötlich [Goldglätte], nach langsamem Erkalten beim Gewinnungsprozeß, leicht zerreibliche, rhombische Schuppen) in den Handel. Es wird in der Glasfabrikation (nächst dem Kalk ist es die meist verwendete lösliche Base unter den glasbildenden Oxyden, besitzt das höchste Lichtbrechungsvermögen und verleiht dadurch dem Glas Feuer, Kristall-, Flintglas) zu Glasuren aller Arten, als Flußmittel in der Porzellanfabrikation, zur Herstellung von Firnis, Kitt, Bleizucker, Bleiessig, Bleiweiß, Mennige, Chromgelb usw. benützt.

[1] Die Drucksicherheit bei Hartbleirohr ist doppelt so hoch als bei Weichbleirohr.

Bleisuperoxyd, PbO_2, kommt als braune Paste in den Handel, wird in der Textilindustrie verwendet; es bildet den Hauptbestandteil der aktiven Masse der Akkumulatorenplatten.

Bleizucker (Bleiazetat), vierseitige weiße Säulenkristalle, widrig metallisch schmeckend, giftig, spezifisches Gewicht 2,496, wird in der Färberei, Zeugdruckerei zur Herstellung von Bleiweiß, Chromgelb und in der Firnisfabrikation verwendet.

Bleikabel, hauptsächlich für unterirdisch verlegte Leitungen verwendet, bestehen aus einem, oft noch durch Eisendrahtbewehrung gegen mechanische Einflüsse geschützten Bleimantel, welcher die von ihm umhüllten isolierten Leitungsdrähte gegen das Eindringen von Wasser sichert; nach deren Zahl unterscheidet man: Einfachbleikabel, Zwei-, Dreileiterbleikabel.

Zinn, Sn, Atomgewicht 118,7, spezifisches Gewicht gegossen 7,29, gehämmert 7,31, Härte rund 2, Schmelzpunkt 231,7° C, ist ein starkglänzendes (die Feile verschmierendes) silberweißes Metall mit einem Stich ins Graue, hat kristallinisches Gefüge, ist sehr geschmeidig, dehnbar, läßt sich zu dünnen Blättchen (Stanniol) auswalzen oder aushämmern, zu Draht ziehen, ist gut gießbar. Es hat ein Schwindmaß von rund 1 : 130, ist daher gut in Formen aus Eisen und Stein gießbar. Durch Verunreinigungen (Arsen, Blei, Kupfer, Wismut) wird es spröder.

Zinn ist an der Luft und gegen verdünnte organische Säuren ziemlich widerstandsfähig; in ungeheizten Räumen (am schnellsten bei — 20° C) geht es in eine graue Abart (Zinnpest) über und zerfällt zu Pulver. Die Behandlung der Zinnoberfläche mit Säuren liefert „geflammtes" Zinn. In der Weißglut verbrennt es zu „Zinnasche".

Im Handel kommt Zinn in Barren (Straits-, Bankazinn usw.) und Stangen vor.

Das aus dem Zinnstein (SnO_2, durch Reduktion) gewonnene Halbfabrikat heißt Walzzinn, das aus diesem durch Ausschmelzen und Raffination gewonnene Feinzinn.

Die Handelsarten sind: Block-, Platten- oder Rollen- und Stangenzinn.

Zinn wird zur Erhöhung der Härte und Gießbarkeit mit Bleizusatz (der wegen Gesundheitsgefährdung 10% nicht überschreiten darf) für Haushaltungsgegenstände, in der chemischen Industrie für Apparate, zur Verzinnung und zur Herstellung von Legierungen verwendet, in Form von Streifen zu Abschmelzsicherungen, in Form von Folie (Zinnfolie) zum Belegen von Leydenerflaschen und Kondensatoren verwendet.

Walzzinn.

Dicke mm	Gewicht für den m² kg	Dicke mm	Gewicht für den m² kg
1¹/₂	10,95	1¹/₄	9,10
1³/₈	10	1	7,30

Zinnröhren.

(Kleinindustrie A.-G., Freiburg i. S.)

Lichte Weite	Wandstärke	Metergewicht	Größte Länge	Drucksicherheit
mm	kg	m	Atm.	
4	2	0,3	55	60
5	1,5	0,25	66	36
	2	0,35	47	48
6	1,5	0,3	55	30
	2	0,35	47	40
7	1,5	0,3	55	25
	2	0,4	41	34
8	1,5	0,35	47	22
	2	0,45	36	30
	2,5	0,6	27	37
9	1,5	0,35	47	20
	2	0,5	33	26
	2,5	0,65	25	33
10	1,5	0,4	41	18
	2	0,55	30	24
	2,5	0,7	23,5	30
	3	0,9	18	36
11	1,5	0,45	36,5	16
	2	0,6	27,5	21
	2,5	0,8	20,5	27
	3	0,95	17	32
12	1,5	0,45	36,5	15
	2	0,65	25	20
	2,5	0,85	19	25
	3	1,05	15	30
13	1,5	0,5	33	13
	2	0,7	23,5	18
	2,5	0,9	18	23
	3	1,1	14,5	27
15	1,5	0,55	29	12
	2	0,8	20	16
	3	1,25	12,5	24
16	1,5	0,6	26,5	11

Lichte Weite	Wandstärke	Metergewicht	Größte Länge	Drucksicherheit
mm	kg	m	Atm.	
16	2	0,85	18,5	15
	3,5	1,3	12	22
17	1,5	0,65	24,5	10
	2	0,9	17,5	14
	3	1,4	11	21
18	1,5	0,7	22,5	10
	2	0,9	17,5	13
	3	1,45	34	20
19	1,5	0,7	22,5	9
	2	1	16	12
	3	1,5	34	19
20	2	1	16	12
	3	1,6	30	18
21	2	1,05	16	11
	3	1,65	30	17
22	2	1,1	15	10
	3	1,7	29	17,5
23	2	1,15	15	10
	3	1,8	29	15
24	2	1,2	14	10
	3	1,85	29	15
25	2	1,25	40	9
	3	1,95	25	14
26	2	1,3	38	9
	3	2	25	13,5
27	2	1,35	37	8,5
	3	2,05	24	13
28	2	1,4	35	8
	3	2,15	23	12,5
29	2	1,4	35	8
	3	2,2	23	12
30	2	1,45	34,5	8
	3	2,3	21,5	12

Lichte Weite	Wandstärke	Metergewicht	Größte Länge	Drucksicherheit
mm	kg	m	Atm.	
31	2	1,5	33	7,5
	3	2,35	21	11,5
32	2	1,55	30	7,5
	3	2,4	19	11
33	2	1,6	28	7
	3	2,5	18	10,5
34	2	1,65	27	7
	3	2,55	17,5	10,5
35	2	1,7	26	6,5
	3	2,6	17	10
36	2	1,75	25	6 5
	3	2,7	16,5	10
37	2	1,8	19	6,5
	3	2,75	16	9,5
38	2	1,85	19	6
	3	2,8	16	9
39	2	1,9	23,5	6
	3	2,9	15	9
40	2	1,95	23	6
	3	2,95	15	9
41	2	2	22	5,5
	3	3,05	14,5	8,5
42	2	2	22	5,5
	3	3,1	14,5	8,5
44	2	2,1	21	5
	3	3,25	13,5	8
46	2	2,2	20	5
	3	3,4	13	7,5
48	2	2,3	19,5	5
	3	3,5	13	7,5
50	2	2,4	18,5	4,5
	3	3,65	12	7
	—	—	—	—

Zinnbleche.

Stärke	Gewicht	Größte Breite	Größte Länge	Stärke	Gewicht	Größte Breite	Größte Länge	Stärke	Gewicht	Größte Breite	Größte Länge
mm	kg/m²	m	m	mm	kg/m²	m	m	mm	kg m²	m	m
0,5	3,75	0,5	4	3	22,5	2	6	7	52,5	2	6
1	7,5	1	4	4	30	2	6	8	60	2	6
1,5	11,25	1,25	4	5	37,5	2	6	9	67,5	2	6
2	15	1,5	5	6	45	2	6	10	75	2	6

Zinnchlorid, SnCl$_4$, bildet in wasserfreiem Zustand eine schwere, farblose, an feuchter Luft stark rauchende Flüssigkeit, spezifisches Gewicht 2,27. In den Handel kommt es außerdem in kristallinischer Form und als zerfließliche Breimasse; es wird in der Färberei und zur Herstellung von roten Farben verwendet.

Chrom, Cr, Atomgewicht 51,7, spezifisches Gewicht 6,2—6,8, wird auf elektrochemischem Wege aus chromsauren Salzen hergestellt, schmilzt im elektrischen Ofen oberhalb 2000° C, bildet ein hellgraues, glänzendes Kristallpulver oder, geschmolzen, eine stahlgraue politurfähige Masse, ist sehr hart und verändert sich selbst in glühendem Zustand an der Luft sehr langsam. Ein Zusatz von Chrom macht Metalle und Legierungen widerstandsfähiger gegen viele chemische Agentien und außerdem schwer schmelzbar.

Chrom spielt bei der Herstellung von Chromstahl eine wichtige Rolle.

Molybdän, Mo, Atomgewicht 96,0, spezifisches Gewicht 9,10, Schmelzpunkt 2550° C, ist ein stahlgraues Pulver, welches nur bei sehr hohen Temperaturen zu einer harten silberglänzenden Masse zusammenschmilzt; es ist hämmerbar und schmiedbar; es wird in der Stahlindustrie und als Elektrodenmaterial für Glühkathodenröhren verwendet.

Wolfram, Wo, Atomgewicht 184,1, spezifisches Gewicht 19,3, Schmelzpunkt 2800—2850° C, ist ein glänzendes, stahlgraues, hartes Pulver; Verwendung in der Metallurgie (Edelstahl) und Glühlampenindustrie.

Das reine geschmolzene Eisen, Fe, hat einen grauen, bläulichen Glanz, läßt sich bei den hohen Temperaturen des elektrischen Ofens zum Sieden bringen. Reines Eisen hat ein Atomgewicht von 55,84, ein spezifisches Gewicht von 7,85—7,88, eine Härte von 4—5, ist hämmerbarer als Schmiedeisen, hat aber weniger Festigkeit als dieses; seine relative Wärmeleitungsfähigkeit (bezogen auf jene des Silbers = 100) ist 11,9, seine elektrische Leitungsfähigkeit bei 0° C 10,37.10^4, bei 100° C 6,63.10^4, sein spezifischer Widerstand 0,0055, sein Schmelzpunkt 1510° C. Eisen wirkt auf die Magnetnadel kräftig ein und wird durch Annäherung oder Berührung eines magnetischen Körpers selbst magnetisch. Je nach den Beimengungen, welche dem reinen Eisen zugesetzt werden, kann es mehr oder weniger Kohlenstoff aufnehmen.

Nach dem Verfahren der Langbein-Pfannhauser-Werke wird chemisch reines Eisen auf elektrolytischem Wege durch Ausscheidung (an der Kathode) aus einer heißen Eisenchloridlösung erhalten.

Durch Schmelzen von Eisenerzen mit Brennstoffen unter Zusatz geeigneter Zuschläge (meist Kalkstein) und Einführung erhitzter gepreßter Luft in den Hochofen wird Roheisen gewonnen; aus ihm werden die für die verschiedenen Verwendungszwecke erforderlichen Eisensorten hergestellt.

Je nach den bei der Herstellung verwendeten Brennstoffen wird in Holzkohlen-, Koks- und Steinkohlen-Roheisen unterschieden, nach der späteren Verwendung in Gießerei-, Bessemer-, Thomas-, Puddel- usw. -Roheisen.

Nach dem Kohlenstoffgehalt kann das Eisen in Roheisen und schmiedbares Eisen eingeteilt werden, und zwar:

Aus den Eisenerzen entwickeln sich die Eisenarten, wie folgt:

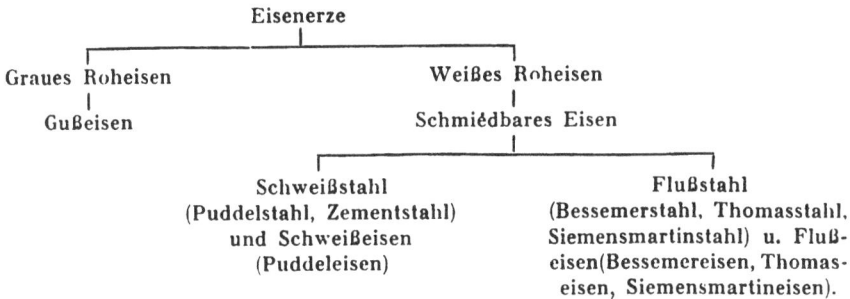

Eisenerze

Graues Roheisen
Gußeisen

Weißes Roheisen
Schmiedbares Eisen

Schweißstahl
(Puddelstahl, Zementstahl)
und Schweißeisen
(Puddeleisen)

Flußstahl
(Bessemerstahl, Thomasstahl,
Siemensmartinstahl) u. Fluß-
eisen(Bessemereisen, Thomaseisen, Siemensmartineisen).

In anderer Form ist die Entwicklung gekennzeichnet durch:

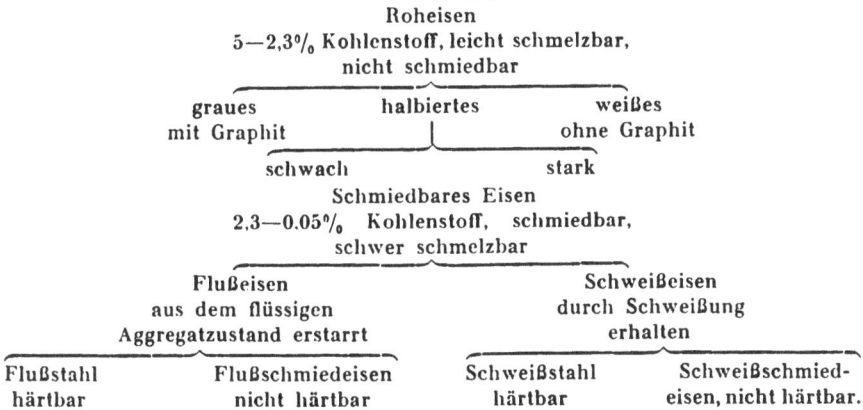

Roheisen
5—2,3% Kohlenstoff, leicht schmelzbar,
nicht schmiedbar

graues
mit Graphit

halbiertes

weißes
ohne Graphit

schwach   stark

Schmiedbares Eisen
2,3—0.05% Kohlenstoff, schmiedbar,
schwer schmelzbar

Flußeisen
aus dem flüssigen
Aggregatzustand erstarrt

Schweißeisen
durch Schweißung
erhalten

Flußstahl
härtbar

Flußschmiedeisen
nicht härtbar

Schweißstahl
härtbar

Schweißschmied-
eisen, nicht härtbar.

Roheisen enthält meist Silizium, Phosphor, Schwefel, Mangan und stets Kohlenstoff von 2% und mehr, es schmilzt bei verhältnismäßig niedriger Temperatur und läßt sich nicht schmieden.

Abgeschrecktes (schnell abgekühltes) Eisen wird weiß, langsam (in Sand-, Gußeisenformen) abgekühltes grau.

Durch Phosphorzusatz wird Roheisen dünnflüssig, durch Schwefel-zusatz dickflüssig, leidet aber in beiden Fällen in bezug auf die Festigkeit.

Roheisen wird in der Hauptsache in folgenden Gattungen hergestellt: Weißes Roheisen hat einen Kohlenstoffgehalt von 2,5—3,5%; durch das Vorhandensein von Mangan (3—4%), welches für den Kohlenstoff eine größere Lösungsfähigkeit besitzt als das Eisen, wird er bei dessen

Übergang aus dem flüssigen in den festen Zustand fest- (chemisch) gehalten und tritt an der Oberfläche nicht zutage, die hierdurch hellglänzend erscheint. Da der gelöste Kohlenstoff sich relativ leicht und rasch verbrennen läßt (Frischprozeß, daher Frischerei-Eisen), bildet es das Ausgangsmaterial zur Herstellung von Schmiedeisen und Stahl. Weißes Roheisen hat einen Schmelzpunkt von etwas über 1200⁰ C.

Weißes Roheisen enthält sämtlichen Kohlenstoff als Härtungskohle im Eisen gelöst, besitzt strahliges Gefüge, ist äußerst hart und spröde, dickflüssig und daher nicht zum Gießen geeignet; es dient nur zur weiteren Verarbeitung zu schmiedbarem Eisen; im erstarrten Zustand ist es mit Werkzeugen kaum bearbeitbar; spezifisches Gewicht bis zu 7,60.

Nach dem Bruchaussehen ist beim weißen Roheisen zu unterscheiden: mattes nicht kristallinisches, strahliges und Spiegel-Roheisen.

Spiegeleisen, weißes Roheisen mit 4—6% Kohlenstoff und 5—20% Mangan (durch welches der hohe Gehalt an chemisch gebundenem Roheisen erzielt wird) wird zu Zylinderguß (besonders hartes Gußeisen) als Zusatz und in der Bessemerei zur Stahlerzeugung (Zuführung von Kohlenstoff an das vollständig entkohlte Eisen) verwendet.

Graues Roheisen hat einen Kohlenstoffgehalt von 3—4%; durch das Vorhandensein von Silizium (2—3%), welches eine größere Neigung besitzt, im Eisen gelöst zu werden, als Kohlenstoff, seigert dieser beim Erkalten des flüssigen Eisens aus und lagert sich als freier Kohlenstoff, Graphit, zwischen die Massenteilchen des Eisens ein, tritt an der Bruchfläche, lichtgrau bis tiefgrau, zutage. Das graue Roheisen, Schmelzpunkt etwas unter 1200⁰ C, wird mit Ausnahme der Bessemerei nur für Gießereizwecke (Gießerei-Eisen) verwendet, da es im geschmolzenen Zustand dünnflüssig ist und daher die Gußformen gut ausfüllt; es ist umso weicher, je mehr Kohlenstoff (siliziumhaltiger) es ausscheidet. Tiefgraues, graphitreiches, grobkörniges Gußeisen weist ungünstigere Festigkeitserscheinungen auf als hellgraues, graphitarmes, feinkörniges. Erheblicher Phosphorgehalt vermindert die Festigkeit und macht das Eisen spröde und brüchig; mäßiger Phosphorgehalt (bis zu 1%) macht das Roheisen dünnflüssig und ist aus Gießereirücksichten erwünscht. Für Maschinenteile, welche im allgemeinen hohe Festigkeit erfordern, wird phosphorarmes (bis etwa 0,05% Phosphorgehalt) als sogenanntes Hämatiteisen (aus phosphorfreien Erzen, Hämatit, gewonnen) in den Handel gebracht. Die geringsten schädlichen Beimengungen (insbesondere Phosphor und Schwefel, welcher das Roheisen dickflüssig macht) weist das mit Holzkohle erblasene Roheisen, Holzkohleneisen, das beste und festeste Roheisen, auf. Spezifisches Gewicht bis zu 7,20.

Graues Roheisen, bei dem ein mehr oder minder großer Teil des Kohlenstoffs als Graphit eingelagert und nur der Rest als Härtungskohle gelöst ist, hat körniges Gefüge, ist siliziumhaltig, weicher und zäher als das weiße Material, leichtflüssig, und dehnt sich beim Erkalten etwas aus. Es wird vorwiegend zur Erzeugung von Gußeisen verwendet.

Nach dem Bruchaussehen ist beim grauen Roheisen zu unterscheiden: feinkörniges helleres, mit sehr kleinen Graphitblättchen durchsetztes und grob kristallinisches dunkles Roheisen.

Halbiertes Roheisen (2,5% C und 1% Si) liegt zwischen weißem und grauem Roheisen; es zeigt außer Graphit auch klar die weiße Grundmasse; es wird zum Tempern und Puddeln verwendet.

Ferromangan oder Eisenmangan, ein Roheisen, dessen Mangangehalt den Eisengehalt erreicht und übersteigt (bis zu 80%) und dessen Kohlenstoffgehalt 5—7% beträgt, wird in den Gießereien als Zusatz für besonders hartes Gußeisen und zum Thomasprozeß verwendet.

Spezifisches Gewicht des Eisens [1]).

Material	Spez. Gewicht
Dunkelgraues Roheisen..............	7,05
Hellgraues „	7,20
Weißes „	7,60
Flußstahl.......................	7,80
Schweißstahl....................	7,90
Schmiedeisen (Draht)	8,00

Schmelzpunkte des Eisens [1]).

Material	Kohlenstoffgehalt %	Schmelzpunkt °C
Graues Roheisen......................	4,00	1180
Weißes „	3,00	1230
	1,50	1340
Stahl.........	1,25	1365
	1,00	1400
	0,75	1450
Schmiedeisen.....................	0,50	1470
	0,10	1500

Der durchschnittliche Gehalt der Eisensorten an Fremdstoffen ist: Nach A. v. Lachemair [2]):

Material	Kohlenstoff	Silizium	Mangan	Phosphor	Schwefel	Andere Stoffe: Kupfer, Kobalt, Nickel, Chrom, Titan Arsen, Antimon
				%		
Roheisen, weißes	3	0,2	3	0,2	0,05	0,30
„ graues............	3,5	3	0,8	0,8	0,05	0,30
Gußeisen, gutes..............	3	2	0,8	0,5	0,08	0,25
„ sehr gutes	3	1,5	1	0,1	0,06	0,15
Hartguß	3,5	0,6	0,6	0,3	0,05	0,15
Weichguß, vor dem Glühen...	3	0,6	0,2	0,2	0,05	0,15

[1]) O. Simmersbach: Die Eisenindustrie.
[2]) Materialien des Maschinenbaues.

Material	Kohlenstoff	Silizium	Mangan	Phosphor	Schwefel	Andere Stoffe: Kupfer, Kobalt, Nickel, Chrom, Titan Arsen, Antimon
					%	
Weichguß, nach dem Glühen	0,3	0,6	0,2	0,1	0,05	0,15
Schweißeisen	0,15	0,05	0,1	0,02	0,01	0,05
Flußeisen	0,15	0,1	0,3	0,05	0,05	0,10
Flußeisenformenguß	0,25	0,1	0,4	0,05	0,05	0,15
Schweißstahl	0,4	0,02	0,2	0,02	0,01	0,10
Flußstahl	0,4	0,2	0,4	0,06	0,05	0,20
Nickelstahl	0,3	—	—	—	—	5—15% Nickel
Chromnickelstahl	0,25	—	—	—	—	5—10% Nickel 0,5—1% Chrom
Stahlformguß, weich	0,4	0,3	0,6	0,08	0,06	0,25
„ mittelhart	0,6	0,4	0,8	0,08	0,06	0,25
Werkzeugstahl, hart	1	0,1	0,2	0,02	0,01	0,02
„ sehr hart	1,2	0,1	0,3	0,02	0,01	0,02
Spezialstahl, naturhart	2	1	1,6	—	—	6—10% Wolfram
Chromwolframstahl	0,8	0,04	0,1	—	—	15—25% Wolfram 4—8% Chrom

Nach Dr. P. Schimpke[1]):

Eisenwerte	Kohlenstoff	Silizium	Mangan	Phosphor	Schwefel
			%		
Qualitäts-Puddeleisen	3,5—3,8	0,3—1,0	2,0—5,0	0,1—0,3	unter 0,08
Stahleisen (Martineisen)	3,5—4,0	0,3—1,0	3,0—6,0	0,08—0,3	unter 0,04
Thomas-Roheisen	3,5	0,3—1,0	1,0—1,5	1,7—2,0	0,12
Bessemer-Roheisen	3,5	1,5—2,0	1,0	0,1	0,03
Spiegeleisen	4,0—5,0	1,2—0,2	5—30	0,1	0,1
Ferromangan	5—7,5	1,3—0,2	30—85	0,2	Spuren
Hämatit	4	2—3	unter 1,3	unter 0,1	unter 0,04
Gießerei-Roheisen	4	über 25	unter 1,0	unter 0,6	unter 0,04
Ferro-Silizium	1,5—1,0	9—15	1,0	0,1	0,02
Holzkohlen-Roheisen	3—4	1—3	0,3—0,5	0,2	Spuren

Einfluß der chemischen Bestandteile des Eisens auf seine Schmelzbarkeit, Festigkeit und Schweißbarkeit [2]).

Bestandteil	Schmelzbarkeit	Festigkeit	Schweißbarkeit
Kohlenstoff	vermindert	vermindert	vermindert
Silizium	„	erhöht	„
Mangan	erhöht	„	„
Phosphor	vermindert	vermindert	erhöht
Schwefel	erhöht	„	vermindert
Kupfer	„	„	„
Arsen	vermindert	„	„
Titan	„	erhöht	erhöht
Chrom	„	„	„
Nickel	„	„	vermindert
Wolfram	„	„	erhöht

---

[1]) Technologie der Maschinenbaustoffe.

[2]) O. Simmersbach: Die Eisenindustrie.

Abhängigkeit der Festigkeit des Roheisens und Gußeisens vom Siliziumgehalt.

Material	Kohlenstoff-	Silizium-	Zugfestigkeit kg/mm²
	gehalt %		
Graues Roheisen..........................	3,5	3,0	—
Gewöhnliches Roheisen.................	3,0	2,5	12
Sehr gutes Gußeisen....................	3,0	1,5	16
Vorzügliches Gußeisen.................	3,0	2,0	20

Die Prüfung des Eisens kann oberflächlich nach dem Bruchaussehen
erfolgen, doch ist sie unsicher. Eingehende Prüfungen erfolgen auf
chemischem Wege durch die Analyse, auf mechanischem durch Zerreiß-,
Biege-, Knick-, Druck-, Dreh-, Scher-, Loch-, Schlag- und Härte-
versuche, welche selbst wieder in verschiedene Abarten (Kerbschlag-
proben, Bohrproben und andere Bearbeitungsproben, Kaltbiegeproben
[bei Zimmertemperatur, Ermittlung des Kaltbruchs; Blaubruchprobe,
Ermittlung des Verhaltens in Blauhitze; Warmbiegeprobe, Biegen bei
dunkler Rotglut zur Feststellung des Rotbruchs], Schmiedeproben [Aus-
breite-, Stauch-, Aufdorn-, Börtelprobe], Schweißproben) zerfallen, sowie
durch Herstellung von Schliffen. Die einfachsten dieser Proben sind:

Kaltproben: Außenbesichtigung.
            Schlagprobe.
            Biegeprobe.

Proben mit abgetrennten Stücken:

Kaltproben: Gewöhnliche Biegeprobe.
                   Lochprobe.
                   Bruchprobe.
                   Zerreißprobe.
                   Verwindungsprobe.

Warenproben: Biegeprobe.
                   Härtungsbiegeprobe.
                   Lochprobe.
                   Ausbreit-(Schmiede-)probe.
                   Stauchprobe.

Elastizitäts- und Festigkeitszahlen der hauptsächlichsten Eisenarten.
(Nach C. v. Bach.)

Dehnungs-koeffizient	Gleitmodul	Propor-tionalitäts-grenze kg/cm²	Streck-(Quetsch-)grenze kg/cm²	Zug-festigkeit kg/cm²	Druck-festigkeit kg/cm²
Gußeisen					
750000–1050000	290000 400000	nicht vorhanden	---	1200–1800	7000–8000

Dehnungs-koeffizient	Gleitmodul	Propor-tionalitäts-grenze kg/cm²	Streck-(Quetsch-grenze) !kg/cm²	Zug-festigkeit kg/cm²	Druck-festigkeit kg/cm²
		Schweißeisen			
2000000	770000	1300 u. mehr	1800 u. mehr	3300—4000[1])	Quetschgrenze maßgebend
		Flußeisen			
2150000	830000	2000—2400	2500—3000	3400—4400	Quetschgrenze maßgebend
		Stahlguß			
2150000	830000	2000 u. mehr	2800 u. mehr	3500—7000	Quetschgrenze maßgebend
		Flußstahl			
2200000	850000	2500—5000	2800 u. mehr	4500—10000	Quetschgrenze maßgebend

Fehler im Ursprungsmaterial von metallischen Konstruktionsgliedern sind:

Gasblasen, Hohlräume in Metallstücken, welche durch örtliche Ansammlung von Gasen beim Übergang des Metalls in den festen Zustand entstanden und mit unter mehr oder weniger hohem Druck stehenden Gasen (aus Wasserstoff, Stickstoff, Kohlenoxyd u. dgl. bestehend) gefüllt sind. Im Innern sind sie häufig mit einer Oxydschicht überzogen, die beim Schmieden und Pressen das Zusammenschweißen verhindert, so daß beim Verschwinden der Blase ein ihr entsprechender Riß zurückbleibt, welcher Anlaß zum Bruch des Konstruktionsteils bilden kann. Auch die manchmal auf Feinblech vorhandenen Buckel finden ihre Ursachen in Gasblasen. Besonders nachteilig wirken offene Blasen in gebeizten Flächen, die nach gewisser Formgebung zur Erzielung eines gefälligen Aussehens lackiert werden;

Lunker sind ähnliche Hohlräume wie die Gasblasen in Gußblöcken; wenn ihre Wände beim Schmieden oder Walzen des Blockes nicht verschweißt werden, erscheinen sie im Konstruktionsteil als mehr oder weniger klaffende Risse. Lunkerähnliche Hohlräume sind darauf zurückzuführen, daß beim Schweißen der Rohschienen klaffende Zwischenräume verbleiben;

Schlackeneinschlüsse finden sich in der Hauptsache im Schweißeisen vor, aber auch im Flußeisen, doch sind sie beide verschiedener Art.

Andere Beimengungen beeinflussen die mechanischen Eigenschaften ungünstig: Phosphorgehalt verursacht Kaltbrüchigkeit und vermindert die Schweißbarkeit des Eisens. 0,25 % Phosphor vermag bei Eisen mit niedrigem Kohlenstoffgehalt (rund 0,1 %) die Schlagfestigkeit zu

---

[1]) Gilt für Schweißeisen || zur Sehnenrichtung; für Schweißeisen ⊥ zur Sehnenrichtung ist die Zugfestigkeit 2800—3500 kg/cm².

Durchschnittliche Festigkeit, Elastizität und Formänderung von Eisensorten.

Material	Zug-	Druck-	Biegungs-	Scher-	Elastizitäts-grenze	Dehnungs-ziffer	Streck-(Quetsch)-grenze	Dehnung Prozent der Länge	Einschnürung Prozent des Querschnitts	Durchbiegung in mm bei 1 m Stützweite	Bemerkungen
	Festigkeit in kg/mm²							Formänderung beim Bruche			
Maschinengußeisen, gewöhnlich	12	60	24	etwas	nicht vorhand.	1/9000	nicht vorhanden	1/3	nicht meßbar	18	Für Rohstäbe, für bearbeitete größer; Biegfest, für quadratische größer, für andere größer und kleiner
,, sehr gut	16	80	32	> zugfest		1/10000		1/2		24	
,, vorzüglich	20	100	40		—	1/11000		2/3		30	
Hartguß	24	—	40	—	—	1/18000	—	—	—	6 in Kokille / 4 in Sand	
Schmiedbarer Guß	24	—	—	—	—	1/18000	—	4	4	—	
Schweißeisen, geschmiedet, gewalzt	36	—	40	30	16	1/20000	23	20	45	—	Festigkeitsgrenze zwischen Schweißeisen und -stahl ist 42 kg/mm², zwischen geschmied. Flußeisen u. -stahl 50 kg/mm²
Flußeisen ,,	40	—	—	35	20	1/21000	26	25	55	—	
Schweißeisen, Kessel-, Feuerblech	36 längs / 33 quer	—	—	—	—	—	—	25 längs / 20 quer	50	—	
Flußeisen	36	—	—	—	18	1/21000	23	30	60	—	
Draht, gezogen, ungeglüht	60	—	—	—	40	1/22000	—	5	—	—	
,, ,, ausgeglüht	40	—	—	—	—	—	—	15	—	—	
Flußeisenformguß	40	—	—	—	20	1/21000	26	20	50	—	
Stahlformguß, weich	50	—	—	—	25	1/21000	30	20	45	—	
,, mittelhart	60	—	—	—	30	1/21500	—	15	35	—	
Schmiedestahl, weich	55	—	75	40	25	1/21500	30	25	50	—	Schmiedestahl hat höhere Schlagfestigkeit als Stahlformguß Nickelstahl hat besonders große Schlagfestigkeit
,, mittelhart	65	—	85	50	30	1/22000	35	25	40	—	
Nickelstahl, weich	60	—	—	—	35	—	nicht ausgeprägt	20	60	—	
,, mittelhart	70	—	—	—	45	—		25	55	—	
Chromnickelstahl, geglüht	100	—	—	—	70	—	—	20	45	—	
,, gehärtet	150	—	—	—	130	—	—	15	40	—	
Stahlblech, weich	55	—	—	—	—	1/21500	—	5	—	—	
Bessemer-Stahldraht, ungeglüht	65	—	—	—	—	1/22000	—	20	—	—	
Tiegel-	150	450	250	—	—	1/22000	—	—	—	—	
Federstahl, ungehärtet	70	—	—	—	45	1/22000	—	15	30	—	
,, gehärtet	100	—	—	—	80	1/22000	—	2	0	—	
Harter Spezialstahl (Chrom, Wolfram), gehärtet	150	—	—	—	85	—	—	2	3	—	
,, ,, ungehärtet	100	—	—	—	45	—	—	1	—	—	
Werkzeugstahl, ungehärtet	90	—	—	—	80	1/25000	—	10	15	—	
,, gehärtet	120	—	—	—	—	1/25000	—	1	0	—	

(Druck-Spalte: für zähe Materialien gibt es keine Druckfestigkeit.)

vernichten. Schwefelgehalt über 0,2% macht das Eisen rotbrüchig und setzt schon bei Gehalten von rund 0,05% die Schweißbarkeit herab; bei rund 0,2% Schwefelgehalt wird die Schlagfestigkeit gleich Null. Arsengehalt verursacht Rotbruch, Aluminium und Titan (von mehr als 3%) vermindern die Schlagfähigkeit, Zähigkeit und in hohem Maße die Schweißbarkeit.

Roheisen wird weiter verarbeitet zu Gußeisen und schmiedbarem Eisen; dieses wird, je nachdem es härtbar ist oder nicht, in Stahl und Schmiedeisen unterschieden, doch ist die Grenze zwischen beiden schwer festzulegen. In der Praxis wird im allgemeinen mit Stahl ein Eisen bezeichnet, dessen Zugfestigkeit größer als 50 kg/mm² ist, mit Schmiedeisen ein solches mit geringerer Zugfestigkeit.

Gußeisen ist das durch Umschmelzen (im Kupolofen) verschiedener Roheisensorten (zumeist mit Brucheisen, Alteisen, Schrott) gewonnene Eisen, welches direkt zum Guß (Grauguß) in Sandformen verwendet wird. Gußstücke weisen außen hellgraues härteres, nach innen tiefgraueres, weicheres Gußeisen auf. Die Formänderung, welche das Eisen vom Füllen der Form an bis zur völligen Erkaltung durchmacht, wird „Schwinden" genannt. Je graphitreicher die Eisensorte ist, desto weniger schwindet das Gußstück. Besonders dichter Guß wird durch Zusatz von etwa 1% Ferrotitan (mit 10% Titangehalt) erzielt. Gußeisen mit höherem Siliziumgehalt zeigt geringere Festigkeit als jenes mit niedrigerem. Gußeisen mit 3% Kohlenstoff- und 2,5% Siliziumgehalt hat eine Zugfestigkeit von 12 kg/mm², mit 3% Kohlenstoff- und 2% Siliziumgehalt eine solche von 16 kg/mm², mit 3% Kohlenstoff und 1,5% Kohlenstoff eine solche von 20 kg/mm². Grobkörniges, graphitreiches Gußeisen hat geringere Festigkeit als feinkörniges, graphitarmes. Höherer Mangangehalt macht das Gußeisen härter, höherer Siliziumgehalt weicher. Mit steigender Temperatur (über 200° C) nimmt die Festigkeit des Gußeisens ab, in sehr hohen Temperaturen verbrennt es (zu Eisenoxyd). Luft und Feuchtigkeit, schlammiges, sandiges, salzhaltiges, saures Wasser, Säuren und Laugen greifen Gußeisen an. Es läßt sich nicht (außer mit Eisenthermit) schweißen und nicht oder nur unvollkommen löten.

Hartguß (Schalen-, Kokillenguß, abgeschrecktes Eisen, in gußeisernen Formen gegossenes Gußeisen) weist auf der Oberfläche sehr große Härte, im Kern verhältnismäßig weiches und wenig sprödes Gefüge auf. Der Bruch ist außen hellweiß, in ziemlicher Tiefe grau. Die Zugfestigkeit beträgt 20—28 kg/mm², die Biegungsfestigkeit 35 bis 45 kg/mm².

Weichguß (Temperguß, schmiedbarer Guß, durch langdauerndes Glühen mit sauerstoffreichen Materialien hergestellt) läßt sich schmieden, hämmern, biegen, gegebenenfalls auch schweißen. Die Zugfestigkeit beträgt 19—31 kg/mm², die Proportionalitätsgrenze 7—10 kg/mm², die Bruchdehnung 1—7%.

Temperstahlguß ist mit dem Temperguß verwandt und wird durch Zusatz von Stahl- und Schmiedeisenabfällen zum Roheisen hergestellt; es hat an Bedeutung sehr eingebüßt.

Durch Zusatz von Aluminium wird ein besonders homogenes und dichtes Gußeisen erhalten.

Der Gesamtkohlenstoffgehalt von Gießereiroheisen beträgt 3,5—3,8%, wovon 80—90% als Graphit ausgeschieden werden. Mit dem Graphitgehalt (erniedrigt durch langsame Abkühlung und hohem Siliziumgehalt, durch Phosphor [bis höchstens 0,75% zulässig], der das Eisen dünnflüssig macht, erhöht durch Mangan [höchstens 0,8%], das Härte und Schwindung erhöht, und durch Schwefel [höchstens 0,1%], der das Eisen dickflüssig macht, dessen Härte, Sprödigkeit und Schwindmaß erhöht) steigen Bearbeitbarkeit und Reibung und sinkt die Festigkeit. Nach dem Vorschlag des Vereins Deutscher Eisengießereien sollen enthalten:

Eisensorte	Silizium nicht weniger	Mangan	Phosphor	Schwefel
		nicht mehr		
	als Prozent			
Hämatit Nr. I	3,0	0,8	0,1	0,02
„ „ II	2,5	0,8	0,1	0,03
„ „ III	1,8	0,8	0,1	0,04
Gießereiroheisen Nr. I	3,0	0,8	0,6	0,02
„ „ II	2,5	0,8	0,6	0,04
„ „ III	1,8	0,8	0,6	0,06
Luxemburger Roheisen Nr. I	3,0	0,7	0,7	0,03
„ „ „ II	2,5	0,7	0,7	0,04
„ „ „ III	1,8	0,7	0,7	0,06

Stahlguß, beispielsweise:

Dynamostahl: 0,1—0,15% Kohlenstoff, 0,2—0,4% Silizium, 0,2—0,3% Mangan, unter 0,08% Phosphor, 0,03% Schwefel.

Maschinenstahlguß: 0,25—0,3% Kohlenstoff, 0,3% Silizium, 0,3—0,5% Mangan, unter 0,08% Phosphor, 0,03% Schwefel.

Temperrohguß: etwa 2,75—3,1% Kohlenstoff, 0,45—1,2% Silizium, 0,2—0,4% Mangan, 0,1—0,2% Phosphor, 0,05—0,1% Silizium.

Fertiger Temperguß: 0,3—2,5% Kohlenstoff, 0,4—0,8% Silizium, 0,2—0,4% Mangan, 0,04—0,1% Phosphor, 0,05—0,3% Schwefel.

Temperstahlguß ist Temperguß mit einem Kohlenstoffgehalt wie Stahl.

Überhitztes Eisen ist chemisch nicht verändertes, jedoch infolge zu langer Belassung über 900° C grobkristallinisch und spröde gewordenes

Eisen; die Überhitzung kann meistens durch Schmieden und Walzen aufgehoben werden.

Verbranntes Eisen ist chemisch verändertes Eisen, dessen äußere Schicht, infolge Einwirkung der Luft oder der Flammengase bei Temperaturen von 1200° C und darüber, Entkohlung zeigt; es ist unbrauchbar.

Gießereiroheisen [1]).

Verwendungszweck	Silizium	Mangan	Phosphor	Schwefel	Kohlenstoff (Graphit)
	P r o z e n t				
Weiches Roheisen für kleinere Maschinenteile, Riemenscheiben, landwirtschaftliche Maschinen u. dgl.	2,25–3,00	0,80–1,25	0,50–1,00	unt. 0,075	über 3,25
Mittelhartes Roheisen für Getriebe, kleinere Maschinenzylinder, Zahnräder, mittelgroße Gußstücke u. dgl.	1,50–2,25	0,30–0,80	0,50–0,80	unt. 0,08	2,25–3,25
Hartes Roheisen für Ventile, Kompressoren, große Gußstücke u. dgl.	1,30–1,60	0,30–0,60	0,30–0,70	unt. 0,09	unt. 2,25
Qualitätsmaschinenguß, Dampf-, Gasmotorenzylinder	1,00–1,40	0,75–1,00	0,20–0,35	unt. 0,075	—
Bauguß für Säulen, Fenster, Gitter u. dgl.	1,60–2,20	0,75–1,50	0.70–1,20	unt. 0,09	rd. 3,50
Sehr festes Roheisen für Träger, Streben, Stützen u. dgl.	1,00–3,00	0,50–1,00	0,15–0,30	unt. 0,09	2,25–3,60
Röhrenguß	1,50–2,50	0,50–1,25	0,50–1,50	unt. 0,10	—
Feuerbeständiger Guß	1,00–1,50	0,30–0,50	0,20–0,30	unt. 0,075	unt. 3,50
Säurebeständiger Guß f. Pfannen, Kessel u. dgl.	1,60–2,00	0,40–0,60	unt. 0,20	unt. 0,05	3,00–3,50
Hämatitguß für Gußstücke, die abwechselnd der Kälte und Hitze ausgesetzt sind (Kokillen, Heißwindschieber, Düsenstücke u. dgl.).............	1,60–3,00	0,60–1,20	0,06–0,12	unt. 0,075	3,30–4,40
Hartguß für Walzen, Eisenbahnräder u. dgl.	0,50–1,00	0,50–1.25	0,15–0,25	unt. 0,10	unt. 3,60
Temperguß.................	0,50–1,00	0 20–0,35	unt. 0,10	—	2,75–3,25

Gußeisen muß blasenfrei sein und dem Hammerschlag gegen rechtwinklige Kanten widerstehen. Seine Erprobung erfolgt wie bei allen Eisenarten durch die üblichen Härte-, Festigkeitsprüfungen und Ätzproben mit verdünnter Salzsäure.

Schwindmaß ist das Verhältnis, um welches die Abmessungen der Gußform größer genommen werden müssen als die des Abgusses.

Gußeiserne Hohlstützen werden in jeder Form und Größe geführt. Am häufigsten kommen runde Hohlstützen zur Verwendung, deren

---

[1]) O. Simmersbach: Die Eisenindustrie.

äußerer Durchmesser 100—400 mm beträgt und deren Wandstärke zwischen 10 und 40 mm schwankt. Praktisch verwendbar ist eine Wandstärke gleich dem zehnten Teil des äußeren Durchmessers. Die größte Säulenlänge für gewöhnliche Bauzwecke ist 6—7 m. Der Guß der Säulen erfolgt am besten stehend.

Schmiedeisen, dem chemisch reinen Eisen am nächsten stehend, besitzt unter allen Eisenarten den geringsten Kohlenstoffgehalt; es wird aus dem Roheisen durch den Frischprozeß (Entfernung von Kohlenstoff, Mangan, Phosphor, Schwefel, Silizium) in teigartigem (Schweißeisen) oder dünnflüssigem Zustand (Flußeisen) gewonnen.

Schmiedbares Eisen wird in Schweißeisen und Schweißstahl (erzeugt in teigigem Zustand, sehniges Gefüge, schlackenhaltig) und in Flußeisen und Flußstahl (erzeugt in flüssigem Zustand, körniges Gefüge, schlackenfrei) unterschieden.

Im schmiedbaren Eisen ist der Kohlenstoff entweder gelöst oder (bei langsamer Abkühlung) ausgeschieden als Eisenkarbid (Härtungskohle) oder frei als Temperkohle (im Temperguß) mit einem Gehalt von 0,05—1,6% vorhanden. Mit zunehmendem Kohlenstoffgehalt steigt die Festigkeit und sinkt die Dehnbarkeit; in ähnlichem, jedoch schwächerem Maße wie Kohlenstoff wirkt Mangan. Ein Siliziumgehalt über 0,5 macht das Schmiedeisen faulbrüchig (bei jeder Temperatur brüchig), ein Gehalt von mehr als 0,1% Phosphor macht es kaltbrüchig, ein Gehalt von mehr als 0,1% Schwefel oder Eisenoxydul (FeO) rotbrüchig.

Nach Art der Gewinnung und dem Zustand, in dem sich das schmiedbare Eisen am Ende des Herstellungsprozesses befindet, ist zwischen Schweißeisen und Flußeisen, beziehungsweise Schweißstahl und Flußstahl zu unterscheiden. Schweißeisen und Schweißstahl ist das in teigigem Zustand durch den Puddelprozeß gewonnene schmiedbare Eisen, Flußeisen und Flußstahl das im Windfrisch- oder Herdfrischverfahren in flüssigem Zustand hergestellte.

Für Schweiß- und Flußeisen gilt auch die Bezeichnung Schmiedeisen, für Schweißstahl und Flußstahl kurzweg die Bezeichnung Stahl.

Flußeisen ist im flüssigen Zustand durch Entkohlung von Roheisen gewonnenes schmiedbares Eisen; es ist schweißbar, schmelzbar (bei 1500° C und höher), aber nicht merklich härtbar. Nach dem Herstellungsverfahren sind zu unterscheiden: Birnenflußeisen (Bessemer-, beziehungsweise Thomaseisen) und Herdflußeisen (Siemensmartineisen).

Das Bessemereisen wird nach dem Bessemerverfahren, auch saures Verfahren genannt, in der mit kieselsäurereicher (saurer) Ausfütterung versehenen Bessemerbirne aus siliziumreichem Roheisen hergestellt; dieses wird entweder unmittelbar dem Hochofen entnommen oder vorher in Kupolöfen umgeschmolzen; durch das in flüssigem Zustand befindliche Eisen wird durch im Boden der Birne befindliche Öffnungen Luft gepreßt, wodurch die Entkohlung des Roheisens bis zu einem bestimmten Grad herbeigeführt wird.

Das Thomaseisen wird aus phosphorhaltigem, siliziumarmem Roheisen in der mit basischer Ausfütterung versehenen Bessemerbirne durch Entkohlung und Ausscheidung des Phosphors hergestellt.

Bei beiden Herstellungsarten wird das Eisen in der Regel vollkommen entkohlt, und ein bestimmter Kohlenstoffgehalt durch nachträgliches Hinzufügen von Kohlenstoff, meist in Form von reinem Roheisen, erzielt; als Zusatz wird beim Bessemer-Prozeß meist Spiegeleisen, bei sehr weichen Eisensorten Eisenmangan, beim Thomas-Prozeß Spiegeleisen oder fester Kohlenstoff in Form von Pulver oder Ziegeln aus gemahlenem Koks mit Kalk gebunden, verwendet.

Das Herdflußeisen wird auf dem Herde eines mit Regenerativ-Feuerung versehenen Flammofens durch Zusammenschmelzen von Roheisen und Erz, beziehungsweise von Roheisen und Abfällen von Schmiedeisen und Stahl, beziehungsweise von Roheisen, Erz und Schmiedeisen hergestellt. Je nachdem der Ofen mit basischem oder kieselsäurereichem Material ausgefüttert ist, wird basisches oder saures Herdflußeisen erhalten. Auch hier wird erst ein ganz kohlenstoffarmes Flußeisen hergestellt, welches alsdann durch Zusatz von Spiegeleisen oder Eisenmangan auf den vorgesehenen Kohlenstoffgehalt und Härtegrad gebracht wird.

Im Bessemerprozeß gewonnenes Flußeisen weist größere Härte, im Thomasverfahren geringere Härte, im Martinverfahren je nach Belieben etwas Härte oder ganz geringe Härte auf.

Schmiedeisen ist schwer schmelzbar, Schweißeisen bei rund 1550^0 C, Flußeisen bei rund 1500^0 C. Schmiedeisen wird in der Schmiedehitze ($1200—1300^0$ C) bildsam, teigartig, knetbar und läßt Formänderungen auf mechanischem Wege (Stauchen, Strecken, Biegen, Pressen, Walzen) zu. In kaltem Zustand läßt sich Schmiedeisen ebenfalls durch Hämmern, Kaltpressen, Kaltwalzen, Ziehen umformen. Phosphorgehalt macht das Schmiedeisen kaltbrüchig (Rissebildung, Sprödewerden bei kalter Bearbeitung), Schwefel und Sauerstoff (gelöstes Eisenoxydul) machen es rotbrüchig (Reißen und Brechen bei warmer Verarbeitung), Silizium (und zu starkes und zu langes Erhitzen, Verbrennen) macht es faulbrüchig (brüchig im kalten wie im warmen Zustand); spezifisches Gewicht 78.

Feinkorneisen ist Schmiedeisen mit etwas höherem Kohlenstoffgehalt, hat feinkörnigen Bruch, ist weniger weich und zähe, besitzt aber größere Festigkeit.

Besonders weiches und zähes Schmiedeisen wird zur Herstellung der Weichbleche für Kesselbau verwendet.

Chemische Zusammensetzung wichtiger Sorten des schmiedbaren Eisens[1].

Bezeichnung	Kohlen-stoff	Si-lizium	Mangan	Phos-phor	Schwe-fel	Nickel	Chrom	Vana-dium
Schwedisches Frischeisen	0,055	0,010	0,06	0,012	0,006			
Dasselbe, 12 Tage geglüht (Zementstahl)........	1,306	0,012	0,09	0,019	0,006			
Steirischer Herdfrisch-rohstahl	0,636	0 244	0,21	0,029	0,011			
Krupp'scher Puddelstahl .	0,795	0,094	0,18	0,012	0,006			
Bessemer-Material für Schienen	0,45	0,32	0,8	0,08	0,045			
Thomas-Material für Schienen	0,35	0,01	0,75	0,06	0,035			
Martin-Material für Bleche, weich.............. ..	0,09	0,02	0,37	0,04	0,05			
Martin-Material für Bleche, hart	0,62	0,14	0,89	0,04	0,05			
Elektrostahl für Walzen..	0,635	0,016	0,46	0,010	0,016			
Chromnickelstahl f. Auto-mobillager............	0,305	0,214	0,72	0,016	0,028	3,415	1,844	
Vanadium - Chromnickel-stahl für Automobillager	0,068	0,184	0,48	0,026	0,033	5,720	1,180	0,19
Schnelldrehstahl (Werk-zeuge)	1,85 / 0,682	0,15 / 0,049	0,15 / 0,07			W 8,5 / 17,81	2,0 / 5,95	— / 0,32

Abhängigkeit der Festigkeit und Elastizität vom Kohlenstoffgehalt bei Flußeisen, Flußstahl und (naturhartem) Tiegelstahl[2]

Material	Kohlenstoff-gehalt	Zugfestig-keit	Elastizitäts-grenze	Bruch-dehnung	Bruchein-schnürung
	%	kg/mm²	kg/mm²	%	%
Flußeisen	Spuren	30	16	40	80
	0,1	35	19	37	75
	0,2	40	22	34	65
	0,3	45	25	31	55
Bei 0,35 % Kohlenstoffgehalt be-ginnt ganz schwache Härt-barkeit					
Weicher Stahl (Flußstahl)	0,4	55	28	28	50
	0,5	65	31	24	40
	0,6	75	34	20	30
Harter Stahl (Werkzeugstahl) .	0,7	85	37	16	25
	0,8	95	40	13	20
	0,9	105	43	10	15
	1,0	110	46	7	10
Besonders harter Stahl.......	1,1	100	46	5	7
	1,2	90	43	3	4
	1,3	70	40	1	1
	1,4	—	—	—	—
	1,5	—	—	—	—

[1] Dr. Ing. P. Schimpke: Technologie der Maschinenbaustoffe. Leipzig, S. Hirzel.
[2] u. ff. A. v. Lachemair: Materialien des Maschinenbaues. Hannover, Verl. Dr. M. Jänecke.

Für Flußeisen beträgt die Zugfestigkeit in der Walzrichtung 30 bis 50 kg/mm², die Biegungsfestigkeit ist etwas größer, die Scherfestigkeit etwa um 25% kleiner, die Drehungsfestigkeit ihr etwa gleich, die Proportionalitätsgrenze 16—24 kg/mm², die Streck- und Quetschgrenze 22 bis 30 kg/mm², die Dehnungsziffer (Stauchziffer) $^1/_{21000}$, die Bruchdehnung 20—30%, die Brucheinschnürung 50—60%.

Schmiedeisen in Drahtform hat eine Zugfestigkeit von 55—65 kg/mm², eine Bruchdehnung von etwa 5%; für ausgeglühten und verzinkten Eisendraht sind die entsprechenden Zahlen 40—44 kg/mm², beziehungsweise 15%.

Schweißeisen hat einen mattgrauen, zackigen Bruch, im ausgewalzten Zustand einen sehnigen, das Flußeisen (auch im ausgewalzten Zustand) einen hellgrauen, schimmernden, gleichmäßig feinkörnigen Bruch (der bei Schweißeisen mit 0,3% Kohlenstoffgehalt: Feinkorneisen) ebenfalls vorhanden ist; spezifisches Gewicht 7,8.

Für Schweißeisen beträgt die Zugfestigkeit in der Walzrichtung 30 bis 42 kg/mm², die Biegungsfestigkeit ist etwas größer, die Scherfestigkeit etwa um 25% kleiner, die Drehungsfestigkeit erheblich geringer als diese, die Proportionalitätsgrenze 13—17 kg/mm², die Streck- und Quetschgrenze 20—26 kg/mm², die Dehnungsziffer (Stauchziffer) $^1/_{20000}$, die Bruchdehnung 15—25%, die Brucheinschnürung 40—50%.

Schweißen ist die Vereinigung zweier schmiedeiserner Stücke, deren Enden durch die Schweißhitze (1300—1400° C) in teigartigen Zustand versetzt sind, durch Pressen und Hämmern zu einem einzigen Stück, ohne Verwendung eines Bindemittels. Das Schweißen geht um so besser vor sich, je reiner das Eisen und je weniger brüchig es ist; die geschweißte Stelle hat eine um etwa 25—30% verminderte Festigkeit des ungeschweißten Eisens.

Für 100° C Temperaturdifferenz beträgt die Ausdehnung bei Schweißeisen rund $^1/_{850}$, die Festigkeit steigt mit zunehmender Temperatur, wird am größten (etwa 20% höher als bei gewöhnlicher Temperatur) bei 300° C, nimmt darüber hinaus ab.

Für 100° C Temperaturdifferenz beträgt die Ausdehnung bei Flußeisen rund $^1/_{875}$, die Festigkeit steigt mit zunehmender Temperatur, wird ähnlich wie bei Schweißeisen; die Zähigkeit nimmt mit der Erwärmung ab und erreicht ihren geringsten Wert bei 300° C, wird hier spröde, brüchig (blaubrüchig).

Schweißpulver dienen zur Verhinderung der Oxydation der metallischreinen, zusammenzuschweißenden Oberflächen; sie verbinden sich mit dem Oxyd zu einer flüssigen, ausquetschbaren Schlacke. Als Schweißpulver werden verwendet: Sand, Borax, $Na_2B_4O_7$, gelbes Blutlaugensalz, $K_4Fe(CN)_6$, rotes Blutlaugensalz, $K_3Fe(CN)_6$, Kolophonium und besondere Präparate.

Als Schweißmittel für Eisen wird reiner, knollenfreier und trockener Sand ohne Verwendung jeglichen Präparats empfohlen.

Für Stahlschweißung wird ein Schweißpulver empfohlen, welches aus Sand, etwas Salz und Kreide (je 1 Eßlöffel auf 2 l Sand) besteht.

Die Grenze zwischen Schweißeisen und Schweißstahl ist durch eine Festigkeit von 42 kg/mm², jene zwischen Flußeisen und Flußstahl durch eine Festigkeit von 50 kg/mm² gegeben.

Schmiedeisen wird erprobt durch die Schmiedeprobe (rotwarmes Eisen zu 2—5 mm Flacheisen ausgeschmiedet und mehrfach schleifenförmig gebogen muß rissefrei bleiben), Kaltbiegeprobe (ein dünner Stab wird mehrmals hin und her und um 180° zusammengebogen) und durch die Stauchprobe (für Nieteisen: ein Nietschaft von der Länge seines doppelten Durchmessers muß auf ein Drittel dieser Länge stauchbar sein).

Die Lieferungsvorschriften des Stahlwerkverbands Düsseldorf für Bauwerkeisen aus Schweißeisen fordern unter anderem: das Material muß dicht, gut stauch- und schweißbar, weder kalt- noch rotbrüchig, noch langrissig sein, muß glatte Oberfläche, weder Kantenrisse noch offene Schweißnähte, noch sonstige unganze Stellen enthalten.

Zugfestigkeit in der Längerichtung je nach Dicke 36—40 kg/mm², Dehnung mindestens 12%.

Längsstreifen müssen über eine Rundung von 13 mm Halbmesser um einen (je nach der Stärke des Eisens bestimmten) Winkel (für Biegung im kalten Zustand 50—15°, im dunkelkirschroten Zustand 120—90°) gebogen werden können, ohne daß sich an der Biegungsstelle ein Bruch zeigt.

Im rotwarmen Zustand muß ein auf kaltem Wege abgetrennter, 30 bis 40 mm breiter Streifen eines Winkeleisens, Flacheisens oder Bleches mit der parallel zur Faser geführten, nach einem Halbmesser von 15 mm abgerundeten Hammerfinne bis auf das 1½fache seine Breite ausgebreitet werden können, ohne Spuren einer Trennung im Eisen zu zeigen.

Stahl steht in bezug auf seinen Kohlenstoffgehalt ($^1/_3$—1½%) zwischen Roheisen und Schmiedeisen und wird aus beiden Eisenarten, in der Hauptsache jedoch aus der erstgenannten hergestellt: aus dem Roheisen durch Entzug des Kohlenstoffs und seiner Nebenstoffe durch Verbrennung mittels des Sauerstoffs (je nach dem Verfahren: Herdfrisch-, Puddel-, Bessemer-, Thomasstahl-Verfahren), aus dem (kohlenstoffarmen) Schmiedeisen durch Zuführung von Kohlenstoff (Glühen in Holzkohlenpulver unter Luftabschluß: Zementstahl).

Rennverfahren: Die Eisenerze werden mit Holzkohle in niedrigen Herden oder höheren Schachtöfen unter Anwendung eines einfachen

Gebläses geschmolzen; das Schmelzprodukt wird Luppe, Deul oder Stück genannt;

Frischverfahren: das Roheisen wird in einem Holzkohlenfeuer erhitzt, wobei das schmelzende und von den Roheisenmassen abtropfende Eisen von dem Gebläseluftstrom getroffen wird;

Tiegelstahlverfahren: der Stahl wird in Tiegeln von der eingeschlossenen Schlacke geläutert;

Puddelverfahren: gleichzeitige Durchführung des Frischverfahrens an größeren Mengen von Stahl, wobei das geschmolzene Eisen mechanisch mit Eisenhaken kräftig durchgerührt wird;

Bessemerverfahren: durch das geschmolzene Roheisen wird Gebläseluft gepreßt (Bessemerbirne);

Thomasverfahren: das saure Futter der Bessemerbirne wird durch ein basisches Futter (gebrannter Dolomit) ersetzt (um phosphorreiche Erze verwenden zu können);

Martinverfahren: ein dem Frischverfahren ähnlicher Prozeß, bei welchem Roheisen und Stahl im Flammofen zusammengeschmolzen werden;

elektrisches Verfahren: zumeist dazu dienend, die letzte Raffination des vorgefrischten Stahles durchzuführen.

Zu unterscheiden sind: eutektischer Stahl (0,9% Kohlenstoff), untereutektischer Stahl (unter 0,9% Kohlenstoff), übereutektischer Stahl (über 0,9% Kohlenstoff). In der Praxis werden unterschieden: weicher Stahl mit $^1/_3$—$^2/_3$% Kohlenstoffgehalt (für Stücke des Maschinenbaus, welche große Festigkeit und Zähigkeit aufweisen sollen, bei welchen die Abnützung eine geringere Rolle spielt), harter Stahl mit $^2/_3$—$^1/_4$% Kohlenstoffgehalt (für Stücke, bei welchen Festigkeit und Härte die Hauptrolle, Zähigkeit die Nebenrolle spielen, Federn, Werkzeuge: Federnstahl, Werkzeugstahl), mittelharter Stahl mit $^1/_2$—$^3/_4$% Kohlenstoffgehalt (für Stücke, bei welchen geringere Zähigkeit, jedoch größere Härte und Widerstandsfähigkeit gegen Abnützung gefordert wird).

Weicher Stahl läßt sich durch Gießen umformen; der in Betracht kommende Schmelzpunkt beträgt bei 0,2, 0,4, 0,6 und 0,8% 1475, beziehungsweise 1450, beziehungsweise 1425, beziehungsweise 1400° C. Sein Schwindmaß (etwa doppelt so groß als jenes des Gußeisens) wächst mit der Abnahme des Kohlenstoffgehalts, seine Festigkeit ist etwa dreimal größer, seine Sprödigkeit geringer als jene von Gußeisen; seine Zähigkeit ist erheblich. Aus weichstem Stahlguß (Flußeisenformguß) werden Radsterne für Lokomotiv- und Eisenbahnräder, Magnetgestelle, Elektromotorengehäuse, Polschuhe, Transformatorenkerne, aus weichem Stahlguß Dampfkolben-, -zylinderdeckel, Stücke, die unter hohem Druck stehen, Schraubenflügel, Steven, Fundamentrahmen und Gestelle für

Schiffsmaschinen, aus mittelhartem Stahlguß Zahnräder, Kammwalzen, Preßzylinder, Herzstücke für Weichen usw. hergestellt.

Weicher Stahl kann (weniger gut als Schmiedeisen) geschweißt und geschmiedet werden. Schmiedestahl wird für hohe Beanspruchung und höchste Betriebssicherheit verwendet (weicher für: Maschinenwellen, Kreuzköpfe, Kurbeln, mittelharter für: Eisenbahnwagen- und Lokomotivwellen, Kolbenstangen, Radreifen usw.). Auch läßt sich weicher Stahl in kaltem Zustand zu Draht ziehen (für Förder- und Kranseile).

Die Härte des weichen Stahls ist nach der Mohs'schen Skala 5; er kann wie Schmiedeisen gehärtet werden. Das Bruchbild ist um so feinkörniger, je höher der Kohlenstoffgehalt ist. Die Zugfestigkeit beträgt für geschmiedeten weichen Stahl 50—60 kg/mm², für geschmiedeten mittelharten Stahl 60—70 kg/mm², für gegossenen weichen Stahl 45 bis 55 kg/mm², für gegossenen mittelharten Stahl 55—65 kg/mm², für ungeglühten Bessemerstahldraht 65 kg/mm², für geglühten 40—50 kg/mm², für ungeglühten Tiegelstahldraht 120—180 kg/mm², die Proportionalitätsgrenze beträgt für weichen oder mittelharten Stahl (geschmiedet oder gegossen) 23—33 kg/mm², die Streckgrenze 26—40 kg/mm², die Dehnungsziffer (Stauchziffer $^1/_{21500}$—$^1/_{22000}$), für weichen geschmiedeten Stahl die Bruchdehnung 20—30%, die Brucheinschnürung 45—55%, für mittelharten geschmiedeten Stahl die Bruchdehnung 15—25%, die Brucheinschnürung 35—45%.

Die Festigkeit des weichen Stahles kann durch Zusätze von Nickel (Nickelstahl, 5—15% Nickel, 0,2—0,3% Kohlenstoff, hohe Widerstandsfähigkeit gegen Stoßwirkung, große Schlagfestigkeit, große Zähigkeit, hohe Elastizitätsgrenze, bei Nickelgehalt 30—40% widerstandsfähig gegen Korrosion, Rost, Gase, verdünnte Säuren, für Dampfturbinenräder, schwere Maschinenwellen usw.) und Chrom (Chromnickelstahl, 5—10% Nickel, ½—1% Chrom, 0,2—0,3% Kohlenstoff, besonders hohe Festigkeit, Elastizität, geringere Sprödigkeit, höchste Stoßbeanspruchung auch bei rasch wechselnder Beanspruchung, härtbar, für Automobilbau, Panzerplatten) und Wolfram (hohe Elastizität bei beträchtlicher Zähigkeit, für Gewehrläufe) steigen (Sonderstähle oder Spezialstähle). Weicher und mittelharter Nickelstahl: Zugfestigkeit 55—75 kg/mm², Proportionalitätsgrenze 30—50 kg/mm², Bruchdehnung 20—30%, Brucheinschnürung 55—65%; weicher und mittelharter Chromnickelstahl: Zugfestigkeit 80—120 kg, Proportionalitätsgrenze 60 bis 80 kg/mm², Bruchdehnung 10—20%, Brucheinschnürung 40 bis 50%; weicher und mittelharter Wolframstahl: Zugfestigkeit 80 bis 90 kg/mm², Proportionalitätsgrenze 60—70 kg/mm², Bruchdehnung 10 bis 20%, Brucheinschnürung 30—50%.

Harter Stahl (Tiegelstahl) ist leichter schmelzbar (rund 1400° C) als weicher Stahl; die Schmelztemperatur fällt mit steigendem Kohlenstoffgehalt; er läßt sich bis zu gewissen Formänderungen (nicht so weitgehend wie weicher Stahl) in Kirschrotgluthitze (rund 750° C) schmieden. Handelsformen: Stangen in verschiedenen Profilen, Scheiben (für Fräser), dünne Bleche. Risse beim Flachschmieden weisen auf Rotbruch, Brechen bei kaltem Biegen auf Kaltbruch hin. Er läßt sich in kaltem Zustand zu Draht ziehen (Stahldraht, harter, runder und viereckiger zu Spiralfedern und dünnen Bohrern; blank polierter, gezogener kalter, Silberdraht, für Werkzeuge) und hämmern (Steigerung der Härte, Dengeln der Sensen), ist aber schlecht schweißbar, um so schwieriger, je höher der Kohlenstoffgehalt ist, besitzt größere Härte als der weiche Stahl (steigt mit abnehmendem Kohlenstoffgehalt). Es werden acht Härtegrade unterschieden:

Härtegrad 1 0,7% Kohlenstoff, für Hämmer,

„ 2 0,8% „ „ Gesenke, Lochstempel, Spurzapfen, Federn,

„ 3 0,9% „ „ Bohrer, Gewindebohrer, Reibahlen,

„ 4 1,0% „ „ Fräser, Handmeißel, Grobfeilen,

„ 5 1,1% „ „ Spiralbohrer, Schlichtfeilen,

„ 6 1,3% „ „ Dreh-, Hobel-, Stoßstähle,

„ 7 1,5% „ „ Drehstähle auf hartem Stahl,

„ 8 2% „ „ „ „ Hartguß.

Mit dem Kohlenstoffgehalt nehmen die Feinkörnigkeit des Bruches, Festigkeit, Sprödigkeit und Elastizität zu, die Zähigkeit des harten Stahles ab.

Unter allen Eisenarten läßt sich harter Stahl am besten härten; die Härtung wird am vollkommensten durch Ablöschen (Abschmelzen) in kaltem Wasser, weniger stark durch Ablöschen in Öl oder Fetten. Unrichtiges Ablöschen zieht Rissebildungen, Werfen, Verziehen nach sich. Zugfestigkeit des ungehärteten Werkzeugstahls 80—100 kg/mm², des gehärteten 110—130 kg/mm², Elastizitätsgrenze des ungehärteten Werkzeugstahls 40—50 kg/mm², des gehärteten 70—90 kg/mm², Bruchdehnung des ungehärteten Werkzeugstahls 8—12%, des ungehärteten Federstahls 10—20%, Bruchdehnung des gehärteten Werkzeugstahls $^1/_2$—$1^1/_2$% des gehärteten Federstahls 1—3%.

Harter Stahl zeigt (im Gegensatz zu weichem Stahl und Schmiedeeisen) großen Widerstand gegen die Änderung seines magnetischen Zustands, beziehungsweise hält seinen Magnetismus sehr lange fest (Permanente Magnete).

Legierte Stähle (Zusatz von 1 Element zum Kohlenstoff: ternärer Stahl, von 2: quaternärer Stahl) werden durch Zusatz von Silizium, Mangan, Nickel, Chrom, Wolfram, Molybdän, Vanadium hergestellt.

Die Spezialstähle sind nach der Art der Legierung des Eisens zu unterscheiden in Legierungen mit Metalloiden (Kohlenstoff-, Siliziumstähle) und in Legierungen mit Metallen (Aluminium-, Chrom-, Mangan-, Molybdän-, Nickel-, Titan-, Vanadium-, Wolframstähle u.a.m.), welche die sogenannten Edelstähle liefern, die sich durch hervorragende Elastizität, Festigkeit, Zähigkeit und Härtbarkeit auszeichnen. Der nachstehenden Einzelbehandlung vorgreifend, seien von ihnen unter anderen erwähnt[1]):

Nickelstahl, 2—5% Ni, für Achsen, Panzer (hohe Zugfestigkeit, 70 kg/mm², Dehnung 20%),

Chromstahl, 0,5—2% Cr, für Pochstempel (sehr widerstandsfähig gegen Stöße),

Manganstahl, 6—12% Mn, für Achsen, Schienen, Zerkleinerungsmaschinen, sehr zäher, harter Stahl (Zugfestigkeit 90 kg/mm², Dehnung 35%),

Wolframstahl, bis 25% Wolfram,

Vanadiumstahl, 0,2—0,7% Vanadium, sehr fest, zähe, gut schweißbar, u. a. m.

Gußstahlsorten[2]).

Verwendungszweck	Kohlenstoffgehalt, Prozente
Sensen, Maschinenteile, Besteckstanzen, Schmiede- und Schellhämmer	0,60—0,70
Gesenke, Warmmatrizen	0,70—0,80
Schrotmeißel, Schermesser, Lochstempel, Holzbearbeitungswerkzeuge, Gruben- und Steinbohrer	0,80—0,90
Alle Arten Bohrer, Hand- und Preßluftmeißel, Körner, Stempel	0,90—1,05
Gewindeschneid-, Stiftenbacken, Reibahlen, Spiralbohrer, Prägestempel, Schnitte	1,05—1,15
Bohrer, Feilhauermeißel, Lochstempel, Drehmesser	1,15—1,25
Mühlpicken, Kronhämmer, Papier-, Tabakmesser	1,25—1,35
Drehmesser, Gesteinsbohrer, Steinbearbeitungswerkzeuge	1,35—1,45
Drehmesser, Rasiermesser, Fräser	1,45—1,60

Kohlenstoffstähle[1]).

Verwendungszweck	Kohlenstoff	Silizium	Mangan
	Prozente		
Pflugschar	0,45	0,50	0,70
Scheren, Messer	0,40	0,40	0,80
Wagenfedern	0,45	0,35	0,60
Schweißstahl	0,50	0,05	0,30
Wellen	0,50	0,30	0,40

[1]) G. Mars: Die Spezialstähle. Stuttgart, Ferd. Enke.
[2]) Gehalt an Silizium und Mangan in der Regel unter 0,3%, Gehalt an Schwefel und Phosphor unter 0,03%. G. Mars: Die Spezialstähle.

Verwendungszweck	Kohlenstoff	Silizium	Mangan
	Prozente		
Warmmatrizen	0,45	0,45	0,65
Eisenbahnschienen	0,30	0,15	0,50
Sicheln	0,55	0,40	0,70
Dünggabeln	0,45	0,20	0,55
Sensen	0,60	0,15	0,40
Fassonguß	0,45—0,60	0,35	0,60
Gewehrläufe	0,55	0,65	0,60
Säbel	0,55	0,10	0,35
Erdbohrer	0,55	0,15	0,45
Hohl-, Gesteinsbohrer	1,00	0,20	0,45
Federstahl	1,10	0,10	0,30
Feilen	1,20	0,15	0,30
Tabakmesser	1,30	0,15	0,40

Das spezifische Gewicht der Kohlenstoffstähle und seine Beziehung zum Kohlenstoffgehalt liefert nachstehende, von G. Mars[1]) nach Metcalf und Langley gegebene Tabelle.

Härtungstemperatur	Spezifisches Gewicht bei einem Kohlenstoffgehalt von					
	0,529 %	0,649 %	0,841 %	1.871 %	1,005 %	1.079 %
Ingot	7,841	7,829	7,824	7,818	7,807	7,805
Gewalzte Stange, ungehärtet	7,844	7,824	7,829	7,825	7,826	7,825
Dunkle Rotglut	7,813	7,806	7,812	7,790	7,812	7,811
Rotglut	7,826	7,849	7,808	7,773	7,789	7,798
Helle Rotglut	7,823	7,830	7,780	7,758	7,755	7,769
Gelbglut	7,814	7,811	7,784	7,755	7,749	7,744
Weißglut	7,818	7,791	7,789	7,752	7,744	7,690

Siliziumstähle[1]).

Verwendungszweck	Kohlenstoff	Silizium	Mangan
	Prozente		
Wasserrohre, Stanzbleche u. dgl.	0,05—0,15	0,00	0,20—0,30
Feinster Huntsmannstahl für Schneidwerkzeuge, Rasiermesser, Spindeln usw.	0,80—1,60	0,00—0,10	0,00—0,10
Werkzeugstahl	0,50—1,60	0,15—0,25	0,10—0,30
Automateneinsatzmaterial	0,10—0,15	0,30—0,50	0,40
Warmmatrizen, Gesenke	0,40—0,45	0,40—0,50	0,60—1,00
Federn, Bruchbänder u. dgl.	0,50—0,60	0,60—0,70	0,80—1,00
Mittelharter Federstahl	0,45—0,55	1,0—1,5	0,40—0,50
Härterer Federstahl	etwa 0,30	2,5	—
Meißel	0,30—0,40	etwa 2,0	—
Transformatorenbleche	0,0 —0,10	etwa 1,0—2,0	etwa 0,10
Dynamobleche	0,0 —0,10	0,7—1,0	0,30
Dynamobleche	0,0 —0,10	2—4	0,0—0,10

---

[1]) G. Mars: Die Spezialstähle.

Manganstähle [1]).

Verwendungszweck	Kohlenstoff	Silizium	Mangan
	Prozente		
Weichstes Eisen	0,05−0,10	0,10	0,30
Werkzeugstahl	0,50−1,50	0,10−0,20	0,20−0,30
Schweißstahl	0,50−0,60	0,05−0,10	0,05−0,30
Amboß	0,40−0,45	0,50−0,60	0,90−1,00
Eisenbahnschienen	0,20−0,30	0,05−0,20	0,55−0,70
Eisenbahnwagenräder	0,15−0,20	0,10−0,20	0,70−0,90
Radreifen (Bandagen)	0,30−0,40	0,10−0,20	1,30−1,40
Schrapnells	0,50−0,60	0,10 - 0,30	0,70−0,90
Walzdorn, Pilgerdorn	0,45	0,10	1,30
Kohlensäureflaschen	0,25−0,30	0,10−0,15	1,40−1,45

Chromstähle [1])

Verwendungszweck	Kohlenstoff	Silizium	Mangan	Chrom
	Prozente			
Werkzeugstähle:				
Ternäre Stähle:				
Spiralbohrer. Sägeblätter, Schnitte . .	0,9−10	0,20	0,20	0,5
Hand- und Preßluftmeißel	0,3−0,5	0,20	0,20	1,0−1,5
Fräser, Rasiermesser. Schusterkneipe,				
Sägefeilen und ähnliche	1,4−1,5	0,20	0,15	0,3−0,5
Lochdorne, Stempel, Kaltwalzen . . .	0,8−1,0	0,25	0,25	2−4
Locheisen	1,8−2,0	0,30	0,25	2,0−2,5
	1,5 - 1,8	0,50	0,25	13,0−14,0
Quaternäre Stähle:				
Meißel	0.3−0,4	1,0	0,5	0,5
Gewindebohrer	0,8−0,9	0,25	1,0	0,5
Konstruktionsstähle:				
Ternäre Stähle:				
Wagenfedern, Arbeitsfedern	0,2−0,4	0,20	0,30	1,5
Kugellager	0,85−0,95	0,25	0,20	1,0−1,3
Kugeln	0,95−1,05	0,25	0,20	1,3−1,5
Quaternäre Stähle:				
Kugelmühlplatten	0,9−1,0	0,15	1.0	0,5
Federn	0,4−0,5	1,0	0,3	1,0
	1,1	2,0	0,5	2−4

Wolframstähle [1]).

Verwendungszweck	Kohlenstoff	Wolfram
	Prozente	
Gewehrlauf	0,60−0,70	1−3
Schneidwerkzeuge, Spiralbohrer	1,00−1,20	0,60−0,70
Drehmesser	1,00−1,20	3,0−3,5
Magnete	0,60−0,65	5,0−6,0
Warmzieh- und Preßmatrizen	0,60−0,65	8,0−9,0

[1]) G. Mars: Die Spezialstähle.

137

Vanadiumstähle [1].

Verwendungszweck	Kohlenstoff	Silizium	Mangan	Chrom	Vanadium
	Prozente				
Maschinenteile, Lokomotivrahmen	0,28	0,28	0,57	0,22	—
Werkzeugstahl für Matrizen, Stempel, Schneidwerkzeuge usw. . .	1,20	0,20	0,25	0,60—1,00	—
Federn	0,30—0,35	—	0,30—0,60	0,75—3,00	0,15—0,25
Wellen, Achsen	0,20—0,30	—	0,40 0,50	1,00	0,20

Nickelstähle [1].

Verwendungszweck	Kohlenstoff	Nickel
	Prozente	
Roh zu verwendende oder im Einsatz zu härtende Stähle für nahtlose Rohre, Nieten, Bleche, im Einsatz zu härtende Maschinen- und Kraftwagenteile aller Art	0,05 – 0,15	1—2 / 2,5—3,5 / 4—6 / 7—8
Verwendung im geglühten oder veredelten Zustand für nahtlose Rohre, Nieten, Bleche, Kesselbleche, Brückenmaterial, Kurbel- und Transmissionswellen, Achsen, Pleuelstangen, Zahnräder, Zapfen, Walzen usw. . . .	0,20 – 0,45	1,5—3,5 / 3—4
	0,25—0,45	4—6
Selbsthärtende hochlegierte Stähle für:		
Ventile für Explosionsmotoren, elektrische Widerstände	0,30—0,50	25—28
Chronometrische, geodätische und ähnliche Präzisionsinstrumente	0,30—0,50	35—38
Ersatz für Platin in der Glühlampenfabrikation . . .	0,15	46

Nickelchromstähle für höchst beanspruchte Teile im Kraftwagen- und Maschinenbau werden vorteilhaft legiert mit 0,25—0,45% Kohlenstoff, 2,5—2,75% Nickel und 0,25—0,5% Chrom.

Die weichsten Sorten der Kohlenstoffstäbe finden Anwendung als gewöhnliche Baumaterialien für den Maschinen-, Brücken-, Schiff- und Eisenbahnbau, zur Herstellung von Nägeln, Drähten, Blechen, Nieten, Walzen, Beschlägen usw. Die besseren Kohlenstoffstähle finden Verwendung als Konstruktionsstähle.

Siliziumstähle finden, abgesehen von den Dynamoblechen, mit mittlerem Kohlenstoffgehalt und 1—2% Siliziumgehalt, Verwendung für Federstähle und Werkzeugstähle aller Art. Federstähle mit etwa 0,50% Kohlenstoff- und 1,5% Siliziumgehalt erreichen, in Wasser gehärtet und nach Anlassen bis zur Hitze des verglimmenden Holzes, eine Elastizitätsgrenze von etwa 100, eine Bruchfestigkeit von etwa 120 bis 130 kg/mm² und eine Dehnung von 10—5%.

Manganstähle werden zumeist zu Konstruktionszwecken, namentlich zur Herstellung von stark der Abnützung unterworfenen Teilen, wie Pochstempel, Brechbacken, Seilrollen usw. angewendet. Wegen der

[1] G. Mars: Die Spezialstähle.

außerordentlichen Zähigkeit und zugleich großen Härte müssen die aus Mangan gefertigten Gegenstände durch Gießen oder Schmieden in ihre Form gebracht werden, da Drehen, Hobeln, Fräsen nur sehr schwer möglich ist.

Chromstähle, gekennzeichnet durch große Härte, werden überall dort verwendet, wo es vor allem auf diese ankommt, also vor allem zur Herstellung von Werkzeugen und gewissen Konstruktionsteilen, ferner zur Herstellung von Dauermagneten und in der Geschoßfabrikation.

Reine Molybdänstähle, welche durch die Wolframstähle immer mehr verdrängt werden, dienen den gleichen Zwecken wie diese.

Reine Wolframstähle werden in der Hauptsache dort, wo große Härte gefordert wird, demnach in der Werkzeug- und Magnetfabrikation verwendet, in der Waffenfabrikation für Gewehrläufe.

Vanadiumstähle dienen zur Herstellung von Teilen, welche gegen Stöße und Erschütterungen (Schläge) sehr große Widerstandsfähigkeit aufweisen müssen.

Dem gleichen Zweck wie die Vanadiumstähle dienen die Titanstähle.

Aluminium wird dort als Stahllegierung angewendet, wo dichte Blöcke hergestellt werden sollen.

Nickelstähle werden infolge ihres ausgezeichneten Fließvermögens bei hoher Festigkeit für Konstruktionszwecke verwendet.

Durch Zusatz von Kupfer werden die Härte der Stähle und ihr elektrischer Leitungswiderstand erheblich vergrößert.

Konstruktionsstähle sind gekennzeichnet durch stark ausgeprägte Formänderungsfähigkeit sowie Gleichmäßigkeit der chemischen und physikalischen Eigenschaften in allen Teilen. Zu unterscheiden sind sie in: Kohlenstoffstähle, reine Nickelstähle, quaternäre Nickelstähle (Nickelsilizium-, Nickelmangan-, Nickelchrom-, Nickelmolybdän-, Nickelwolfram-, Nickelvanadium- und Nickelaluminiumstähle) und komplexe Nickelstähle, welche den vorgenannten ähnlich sind.

Schnelldrehstähle werden vorwiegend in Tiegelöfen hergestellt; sie zeichnen sich durch außerordentlich geringes Wärmeleitungsvermögen aus. Zweckmäßige Härtetemperaturen sind nach G. Mars[1]): 900—950° C für Gewindebohrer, Reibahlen, Spiralbohrer in mittleren Stärken, 950 bis 1000° C für die vorgenannten Werkzeuge in größeren Stärken, 1000 bis 1100° C für Fräser und Schnitte, 1100—1200° C für Stempel, 1300° C für Drehmesser. Die Schnelldrehstähle besitzen hohe Bruchfestigkeit und mittlere Elastizitätsgrenze bei guten Dehnungen; die magnetischen und elektrischen Eigenschaften der Schnelldrehstähle sind geringer als jene des gewöhnlichen Stahls. Bei Verwendung besten Schnelldrehstahls können nach G. Mars[1]) etwa die folgenden Schnittgeschwindigkeiten zuverlässig erreicht werden:

---

[1]) Die Spezialstähle.

Material	Spantiefe mm	Vorschub mm	Schnitt-geschwindigkeit m/Min.
Stahl bis 50 kg Festigkeit	10	2	30 – 40
„ mit 50 – 70 kg Festigkeit. . . .	5	2	20—30
„ „ über 70 kg Festigkeit . . .	5	1,5	10—20
Grauguß	5	1,5	15—25
Hartguß	1	0,5	1 – 2

Die Kristallisation des Stahles ist von großer Bedeutung für sein Verhalten unter verschiedenen Bedingungen [1]; je langsamer die Erstarrung und die weitere Abkühlung erfolgen, desto größer werden die bei jener sich bildenden Kristalle. Durch Kaltbearbeitung (Ziehen, Schmieden) wird das Korn verfeinert. In ungehärtetem Zustand werden Festigkeit, Elastizitätsgrenze und Härte durch Kaltrecken erhöht (die Streckgrenze nähert sich der Bruchgrenze), durch Glühen geringer. Durch Abschrecken aus höheren Temperaturen werden alle Kohlenstoffstähle härter, weisen höhere Festigkeit und Volumenzunahme $\frac{1}{4}$—1%) auf, durch Anlassen nach dem Abschrecken wird die Härte gemildert.

Werkzeugstahl soll bei 1,4—1,1% Kohlenstoffgehalt bei Temperaturen von nicht über 800—900° C, bei 1—0,8% Kohlenstoffgehalt bei Temperaturen von nicht über 900—1000° C geschmiedet werden. Am besten läßt sich Stahl mit weniger als 0,8% Kohlenstoffgehalt schweißen. Drehen, Hobeln und Fräsen (nur ungehärtet möglich) ist um so leichter, je weicher der Stahl (je weniger Kohlenstoffgehalt) ist. Zum Gewindeschneiden und zu feinen Formdreharbeiten muß ungeglühter Stahl verwendet werden; Schleifen ist geglüht, ungeglüht und gehärtet möglich, Hochglanzpolieren nur bei gehärtetem Stahl.

Die wichtigste Eigenschaft der Schnelldrehstähle ist ihre Härtebeständigkeit, ferner ihre geringe Neigung zum Verziehen beim Härten.

Allgemein ist alles Eisen von 0—1,7% Kohlenstoff härtbar, jenes mit Kohlenstoffgehalt bis 0,5% weniger.

Das Ausglühen muß unter sorgfältiger Vermeidung chemischer Prozesse von außen her (Kohlung, Entkohlung, Zufuhr von Schwefel usw.) langsam und gleichmäßig erfolgen. Die richtigen Temperaturen liegen für Kohlenstoffstahl meist zwischen 700 und 800° C, für legierte perlitische Stähle meist auch unter 800°, für Schnelldrehstähle bis 1000° C.

Die Härtetemperaturen müssen um so höher sein, je niedriger der Kohlenstoffgehalt ist. Sie steigen bei kohlenstoffarmem Stahl bis 800° C und fallen bei kohlenstoffreichem Stahl bis 700° C. Schnelldrehstähle werden vorteilhaft langsam bis auf etwa 600° C und dann rasch auf 1100 bis 1300° C erhitzt.

Durch die Anlauffarben, welche beim Anlassen (Wiederwärmen des auf Glashärte abgeschreckten, abgelöschten Stahlstücks) die an einer

---

[1] Eigenschaften und Behandlung der Qualitätsstähle, insbesondere der Werkzeugstähle von E. Simon, Werkstattstechnik 1912, H. 21/22.

Glühfarben und Temperaturen beim Schmieden und Schweißen des Schmiedeeisens, beim Ausglühen, Härten, Schmieden und Schweißen des Werkzeugstahls[1]:

Material		Blau-warm	Im Schatten rot	Dunkelrot	Kirschrot	Hellrot	Orange-farben	Gelb	Strohgelb	Weiß	Blendend weiß
						Grade Celsius					
Schmied-eisen	Temperatur	300	500	700	850	950	1050	1100	1200	1300	1400
	Hitzen	—	—	Ausglüh-hitze	Warm-biegeprobe	—	—	Schmiedehitze	Schmiedehitze	—	Schweiß-hitze
	Temperatur	—	—	600	750	850	900	1000	1100	1200	—
Werkzeug-stahl	Gewöhnlicher Stahl	—	—	Ausglüh-hitze	Härtehitze	Schmiede-hitze	Schweißhitze	Schweißhitze	—	—	—
	Schnell-schneidstahl	—	—	—	—	Ausglüh-hitze	Schmiedehitze	—	Härtehitze	Härtehitze	—

Anlauffarben und Temperaturen beim Nachlassen des Werkzeugstahls[1]:

Material	Hellgelb	Dunkelgelb	Gelbbraun	Braunrot	Purpurrot	Violett	Dunkelblau	Hellblau	Grau	Farben verschwinden
					Grade Celsius					
Werkzeugstahl	225	240	255	265	275	285	295	315	330	360
Verwendungszwecke	Dreh-, Hobel-, Bohrstähle, Fräser für harten Stahl	für Stahl und Gußeisen	Schrauben-schneidbacken	Gewinde- und Spiral-bohrer	Stähle für Schmiedeeisen und Messing	Meißel, Lochstempel, Scheren	Holzhobel, Holzfräser	Holzsägen, Federn	Sensen	Künstliche Härte verschwunden, Naturhärte zurückgekehrt

[1] u. ff. A. v. Lachemair: Materialien des Maschinenbaues.

blank gemachten Stelle sich bildende Oxydschicht annimmt, läßt sich die für die verschiedenen Arbeitsstücke erforderliche Temperatur, wie folgt, erkennen:

Einsatz- oder Härtemittel (für Einsatzhärtung von Schmiedeisen und von [weichem] Stahl unter 0,6% Kohlenstoff) sind gelbes Blutlaugensalz [Kali, FeK₄ (CN₆)], Abbrennen in Hellrotglut), pulverisierte geröstete Ochsenklauen mit Lederkohle gemischt, Holzkohle, Ruß, Knochenmehl und besondere Präparate.

An Stelle von Blutlaugensalz wird zum Härten von Panzerplatten und Werkzeugen ein aus Kalkstickstoff und leicht schmelzbaren Salzen bestehendes Gemisch — Ferrodur — verwendet.

Die Stickstoffwerke-Spandau stellen zum Härten von Eisen und Stahl im offenen Feuer das Härtestreupulver „Intensit" und das Einsatz-härtepulver (Zementierpulver) „Ferrodur" her. Das rotwarme Werkstück wird mit Intensit bestreut, so daß die ganze zu härtende Oberfläche damit bedeckt ist, und dann wieder dem Feuer ausgesetzt; zur Erzielung größerer Härtetiefe wird der Vorgang mehreremal wiederholt; die Abkühlung erfolgt in temperiertem Wasser. Ferrodur wird bei der Einsatzhärtung (in guß- oder schmiedeisernen, mit Ton- oder Schamotteschicht überzogenen Einsatzkasten) über eine Schicht von Holzkohlenlösche und zwischen die auf ihr lagernden, zu härtenden Stücke aufgebracht, worauf Holzkohlenlösche aufgefüllt wird. Die Temperatur des Kastens wird auf annähernd 1000° C (bei Sonderstählen 500° C) gehalten; die Glühdauer hängt von der Kohlungstiefe (½ bis 4 mm in 3—24 Stunden) ab.

Der elektrische Härteofen, ein zum Härten von Stahlwerkzeugen dienender Ofen, besteht aus einem Schamottetiegel, welcher mit Eisenelektroden versehen ist. Der Tiegel wird mit verschiedenen Metallsalzen beschickt, welche durch die Stromwärme zum Schmelzen gebracht werden. Durch Stromregelung werden die Schmelzbäder, in welche die zum Härten bestimmten Gegenstände getaucht werden, auf verschiedene Temperaturen gebracht.

Härte und Härtbarkeit der Kohlenstoffstähle nach Brinell [1].

| Kohlenstoff | Silizium | Mangan | Härtezahl in | | Härtbarkeit (Härtungs-kapazität) |
| | | | geglühtem | gehärtetem | |
			Zustand		
0,10	0,007	0,10	97	149	52
0,20	0,018	0,40	115	196	81
0,25	0,30	0,41	143	311	168
0,35	0,26	0,49	156	402	246
0,45	0,27	0,45	194	555	361
0,65	0,27	0,49	235	652	417

[1] G. Mars: Die Spezialstähle. Stuttgart, Ferd. Enke.

| Kohlenstoff | Silizium | Mangan | Härtezahl in | | Härtbarkeit (Härtungs-kapazität) |
| | | | geglühtem | gehärtetem | |
			Zustand		
0,66	0,33	0,18	202	578	376
0,70	0,32	0,22	231	—	—
0,78	0,37	0,20	258	652	421
0,92	0,28	0,25	262	627	369
1,25	0,60	0,20	—	627	365

Das Eisen- und Stahlwerk „Hösch"-Dortmund gibt folgende Härteskala für seine manganreichen Stahlsorten:

Benennung des Stahls mit Angabe der Benennung	Be-zeichnung Nr.	Festigkeit kg/mm²	Dehnung auf eine Stablänge von 100 mm	Kohlen-stoff-gehalt
Flußeisen, gut schweißbar und nicht härt-bar. Für Bleche, Nieten, gezogene Röhren, Drahtstifte, Schuhnägel, Fassoneisen jeglicher Art usw.	000	38—40	30—32%	0,05%
Flußeisen, gut schweißbar und nicht härt-bar. Für Schienen, Eisenbahnschwellen, Laschen, Maschinenstücke, Bleche, Draht, Nieten, gezogene Röhren, Ketten, Hacken, Spaten, Schaufeln, Drahtstifte, Zaundraht, Schuhnägel, Fassoneisen jeglicher Art usw.	00	40—45	28—32%	0,08%
Fluß- bzw. Homogeneisen, nicht härt-bar. Für Eisenbahnschwellen, geknotete Springfedern, Kohlenlöffcl, Schaufeln, Huf-nägel usw.	0	45—47,5	26 - 30%	0,10%
Fluß- bzw. Homogeneisen, nicht härt-bar. Für Eisenbahnschwellen, Bleche, Springfedern, Schaufeln usw.	1	47,5—50	24—27%	0,15%
Weicher Stahl. Für Achsen, Maschinen-stücke, gewöhnlichen Draht, Gewehrläufe usw.	2	50—55	21—25%	0,20%
Mittelweicher Stahl, ziemlich gut härt-bar. Für Eisenbahnteile, gewöhnlichen Draht, Gewehrläufe, Spaten, große Pflug-scharen usw.	3	55 - 60	18 - 22%	0,25%
Mittelharter Stahl, gut härtbar. Für Bandagen, Federn, Sensen, Klingen, Pflug-scharen, Hacken, Raspen, Holzfeilen, Spaten, Ahlendraht usw.	4	60—70	16—20%	0,35%
Zäher Werkzeugstahl. Für Hämmer, Federn, Pflugscharen, Heugabeln, Klingen usw.	5	70—80	14—18%	0,45%
Mittelharter Werkzeugstahl. Für Meißel, Feilen, Federn, Korsettstahl, Hart-draht, Heugabeln usw.	6	80—90	9—15%	0,55%
Harter Werkzeugstahl. Für Meißel, Feilen, Sägebleche, Steinbohrer usw. . .	7	90—100	5—10%	0,65%
Sehr harter Werkzeugstahl. Für Meißel, Regenschirmdraht, naturharte Sägebleche usw.	8	100—105	0 - 6%	0,77%
Hartstahl. Für Hartwalzen, Regenschirm-draht, Nadeln usw.	9	105—110	0%	0,80%

Das Abkühlen (Abschrecken) erfolgt in Flüssigkeit oder Luft. Für schroffes Abschrecken wird meist Wasser von 19—20° C benützt, dem etwas Säure zugesetzt wird. Weniger schroffes Abschrecken zur Erzielung geringer Härten erfolgt in Ölen und Fetten. Oft genügt zur Erzielung voller Härte Preßluft (Schnelldrehstahl) oder sogar ruhende Luft; am mildesten wirken geschmolzene Metalle. Teilweise geringere Härten (Federhärten) neben Glashärte können bei schroffem Abschrecken durch Einpacken der betreffenden Stellen in Lehm oder Überziehen mit feuerfestem Anstrich erreicht werden.

Das Anlassen von Werkzeugstählen bis zu 300° C erfolgt am bequemsten in Öl, für höhere Temperaturen in geschmolzenen Metallen und Salzen.

Selbsthärtender Stahl (1,8—2,2% Kohlenstoff, 1,6—1,8% Mangan, 6—10% Wolfram) nimmt durch Erkalten aus Rotglut an der Luft sehr große Härte an.

Naturharter Stahl, der eine ähnliche Zusammensetzung wie selbsthärtender Stahl besitzt, weist ohne besondere Behandlung große Härte auf.

Schnelldrehstähle weisen sehr große Härte auf und behalten sie bis zu einer Erwärmung auf 500° C.

Zementieren (Einsetzen) ist die Erzeugung einer kohlenstoffreichen harten Oberfläche auf einem Arbeitsstück aus weichem Stahl durch Glühen in kohlenstoffabgebenden Mitteln, so daß der innere Teil, Kern, des Arbeitsstückes seine ursprünglichen mechanischen Eigenschaften, besonders die Zähigkeit, im wesentlichen beibehält.

Betreffend der magnetischen Eigenschaften des Stahls ist nach G. Mars[1]) zu fordern:

	Maximale Induktion	Remanenz	Koerzitiv- kraft
für Dynamo- und Transformatoren- material	hoch	niedrig	niedrig
für permanete Magnete	möglichst hoch.		

Zur Herstellung von permanenten Magneten (Dauermagneten) dient Remystahl, ein wolframhältiger Stahl.

Schmiedestahl in Stangen wird in folgenden zulässigen Abweichungen von den aufgegebenen Maßen geliefert[2]):

Quadratischer und runder Querschnitt:

bis 8 mm Durchmesser mit 6,5—7% $\pm$ vom Durchmesser oder mit bis 10% $+$ Zugabe,

von 9 bis 20 mm Durchmesser mit 5—6% $\pm$ vom Durchmesser oder mit bis 8% $+$ Zugabe,

---

[1]) Die Spezialstähle.
[2]) Bismarkhütte.

144

von 21 bis 50 mm Durchmesser mit 3—4% $\pm$ vom Durchmesser oder mit bis 6% $+$ Zugabe,

von 51—100 mm Durchmesser mit höchstens 1½ mm — und mit höchstens 2 mm $+$ oder 2½—3½ mm $+$ Zugabe,

über 100 mm Durchmesser mit höchstens 2 mm — und mit höchstens 3 mm $+$ oder 2½—4 mm $+$ Zugabe.

Für I-Stahl gelten die gleichen Abweichungen, entsprechend den in die vorstehende Aufstellung entfallenden Breiten- und Stärkemaßen. Für Stangen in festen Längen werden bis 15 mm in der Länge zugegeben, wenn sie warm, und bis 8 mm, wenn sie mittels Kaltsäge, Drehen oder Hobeln kalt abgesetzt werden. Für Walzstahl, Stahl in Blechen und Bändern erfolgt die Feststellung der Abweichungen nach besonderen Vereinbarungen, ebenso für Formschmiedestücke.

Handelsformen des Eisens sind: Roheisen, gußeiserne Auflageplatten, Säulen und Rohre, Walzeisen (Formeisen, Fassoneisen), Stabeisen, Bleche (Schwarz-, Grob-, Fein-, Weißbleche, gelochte Bleche, Buckelplatten, Tonnenbleche, Riffelbleche, verzinkte, verzinnte, verbleite, verkupferte, vernickelte Bleche, Wellbleche), Werkzeugstahl, Schienen- und Eisenbahnmaterial, Schrauben, Nieten, Nägel, Drähte, Drahtstifte, Drahtseile, Ketten.

Der Stahlwerksverband-Düsseldorf unterscheidet die Handels-fabrikate in:

Produkte A:

Halbzeug: rohe und vorgewalzte Blöcke und Braminen, Knüppel und Platinen, Breiteisen und Puddelluppen,

Eisenbahn-Obermaterial: Eisenbahn-, Rillen- und sonstige Schienen, Eisenbahnschwellen, Laschen, Unterlagsplatten, Hakenplatten, Radlenker u. dgl.,

Formeisen: sämtliche I-und ⊏-Eisen von 80 mm Höhe und mehr, sowie Zores-Eisen.

Produkte B:

Stabeisen: Universal- und Flacheisen, Röhrenstreifen, Weichenplatten, Rund- und Quadrateisen, sonstiges Stab- und Stabformeisen, Bandeisen, Klemmenplatteneisen, Streckdraht,

Walzdraht,

Bleche: Grobbleche mit 5 mm und mehr Stärke, Feinbleche jeder Art unter 5 mm Stärke, Riffelbleche, Warzenbleche und Bleche mit sonstigem Walzenmuster, Röhren,

Guß- und Schmiedestücke: Eisenbahnachsen, Räder und Radreifen, Schmiedestücke, Stahlgußstücke, Stahlwalzen und alle anderen Stahlfabrikate, die nicht oben genannt sind.

Die sonstigen Handelsfabrikate des Eisens umfassen: gußeiserne Stützen für Bauzwecke, Auflagerplatten für Träger, Auflager für Brücken und Hochbauten, gußeiserne Rohre, Nieten, Schrauben, Nägel, Drahtseile, Ketten u. dgl.

Die Mannstaedt Werke A.-G., Troisdorf-Köln, unterscheiden folgende Handelsarten:

Achseneisen
Achshalter für Waggonbau
Achtkanteisen
Betoneinlageeisen
Brückenschienen
Büchereigestelleisen
Bügelbolzeneisen
Dachpfetteneisen
Dachrinneneisen
Deckleisten für Wagenbau
Domflanschwinkel
Doppel-$\mathbb{I}$-Eisen
Dreikanteisen und ähnliche Profile
Dreschtrommeleisen
Druckrahmenschienen für Waggonbau
Dünnwandige T- und U-Eisen für Fachwände, Treppen, Rahmen u. dgl.
Eggenzinken
Faßreifeneisen
Faßrollreifeneisen
Fensterbankeisen für Waggonbau
Fenstereisen
Fensterrahmeneisen
Förderwageneisen
Formkasteneisen
Fuhrwerksschienen
Geldschrankeisen
Gewehreisen
Gittereisen
Gitterstabeisen
Glasdacheisen
Glasdacheisen mit Schweißwasserrinne

Gleitstuhleisen
Grätingeisen
Gummireifeneisen
Halbrundeisen, flache
Halbrundeisen, hohe
Halbrundeisen, ähnliche
Handelsleisteneisen
Handscheren-Sockeleisen
Hängebahnschienen
Hauerstahl
Herdeckeneisen
Herdrahmeneisen
Hohlhalbrundeisen
Hufstabeisen
Hufstollenstahl
Jackstageisen
Jalousieeisen
Kabelschutzeisen
Kernspindeleisen
Kettengliedereisen
Klaviereisen
Klemmplatteneisen
Kluppernprofile für Stickmaschinen
Kommaeisen
Konische Flacheisen, einseitig
Kranlaufschienen
Kranzeisen für Senkbrunnen
Kreuzeisen und ähnliche Profile
Kugelfallenmühlen-Stahlstäbe
Lascheneisen
Laterneneisen
Luckeneisen
Mälzereianlageneisen
Maschinenmesserstahl
Milchkannenfußeisen
Mittelschiene

Nahtbandeisen
Olivenpresseneisen
Ovaleisen und ähnliche Profile
Pferdestalleisen
Pflugbalkeneisen
Radfelgeneisen
Radreifeneisen
Rebstockpfähle
Reelingeisen
Regenleisten für Waggonbau
Riegeleisen
Rohrflanscheneisen
Rohrschlitz- oder Zargeneisen
Rohranbinder
Rolladeneisen
Rollreifeneisen
Roststabeisen
Sägenangelstahl
Sammlungsschrankprofile
Saumleisten
Scharniereisen
Schiebetüreisen
Schiebetürlaufschienen
Schiebetürlaufschienen für Hän-
 getüren
Schienennageleisen
Schiffsbaueisen
Schlagleisten für Kutschen
Schlagleisten für Waggonbau
Schloßhakeneisen
Schloßriegeleisen
Schlüsselroheisen
Schrankeisen für Bibliotheken
Schraubstockbackeneisen
Schulbankeisen
Sechskanteisen
Seiltrommeleisen
Sohlrahmen für Wellblechhäuser
Sprengringeisen
Sprosseneisen
Stiefeleisen
Stoßwinkel
Streckenbogeneisen

T-Eisen, gleichschenklig, scharf-
 kantig
T-Eisen, gleichschenklig, rund-
 kantig
T-Eisen, breitflanschig
T-Eisen, hochstegig
T-Eisen, dünnwandig, für Fach-
 werke, Treppen, Rahmen u. dgl.
T-Eisen, doppelt
Tenderbordeisen
Treppenwinkel
Tropfleisten für Waggonbau
Türlaufschienen für Waggonbau
Türschwelle
U-Eisen
U-Eisen, dünnwandig, für Fach-
 wände, Treppen, Rahmen u. dgl.
Velozipedstahl
Verschiedene Profile
Waggonprofile
Wasserrinne für Waggonbau
Wasserschenkel für Fenster
Winkeleisen, rundkantig, gleich-
 schenklig
Winkeleisen, rundkantig, ungleich-
 schenklig
Winkeleisen, scharfkantig, gleich-
 schenklig
Winkeleisen, scharfkantig, un-
 gleichschenklig
Winkeleisen, abgeschrägt
Winkeleisen, ungleichschenklig,
 mit rundem Rücken
Winkeleisen, gleichschenklig, von
 60—67½ Grad
Winkeleisen, gleichschenklig, von
 70 Grad
Winkeleisen, gleichschenklig, von
 84 Grad
Winkeleisen, ungleichschenklig,
 von 60 und 67½ Grad
Winkeleisen, ungleichschenklig,
 von 70 Grad

Winkeleisen, gleichschenklig, über 95 Grad

Winkeleisen, ungleichschenklig, über 95 Grad

Zahnstangeneisen

Zargeneisen

Z-Eisen und ähnliche Profile

Zungenschienen.

Stärkerer Draht wird gewalzt, dünnerer durch die sich verjüngenden Löcher eines Zieheisens gezogen.

Walzdraht, aufgehaspelt in Ringen, aus Flußeisen und Flußstahl.
(Eisen- und Stahlwerk „Hösch"-Dortmund.)

Runddraht:

in Flußeisen . . . . . . 5 —16 mm Durchmesser
„ Stahl Härte 1—9 . 5,3; 5,5—16 „   „
Die Dicken steigen bis 8 mm mit ¼ mm, dann mit ½ mm.

Abweichungen in den Abmessungen:

bei 5— 8 mm ± 6%
über 8—12 „ ± 0,5 mm
„ 12—16 „ ± 0,75 „

Quadratdraht:

in Flußeisen . . . . . . 5 —16 mm Seitenlänge
„ Stahl Härte 1—9 . . 5,5—16 „   „
Die Dicken steigen bis 8 mm mit ¼ mm, dann mit ½ mm.

Abweichungen in den Abmessungen:

bei 5— 8 mm ± 6%
über 8—12 „ ± 0,5 mm.

Flachdraht:

in Flußeisen . . . . 1,8; 2— 5 mm dick
„ Stahl Härte 1—9 . . . . 2— 5 „ „
sämtliche Dicken . . . . 8—30 „ breit
Die Abmessungen steigen in der Breite mit 1 mm, in der Dicke mit ¼ mm.

Abweichungen in den Abmessungen:

in der Breite bei 8—10 mm ± 0,6 mm
„ 11—15 „ ± 0,8 „
„ 16—20 „ ± 1,0 „
„ 21—25 „ ± 1,25 „
„ 26—30 „ ± 1,5 „
in der Dicke . . . . . ± 0,25 „

Eisendraht kommt sowohl zur Herstellung von Telegraphenleitungen, wie auch für Starkstromleitungen, als Ersatz für Kupfer zur Anwendung; die Drähte müssen gut verzinkt sein. Bei gleicher Stromstärke und Spannung muß der Querschnitt der Eisenleitung achtmal größer sein als jener der Kupferleitung.

Minolindraht ist ein mit wetterfester Isolation versehener Eisendraht.

Eisendraht.

Durchmesser mm	Gewicht kg/km	Durchmesser mm	Gewicht kg/km	Durchmesser mm	Gewicht kg/km
0,955	5,587	3,056	57,213	5,157	162,924
1,146	8,046	3,247	64,589	5,348	175,216
1,337	10,951	3,438	72,411	5,539	187,955
1,528	14,303	3,629	80,680	5,730	201,141
1,719	18,103	3,820	89,396	6,685	273,775
1,910	22,349	4,011	98,559	7,640	357,584
2,101	27,042	4,202	108,169	8,595	452,575
2,292	32,183	4,393	118,226	9,550	558,700
2,483	37,770	4,584	128,730	10,505	676,050
2,674	43,804	4,775	139,681	11,459	804,570
2,865	50,285	4,966	151,079	—	—

Deutsche Millimeter-Drahtlehre.

Nr. der Lehre	Stärke mm	Nr. der Lehre	Stärke mm	Nr. der Lehre	Stärke mm	Nr. der Lehre	Stärke mm	Nr. der Lehre	Stärke mm	Nr. der Lehre	Stärke mm
2	0,20	4	0,40	10	1,0	22	2,2	40	4,0	65	6,5
2/2	0,22	4/5	0,45	11	1,1	25	2,5	42	4,2	70	7,0
2/4	0,24	5	0,50	12	1,2	28	2,8	44	4,4	75	7,5
2/6	0,26	5 5	0,55	13	1,3	31	3,1	46	4,6	80	8,0
2/8	0,28	6	0,60	14	1,4	34	3,4	48	4,8	85	8,5
3/1	0,31	7	0,70	16	1,6	37	3,7	50	5,0	90	9,0
3/4	0,34	8	0,80	18	1,8	38	3,8	55	5,5	95	9,5
3,7	0,37	9	0,90	20	2,0	39	3,9	60	6,0	100	10,0

Amerikanische Drahtlehre.
(Brown & Sharpe.)

Nr. der Lehre	Stärke Zoll	Nr. der Lehre	Stärke Zoll	Nr. der Lehre	Stärke Zoll	Nr. der Lehre	Stärke Zoll	Nr. der Lehre	Stärke Zoll
0000	0,460	6	0,162	15	0,057	24	0,020	33	0,0070
000	0,409	7	0,144	16	0,051	25	0,018	34	0,0060
00	0,365	8	0,128	17	0,045	26	0,016	35	0,0056
0	0,325	9	0,114	18	0,040	27	0,014	36	0,0050
1	0,289	10	0,102	19	0,036	28	0,012	37	0,0044
2	0,258	11	0,091	20	0,032	29	0,011	38	0,0039
3	0,229	12	0,081	21	0,028	30	0,010	39	0,0035
4	0,204	13	0,072	22	0,025	31	0,009	40	0,0031
5	0,182	14	0,064	23	0,023	32	0,008	—	—

Stubbs Nummernlehre für Stahldraht.

Nr. der Lehre	Stärke Zoll engl.	Stärke mm	Nr. der Lehre	Stärke Zoll engl.	Stärke mm	Nr. der Lehre	Stärke Zoll engl.	Stärke mm	Nr. der Lehre	Stärke Zoll engl.	Stärke mm
1	0,227	5,766	21	0,157	3,988	41	0,095	2,413	61	0,038	0,965
2	0,219	5,563	22	0,155	3,937	42	0,092	2,337	62	0,037	0,940
3	0,212	5,385	23	0,153	3,886	43	0,088	2,235	63	0,036	0,914
4	0,207	5,258	24	0,151	3,835	44	0,085	2,159	64	0,035	0,889
5	0,204	5,182	25	0,148	3,759	45	0,081	2,057	65	0,033	0,838
6	0,201	5,105	26	0,146	3,708	46	0,079	2,007	66	0,032	0,813
7	0,199	5,055	27	0,143	3,632	47	0,077	1,956	67	0,031	0,787
8	0,197	5,004	28	0,139	3,531	48	0,075	1,905	68	0,030	0,762
9	0,194	4,928	29	0,134	3,404	49	0,072	1,829	69	0,029	0,737
10	0,191	4,851	30	0,127	3,226	50	0,069	1,753	70	0,027	0,686
11	0,188	4,775	31	0,120	3,048	51	0,066	1,676	71	0,026	0,660
12	0,185	4,699	32	0,115	2,921	52	0,063	1,600	72	0,024	0,610
13	0,182	4,623	33	0,112	2,845	53	0,058	1,473	73	0,023	0,584
14	0,180	4,572	34	0,110	2,794	54	0,055	1,397	74	0,022	0,559
15	0,178	4,521	35	0,108	2,743	55	0,050	1,270	75	0,020	0,508
16	0,175	4,445	36	0,106	2,692	56	0,045	1,143	76	0,018	0,457
17	0,172	4,369	37	0,103	2,616	57	0,042	1,067	77	0,016	0,406
18	0,168	4,267	38	0,101	2,565	58	0,041	1,041	78	0,015	0,381
19	0,164	4,166	39	0,099	2,515	59	0,040	1,016	79	0,014	0,356
20	0,161	4,089	40	0,097	2,464	60	0,039	0,991	80	0,013	0,330

Vergleich zwischen der deutschen Lehre und der Birmingham Wire Gauge (B. W. G.).

Nummer	Annähernde Dicke Deutsche Lehre	B. W. G.	Nummer	Annähernde Dicke Deutsche Lehre	B. W. G.
	mm			mm	
1	5,50	7,62	15	1,50	1,83
2	5,0	7,21	16	1,375	1,65
3	4,50	6,58	17	1,25	1,47
4	4,25	6,05	18	1,125	1,24
5	4,0	5,59	19	1,0	1,07
6	3,75	5,15	20	0,875	0,88
7	3,50	4,57	21	0,75	0,81
8	3,25	4,19	22	0,625	0,71
9	3,0	3,76	23	0,562	0,63
10	2,75	3,40	24	0,50	0,56
11	2,50	3,05	25	0,438	0,51
12	2,25	2,76	26	0,375	0,46
13	2,0	2,41	27	—	0,41
14	1,75	2,10	28	—	0,36

Die Drahtseile bestehen aus einer Anzahl Litzen, welche um eine Hanfseele gewunden, sind; jede Litze besteht für sich wieder aus Drähten, welche ebenfalls um eine Hanfseele gewunden sind. Die Drähte werden aus schwedischen Holzkohleneisen oder Tiegelstahl hergestellt.

Versuche von Dr. Ing. R. Woernle[1]) betreffend die Lebensdauer von Drähten, Litzen und Drahtseilen ergaben: der unverseilte Draht verhält sich gegenüber wiederholten Umbiegungen um Rollen günstiger als der verseilte Draht; die unverseilte Litze verhält sich günstiger als das Seil; die Lebensdauer der Litze und besonders des Seiles werden durch eine Erhöhung der Zugbelastung schnell herabgedrückt; die Belederung der Seilrollen ist nur imstande, die beim Seil gegenüber dem unverseilten Draht ungünstigen Verhältnisse zu mildern, nicht aber zu beseitigen.

Runde Drahtseile.

(Felten & Guilleaume, Mühlheim a. Rh.)

Durch-messer	Gewicht f. d. laufend. m	Drähte-zahl	Draht-dicke	Bruchbelastung des Seils in Kilogramm		
				Eisen, geglüht, 40 kg auf 1 qmm Drahtquerschn.	Eisen, blank 55 kg auf 1 qmm Drahtquerschn.	Gußstahldraht, 120 kg auf 1 qmm Drahtquerschn.
mm	kg		mm			
7	0,10	24	1,0	600	850	1800
9	0,22	36	1,0	900	1250	2700
10	0,26	42	1,0	1060	1500	3200
11	0,31	49	1,0	1240	1700	3720
12	0,40	36	1,2	1630	2230	4900
13	0,46	42	1,2	1900	2600	5700
14	0,52	36	1,4	2220	3050	6660
15	0,70	36	1,6	2890	4000	8760
16	0,82	42	1,6	3040	4660	10120
17	0,86	36	1,8	3330	5050	10980
18	1,05	42	1,8	4270	5900	12810
19	1,10	36	2,0	4520	6200	13370
21	1,30	42	2,0	5280	6600	15830
23	1,60	42	2,2	6370	6400	19100
25	1,85	56	2,0	7030	9700	21100
27	2,30	84	2,0	10550	14530	31660
30	2,85	96	2,0	12060	16600	36190
33	3,45	96	2,2	14590	20060	43770
35	4,40	108	2,3	17930	24620	53780
37	4,50	96	2,5	18850	25920	56540
41	5,55	126	2,4	22760	31370	67290
45	6,20	133	2,5	26110	35910	78330
50	7,80	133	2,8	32760	45090	98200

[1]) Versuche über das Verhalten der Drahtseile gegenüber Biegungen, Verlag Fr. Gutsch, Karlsruhe.

Pflugstahldrahtseile.

(170 kg/mm² Bruchfestigkeit.)

Seil-durchm. mm	Litzen-, Drahtzahl und Drahtdurchm. mm	Bruch-festigkeit des Seiles kg
8	6 × 19 × 0,55	4300
10	6 × 19 × 0,65	6000
12	6 × 19 × 0,8	9000
14	6 × 19 × 0,95	12000
16	6 × 31 × 0,9	16000
18	6 × 31 × 1	20000
20	6 × 37 × 0,95	25000
24	6 × 37 × 1,15	36000
28	6 × 37 × 1,3	48000

Tiegelgußstahldrahtseile.

(135—150 kg/mm² Bruchfestigkeit.)

Seil-durchm. mm	Litzen-, Drahtzahl und Drahtdurchm. mm	Bruch-festigkeit des Seiles kg
8	6 × 19 × 0,55	3650
10	6 × 19 × 0,65	5100
12	6 × 19 × 0,8	7650
14	6 × 19 × 0,95	10200
16	6 × 31 × 0,9	13600
18	6 × 31 × 1,0	17000
20	6 × 37 × 0,95	21000
24	6 × 37 × 1,15	30500
28	6 × 37 × 1,13	40500

Runde Gußstahldrahtseile.

Seil-durchm. mm	Gewicht f. d. l. m. kg	Zahl der Drähte	Draht-durchm. mm	Druck-belastung der Seile kg	Seil-durchm. mm	Gewicht f. d l. m. kg	Zahl der Drähte	Draht-durchm. mm	Druck-belastung der Seile kg
10	0,26	42	1,0	3200	25	1,85	56	2,0	21100
12	0,40	36	1,2	4900	30	2,85	96	2,0	36190
14	0,52	36	1,4	6660	35	4,40	108	2,3	53780
16	0,82	42	1,6	10120	41	5,55	126	2,4	68290
18	1,05	42	1,8	12810	45	6,20	133	2,5	78330
21	1,30	42	2,0	15830	50	7,80	133	2,8	98200

Eisenbleche sind zu unterscheiden in Grobbleche (über 5 mm stark) und Feinbleche (unter 5 mm). Grobbleche werden aus Brammen (kleinere Blöcke von flacher, rechteckiger Form), Feinbleche aus Platinen (Flacheisen von 150—200 mm Breite und 10—20 mm Stärke) hergestellt.

Flußeisenbleche für hochwertige Schweißkörper sollen nach Diegel[1])
die Zusammensetzung 0,06—0,12% Kohlenstoff, unter 0,01% Silizium,
0,45—0,8% Mangan, unter 0,05% Phosphor und Schwefel haben.
Grobbleche werden nach Angaben des Eisen- und Stahlwerks
„Hösch"-Dortmund gewalzt in Stärken von:

30—6 mm bis zur Höchstfläche von . . . . 7,5 qm

unter 6 „ „ „ „ „ . . . . 7,0 „

30—5 „ „ „ Höchstlänge „ . . . . 6,0 „

30—5 „ „ „ Höchstbreite „ . . . . 2,0 „

30—5 „ „ zum Höchstgewicht von . . . . . 500 kg

Feinbleche werden in Stärken von 4,50—0,375 mm, je nach der
Dicke, bei Breiten von 500—2000 mm und Längen von 6000—2750 mm
gewalzt.

Für (schmiedeiserne) Dampfkesselbleche wird gerechnet: Zugfestigkeit in der Längsfaser 36—40 kg/mm², in der Querfaser 34—38 kg/mm²
für Schweißeisen, in beiden Richtungen 34—40 kg/mm² für Flußeisen;
Bruchdehnung in der Längsfaser 20—30%, in der Querfaser 15—25%
für Schweißeisen, in beiden Richtungen 25—35% für Flußeisen; Brucheinschnürung in der Längsfaser 45—55% für Schweißeisen, in beiden
Richtungen 50—70% für Flußeisen.

	Feuerbleche		Mantelbleche	
S t o f f	I	II	I	II
	Prozente			
Kohlenstoff	0,150	0,139	0,283	0,279
Mangan	0,575	0,366	0,200	1,224
Kupfer	0,098	0,177	0,083	0,080
Silizium	0,013	0,018	0,094	0,112
Schwefel	0,044	0,033	0,040	0,042
Phosphor	0,001	0,023	0,033	0,033
Arsen	0,071	0,071	0,041	0,075

Die Bleche werden in Breiten von 150—3200 mm und in Längen von
8000—4000 mm hergestellt.

Feinbleche werden kalt gewalzt. Streckmetall ist ein mit versetzten
Schlitzen versehenes und dann auseinandergezogenes Schwarz- oder
Stahlblech (Umhüllungsmaterial).

Malletsche Buckelplatten sind in der Mitte muldenförmig aus-
gebauchte, glühend gepreßte, starke quadratische oder rechteckige
Eisenbleche.

---

[1]) Schweißen und Hartlöten mit besonderer Berücksichtigung der Blechschweißung.

Weißblech (zum Unterschied von Schwarzblech) ist dünnes, glatt gewalztes, verzinntes Eisenblech; die gewöhnlichen Handelssorten haben eine Stärke von 0,5—1,5 mm, doch werden auch solche bis 2,5 mm Stärke auf Lager gehalten. Die üblichen Abmessungen von deutschen Weißblechsorten sind: 380 × 265 mm (einfach), 380 × 530 mm (doppeltbreit), 760 × 265 mm (doppeltlang), 760 × 530 mm (vierfach).

Für Transformatorenbleche werden besondere Eisenbleche in Stärken von 0,3, 0,5 und 0,8 mm mit besonderen Eigenschaften nach den „Normalien für die Prüfung von Eisenblech" d. V. D. E. verwendet.

Die Magnetisierbarkeit von Eisenblech nimmt bei längerer Einwirkung von höheren Temperaturen ab, welche Erscheinung mit „Altern des Eisens" bezeichnet wird. Der Alterungskoeffizient ist die verhältnismäßige Änderung der Verlustziffer für $B_{max} = 10.000$ cgs nach 600 Stunden erstmaliger Erwärmung auf 100° C.

Schwarzbleche.
(Deutsche Blechlehre.)

Nr. der Lehre	Stärke	Gewicht f. d. m²	Lagerformate: Länge × Breite	Größte Länge × Breite	Nr. der Lehre	Stärke	Gewicht f. d. m²	Lagerformate Länge × Breite	Größte Länge × Breite
	mm	kg	mm	mm		mm	kg	mm	mm
1	5,50	44		2000×1250	15	1,500	12	2500 × 1000	4500×1250
2	5,00	40			16	1,375	11		
3	4,50	36			17	1,250	10		4300×1500
4	4,25	34			18	1,125	9		
5	4,00	32			19	1,000	8	2000 × 1000	3500×1250
6	3,75	30	2500 × 1250	2500×1500	20	0,875	7		2500×1500
7	3,50	28			21	0,750	6		
8	3,25	26			21½	0,680	5,5		2000×1000
9	3,00	24			22	0,625	5		
10	2,75	22		4500×1250	23	0,562	4,5	1600 × 800	
11	2,50	20			24	0,500	4		
12	2,25	18		3000×1500	25	0,440	3,5		1600×1000
13	2,00	16			26	0,375	3		
14	1,75	14							

Verzinkte Eisenbleche.
(Deutsche Blechlehre.)

Nr. der Lehre	Dicke etwa	Gewicht eines m² etwa	Nr. der Lehre	Dicke etwa	Gewicht eines m² etwa	Nr. der Lehre	Dicke etwa	Gewicht eines m² etwa	Nr. der Lehre	Dicke etwa	Gewicht eines m² etwa	Nr. der Lehre	Dicke etwa	Gewicht eines m² etwa
	mm	kg		mm	kg		mm	kg		mm	kg		mm	kg
1	5,50	44	6	3,75	30	11	2,50	20	16	1,375	11	21	0,75	6
2	5,00	40	7	3,50	28	12	2,25	18	17	1,25	10	22	0,625	5
3	4,50	36	8	3,25	26	13	2.00	16	18	1,125	9	23	0,56	4,5
4	4,25	34	9	3,00	24	14	1,75	14	19	1,00	8	24	0,50	4
5	4,00	32	10	2,75	22	15	1,50	12	20	0,87	7	25	0,44	3,5
												26	0,37	3

Deutsche Feinbleche.

Nr. der Lehre	Stärke mm	Nr. der Lehre	Stärke mm	Nr. der Lehre	Stärke mm	Nr. der Lehre	Stärke mm	Nr. der Lehre	Stärke mm	Nr. der Lehre	Stärke mm	Nr. der Lehre	Stärke mm
1	5,50	5	4,00	9	3,00	13	2,00	17	1,250	21	0,750	24	0,500
2	5,00	6	3,75	10	2,75	14	1,75	18	1,125	21¹/₂	0,680	25	0,438
3	4,50	7	3,50	11	2,50	15	1,50	19	1,000	22	0,625	26	0,375
4	4,25	8	3,25	12	2,25	16	1,375	20	0,875	23	0,562	27	0,300

Englische Feinblech- und Drahtlehre.
(Birmingham Wire Gauge.)

Nr. der Lehre	Stärke Zoll engl.	mm	Nr. der Lehre	Stärke Zoll engl.	mm	Nr. der Lehre	Stärke Zoll engl.	mm	Nr. der Lehre	Stärke Zoll engl.	mm
0000	0,454	11,531	7	0,180	4,572	17	0,058	1,473	27	0,016	0,406
000	0,425	10,795	8	0,165	4,191	18	0,049	1,245	28	0,014	0,356
00	0,380	9,652	9	0,148	3,759	19	0,042	1,067	29	0,013	0,330
0	0,340	8,636	10	0,134	3,404	20	0,035	0,889	30	0,012	0,305
1	0,300	7,620	11	0,120	3,048	21	0,032	0,813	31	0,010	0,254
2	0,284	7,213	12	0,109	2,769	22	0,028	0,711	32	0,009	0,229
3	0,259	6,579	13	0,095	2,413	23	0,025	0,635	33	0,008	0,203
4	0,238	6,045	14	0,083	2,108	24	0,022	0,559	34	0,007	0,178
5	0,220	5,588	15	0,072	1,829	25	0,020	0,508	35	0,005	0,127
6	0,203	5,154	16	0,065	1,651	26	0,018	0,457	36	0,004	0,102

Französische Feinblech- und Drahtlehre.

Nr. der Lehre	Stärke mm	Nr. der Lehre	Stärke mm	Nr. der Lehre	Stärke mm	Nr. der Lehre	Stärke mm	Nr. der Lehre	Stärke mm
1	0,6	7	1,2	13	2,0	19	3,9	25	7,0
2	0,7	8	1,3	14	2,2	20	4,4	26	7,6
3	0,8	9	1,4	15	2,4	21	4,9	27	8,2
4	0,9	10	1,5	16	2,7	22	5,4	28	8,8
5	1,0	11	1,6	17	3,0	23	5,9	29	9,4
6	1,1	12	1,8	18	3,4	24	6,4	30	10,0

Wellbleche sind in drei Arten zu unterscheiden:

Flaches Wellblech } mit $B > 2 \cdot H$ und { $B = 50$—200 mm
Jalousiewellblech } $\qquad$ { $B = 20$— 45 „
Trägerwellblech $\qquad$ mit $B \lessgtr 2 \cdot H$ und $\quad B = 30$—160 „

Flaches Wellblech wird zu Dachdeckungen benutzt in Stärken von 1,6—2,2 mm, Breiten von 0,65—0,95 m und Längen von 2—3 m.

Trägerwellblech wird für Deckenkonstruktionen gerade oder gewölbt benutzt. Gewölbtes Wellblech trägt bei gleichmäßiger Belastung und bei ¹/₁₂ bis ¹/₁₀ Stich etwa das Acht- bis Zehnfache der zulässigen Last des geraden Wellblechs.

Die gewöhnliche Tafellänge ist 3—4 m, die größte Länge 6 m. Die Tafelbreite (0,45—0,90 m) richtet sich nach dem Profil und den verwendeten Feinblechen.

Deutsche Wellblech-Normalprofile für flache Wellbleche.

(Verein Deutscher Hüttenleiter.)

Flache Wellbleche (Wellen aus Parabelbögen).

Normal-profil	Breite	Höhe	Kern-stärke	Normale Baubreite	Querschnitt für 1 m Breite	Gewicht ohne Über-deckungen	Wider-stands-moment für 1 m Breite
	mm	mm		mm	cm²	kg/m²	cm³
60.20. 3/4			3/4		10,15	8,12	4,267
» 7/8	60	20	7/8	720	11,84	9,47	4,948
» 1			1		13,53	10,82	5,627
» 1 1/4			1 1/4		16,92	13,52	6,957
76.20. 3/4			3/4		8,72	6,78	4,063
» 7/8			7/8		10,17	8,13	4,714
» 1	76	20	1	760	11,63	9,30	5,357
» 1 1/4			1 1/4		14,54	11,63	6,626
» 1 1/2			1 1/2		17,44	13,95	7,870
100.30. 3/4			3/4		9,02	7,22	6,325
» 7/8			7/8		10,51	8,42	7,351
» 1	100	30	1	800	12,03	9,62	8,369
» 1 1/4			1 1/4		15,04	12,03	10,384
» 1 1/2			1 1/2		18,05	14,41	12,370
100.40. 3/4			3/4		10,00	8,00	9,068
» 7/8			7/8		11,67	9,35	10,543
» 1	100	40	1	700	13,34	10,67	12,020
» 1 1/4			1 1/4		16,68	13,31	14,939
» 1 1/2			1 1/2		20,00	16,00	17,827
135.30. 3/4			3/4		8,62	6,89	5,987
» 7/8			7/8		10,05	8,04	6,957
» 1	135	30	1	810	11,49	9,19	7,921
» 1 1/4			1 1/4		14,36	11,49	9,826
» 1 1/2			1 1/2		17,24	13,78	11,705
150.40. 3/4			3/4		8,72	6,88	8,290
» 7/8			7/8		10,18	8,17	9,642
» 1	150	40	1	750	11,63	9,30	10,987
» 1 1/4			1 1/4		14,55	11,63	13,655
» 1 1/2			1 1/2		17,45	13,96	16,293
150.60.1			1		13,34	10,67	18,171
» 1 1/4			1 1/4		16,68	13,34	22,625
» 1 1/2	150	60	1 1/2	600	20,00	16,00	27,044
» 2			2		26,68	21,34	35,786

Riffelbleche (gerippte Bleche) aus Flußeisen sind auf der einen Seite mit geradlinigen, sich rautenförmig kreuzenden (Diagonalverhältnis 20 : 30 mm), 1,5—3 mm hohen, 4—5 mm breiten Erhöhungen (Riffeln) versehen. Sie werden bis 450 kg schwer, bis 1350 mm breit und in Stärken von 4—25 mm (ausschließlich Riffel) gewalzt. Die Riffelhöhe fällt um so niedriger aus, je dünner oder breiter die Bleche werden. Sie werden zu Belagzwecken und Abdeckungen aller Art (Treppen-stufen, Kanalabdeckungen, Brückenfußwege usw.) verwendet. Das

156

Träger-Wellbleche.
(Wellen aus Kreisbögen.)

Normalprofil	Breite	Höhe	Kernstärke	Normale Baubreite	Querschnitt für 1 m Breite	Gewicht ohne Überdeckungen	Widerstandsmoment für 1 m Breite	Zulässige gleichmäßige Belastung für gerades Wellblech in kg/m² bei einer Beanspruchung von 1400 kg/cm² und einer Freilänge von m						
	mm	mm		mm	cm²	kg/m²	cm³	1	1.5	2	2.5	3	3.5	4
U NP 90 70 1	90	70	1	450	21,25	17,00	34,774	3890	1729	974	623	432	318	243
1¼			1¼		26,58	21,25	43,315	4852	2156	1213	776	539	396	303
1½			1½		31,88	25,50	51,797	5800	3579	1450	928	645	477	363
2			2		42,50	34,00	68,583	7678	3413	1918	1228	853	621	480
U NP 100 50 1	100	50	1	600	15,70	12,56	19,266	2158	960	540	345	240	176	135
1¼			1¼		19,62	15,70	23,957	2676	1190	671	428	298	218	167
1½			1½		23,56	18,84	28,600	3194	1426	800	513	356	260	199
2			2		31,40	25,12	37,778	4230	1880	1057	677	470	345	264
U NP 100 60 1	100	60	1	500	17,70	14,16	25,633	2872	1276	718	459	319	234	179
1¼			1¼		22,12	17,70	31,911	3572	1588	893	572	398	292	223
1½			1½		26,57	21,22	38,137	4270	1898	1067	683	475	349	267
2			2		35,40	28,32	50,439	5648	2511	1412	904	628	461	353
U NP 100 80 1¼	100	80	1¼	400	27,12	21,68	50,440	5648	2511.	1412	904	628	461	353
1½			1½		32,54	26,05	60,342	6675	3001	1690	1082	752	553	423
2			2		43,40	34,74	79,966	8950	3980	2238	1432	995	732	558
U NP 100 100 1¼	100	100	1¼	400	32.11	25,68	72,369	8102	3602	2025	1297	901	662	506
1½			1½		38,58	30,84	86,629	9700	4310	2430	1554	1077	792	606
2			2		51,40	41,12	114,939	2860	5718	3218	2059	1429	1051	805

annähernde Gewicht eines Quadratmeters Riffelblech, einschließlich Riffel, beträgt bei einer, ohne Riffel gemessenen

Dicke von 4   5   6   7   8   9   10   11   12   13   14   15 mm
         kg 38 46 54 62 70 78 86 94 102 110 118 126

Bei Lieferungen von gerippten Blechen wird in der Dicke, ausschließlich Rippe, eine Abweichung von $\pm$ 10% vorbehalten. Bei Bestellungen auf Rippenbleche (geriffelte Bleche) muß die Dicke stets ohne Rippe angegeben werden.

Waffelbleche und Warzenbleche, in Stücken von 1,5—5 mm hergestellt, werden wie die Riffelbleche verwendet.

Riffelbleche.
(Eisen- und Stahlwerke „Hösch"-Dortmund.)

Dicke ausschließl. Rippe	Ungefähres Gewicht	Fläche	Länge	Breite	Dicke ausschließl. Rippe	Ungefähres Gewicht	Fläche	Länge	Breite
mm	kg/m²	m²	m		mm	kg/m²	m²	m	
30	246	2,00	5,5	1,5	17	142	3,50	5,5	1,5
29	238	2,10	5,5	1,5	16	134	3,75	5,5	1,5
28	230	2,20	5,5	1,5	15	126	4,00	5,5	1,5
27	222	2,25	5,5	1,5	14	118	4,25	5,5	1,5
26	214	2,35	5,5	1,5	13	110	4,55	5,5	1,5
25	206	2,45	5,5	1,5	12	102	4,90	5,5	1,5
24	198	2,55	5,5	1,5	11	94	5,30	5,5	1,5
23	190	2,65	5,5	1,5	10	86	5,80	5,5	1,5
22	182	2,75	5,5	1,5	9	78	6,40	5,5	1,5
21	174	2,90	5,5	1,5	8	70	6,50	5,5	1,5
20	166	3,00	5,5	1,5	7	62	6,50	5,5	1,5
19	158	3,15	5,5	1,5	6	54	6,50	5,5	1,5
18	150	3,35	5,5	1,5	5	46	6,50	5,0	1,5

Tonnenbleche (Hängelbleche) aus Flußeisen, zum Belegen von Brücken, werden nach Art der flachen Kappen mit $^1/_8$—$^1/_{12}$ Stich geformt, mit längsseitigen, ebenen Rändern von 60—80 mm Breite zum Annieten in rechteckiger Grundform mit 5—10 mm Stärke, in Längen von 500—3000 mm und in Breiten von 500—2000 mm hergestellt. Das Gewicht wird aus dem Querschnitt und der mittleren Länge bestimmt.

Buckelplatten aus Flußeisen zum Belegen von Brücken usw. werden nach Art der Klostergewölbe mit $^1/_{10}$—$^1/_{15}$ Stich geformt, mit allseitigem, ebenem Rande von 40—80 mm Breite zum Annieten an die Träger in quadratischer, rechteckiger und Trapezform mit 5—10 mm Stärke in Seitenlängen von 500—1800 mm hergestellt.

Abmessungen und Gewichte von Buckelplatten.

Länge	Breite	Pfeil- höhe des Buckels	Rand- breite	Gewicht
über den Rand gemessen				
mm				kg
500	500	27	60	10,9
700	700	45	70	39,1
750	750	45	60	44,2
1100	1000	72	60	80,1
1310	1000	104	50	106,4
1100	770	80	55	68,7
1630	1270	130	80	167,9
1098	1098	78	78	96,5
1098	1098	75	40	96,4
1140	1140	85	40	104,3
1265	1265	100	80	128,8
1490	1490	130	78	119,6

Aus gehärtetem Stahlblech werden als Ersatz von Riemen Stahl-kraftbänder hergestellt, auf welche Temperaturschwankungen und Feuchtigkeit ohne Einfluß sind. Nach den Betriebserfahrungen weisen sie gegenüber Riemen und Hanfseilen den geringsten Kraftverlust auf; ihr Anschaffungspreis liegt etwa in der Mitte der beiden anderen An-triebsmittel.

Lieferungsvorschriften für Maschinenbaubleche:

I. Schweißeisenbleche:

Behälterbleche: Zugfestigkeit längs der Faser 35—31,5 kg/mm², quer zur Faser 28,5—27,5 kg/mm²;

Dehnung längs der Faser 7 bis 5 %, quer zur Faser 5 bis 3 %;

Biegewinkel im kalten Zustand ⎫ 90 bis 10° ⎱ je nach der
„   „   warmen   „ ⎭ 125 „ 60° ⎰ Blechdicke

Dampfkesselbleche:

Bleche, Winkeleisen und Röhren müssen eine glatte Oberfläche haben; sie dürfen keine erheblichen Schlackenstellen oder andere ein-gewalzten Verunreinigungen, keine Blasen, Risse oder andere unganzen Stellen enthalten.

Es werden zwei Sorten, Feuerblech und Bördelblech, unterschieden. Alle Teile der Kesselwandung, die in die Nähe des Feuerherdes zu liegen kommen, müssen aus Feuerblech hergestellt werden, während zu allen anderen Kesselteilen Bördelblech verwendet werden kann.

Feuerblech: Zugfestigkeit längs der Faser 36—40 kg/mm², quer zur Faser mindestens 35 kg/mm²;

Dehnung längs der Faser mindestens 20%, quer zur Faser
mindestens 15%.

Bördelblech: Zugfestigkeit längs der Faser 35—40 kg/mm², quer
zur Faser mindestens 33 kg/mm²;

Dehnung längs der Faser mindestens 15%, quer zur Faser
mindestens 12%.

Probestreifen von Feuer- und Bördelblech müssen sich im warmen
Zustand in beiden Faserrichtungen flach zusammenbiegen lassen.

Probestreifen von Feuer- und Bördelblech müssen sich im kalten Zustand um einen Winkel aufbiegen lassen, der je nach der Stärke des
Probestreifens (6—40 mm) beträgt für:

Feuerblech: längs der Faser 160—70°, quer zur Faser 140—45°,
Bördelblech: „ „ „ 135—40°, „ „ „ 120—20°.

Streifen von ungefähr 100 mm Breite müssen im rotwarmen Zustand
mit der Hammerfinne quer zur Walzrichtung mindestens auf das
1¹/₂fache ihrer Breite ausgebreitet werden können, ohne an den Kanten,
und auf der Fläche Risse zu erhalten. Streifen, die im rotwarmen Zustand in einer Entfernung vom Rande gleich der halben Dicke des
Streifens mit einem konischen Lochstempel gelocht werden, dürfen
dabei vom Loch nach der Kante nicht aufreißen. Der Lochstempel soll
bei etwa 50 mm Länge für alle Blechdicken einen kleinsten Durchmesser
von etwa 10 mm und einen größten Durchmesser von etwa 20 mm
naben.

II. Flußeisenbleche:

Es werden unterschieden: Behälterbleche, Konstruktionsbleche,
Schiffsbleche, Kesselbleche, Spezialbleche.

Für die Kesselbleche werden weiter unterschieden: Feuerblech und
Mantelblech. Aus diesem dürfen nur solche Teile des Kesselmantels
gefertigt werden, welche mit den Feuergasen nicht in Berührung
kommen.

Feuerblech: Zugfestigkeit in der Längs- und Querrichtung
34—40 kg/mm²;

Dehnung in der Längs- und Querrichtung mindestens 25%.

Mantelblech: Zugfestigkeit in der Längs- und Querrichtung
34—50 kg/mm²;

Dehnung, je nach der Festigkeit, mindestens 26,5—20%.

Im warmen Zustand müssen sich die Blechstreifen in der Längs- und
Querrichtung flach zusammenlegen lassen.

Für die Hartbiegeprobe gilt: der auf niedrige Kirschrothitze erwärmte, in Wasser von 28° C abgekühlte Probestreifen muß sich bei Blechen mit einer Festigkeit bis 42 kg/mm², einschließlich (also bei Feinblech immer) in Längs- und Querfaser flach, von 42 bis 45 kg/mm² um einen Dorn mit einem Durchmesser von der zweifachen Blechdicke, über 45 kg/mm² um einen solchen von der dreifachen Blechdicke bis 180° zusammenbiegen lassen, ohne Risse zu erhalten.

Für Schmiede- und Lochproben gelten die gleichen Anforderungen wie beim Schweißeisen.

Nach den Lieferungsbedingungen des Eisen- und Stahlwerks „Hösch"-Dortmund gelten als Lagerbleche solche glatte (ungerippte) Bleche, welche in den Dicken

bis 1,5 mm: 2500×1250, 2000×1000, 1600×800 mm

unter 1,5 bis 0,5　mm: 2000×1000, 1600×800　„

„　0,5　„　0,375　„　—　　1600×800　„

groß aufgegeben werden und bei denen gleichzeitig eine Abweichung

in der Länge bis zu 150 mm ⎫
„　„　Breite　„　„　50　„　⎬ nach oben und unten
　　　　　　　　　　　　　　⎭

gestattet wird.

Bei allen Blechen, welche nicht Lagerbleche sind, werden die vorgeschriebenen Maße in der Länge bis auf + 10 mm, in der Breite bis auf + 6 mm genau eingehalten.

In der Dicke bleibt bei allen Blechen innerhalb der Grundpreisabmessungen folgende Abweichungen vorbehalten:

bei　30 bis einschl.　2 mm Dicke 5% ⎫ nach oben
unter 2　„　　„　1　„　　„　7%　⎬ und
„　1　„　　„　0,375　„　　„　9% ⎭ unten.

Bleche in größeren Abmessungen sind bezüglich der Dicke so anzunehmen wie sie fallen, wenn die dünnste Stelle unter Berücksichtigung des vorbezeichneten Spielraumes der geforderten Dicke entspricht.

Das Messen der Dicke hat mittels Schraubenlehre zu erfolgen; die Meßpunkte müssen mindestens 40 mm vom Rande und 100 mm von den Ecken des Bleches liegen.

Von Nr.	11—15,	16—18,	19,	20,	21—22,	23,	24—26	deutscher Lehre
müssen mindestens	2	3	4	6	8	10	12	Tafeln pro Nr.

in einer Größe bestellt werden, soweit es sich nicht um Lagerbleche handelt.

Die geringste Breite, in welcher Streifenbleche geliefert werden, beträgt für Bleche:

von 30—20 mm Dicke bei allen Längen 200 mm

unter 20—10 „ „ „ „ „ 150 „

„ 10— 6 „ „ „ „ „ 100 „

„ 6—0,375 mm Dicke

bei 2500 mm Länge und mehr . . 100 „

„ weniger als 2500 mm Länge . 50 „

Glatte Bleche.

Nummer deutscher Lehre	Dicke in mm	Un- gefähres Gewicht kg/m²	Fläche	Länge	Breite	Nummer deutscher Lehre	Dicke in mm	Un- gefähres Gewicht kg/m²	Fläche	Länge	Breite
			m²	m	m				m²	m	m
3	4,50	36	6,50	6,0	2,0	16	1,375	11	3,50	4,0	1,50
4	4,25	34	6,0	5,75	2,0	17	1,250	10	3,50	4,0	1,50
5	4,0	32	5,50	5,50	2,0	18	1,125	9	3,25	3,50	1,50
6	3,75	30	5,50	5,50	1,80	19	1,0	8	3,25	3,50	1,50
7	3,50	28	5,50	5,50	1,80	20	0,875	7	3,13	3,25	1,30
8	3,25	26	5,25	5,25	1,80	21	0,750	6	3,13	3,0	1,25
9	3,0	24	5,0	5,0	1,80	22	0,625	5	2,50	2,50	1,10
10	2,75	22	5,0	5,0	1,70	23	0,562	4,5	2,50	2,50	1,10
11	2,50	20	4,50	4,75	1,60	24	0,500	4	2,25	2,25	1,0
12	2,25	18	4,50	4,25	1,50	25	0,438	3,5	2,0	2,0	1,0
13	2,0	16	4,50	4,25	1,50	26	0,375	3	2,0	2,0	1,0
14	1,75	14	4,0	4,25	1,50	—	—	—	—	—	—
15	1,50	12	3,75	4,25	1,50						

I-Eisen.
(Normallänge 4—14 m. Eisen- und Stahlwerk „Hösch"-Dortmund.)

Normal- profil	Höhe mm	Flanschen- breite mm	Stegdicke mm	Flanschen- dicke mm	Querschnitt in cm²	Gewicht f. d. lfd. m in kg	Normal- profil	Höhe mm	Flanschen- breite mm	Stegdicke mm	Flanschen- dicke mm	Querschnitt in cm²	Gewicht f. d. lfd. m in kg
8	80	42	3,9	5,9	7,57	5,91	25	250	110	9,0	13,6	49,7	38,7
9	90	46	4,2	6,3	8,99	7,02	26	260	113	9,4	14,1	53,3	41,6
10	100	50	4,5	6,8	10,6	8,28	27	270	116	9,7	14,7	57,1	44,5
11	110	54	4,8	7,2	12,3	9,59	28	280	119	10,1	15,2	61,0	47,6
12	120	58	5,1	7,7	14,2	11,1	29	290	122	10,4	15,7	64,8	50,6
13	130	62	5,4	8,1	16,1	12,6	30	300	125	10,8	16,2	69,0	53,8
14	140	66	5,7	8,6	18,2	14,2	32	320	131	11,5	17,3	77,7	60,6
15	150	70	6,0	9,0	20,4	15,9	34	340	137	12,2	18,3	86,7	67,6
16	160	74	6,3	9,5	22,8	17,8	36	360	143	13,0	19,5	97	75,7
17	170	78	6,6	9,9	25,2	19,7	38	380	149	13,7	20,5	107	83,4
18	180	82	6,9	10,4	27,9	21,7	40	400	155	14,4	21,6	118	91,8
19	190	86	7,2	10,8	30,5	23,8	42½	425	163	15,3	23,0	132	103
20	200	90	7,5	11,3	33,4	26,1	45	450	170	16,2	24,3	147	115
21	210	94	7,8	11,7	36,3	28,3	47½	475	178	17,1	25,6	163	127
22	220	98	8,1	12,2	39,5	30,8	50	500	185	18,0	27,0	179	140
23	230	102	8,4	12,6	42,6	33,3	55	550	200	19,0	30,0	212	166
24	240	106	8,7	13,1	46,1	35,9	—	—	—	—	—	—	—

⊏-Eisen.

(Normallänge 4—12 m. Eisen- und Stahlwerk „Hösch"-Dortmund.)

Normal-profil	Höhe	Flanschen-breite	Stegdicke	Flanschen-dicke	Querschnitt	Gewicht f. d. laufenden m
	mm	mm	mm	mm	cm²	kg
8	80	45	6,0	8,0	11,0	8,6
10	100	50	6,0	8,5	13,5	10,5
12	120	55	7,0	9,0	17,0	13,3
14	140	60	7,0	10,0	20,4	15,9
16	160	65	7,5	10,5	24.0	18,7
18	180	70	8,0	11,0	28,0	21,8
20	200	75	8,5	11,5	32,2	25,1
22	220	80	9,0	12,5	37,4	29,2
24	240	85	9,5	13,0	42,3	33,0
26	260	90	10,0	14,0	48,3	37,7
28	280	95	10,0	15,0	53,3	41,6
30	300	100	10,0	16,0	58,8	45,8

T-Eisen, rundkantig.

(Größte Normallänge 10 m. Eisen- und Stahlwerk „Hösch"-Dortmund.)

Normal-profil	Breite × Höhe × Dicke in mm	Gewicht f. d. lfd. m in kg	Normal-profil	Breite × Höhe × Dicke in mm	Gewicht f. d. lfd. m in kg.
2/2	20 × 20 × 3	0,87	14/14	140 × 140 × 15	31,10
2¹/₂/2¹/₂	25 × 25 × 3,5	1,28			
3/3	30 × 30 × 4	1,76	6/3	60 × 30 × 5,5	3,62
3¹/₂/3¹/₂	35 × 35 × 4,5	2,32	7/3¹/₂	70 × 35 × 6	4,63
4/4	40 × 40 × 5	2,94	8/4	80 × 40 × 7	6,17
4¹/₂/4¹/₂	45 × 45 × 5,5	3,64	9/4¹/₂	90 × 45 × 8	7,93
5/5	50 × 50 × 6	4,42	10/5	100 × 50 × 8,5	9,38
6/6	60 × 60 × 7	6,19	12/6	120 × 60 × 10	13,20
7/7	70 × 70 × 8	8,27	14/7	140 × 70 × 11,5	17,80
8/8	80 × 80 × 9	10 60	16/8	160 × 80 × 13	23,00
9/9	90 × 90 × 10	13,30	18/9	180 × 90 × 14,5	28,80
10/10	100 × 100 × 11	16,30	20/10	200 × 100 × 16	34,40
12/12	120 × 120 × 13	23,10			

Für die Abnahme von Bauwerk-Flußeisen gelten folgende Bedingungen der Stahlwerks-Verband A.-G., Düsseldorf:

War eine satzweise Prüfung vereinbart, so muß jedes dem Abnahmebeamten vorgelegte Stück die betreffende Satznummer tragen. Aus jedem so vorgelegten Satze dürfen 3 Stücke, höchstens jedoch von je 20 angefangenen 20 Stück 1 Stück entnommen und zu nachstehenden Proben verwendet werden.

War eine satzweise Prüfung nicht vereinbart, so können von je 100 Stücken 5, höchstens jedoch von je 2000 oder angefangenen 2000 kg desselben Walzprofils 1 Stück zu Probezwecken entnommen werden.

Zerreiß- und Dehnungsproben:

bei Material von 7—28 mm Dicke und mindestens 300 mm² Querschnitt der Probe:

11*

bei gleichförmig verteilter Belastung, freier Auflagerung an den Enden und 1000 kg
Für s = 800 kg/cm² sind die Tabellenwerte mit 0,8, für

Normal-profil	Trägheits-moment T x cm⁴	Wider-stands-moment W x cm³	Freitragende Länge in Meter				
			1,0	1,5	2,0	2,5	3,0
			Zulässige Belastungen in Kilogramm				
8	77,7	19,4	1552	1035	776	621	517
9	117	25,9	2072	1381	1036	829	691
10	170	34,1	2728	1819	1364	1091	909
11	238	43,3	3464	2310	1732	1386	1155
12	327	54,5	4360	2907	2180	1744	1453
13	435	67,0	5360	3573	2680	2144	1787
14	572	81,7	6536	4357	3268	2614	2179
15	734	97,9	7832	5221	3916	3133	2611
16	933	117	9360	6240	4680	3744	3120
17	1165	137	10960	7307	5480	4384	3653
18	1444	161	12880	8587	6440	5152	4293
19	1759	185	14800	9877	7400	5920	4933
20	2139	214	17120	11413	8560	6848	5707
21	2558	244	19520	13013	9760	7808	6507
22	3055	278	22240	14827	11120	8896	7413
23	3605	314	25120	16747	12560	10048	8373
24	4239	353	28240	18837	14120	11296	9413
25	4954	396	31680	21120	15840	12672	10560
26	5735	441	35280	23520	17640	14112	11760
27	6623	491	39280	26186	19640	15712	13093
28	7575	541	43280	28853	21640	17312	14427
29	8619	594	47520	31680	23760	19008	15840
30	9785	652	52160	34773	26080	20864	17387
32	12493	781	62480	41653	31240	24992	20827
34	15670	922	73760	49173	36880	29504	24587
36	19576	1088	87040	58027	43520	34816	29013
38	23978	1262	100960	67307	50480	40384	33653
40	29173	1459	116720	77813	58360	46688	38907
42¹/₂	36956	1739	139120	92747	69560	55648	46373
45	45888	2040	163200	108800	81600	65280	54400
47¹/₂	56410	2375	190000	126670	95000	76000	63333
50	68736	2750	220000	146670	110000	88000	73333
55	99054	3602	288160	192110	144080	115264	96053

in der Längsrichtung die Zugfestigkeit 37—44 kg, die Dehnung
mindestens 20%,

in der Querrichtung die Zugfestigkeit 36—45 kg, die Dehnung
mindestens 17%;

bei Material von 4 bis unter 7 mm Dicke und mindestens 200 mm²
Querschnitt der Probe, und einer entsprechenden Versuchslänge
(= 11.3 . $\sqrt{\text{Querschnitt}}$):

in der Längsrichtung die Zugfestigkeit 37—46 kg, die Dehnung
mindestens 18%,

in der Querrichtung die Zugfestigkeit 36—47 kg die Dehnung
mindestens 15%;

von I-Trägern

größter Biegungsspannung (= s) für den cm², bei freitragenden Längen von 1—10 m.
s = 1200 kg mit 1,2, für s = 1500 kg mit 1,5 zu multiplizieren.

Freitragende Länge in Meter								
3,5	4,0	4,5	5,0	6,0	7,0	8,0	9,0	10,0
Zulässige Belastungen in Kilogramm								
443	388	345	310	259	222	194	172	155
592	518	460	414	345	296	259	230	207
779	682	606	546	455	390	341	303	273
990	866	770	693	577	495	433	385	346
1246	1090	969	872	727	623	545	484	436
1531	1340	1191	1072	893	766	670	596	536
1867	1634	1452	1307	1089	934	817	726	654
2238	1958	1740	1566	1305	1119	979	870	783
2674	2340	2080	1872	1560	1337	1170	1040	936
3131	2740	2436	2192	1827	1566	1370	1218	1096
3680	3220	2862	2576	2147	1840	1610	1431	1288
4229	3700	3289	2960	2467	2114	1850	1644	1480
4889	4280	3804	3424	2853	2444	2140	1902	1712
5577	4880	4338	3904	3253	2789	2440	2169	1952
6354	5560	4942	4448	3707	3177	2780	2471	2224
7177	6280	5582	5024	4187	3589	3140	2791	2512
8069	7060	6276	5648	4707	4034	3530	3137	2824
9051	7920	7040	6336	5280	4525	3960	3520	3168
10080	8820	7840	7056	5880	5040	4410	3920	3528
11228	9820	8729	7856	6547	5614	4910	4364	3928
12366	10820	9618	8656	7213	6183	5410	4809	4328
13577	11880	10560	9504	7920	6789	5940	5280	4752
14903	13040	11591	10432	8693	7451	6520	5796	5216
17851	15620	13884	12496	10410	8926	7810	6942	6248
21074	18440	16391	14752	12293	10537	9220	8196	7376
24868	21760	19342	17408	14506	12434	10880	9671	8704
28846	25240	22436	20192	16826	14423	12620	11218	10096
33349	29180	25938	23344	19453	16674	14590	12969	11672
39749	34780	30916	27824	23186	19874	17390	15458	13912
46629	40800	36267	32640	27200	23314	20400	18133	16320
54286	47500	42222	38000	31667	27143	23750	21111	19000
62857	55000	48889	44000	36667	31429	27500	24444	22000
82331	72040	64036	57632	48027	41166	36020	32018	28815

Waggon-[-Eisen.

(Normallänge 4—12 m. Eisen- und Stahlwerk „Hösch"-Dortmund.)

Profil Nr.	Höhe	Flanschen-breite	Stegdicke	Flanschen-dicke	Querschnitt	Gewicht f. d. laufenden m
	mm	mm	mm	mm	cm²	kg
10¹/₂	105,0	65	8	8	17,3	13,6
10¹/₂ H.	105,0	68	7	7	16,1	13,5
11³/₄	117,5	65	10	10	22,6	17,6
14¹/₂	145,0	60	8	8	19,8	15,4
23¹/₂	235,0	90	10	12	42,4	33,1
26	260,0	90	10	10	41,6	32,5
30	300,0	75	10	10	42,8	33,3

Klein-⊏-Eisen.
(Größte Normallänge 10 m. Eisen- und Stahlwerk „Hösch"-Dortmund.)

Normalprofil	Höhe	Flanschenbreite	Stegdicke	Flanschendicke	Gewicht f.d. laufenden m
	mm	mm	mm	mm	kg
3	30	33	5	7	4,24
4	40	35	5	7	4,85
5	50	38	5	7	5,55
6,5	65	42	5,5	7,5	7,05

Normalgewichte von gleichschenkligen Winkeleisen.
(Größte Normallänge 12 m. Eisen- und Stahlwerk „Hösch"-Dortmund.)

Schenkellängen in mm	Gewicht f. d. lfd. m in kg bei folgenden Schenkeldicken in mm							
	mm	kg	mm	kg	mm	kg	mm	kg
15 × 15	3	0,63	4	0,81		—		—
20 × 20	3	0,87	4	1,12		—		—
25 × 25	3	1,10	4	1,44		—		—
30 × 30	3	1,36	4	1,77	6	2,55	8	3,49
35 × 35	3	1,59	4	2,08	6	3,02	8	4,11
40 × 40	4	2,40	6	3,49	8	4,52	10	5,77
45 × 45	5	3,36	7	4,57	9	5,73	11	7,13
50 × 50	5	3,75	7	5,12	9	6,43	11	7,99
55 × 55	6	4,92	8	6,42	10	7,85	12	9,57
60 × 60	6	5,39	8	7,04	10	8,63	12	10,50
65 × 65	7	6,79	9	8,56	11	10,30	13	12,34
70 × 70	7	7,33	9	9,26	11	11,13	13	13,31
75 × 75	8	8,94	10	11,0	12	13,0	14	15,34
80 × 80	8	8,57	10	11,78	12	13,94	14	16,44
90 × 90	9	12,1	11	14,6	13	17,0	15	19,81
100 × 100	10	14,9	12	17,7	14	20,4	16	23,52
110 × 110	10	16,5	12	19,6	14	22,6	16	26,03
120 × 120	11	19,8	13	23,2	15	26,5	17	30,24
130 × 130	12	23,4	14	27,0	16	30 6	18	34,66
140 × 140	13	27,3	15	31,2	17	35,1	19	39,47
150 × 150	14	31,4	16	35,7	18	39,9	20	44,58
160 × 160	15	35,9	17	40,4	19	44,9	21	49,89

Normalgewichte von ungleichschenkligen Winkeleisen.
(Größte Normallänge 12 m. Eisen- und Stahlwerk „Hösch"-Dortmund.)

Schenkellängen in mm	Gewicht f. d. lfd. m in kg bei folgenden Schenkeldicken in mm							
	mm	kg	mm	kg	mm	kg	mm	kg
30 × 20	3	1,10	4	1,44		—		—
40 × 20	3	1,33	4	1,75		—		—
45 × 30	3	1,69	4	2,24	5	2,75	7	3,92
60 × 30	3	2,05	5	3,35	7	4,56	9	5,96

Schenkellängen in mm	Gewicht f. d. lfd. m in kg bei folgenden Schenkeldicken in mm						
	mm	kg	mm	kg	mm	kg	mm	kg
60 × 35	4	2,87	6	4,20	8	5,46	10	6,94
60 × 40	4	3,02	5	3,74	7	5,11	9	6,67
65 × 45	4	3,33	6	4,89	8	6,39	10	8,11
65 × 50	5	4,32	7	5,93	9	7,47	11	9,26
75 × 50	5	4,71	7	6,50	9	8,20	11	9,83
75 × 65	6	6,33	8	8,29	10	10,20	12	12,0
80 × 40	4	3,64	6	5,37	8	7,03	10	8,90
80 × 50	5	4,93	7	6,77	9	8,58	11	10,30
80 × 65	6	6,58	8	8,58	10	10,60	12	12,50
90 × 75	6	7,49	8	9,85	10	12,20	12	14,40
100 × 50	5	5,68	7	7,83	8	8,93	10	11,0
100 × 65	6	7,50	8	9,85	9	11,0	11	13,30
100 × 75	7	9,26	8	10,50	10	12,95	12	15,40
100 × 80	6	8,19	8	10,80	10	13,30	12	15,80
120 × 80	7	10,60	9	13,50	10	14,90	12	17,70
130 × 65	6	8,90	8	11,72	10	14,50	12	17,20
150 × 100	10	18,80	12	22,40	14	25,90	16	29,80
160 × 80	9	16,40	12	21,50	14	24,80	16	28,54
200 × 90	9	19,80	11	24,10	13	28,20	15	32,72
200 × 100	10	22,80	12	27,10	14	31,40	16	36,08

bei Niet- und Schraubenmaterial:

die Zugfestigkeit 36—42 kg, die Dehnung mindestens 22%.

Sonstige Proben:

1. Flacheisen, Formeisen:

Biegeproben. Sowohl Längs- als auch Querstreifen sind kirschrot-warm zu machen, in Wasser von etwa 28⁰ C abzuschrecken und dann so zusammenzubiegen, daß sie eine Schleife bilden, deren Durchmesser an der Biegestelle gleich ist bei Längsstreifen der einfachen, bei Quer-streifen der doppelten Dicke des Versuchsstückes. Hiebei dürfen an Längsstreifen keine Risse entstehen; bei Querstreifen sind unwesentliche Oberflächenrisse zulässig.

Rotbruchproben. Ein in rotwarmem Zustand auf 6mm Dicke und etwa 40 mm Breite abgeschmiedeter Probestreifen soll mit einem sich verjüngenden Lochstempel, der 80 mm lang ist und 20 mm Durch-messer am dünnen, 30 mm am dicken Ende hat, im rotwarmen Zu-stand gelocht werden. Das 20 mm weite Loch soll dann auf 30 mm er-weitert werden, ohne daß hiebei ein Einriß in dem Probestreifen ent-stehen darf.

2. Niet- und Schraubenmaterial:

Biegeproben. Rundeisenstäbe sind hellrotwarm zu machen, in Wasser von etwa 28⁰ C abzuschrecken und dann so zusammenzubiegen, daß sie eine Schleife bilden, deren Durchmesser an der Biegestelle gleich der halben Dicke des Versuchsstückes ist. Hiebei dürfen keine Risse entstehen.

Stauchproben. Ein Stück Schrauben- oder Nieteisen, dessen Länge gleich dem doppelten Durchmesser ist, soll sich im warmen, der Verwendung entsprechenden Zustand bis auf ein Drittel seiner Länge zusammenstauchen lassen, ohne Risse zu zeigen.

Spielraum für Maß und Gewicht: wird Bauwerk-Flußeisen auf genaue Länge verlangt, so sind folgende Abweichungen zulässig:

bei Flach-, Rund-, Vierkant- und Universaleisen Mehrlängen bis zu 20 mm,

bei Formeisen Mehrlängen bis zu 50 mm,

geringerer Spielraum nach besonderer Vereinbarung.

Die Normalgewichte werden aus den Abmessungen und dem spezifischen Gewicht abgeleitet. Von diesen rechnungsmäßigen Gewichten sind folgende Abweichungen zulässig:

bei Flach-, Winkel-, Rund- und Vierkanteisen im ganzen ein Mehrgewicht bis zu 3% und ein Mindergewicht bis zu 2%, für einzelne Stäbe ein Mehrgewicht bis zu 5% und ein Mindergewicht bis zu 2%;

Universaleisen darf in der Breite ± 3 mm und in der Dicke $\pm 5\%$, mindestens aber $\pm \frac{1}{2}$ mm von den vorgeschriebenen Maßen abweichen;

bei Formeisen $\pm 6\%$ mit der Maßgabe, daß bei größeren Bestellungen ein und desselben Profils eine größere Genauigkeit vereinbart werden kann.

Werden die für einzelne Stäbe oder Platten angeführten Gewichtsabweichungen überschritten, so können die betreffenden Teile zurückgewiesen werden.

Die Breite von Flacheisen steigt

	von 14—40	40—70	70—100	über 100 mm
um je	2	2 oder 4	5	,, 7 ,,
die Dicke mindestens um	3	4	5	,, 7 ,,

Bandeisenlehre.

Nr.	1	2	3	4	5	6	7	8
Dicke mm	5,5	5,25	5	4,75	4,5	4.25	4	3,75
Nr.	9	10	11	12	13	14	15	
Dicke mm	3,50	3,25	3	2,75	2,5	2,25	2	

Stabeisen wird in Form von Rund-, Quadrat-, Flach- und Universaleisen aus Schmiedeisen gewalzt oder geschmiedet in Stäben von 3 bis

Normalgewichte von Flacheisen.

Dicke in mm	Gewicht für die laufenden m in kg bei einer Breite in mm von																
	13	14	16	18	20	22	24	26	28	30	32	34	36	38	40	42	44
4	0,41	0,44	0,50	0,57	0,63	0,69	0,75	0,82	0,88	0,94	1,0	1,07	1,13	1,19	1,26	1,32	1,38
5	0,51	0,55	0,63	0,71	0,79	0,86	0,94	1,02	1,10	1,18	1,26	1,33	1,41	1,49	1,57	1,65	1,73
6	0,61	0,66	0,75	0,85	0,94	1,04	1,13	1,22	1,32	1,41	1,51	1,60	1,70	1,79	1,88	1,98	2,07
6⅓	0,66	0,71	0,82	0,92	1,02	1,12	1,22	1,33	1,43	1,53	1,63	1,73	1,84	1,94	2,04	2,14	2,25
7	0,71	0,77	0,88	0,99	1,10	1,21	1,32	1,43	1,54	1,65	1,76	1,87	1,98	2,09	2,20	2,31	2,42
8	0,82	0,88	1,0	1,13	1,26	1,38	1,51	1,63	1,76	1,88	2,01	2,14	2,26	2,39	2,51	2,64	2,76
9	0,92	0,99	1,13	1,27	1,41	1,55	1,70	1,84	1,98	2,12	2,26	2,40	2,54	2,68	2,83	2,97	3,11
10	1,02	1,10	1,26	1,41	1,57	1,73	1,88	2,04	2,20	2,36	2,51	2,67	2,83	2,98	3,14	3,30	3,45
11	1,12	1,21	1,38	1,55	1,73	1,90	2,07	2,25	2,42	2,59	2,76	2,94	3,11	3,28	3,45	3,63	3,80
12	1,22	1,32	1,51	1,70	1,88	2,07	2,26	2,45	2,64	2,83	3,01	3,20	3,39	3,58	3,77	3,96	4,14
13		1,43	1,63	1,84	2,04	2,25	2,45	2,65	2,86	3,06	3,27	3,47	3,67	3,88	4,08	4,29	4,49
14			1,76	1,98	2,20	2,42	2,64	2,86	3,08	3,30	3,52	3,74	3,96	4,18	4,40	4,62	4,84
15			1,88	2,12	2,36	2,59	2,83	3,06	3,30	3,53	3,77	4,0	4,24	4,47	4,71	4,95	5,18
16				2,26	2,51	2,76	3,01	3,27	3,52	3,77	4,02	4,27	4,52	4,77	5,02	5,28	5,53
17				2,40	2,67	2,94	3,20	3,47	3,71	4,0	4,27	4,54	4,80	5,07	5,34	5,60	5,87
18					2,83	3,11	3,39	3,67	3,96	4,24	4,52	4,80	5,09	5,37	5,65	5,93	6,22
19					2,98	3,28	3,58	3,88	4,18	4,47	4,77	5,07	5,37	5,67	5,97	6,26	6,56
20						3,45	3,77	4,08	4,40	4,71	5,02	5,34	5,65	5,97	6,28	6,59	6,91
21						3,63	3,96	4,29	4,62	4,95	5,28	5,60	5,93	6,26	6,59	6,92	7,25
22							4,14	4,49	4,84	5,18	5,53	5,87	6,22	6,56	6,91	7,25	7,60
23							4,33	4,69	5,06	5,42	5,78	6,14	6,50	6,86	7,22	7,58	7,94
24								4,90	5,28	5,65	6,03	6,41	6,78	7,16	7,54	7,91	8,29
25								5,10	5,50	5,89	6,28	6,67	7,07	7,46	7,85	8,24	8,64
26									5,71	6,12	6,53	6,94	7,35	7,76	8,16	8,57	8,98
27									5,93	6,36	6,78	7,21	7,63	8,05	8,48	8,90	9,33
28										6,59	7,03	7,47	7,91	8,35	8,79	9,23	9,67
29										6,83	7,28	7,74	8,20	8,65	9,11	9,56	10,02
30											7,54	8,01	8,48	8,95	9,42	9,89	10,36

10 m Länge. Nach der Güte des Eisens wird das gewöhnliche Handelseisen und das bessere Qualitätseisen unterschieden.

Bandeisen ist dünnes Flacheisen unter 5 mm Stärke und bis 250 mm Breite; es wird in Bunden verkauft.

Flacheisen ist ein rechteckiges Stabeisen von 10—180 mm Breite, auf kalibrierten Walzen in Stäben bis 30 m Länge hergestellt.

Universaleisen ist rechteckiges Stabeisen von 180—1000 mm Breite bei einer Stärke von 5 mm aufwärts.

Stabeisengewichte.

(Die angegebenen Gewichte gelten für Flußeisen von 7,85 spezifisches Gewicht; für Schweißeisen von 7,8 spezifisches Gewicht sind die Gewichtsangaben mit 7,8 : 7,85 = 0,99363 zu multiplizieren.)

Stärke mm	Quadrat-	Sechskant-	Rund-	Stärke mm	Quadrat-	Sechskant-	Rund-	Stärke mm	Quadrat-	Sechskant-	Rund-
	Eisen kg/m				Eisen kg/m				Eisen kg/m		
5	0,196	0,170	0,154	50	19,625	16,995	15,413	180	254,340	220,265	199,758
6	0,283	0,245	0,222	52	21,226	18,383	16,671	185	268,666	232,638	211,010
7	0,385	0,333	0,302	54	22,891	19,824	17,978	190	283,385	245,419	222,570
8	0,502	0,435	0,395	56	24,618	21,320	19,335	195	298,496	258,506	234,438
9	0,636	0,551	0,499	58	26,407	22,870	20,740	200	314,000	271,932	246,615
10	0,785	0,680	0,617	60	28,260	24,474	22,195	205	329,896	288,927	259,100
11	0,950	0,823	0,746	62	30,175	26,133	23,700	210	346,185	299,805	271,892
12	1,130	0,979	0,888	64	32,154	27,846	25,253	215	362,866	314,251	284,994
13	1,327	1,149	1,042	66	34,195	29,614	26,856	220	379,940	329,037	298,434
14	1,539	1,332	1,208	68	36,298	31,436	28,509	225	397,406	344,164	312,168
15	1,766	1,539	1,387	70	38,465	33,312	30,210	230	415,265	359,631	326,134
16	2,010	1,740	1,578	72	40,694	35,243	31,961	235	433,516	375,437	340,420
17	2,269	1,965	1,782	74	42,987	37,228	33,762	240	452,160	391,583	355,128
18	2,543	2,203	1,998	76	45,342	39,267	35,611	245	471,196	408,068	370,077
19	2,834	2,454	2,226	78	47,759	41,361	37,510	250	490,625	424,894	385,336
20	3,140	2,719	2,466	80	50,240	43,509	39,458	255	510,446	442,060	400,904
21	3,462	2,998	2,719	85	56,716	49,118	44,545	260	530,660	459,565	416,779
22	3,799	3,290	2,984	90	63,585	55,067	49,940	265	551,266	477,411	432,963
23	4,153	3,596	3,261	95	70,846	61,355	55,643	270	572,265	495,597	449,456
24	4,522	3,916	3,551	100	78,500	67,983	61,654	275	593,656	514,022	466,257
25	4,906	4,249	3,853	105	86,546	74,951	67,973	280	615,440	532,988	483,365
26	5,307	4,596	4,168	110	94,985	82,260	74,601	285	637,616	552,193	500,783
27	5,723	4,956	4,495	115	103,816	89,908	81,537	290	660,185	571,738	518,508
28	6,154	5,380	4,834	120	113,040	97,896	88,781	295	683,146	591,623	536,542
29	6,602	5,717	5,185	125	122,656	106,224	96,334	300	706,500	611,848	554,884
30	7,065	6,118	5,549	130	132,665	114,891	104,195	305	730,246	632,413	573,534
32	8,038	6,961	6,313	135	143,066	123,899	112,364	310	754,385	653,319	592,493
34	9,075	7,859	7,127	140	153,860	133,247	120,841	315	778,916	674,563	611,759
36	10,174	8,811	7,990	145	165,046	142,934	129,627	320	803,840	696,148	631,334
38	11,335	9,817	8,903	150	176,625	152,962	138,721	325	829,156	718,071	651,218
40	12,560	10,877	9,865	155	188,596	163,329	148,123	330	854,865	740,336	671,409
42	13,847	11,992	10,876	160	200,960	174,036	157,834	335	880,966	762,940	691,909
44	15,198	13,162	11,936	165	213,716	185,084	167,852	340	907,400	785,885	712,717
46	16,611	14,385	13,046	170	226,865	196,471	178,179	345	934,346	809,169	733,834
48	18,086	15,663	14,205	175	240,406	208,198	188,815	350	961,625	832,793	755,258

Lieferungsvorschriften für Stabschweißeisen.

Das Material muß dicht, gut stauch- und schweißbar, weder kalt-noch rotbrüchig, noch langrissig sein, muß glatte Oberfläche, weder Kantenrisse, noch offene Schweißnähte, noch sonstige unganze Stellen enthalten.

Beim gewöhnlichen Handelseisen werden besondere Garantien selten verlangt, hingegen beim Qualitätsstabeisen, das in Nietstabeisen und Hufstabeisen zu unterscheiden ist:

Nietstabeisen: Zugfestigkeit mindestens 36 kg/mm², Dehnung mindestens 18%.

Ausgeschnittene Stücke aus Flach- oder Winkeleisen von 30—50 mm Breite, nicht über 16 mm dick, Vierkant- und Rund-eisen bis 25 mm Stärke, die Kanten mit der Feile abgerundet, sollen sich kalt zu einer Schleife biegen lassen mit einem lichten Durchmesser gleich der Dicke des Eisens, ohne Spuren einer Trennung zu zeigen.

Im warmen Zustand sollen Probestücke, wie vorstehend an-gegeben, sich ganz zusammenlegen lassen und soll ein Stück Rundeisen von der doppelten Länge seines Durchmessers auf die Hälfte seiner Länge zusammengestaucht werden können, ohne Risse zu zeigen.

Hufstabeisen: Zugfestigkeit mindestens 35 kg/mm², Dehnung mindestens 15%.

Die gleichen Probestücke wie für Nietstabeisen sollen sich kalt zu einer Schleife biegen lassen mit einem lichten Durchmesser gleich der doppelten Dicke des Eisens, ohne Spuren einer Tren-nung zu zeigen.

Im warmen Zustand sollen Probestücke, wie vorstehend an-gegeben, sich zu einer Schleife biegen lassen mit einem lichten Durchmesser gleich der Dicke des Eisens, ohne Risse zu zeigen.

Normalnieten.

Schaft-durch-messer	Quer-schnitt	Kopf-durch-messer	Höhe d. vers. Kopfes	Gewicht für 1000 Nietköpfe (Flußeisen)		Schaft-durch-messer	Quer-schnitt	Kopf-durch messer	Höhe d. vers. Kopfes	Gewicht für 1000 Nietköpfe (Flußeisen)	
				rund	versenkt					rund	versenkt
mm	cm²	mm		kg		mm	cm²	mm		kg	
10	0,79	15	3,75	4,55	3,66	22	3,80	33	8,25	48,48	38,98
12	1,13	18	4,5	7,87	6,33	23	4,15	34,5	8,63	55,60	44,70
14	1,54	21	5,25	12,49	10,04	24	4,52	36	9,0	62,94	50,'0
16	2,01	24	6,0	18,65	15,0	26	5,31	39	9,75	80,01	64,34
18	2,54	27	6,75	26,55	21,35	28	6,16	42	10,5	99,95	80,36
20	3,14	30	7,5	36,42	29,29	30	7,07	45	11,25	122,93	98,84

Niet-		Tragfähigkeit der Niete in Tonnen						
Durch-messer	Quer-schnitt	auf Abscheren bei einer Beanspruchung von			Material-stärke	Auf Lochleibung bei einer Beanspruchung von		
		600	800	1000		1200	1600	2000
mm		kg/cm²			mm	kg/cm²		
14	1,539	0,92	1,23	1,54	8	1,34	1,79	2,24
					10	1,68	2,24	2,80
					12	2,02	2,69	3,36
					14	2,35	3,14	3,92
					16	2,69	3,58	4,48
					18	3,02	4,03	5,04
					20	3,36	4,48	5,60
16	2,01	1,21	1,61	2,01	8	1,54	2,05	2,56
					10	1,92	2,56	3,20
					12	2,30	3,07	3,84
					14	2,69	3,58	4,48
					16	3,07	4,10	5,12
					18	3,46	4,61	5,76
					20	3,84	5,12	6,40
18	2,54	1,53	2,04	2,55	8	1,73	2,30	2,88
					10	2,16	2,88	3,60
					12	2,59	3,46	4,32
					14	3,02	4,03	5,04
					16	3,46	4,61	5,76
					18	3,89	5,18	6,48
					20	4,32	5,76	7,20
20	3,14	1,88	2,51	3,14	8	1,92	2,56	3,20
					10	2,40	3,20	4,00
					12	2,88	3,84	4,80
					14	3,36	4,48	5,60
					16	3,84	5,12	6,40
					18	4,32	5,76	7,20
					20	4,80	6,40	8,00
22	3,80	2,28	3,04	3,80	8	2,11	2,82	3,52
					10	2,64	3,52	4,40
					12	3,17	4,22	5,28
					14	3,70	4,93	6,16
					16	4,22	5,63	7,04
					18	4,75	6,34	7,92
					20	5,28	7,04	8,80
24	4,52	2,71	3,62	4,52	8	2,30	3,07	3,84
					10	2,88	3,84	4,80
					12	3,46	4,61	5,76
					14	4,03	5,38	6,72
					16	4,61	6,14	7,68
					18	5,18	6,91	8,64
					20	5,76	7,68	9,60
26	5,31	3,19	4,25	5,31	8	2,50	3,33	4,16
					10	3,12	4,16	5,20
					12	3,75	4,22	6,24
					14	4,37	5,82	7,28
					16	4,99	6,66	8,32
					18	5,62	7,49	9,36
					20	6,24	8,32	10,40

Withworth-Schraubengewinde.

Bolzendurchmesser		Kerndurchmesser		Ganghöhe		Gewindetiefe		Zahl der Gänge auf 1 Zoll
Zoll	mm	Zoll	mm	Zoll	mm	Zoll	mm	
1/16	1,587	0,04	1,045	0,016	0,423	0,0110	0,271	60
3/32	2,381	0,06	1,730	0,021	0,527	0,0120	0,325	48
1/8	3,175	0,09	2,362	0,025	0,635	0,0180	0,465	40
5/32	3,969	0,11	2,952	0,031	0,793	0,0220	0,508	32
3/16	4,762	0,13	3,407	0,041	1,058	0,0290	0,677	24
7/32	5,556	0,16	4,201	0,041	1.058	0,0300	0,677	24
1/4	6,350	0,18	4,724	0,050	1,270	0,0320	0,813	20
5/16	7,937	0,24	6,130	0,0556	1,411	0,0356	0,903	18
3/8	9,525	0,29	7,492	0,0625	1,587	0,0400	1,066	16
7/16	11,112	0,34	8,789	0,0714	1,814	0,0457	1,161	14
1/2	12,700	0,39	9,989	0,0833	2,117	0,0534	1,355	12
9/16	14,287	0,45	11,577	0,0833	2,117	0,0534	1,355	12
5/8	15,875	0,51	12,918	0,0909	2.309	0,0582	1,478	11
11/16	17.462	0,57	14,505	0,0909	2,309	0,0582	1,478	11
3/4	19,050	0,62	15,797	0,1000	2,540	0,0640	1,626	10
13/16	20,637	0.68	17,384	0,1000	2,540	0,0640	1,626	10
7/8	22,225	0,73	18,610	0,1111	2,822	0,0711	1,807	9
15/16	23,812	0,79	20,198	0,1111	2,822	0,0711	1,807	9
1	25,400	0,84	21,334	0,1250	3,175	0,0800	2,033	8
1 1/8	28,574	0,94	23,928	0,1429	3,628	0,0915	2,323	7
1 1/4	31,749	1,06	27,103	0,1429	3,628	0,0915	2,323	7
1 3/8	34,924	1,16	29,503	0,1667	4,233	0,1067	2,710	6
1 1/2	38,099	1,28	32,678	0,1667	4,233	0,1067	2,710	6
1 5/8	41,274	1,37	34,769	0,2000	5,080	0,1281	3,252	5
1 3/4	44,449	1,49	37,944	0,2000	5,080	0,1281	3,252	5
1 7/8	47,624	1,59	40,396	0,2222	5,644	0,1423	3,614	4 1/2
2	50,799	1,71	43,571	0,2222	5,644	0,1423	3,614	4 1/2
2 1/8	53,974	1,84	46,746	0,2222	5,644	0,1423	3,614	4 1/2
2 1/4	57,149	1,93	49,017	0,2500	6,350	0,1601	4,066	4
2 3/8	60,324	2,05	52,192	0,2500	6,350	0,1601	4,066	4
2 1/2	63,500	2,18	55,367	0,2500	6.350	0,1601	4,066	4
2 5/8	66,674	2,30	58,542	0,2500	6,350	0,1601	4,066	4
2 3/4	69,849	2,38	60,555	0,2875	7,257	0,1830	4,647	3 1/2
2 7/8	73,024	2,50	63,730	0,2875	7,257	0,1830	4.647	3 1/2
3	76,199	2,63	66,905	0,2875	7,257	0,1830	4,647	3 1/2
3 1/8	79,374	2,75	70,080	0,2875	7,257	0,1830	4,647	3 1/2
3 1/4	82,548	2,85	72,540	0.3077	7,815	0,1970	5,004	3 1/4
3 3/8	85,723	2,98	75,715	0 3077	7,815	0,1970	5,004	3 1/4
3 1/2	88,898	3,10	78,890	0,3077	7,815	0,1970	5,004	3 1/4
3 5/8	92,073	3,25	82,065	0,3077	7,815	0,1970	5,004	3 1/4
3 3/4	95.248	3,31	84,406	0,3333	8,467	0,2134	5,421	3
3 7/8	98,423	3,44	87,581	0,3333	8,467	0,2134	5,421	3
4	101,598	3 57	90,755	0,3333	8,467	0,2134	5,421	3
4 1/4	107,950	3,80	96,640	0,3478	8,834	0,2227	5,660	2 7/8
4 1/2	114,300	4,05	102,980	0,3478	8,834	0,2227	5,660	2 7/8
4 3/4	120,650	4,28	108,820	0,3636	9,236	0,2328	5,910	2 3/4
5	127,000	4,53	115,190	0,3636	9,236	0,2328	5,910	2 3/4
5 1/4	133,350	4,76	120,960	0,3810	9,675	0,2439	6,190	2 5/8
5 1/2	139,700	5,01	127,310	0,3810	9,675	0,2439	6,190	2 5/8
5 3/4	146,050	5,23	133,050	0,4000	10,16	0,2561	6,500	2 1/2
6	152,400	5,48	139,393	0,4000	10,16	0,2561	6,500	2 1/2

Metrisches Schraubengewinde (S-I).

Äußerer Gewinde- durchm.	Kern- durch- messer	Gang- höhe	Gang- tiefe	Schlüssel- weite	Äußerer Gewinde- durchm.	Kern- durch- messer	Gang- höhe	Gang- tiefe	Schlüssel- weite
mm	mm	mm	mm	mm	mm	mm	mm	mm	mm
6	4,59	1	0,705	12	33	28,08	3,5	2,46	50
7	5,59	1	0,705	13	36	30,37	4	2,815	54
8	6,24	1,25	0,88	15	39	33,37	4	2,815	58
9	7,24	1,25	0,88	16	42	35,67	4,5	3,165	63
10	7,89	1,5	1,055	18	45	38,67	4,5	3,165	67
11	8,89	1,5	1,055	19	48	40,96	5	3,52	71
12	9,54	1,75	1,23	21	52	44,96	5	3,52	77
14	11,19	2	1,405	23	56	48,26	5,5	3,87	82
16	13,19	2	1,405	26	60	52,26	5,5	3,87	88
18	14,48	2,5	1,76	29	64	55,56	6	4,22	94
20	16,48	2,5	1,76	32	68	59,56	6	4,22	100
22	18,48	2,5	1,76	35	72	62,85	6,5	4,575	105
24	19,78	3	2,11	38	76	66,85	6,5	4,575	110
27	22,78	3	2,11	42	80	70,15	7,	4,925	116
30	25,08	3,5	2,46	46					

Loewenherzgewinde.

Durch- messer der Schrauben	Steigung	Kern- durch- messer	Gang- tiefe	Flanken- maß	Durch- messer der Schrauben	Steigung	Kern- durch- messer	Gang- tiefe	Flanken- maß
mm	mm	mm	mm	mm	mm	mm	mm	mm	mm
0,5	0,15	0,270	0,11	0,388	7	1,10	5,350	0,82	6,175
0,6	0,15	0,370	0,11	0,488	8	1,20	6,200	0,90	7,100
0,8	0,20	0,500	0,15	0,650	9	1,30	7,050	0,97	8,025
1,0	0,25	0,625	0,18	0,812	10	1,40	7,900	1,05	8,950
1,2	0,25	0,825	0,18	1,017	12	1,60	9,600	1,20	10,800
1,4	0,30	0,950	0,22	1,175	14	1,80	11,300	1,35	12,650
1,7	0,35	1,175	0,26	1,437	16	2,00	13,000	1,50	14,500
2,0	0,40	1,400	0,30	1,700	18	2,20	14,700	1,65	16,350
2,3	0,40	1,700	0,30	2,000	20	2,40	16,400	1,80	18,200
2,6	0,45	1,925	0,33	2,262	22	2,80	17,800	2,10	19,900
3	0,50	2,250	0,37	2,625	24	2,80	19,800	2,10	21,900
3,5	0,60	2,600	0,45	3,050	26	3,20	21,200	2,40	23,600
4	0,70	2,950	0,52	3,475	28	3,20	23,200	2,40	25,600
4,5	0,75	3,375	0,56	3,937	30	3,60	24,600	2,70	27,300
5	0,80	3,800	0,60	4,400	32	3,60	26,600	2,70	29,300
5,5	0,90	4,150	0,67	4,825	36	4,00	30,000	3,00	33,000
6	1,00	4,500	0,75	5,750	40	4,40	33,400	3,30	36,700

Amerikanisches Normalschraubengewinde.

Durchmesser der Schraube	Gänge auf	Steigung	Gewindetiefe	Kerndurchmesser	Größe der Gewindeabflachung	Durchmesser der Schraube	Gänge auf	Steigung	Gewindetiefe	Kerndurchmesser	Größe der Gewindeabflachung
Zoll	1 Zoll	Zoll	Zoll	Zoll	Zoll	Zoll	1 Zoll	Zoll	Zoll	Zoll	Zoll
$^1/_4$	20	0,0500	0,0325	0,1850	0,0063	2	$4^1/_2$	0,2222	0,1444	1,7113	0,0278
$^5/_{16}$	18	0,0556	0,0361	0,2403	0,0069	$2^1/_4$	$4^1/_2$	0,2222	0,1444	1,9613	0,0278
$^3/_8$	16	0,0625	0,0405	0,2936	0,0078	$2^1/_2$	4	0,2500	0,1624	2,1752	0,0313
$^7/_{16}$	14	0,0714	0,0461	0,3447	0,0089	$2^3/_4$	4	0,2500	0,1624	2,4254	0,0313
$^1/_2$	13	0,0769	0,0499	0,4001	0,0096	3	$3^1/_2$	0,2857	0,1856	2,6288	0,0357
$^9/_{16}$	12	0,0833	0,0541	0,4542	0,0104	$3^1/_4$	$3^1/_2$	0,2857	0,1856	2,8788	0,0357
$^5/_8$	11	0,0909	0,0591	0,5069	0,0114	$3^1/_2$	$3^1/_4$	0,3077	0,1998	3,1003	0,0385
$^3/_4$	10	0,1000	0,0649	0,6201	0,0125	$3^3/_4$	3	0,3333	0,2165	3,3170	0,0417
$^7/_8$	9	0,1111	0,0721	0,7307	0,0139	4	3	0,3333	0,2165	3,5650	0,0417
1	8	0,1250	0,0812	0,8376	0,0156	$4^1/_4$	$2^7/_8$	0,3478	0,2259	3,7982	0,0435
$1^1/_8$	7	0,1429	0,0928	0,9394	0,0179	$4^1/_2$	$2^3/_4$	0,3636	0,2362	4,0276	0,0455
$1^1/_4$	7	0,1429	0,0928	1,0644	0,0179	$4^3/_4$	$2^5/_8$	0,3810	0,2474	4,2551	0,0476
$1^3/_8$	6	0,1667	0,1082	1,1585	0,0208	5	$2^1/_2$	0,4000	0,2598	4,4804	0,0500
$1^1/_2$	6	0,1667	0,1082	1,2835	0,0208	$5^1/_4$	$2^1/_2$	0,4000	0,2598	4,7304	0,0500
$1^5/_8$	$5^1/_2$	0,1818	0,1181	1,3888	0,0227	$5^1/_2$	$2^3/_8$	0,4210	0,2735	4,9530	0,0526
$1^3/_4$	5	0,2000	0,1299	1,4902	0,0250	$5^3/_4$	$2^3/_8$	0,4210	0,2735	5,2030	0,0526
$1^7/_8$	5	0,2000	0,1299	1,6152	0,0250	6	$2^1/_4$	0,4444	0,2882	5,4226	0,0556

Für Steinschrauben gilt:

Länge des Vierkants 5—6 facher Schraubendurchmesser

Oberer Durchmesser	,,	,,	1,2	,,
Unterer ,,	,,	.,	1,8	,,
Obere Lochweite	,,	,,	2	,,
Untere ,,	,,	.,	2,5	,,

Als Ausgießmaterial eignet sich am besten Zement, unter gewissen Verhältnissen Gips und Schwefel.

Außer der autogenen Schweißung, welche nur für ganz dünne Ketten in Anwendung kommt, stehen drei Fabrikationsarten von geschweißten Ketten zur Verfügung:

die durch Überlappung sauber geschweißte und im Gesenk geformte Kette, die Qualitätskette (fälschlich als englische Kette bezeichnet),

die durch die Überlappung geschweißte, aber nur roh verarbeitete, gewöhnliche Handelskette,

die nach einem besonderen Verfahren, auf elektrischem Wege, stumpf geschweißte Qualitätskette.

Die Qualitätskette wird in kalibrierter (für verzahnte Rollen) und in nichtkalibrierter Ausführung hergestellt.

Nach der inneren Länge (Teilung) und äußeren Breite des Kettengliedes werden unterschieden:

die kurzgliedrige Kette (Schiffs- oder Krankette) mit den Maßen 2,8 × 3,5 × Durchmesser,

die langgliedrige Kette (Förderkette) mit den Maßen 3,5 × 3,5 × Durchmesser,

die Ankerstegkette 4,0 × 3,6 × Durchmesser; der Steg erhöht die Bruchfestigkeit um rund 20%.

Als Material werden Ia Siemens-Martin-Ketteneisen von 36—44 kg Festigkeit bei 18—22% Dehnung und Puddelschweißeisen von 34—36 kg Festigkeit bei 12—18% Dehnung verwendet.

Belastungs- und Gewichtstabellen für Schiffsketten.
Nach den Vorschriften des Germanischen Lloyds.

Ketteneisen-durchmesser mm	Ketten mit Steg			Ketten ohne Steg	
	Bruchprobe Tonnen von 1000 kg	Reckprobe Tonnen von 1000 kg	Gewicht f. d. lfd. m rd. kg	Bruchprobe Tonnen von 1000 kg	Reckprobe Tonnen von 1000 kg
15	9,57	6,15	4,8	8,50	4,25
16	10,89	7,09	5,5	9,67	4,84
17	12,29	8,13	6,2	10,92	5,46
18	13,78	9,14	7,0	12,25	6,12
19	15,35	10,19	7,8	13,65	6,82
20	17,01	11,25	8,6	15,12	7,56
21	18,75	12,45	9,5	16,67	8,33
22	20,58	13,62	10,4	18,30	9,15
23	22,50	14,94	11,4	20,00	10,00
24	24,50	16,26	12,4	21,77	10,88
25	26,58	17,68	13,5	23,63	11,81
26	28,75	19,11	14,6	25,55	12,78
27	31,00	20,62	15,7	27,56	13,78
28	33,34	22,20	16,9	29,64	14,82
29	35,77	23,86	18,1	31,79	15,89
30	38,27	25,52	19,4	34,02	17,00
31	40,87	27,21	20,7	36,33	18,16
32	43,58	29,06	22,1	38,37	19,37
33	46,31	30,87	23,5	41,17	20,58
34	49,16	31,34	24,9	43,70	21,85
35	52,10	34,65	26,4	46,31	23,15
36	55,11	36 63	27,9	48,99	24,49
37	58,20	38,71	29,5	51,71	25,86
38	60,30	40,84	31,1	54,55	27,28
39	61,40	42,92	32,8	57,46	28,73
40	63,50	45,26	34,5	60,44	30,22
41	66,70	47,58	36,2	63,51	31,76
42	70,00	49,99	48,0	66,64	33,32
43	73,40	52,43	39,8	69,85	34,93
44	76,80	54,86	41.7	73,14	36,57
45	80,40	57,40	43,6	76,50	38,25
46	84,00	59,96	45,6	79,94	39,97
47	87,70	62,59	47,6	83,45	41,73
48	91,40	65,26	49,6	87,04	43,52

Ketteneisen-durchmesser mm	Ketten mit Steg			Ketten ohne Steg	
	Bruchprobe Tonnen von 1000 kg	Reckprobe Tonnen von 1000 kg	Gewicht f. d. lfd. m rd. kg	Bruchprobe Tonnen von 1000 kg	Reckprobe Tonnen von 1000 kg
49	95,30	67,95	51,7	90,70	45,35
50	99,20	70,77	53,9	94,44	47,22
51	103,20	73,68	56,1	—	—
52	107,30	76,61	58,3	—	—
53	111,50	78,84	60,5	—	—
54	115,70	82,70	62,8	—	—
55	120,00	85,85	65,2	—	—
56	124,40	89,00	67,6	—	—
57	128,90	92,15	70,0	—	—
58	133,50	95,40	72,5	—	—
59	138,10	98,65	75,0	—	—
60	142,90	102,01	77,6	—	—
61	147,70	105,46	80,2	—	—
62	152,50	108,92	82,8	—	—
63	157,50	112,47	85,5	—	—
64	162,00	115,62	88,3	—	—
65	165,70	118,56	91,1	—	—
66	169,40	121,11	93,9	—	—
67	173,20	123,64	96,7	—	—
68	177,00	126,39	99,6	—	—
69	180,80	129,03	102,6	—	—
70	184,60	131,27	105,6	—	—
71	188,30	134,42	108,6	—	—
72	192,00	137,06	111,7	—	—
73	195,80	139,70	114,8	—	—
74	199,50	142,34	118,0	—	—
75	203,10	144,98	121,2	—	—

Kurzgliedrige Schiffs- und Kranketten.
(Nach J. D. Teile, Schwerte a. R.)

Eisen-stärke mm	Meter-gewicht rd. kg	Zulässige Belastung kg	Probe-belastung kg	Eisen-stärke mm	Meter-gewicht rd. kg	Zulässige Belastung kg	Probe-belastung kg
5	0,6	250	530	20	9,0	4000	8200
6	0,8	360	765	22	10,5	4240	10285
7	1,15	490	1040	23	12	5290	11240
8	1,5	640	1360	25	14	6250	13280
9	1,9	810	1720	26	16	6760	14990
10	2,3	1000	2125	28	18	7840	16660
11	2,8	1210	2595	30	21	9000	18125
12	3,3	1440	3060	33	25	10890	23140
13	3,9	1690	3590	36	29	12960	27540
14	4,5	1960	4165	38	32	14470	31700
15	5,2	2250	4780	40	36	16000	34000
16	6,1	2560	5440	43	41	18550	39400
18	7,3	3240	6885	45	45	20250	43030
19	8,1	3610	7500				

Kalibrierte Ketten für Hebezeuge.
(Nach J. D. Teile, Schwerte a. R.)

Eisenstärke mm	Metergewicht rd. kg	Zulässige Belastung kg	Probebelastung kg	Eisenstärke mm	Metergewicht rd. kg	Zulässige Belastung kg	Probebelastung kg
5	0,60	185	400	15	5,0	1685	3585
5¹/₂	0,70	230	486	16	6,0	1920	4320
6	0,80	270	575	18	7,0	2430	5165
6¹/₂	0,95	315	675	20	9,5	3000	6375
7	1,10	390	830	22	11,0	3630	7715
8	1,60	480	1020	23	13,0	3965	8430
9¹/₂	2,0	675	1450	25	15,0	4685	9955
10	2,3	750	1595	26	16,0	5070	10775
11	3,0	1000	2125	28	19,0	5550	11800
12	3,5	1080	2295	30	22,0	6750	14350
12¹/₂	3,8	1175	2490	33	25,0	8085	17185
13	4,0	1265	2695	36	30,0	9720	20655
14	4,5	1470	3125	40	36,0	12000	25500

Gall'sche Ketten
aus S.-M.-Stahl von 50—60 kg Festigkeit und 18% Dehnung.
(Nach J. D. Teile, Schwerte a. R.)

Tragkraft	Teilung	Bolzenlänge	Bolzenstärke	Zapfenstärke	Plattenanzahl	Plattenbreite	Plattenstärke	Form	Gewicht f. d. Meter rd. kg
30	8	6	3,5	2,5	2	7	1		0,16
50	10	8	4	3	2	8	1,5		0,40
100	15	12	5	4	2	12	2		0,70
250	20	15	8	6	2	15	2		1,—
500	25	18	10	8	2	18	3		2,—
750	30	20	11	9	4	20	2		2,70
800	30,3	20	11	9	4	20	3	geschweifte Platten	4,—
1000	35	22	12	10	4	26	2		3,80
1200	35,3	22	12	10	4	26	3		5,—
1500	40	25	14	12	4	30	2,5		5,—
2000	45	30	17	14	4	35	3		7,10
3000	50	35	22	18	6	38	3		13,—
4000	55	40	24	21	6	40	4		16,50
5000	60	45	26	23	6	46	4		19,—
6000	65	45	28	25	6	52	4,5		24,70
7500	70	50	32	28	8	52	4,5		32,—
8500	75	55	34	30	8	56	4,5		34,—
10000	80	60	36	32	8	60	4,5		37,—
12500	85	65	38	34	8	65	5,5		45,50
15000	90	70	40	37	8	70	5,5	gerade Platten	50,60
17500	95	75	43	39	10	72	5,5		64,50
20000	100	80	46	41	10	80	5,5		82,—
25000	110	90	50	44	10	90	6		96,—
30000	120	100	54	47	10	100	6,5		112,—

Selbstschmierende Transmissionstreibketten.
(Nach J. D. Teile, Schwerte a. R.)

Spannung in kg	Teilung	Hülsenlänge	Hülsenstärke	Bolzenstärke	Plattenbreite	Plattenzahl	Plattendicke	Spannung in kg	Teilung	Hülsenlänge	Hülsenstärke	Bolzenstärke	Plattenbreite	Plattenzahl	Plattendicke
90	15	14	9	5	12	2	2	1500	55	45	28	20	40	4	4
150	20	16	12	8	16	2	3	2000	60	50	32	24	46	4	5
200	25	18	14	9	21	2	3	2500	65	55	36	28	53	4	5
300	30	20	17	11	26	2	4	3000	70	60	40	32	58	4	5
400	35	22	18	12	28	2	4	4000	80	70	44	34	65	6	4,5
500	40	25	20	14	30	2	4	5000	90	80	48	36	75	6	4,5
750	45	30	22	16	35	2	5	6000	100	90	52	38	90	6	5
1000	50	35	26	18	38	4	3								

Eisenbahnschienen.

Höhe	Fußbreite	Kopfbreite	Stegdicke	Gewicht f. d. lfd. m
		mm		kg
45	36	22,5	6,5	5,0
50	40	22	7,0	6,0
55	45	28	7,5	8,0
60	52	24	7,0	9,5
65	48	23	4,0	6,7
105	107	59	17,0	38,0

Lieferungsvorschriften für Flußstahl für Eisenbahnzwecke:

Zugfestigkeit von	Stahlschienen	. . . . .	mindestens	55 kg/mm²
,,	,, Randlenkern	. . . .	,,	55 ,,
,,	,, Laschen, Unterlagsplatten	.	,,	50—65 ,,
,,	,, Wagen- und Tenderreifen	.	,,	50 ,,
,,	,, Lokomotivreifen	. . .	,,	60 ,,
,,	,, Achsen	. . . .	,,	50 ,,

Schlagproben: für Schienen bei 1 m Freilage und 750—1500 kgm je nach Schienengewicht, wobei mindestens eine Durchbiegung von 100 mm bei 134 mm hoher Schiene erreicht und bei anderen Schienenhöhen die Durchbiegung umgekehrt diesen Höhen bemessen werden soll;

für Laschen muß in kaltem Zustand bei 420 mm Stützweite eine bleibende Durchbiegung von mindestens 6 mm zulässig sein, ohne daß Risse und Brüche entstehen;

für Unterlagsplatten muß in kaltem Zustand quer zur Walzrichtung eine Durchbiegung von 135° möglich sein, ohne daß sich Risse zeigen;

Deutsche Normaltabelle für guß-

Lichter Durchmesser D	Normal-Wanddicke δ	Äußerer Rohrdurchmesser $D_1 = D + 2\delta$	Übliche Baulänge L	Muffenrohre — Muffen					Wulst		Zentrierungsring		
				Muffentiefe	Bleifagendicke f	Lichte Weite $D_2 = D_1 + 2f$	Wanddicke $y = 1,4\,\delta$	Äußerer Durchmesser $= D_2 + 2y$	Dicke u. Breite $x = 7 + 2\delta$	Durchm. $= D_2 + 2x$	gr. Durchmesser $= D_1 + {}^{4}/_{3}\,f$	kl. Durchmesser $= D_1 + {}^{2}/_{3}\,f$	Tiefe $= 1,5\,\delta$
mm	mm	mm	m	mm					mm		mm		
40	8,0	56	2	74	7,0	70	11,0	92	23	116	65	61	12
50	8,0	66	2	77	7,5	81	11,0	103	23	127	76	71	12
60	8,5	77	2	80	7,5	92	12,0	116	24	140	87	82	13
70	8,5	87	3	82	7,5	102	12,0	126	24	150	97	92	13
80	9,0	98	3	84	7,5	113	12,5	138	25	163	108	103	14
90	9,0	108	3	86	7,5	123	12,5	148	25	173	118	113	14
100	9,0	118	3	88	7,5	133	13,0	159	25	183	128	123	14
125	9,5	144	3	91	7,5	159	13,5	186	26	211	154	149	14
150	10,0	170	3	94	7,5	185	14,0	213	27	239	180	175	15
175	10,5	196	3	97	7,5	211	14,5	240	28	267	206	201	16
200	11,0	222	3	100	8,0	238	15,0	268	29	296	233	228	16
225	11,5	248	3	100	8,0	264	16,0	296	30	324	259	254	17
250	12,0	274	4	103	8,5	291	17,0	325	31	353	285	280	18
275	12,5	300	4	103	8,5	317	17,5	352	32	381	311	306	19
300	13,0	326	4	105	8,5	342	18,0	379	33	409	337	332	20
325	13,5	352	4	105	8,5	369	19,0	407	34	437	363	358	20
350	14,0	378	4	107	8,5	395	19,5	434	35	465	389	384	21
375	14,0	403	4	107	9,0	421	20,0	461	35	491	415	409	21
400	14,5	429	4	110	9,5	448	20,5	489	36	520	442	436	22
425	14,5	454	4	110	9,5	473	20,5	514	36	545	467	461	22
450	15,0	480	4	112	9,5	499	21,0	541	37	573	493	487	23
475	15,5	506	4	112	9,5	525	21,5	568	38	601	519	513	23
500	16,0	532	4	115	10,0	552	22,5	597	39	630	545	539	24
550	16,5	583	4	117	10,0	603	23,0	649	40	683	596	590	25
600	17,0	634	4	120	10,5	655	24,0	703	41	757	648	641	26
650	18,0	686	4	122	10,5	707	25,0	757	43	793	700	693	27
700	19,0	739	4	125	11,0	760	26,5	813	45	850	753	746	28
750	20,0	790	4	127	11,0	812	28,0	868	47	906	805	798	30
800	21,0	842	4	130	12,0	866	29,5	925	49	964	858	850	31
900	22,5	945	4	135	12,5	970	31,5	1033	52	1074	962	954	33
1000	24,0	1048	4	140	13,0	1074	33,5	1141	55	1184	1065	1057	36
1100	26,0	1152	4	145	13,0	1178	36,5	1252	59	1296	1169	1161	39
1200	28,0	1256	4	150	13,0	1282	39,0	1360	63	1404	1273	1265	42

Die Breite des Muffenaufsatzes für das Spitzende im Muffensitz beträgt $0,5\,\delta$.

Die Länge des kegelförmigen Übergangs vom Muffensitz bis zum glatten Rohre beträgt $t' = t - 35$ mm.

Die normalen Wanddicken gelten für Röhren, welche einem Betriebsdruck von 10 Atmosph. und einem Probedruck von höchstens 20 Atmosph. ausgesetzt sind und vor allem Wasserleitungszwecken dienen. Für gewöhnliche Druckverhältnisse von Wasserleitungen (4 bis 7 Atmosph.) ist eine Verminderung der Wanddicken zulässig, desgleichen für Leitungen, in welchen nur ein geringer Druck herrscht (Gas-, Wind-, Kanalisationsleitungen usw.). Für Dampfleitungen, welche größeren Temperaturunterschieden und dadurch entstehenden Spannungen, sowie für Leitungen, welche unter besonderen Verhältnisen schädigenden äußeren Einflüssen ausgesetzt sind, ist es empfehlenswert, die Wanddicken entsprechend zu erhöhen.

und vom Deutschen Verein von Gas- und Wasserfachmännern.)

Muffenrohre						Flanschenrohre									
	Gewicht			Lichter Durchmesser D	Übliche Baulänge	Flanschen			Schrauben			Dichtungsleiste		Gewicht	
der Muffe	1,0 laufenden m Baulänge		des Bleiringes			-Durchmesser	-Dicke	Lochkreisdurchmesser	-Anzahl	engl. Zoll	-Dicke	Breite	Höhe	einer Flansche	von 1,0 laufenden m Baulänge
	ohne Muffe	mit Muffe abgerundet													
kg	kg		kg	mm	m	mm					mm	mm		kg	
2,2	8,75	10,0	0,51	40	2	140	18	110	4	1/2	13	25	3	1,89	10,54
2,8	10,57	12,0	0,69	50	2	160	18	125	4	5/8	16	25	3	2,41	12,98
3,4	13,26	15,0	0,73	60	2	175	19	135	4	5/8	16	25	3	2,96	16,22
4,0	15,20	16,5	0,94	70	3	185	19	145	4	5/8	16	25	3	3,21	17,34
4,6	18,24	20,0	1,05	80	3	200	20	160	4	5/8	16	25	3	3,84	20,80
5,3	20,29	22,0	1,15	90	3	215	20	170	4	5/8	16	25	3	4,37	23,20
6,0	22,34	24,0	1,35	100	3	230	20	180	4	3/4	19	28	3	4,96	25,65
8,8	29,10	32,0	1,70	125	3	260	21	210	4	3/4	19	28	3	6,26	33,07
9,7	36,44	40,0	2,14	150	3	290	22	240	6	3/4	19	28	3	7,69	41,57
11,7	44,36	48,0	2,46	175	3	320	22	270	6	3/4	19	30	3	8,96	50,33
13,8	52,86	57,0	2,97	200	3	350	23	300	6	3/4	19	30	3	10,71	60,00
16,0	61,95	67,0	3,67	225	3	370	23	320	6	3/4	19	30	3	11,02	69,40
19,0	71,61	76,0	4,30	250	3	400	24	350	8	3/4	19	30	3	12,98	80,26
22,0	81,85	87,0	4,69	275	3	425	25	375	8	3/4	19	30	3	14,41	91,46
25,0	92,68	99,0	5,09	300	3	450	25	400	8	3/4	19	30	3	15,32	102,89
28,0	104,09	111,0	5,16	325	3	490	26	435	10	7/8	22	35	4	19,48	117,07
31,0	116,07	124,0	5,53	350	3	520	26	465	10	7/8	22	35	4	21,29	130,56
34,0	124,05	133,0	6,64	375	3	550	27	495	10	7/8	22	35	4	24,29	140,23
37,0	136,89	146,0	7,46	400	3	575	27	520	10	7/8	22	35	4	25,44	153,85
41,0	145,15	155,0	7,89	425	3	600	28	545	12	7/8	22	35	4	27,64	163,58
45,0	158,87	170,0	8,33	450	3	630	28	570	12	7/8	22	35	4	29,89	178,80
49,0	173,17	185,0	8,77	475	3	655	29	600	12	7/8	22	40	4	32,41	194,78
54,0	188,04	202,0	10,1	500	3	680	30	625	12	7/8	22	40	4	34,69	211,17
62,0	212,90	228,0	11,7	550	3	740	33	675	14	1	26	40	5	44,28	242,42
72,0	238,90	257,0	13,3	600	3	790	33	725	16	1	26	40	5	47,41	270,51
84,0	243,86	295,0	14,4	650	3	840	33	775	18	1	26	40	5	50,13	307,28
97,0	311,15	335,0	15,5	700	3	900	33	830	18	1	26	40	5	56,50	348,82
112,0	350,76	379,0	17,4	750	3	950	33	880	20	1	26	40	5	59,81	390,63
128,0	392,69	425,0	20,2	800	3										
162,0	472,76	513,0	24,7	900	3										
197,0	559,76	609,0	29,2	1000	3										
240,0	666,81	727,0	34,0	1100	3										
295,0	783,15	857,0	39,0	1200	3										

Die Schenkellänge der Flanschen-Krümmer und -T-Stücke mit dem Abzweig D beträgt: $L = D + 100$ mm. Hat der Abzweig den Durchmesser d, so wird die Schenkellänge des Abzweigs von Mitte Hauptrohr aus gemessen:

$$l = \frac{D}{2} + \frac{d}{2} + 100 \text{ mm}.$$

Der äußere Durchmesser des Rohres ist feststehend und sind Änderungen der Wanddicke nur auf den lichten Durchmesser von Einfluß. Als unabänderlich normal gilt ferner die innere Muffenform und die Art des Anschlusses an das Rohr, sowie die Bleifugendicke. Aus Gründen der Fabrikation sind bei geraden Normalröhren Abweichungen von den durch Rechnung ermittelten Gewichten im Max. von $\pm 3\%$ zu gestatten.

für Radreifen sind die Schlagproben mit Schlägen von 3000 kgm solange durchzuführen, bis die Radreifen sich um 12 % ihres ursprünglich inneren Durchmessers eingebogen haben, wobei das Material keine Risse zeigen darf;

für Achsen sind die Schlagproben bei 1,5 m Freilage mit Schlägen von 3000 kgm solange durchzuführen, bis bei Achsen von 130 mm Durchmesser eine Durchbiegung von 200 mm (bei Achsen von anderen Durchmessern eine kleinste Durchbiegung, umgekehrt proportional diesen Durchmessern) erreicht ist, ohne daß das Material Risse zeigt.

Laufkranschienen.

Fuß-breite	Höhe	Kopf-breite	Quer-schnitt	Gewicht f. d. m.	für Rad-durchmesser
mm			cm²	kg	mm
125	55	45	28,7	22,5	400
150	65	55	41,01	32,2	600
175	75	65	55,8	43,8	800
200	85	75	72,6	57,0	1000

Die eisernen Röhren sind zu unterscheiden in:
gußeiserne Röhren,
Schmiedeisen- und Stahlröhren:
    stumpf geschweißte,
    überlappt geschweißte,
    spiral geschweißte,
    nahtlose (Mannesmannröhren),
    genietete.

Schmiedeiserne Flanschenrohre.
(Fabrikationslänge 4—5 m; Düsseldorfer Röhren- und Eisenwalzwerke, Düsseldorf.)

Äußerer Durchmesser		Wand-stärke	Flanschen-		Durchmesser		Schrau-ben-löcher	Gewicht f. d. lfd. m einschl. Flanschen
			Durch-messer	Dicke	d. Loch-kreises	d. Bolzen-löcher		
engl. Zoll	mm	mm	mm		mm		Anzahl	mm
1¹/₂	38	2	96	8	68	11,5	3	2,4
1⁵/₈	41,5	2,5	99	8	71	11,5	3	2,6
1³/₄	44,5	2,5	103	8	75	11,5	3	2,8
1⁷/₈	47,5	2,5	106	8	78	11,5	3	3,0
2	51	2,75	116	10	84	14	3	3,5
2¹/₈	54	2,75	121	10	89	14	3	3,8
2¹/₄	57	2,75	124	10	92	14	3	4,0
2³/₈	60	3	129	10	97	14	3	4,6
2¹/₂	63,5	3	133	12	101	14	3	4,9
2³/₄	70	3	140	12	108	14	4	5,4
3	76	3	146	12	114	14	4	5,9
3¹/₄	83	3,5	163	12	126	17	4	7,5

182

Äußerer Durchmesser		Wand-stärke	Flanschen-		Durchmesser		Schrau-ben-löcher	Gewicht f.d lfd. m einschl. Flanschen
			Durch-messer	Dicke	d. Loch-kreises	d. Bolzen-löcher		
engl. Zoll	mm	mm	mm		mm		Anzahl	mm
3¹/₂	89	3,5	169	14	132	17	4	8,2
3³/₄	95	3,5	175	14	138	17	4	8,7
4	102	3,75	185	14	148	17	4	10,0
4¹/₄	108	3,75	191	14	154	17	4	10,6
4¹/₂	114	3,75	197	14	160	17	4	11,2
4³/₄	121	4	204	14	167	17	4	12,5
5	127	4,25	226	16	179	21	4	14,4
5¹/₄	133	4,25	231	16	184	21	4	15,1
5¹/₂	140	4,5	239	16	192	21	4	16,7
5³/₄	146	4,5	245	16	198	21	6	17,4
6	152	4,5	254	16	207	21	6	18,1
6¹/₄	159	4,5	261	16	214	21	6	19,1
6¹/₂	165	4,5	269	16	222	21	6	19,7
6³/₄	171	4,5	275	16	228	21	6	20,6
7	178	4,5	286	18	240	21	6	21,7
7¹/₂	191	5,5	300	18	253	21	6	27,7
8	203	6	313	20	266	21	6	32,2
8¹/₂	216	7	327	20	280	21	6	39,3
9	229	7	341	20	294	21	7	41,6
9¹/₂	241	8	354	22	306	21	7	49,8
10	254	8	372	22	323	21	7	52,7

Gewichte von schmiedeisernen Siederohren in kgm.

(Schweißeisen, spezifisches Gewicht 7,8.)

Äußerer Durchmesser		Bei normaler Wandstärke		Bei einer Wandstärke von a mm mehr als die normale. a =							
Zoll engl.	mm	von mm	kg	0,25	0,50	0,75	1,0	1,5	2,0	2,5	3,0
				kg	kg	kg	kg	kg	kg	kg	kg
1¹/₂	38	2,00	1,80	1,97	2,17	2,37	2,57	2,95	3,32	3,68	4,08
1⁵/₈	41,5	2,50	2,40	2,61	2,83	3,05	3,26	3,67	4,08	4,47	4,85
1³/₄	44,5	2,50	2,60	2,80	3,05	3,28	3,51	3,96	4,40	4,84	5,24
1⁷/₈	47,5	2,50	2,75	3,01	3,26	3,52	3,77	4,26	4,73	5,20	5,65
2	51	2,75	3,25	3,53	3,80	4,07	4,33	4,86	5,37	5,88	6,37
2¹/₈	54	2,75	3,45	3,74	4,03	4,32	4,60	5,17	5,72	6,25	6,78
2¹/₄	57	2,75	3,65	3,95	4,26	4,57	4,87	5,47	6,08	6,63	7,20
2³/₈	60	3,00	4,20	4,50	4,83	5,15	5,47	6,10	6,72	7,33	7,92
2¹/₂	63,5	3,00	4,45	4,79	5,13	5,48	5,82	6,49	7,14	7,79	8,42
2³/₄	70	3,00	4,90	5,30	5,69	6,07	6,45	7,20	7,94	8,67	9,39
3	76	3,00	5,35	5,76	6,19	6,61	7,04	7,85	8,64	9,44	10,26
3¹/₄	83	3,50	6,80	7,28	7,74	8,20	8,66	9,56	10,44	11,29	12.17
3¹/₂	89	3,50	7,32	7,81	8,31	8,80	9,29	10,27	11,22	12,17	13,11
3³/₄	95	3,50	7,83	8,36	8,90	9,43	9,95	11,00	12,03	13,05	14,06
4	102	3,75	9,01	9,58	10,15	10,72	11,29	12.42	13,53	14,63	15,71
4¹/₂	114	3,75	10,10	10,75	11,40	12,04	12,68	13,95	15,21	16,46	17,69
5	127	4,25	12,75	13,47	14,20	14,91	15,62	17,04	18,45	19,84	21,22
5¹/₂	140	4,50	14,90	15,70	16,50	17,29	18,08	19,65	21,21	22,76	24,29
6	152	4,50	16,22	17,10	17,96	18,83	19,70	21,41	23,12	24,81	26.49
6¹/₂	165	4,50	17,65	18,61	19,55	20,50	21,44	23,32	25,18	27,03	28,87
7	178	4,50	19,08	20,11	21,14	22,17	23,19	25,22	27,24	29,26	31,25
7¹/₂	191	5,50	24,93	26,03	27,13	28,22	29,31	31,48	33,63	35,78	37,95
8	203	6,00	28,89	30,06	31,22	32,38	33,53	35,83	38,13	40,40	42,67

Rohrgewinde-Tabelle.
(Angenommen vom Verband Deutscher Ingenieure. Withworth's Gewindeform.)

Äußerer Rohr- und Gewindedurchm.	Gänge	Kerndurchmesser des Gewindes	Handelsbezeich. der lichten Rohrw.	Äußerer Rohr- und Gewindedurchm.	Gänge	Kerndurchmesser des Gewindes	Handelsbezeich. der lichten Rohrw.
mm	pro Zoll	mm	Zoll	mm	pro Zoll	mm	Zoll
13	19	11,288	1/4	52	11	49,043	1 3/4
16,5	19	14,788	3/8	59	11	56,043	2
20,5	14	18,177	1/2	70	11	67 043	2 1/4
23	14	20,677	5/8	76	11	73,043	2 1/2
26,5	14	24,177	3/4	89	11	86,043	3
33	11	30,043	1	101,5	11	98,543	3 1/2
42	11	39,043	1 1/4	114	11	111,043	4
48	11	45,043	1 1/2				

Withworth-Original-Tabelle für Rohrgewinde.

Lichte Rohrweite	Gänge	Durchmesser des Gewindes	Kerndurchmesser des Gewindes	Lichte Rohrweite	Gänge	Durchmesser des Gewindes	Kerndurchmesser des Gewindes
Zoll	p. Zoll	mm	mm	Zoll	p. Zoll	mm	mm
1/8	28	9,715	8,552	1 5/8	11	51,332	48,373
1/4	19	13,157	11,445	1 3/4	11	51,993	49,034
3/8	19	16,670	14,958	2	11	59,613	56,654
1/2	14	20,972	18,648	2 1/4	11	65,721	62,762
5/8	14	22,915	20,591	2 1/2	11	76,232	73,273
3/4	14	26,441	24,117	2 3/4	11	82,472	79,513
7/8	14	30,200	27,876	3	11	88,517	85,558
1	11	33,248	30,289	3 1/4	11	93,942	90,985
1 1/8	11	37,896	34,937	3 1/2	11	99,365	96,408
1 1/4	11	41,909	38,950	3 3/4	11	104,788	101,831
1 3/8	11	44,322	41,363	4	11	110,211	107,254
1 1/2	11	47,815	44,856				

Eiserne Gasröhren.

Lichte Weite		Äußerer Durchmesser	Wandstärke	Gewicht f. d. Meter	Lichte Weite		Äußerer Durchmesser	Wandstärke	Gewicht f. d. Meter
Zoll engl.	mm	mm	mm	kg	Zoll engl.	mm	mm	mm	kg
1/8	6 1/4	10	1 7/8	0,37	1 1/2	40 1/2	47 3/4	3 3/4	4.40
1/4	8 7/8	13 1/8	2 1/8	0,55	1 3/4	43 3/4	51 3/4	4	4,70
3/8	11 3/4	16 1/8	2 3/8	0,80	2	50	59	4 1/2	5.30
1/2	15 1/10	20 1/2	2 7/10	1,20	2 1/4	59 1/2	69	4 3/4	7,30
5/8	17 1/4	23	2 7/8	1,50	2 1/2	66	76	5	7,75
3/4	20 1/2	26 1/2	3	1,80	2 3/4	71 1/2	82	5 1/4	8,50
7/8	22 1/2	29	3 1/4	2,10	3	78	89	5 1/2	10,00
1	26 1/4	33	3 3/8	2,45	3 1/2	89	101	6	12,00
1 1/4	34 3/4	41 3/4	3 1/2	3,60	4	101 1/2	114	6 1/4	14,50

Gasgewinde.

Lichte Rohrweite		Äußerer Durchmesser	Tiefe der Schraub.-gänge	Anzahl der Gänge	Lichte Rohrweite		Äußerer Durchmesser	Tiefe der Schraub.-gänge	Anzahl der Gänge
Zoll engl.	mm	mm	mm	pro mm	Zoll engl.	mm	mm	mm	pro mm
$1/8$	3,2	10,5	0,58	7,2	1	25,4	32	1,6	4,33
$1/4$	6,5	13	0,8	7,5	$1 1/4$	32	41	1,6	4,33
$3/8$	9,5	16	0,8	7,5	$1 1/2$	38,5	47	1,6	4,33
$1/2$	12,5	20,5	1	5,5	$1 3/4$	44,5	54	1,6	4.33
$5/8$	15,88	23,02	1,17	5,5	2	50,8	60	1,6	4,33
$3/4$	19	26	1	5,5					

Das Mannesmannsche Schrägwalzverfahren gestattet, unter Zuhilfenahme eines Dorns, vermöge der schrägen Stellung der Walzen, bei schraubenförmiger Bewegung der Eisenteilchen, nahtlose Röhren, Mannesmannröhren, von großer Festigkeit zu erzeugen.

Auffangstangen für Blitzableiter aus Mannesmannröhren.

Ganze Länge	Zulässige Belastung	Stückgewicht	Zulässige Belastung	Stückgewicht	Ganze Länge	Zulässige Belastung	Stückgewicht	Zulässige Belastung	Stückgewicht
mm	kg				mm	kg			
1500	31	4	53	5	4500	10	11	18	13
2000	23	5	40	6	5000	9	12	16	15
2500	19	6	32	8	5500	9	13	15	16
3000	16	7	27	9	6000	8	14	14	18
3500	13	8	23	10	6500	7	15	13	19
4000	12	9	20	12	7000	7	16	12	21

Für die Industrie kommen von den Eisenverbindungen besonders in Betracht:

Eisenvitriol (grüner Vitriol), $FeSO_4$, bildet wasserfrei ein weißes Pulver, sonst blaugrüne Kristalle, welche in der Luft leicht verwittern; spezifisches Gewicht 1,89. Es dient in der Färberei zum Schwarz- und Blaufärben, zur Kupfergewinnung auf nassem Wege, in der Indigofärberei, zur Herstellung von Tinten und Lederschwärze.

Gelbes Blutlaugensalz, $K_4Fe(CN)_6$ (Ferrocyankalium, Kaliumeisencyanür), hergestellt durch Zusammenschmelzen von Pottasche, tierischen Abfällen und Eisen, und als Nebenprodukt bei der Leuchtgasfabrikation gewonnen, bildet zitrongelbe Kristalle, schmeckt bitterlich süßsalzig, ist nicht giftig; spezifisches Gewicht 1,86. Es findet Verwendung in der Farbenfabrikation, zur oberflächlichen Umwandlung von Eisen in Stahl, in der Sprengtechnik und zur Herstellung von rotem Blutlaugensalz.

Rotes Blutlaugensalz, $K_6Fe_2(CN)_{12}$ (Ferricykalium, Kaliumeisencyanid), hergestellt aus gelbem Blutlaugensalz durch Behandlung mit Chlor, bildet dunkelrote Kristalle, ist giftig; spezifisches Gewicht 1,849.

Es findet in der Farbenfabrikation, Färberei und Zeugdruckerei Verwendung.

Kobalt, Co, Atomgewicht 58,97, spezifisches Gewicht (gegossen) 8,17, beziehungsweise (gehämmert) 9,15, Schmelzpunkt 1490° C, hat rotweiße Farbe, ist luftbeständig, schwer schmelzbar und stark magnetisch. Es ist das festeste aller Metalle, härter als Eisen; findet Verwendung in der Stahlindustrie, zur Herstellung von Legierungen und als rostschützender Überzug.

Nickel, Ni, Atomgewicht 58,58, spezifisches Gewicht gegossen 8,28, gehämmert 8,67, gezogen 9,20, Härte 4, elektrische Leitfähigkeit 8, Schmelzpunkt 1452° C, hat eine stark glänzende, silberweiße Farbe mit einem Stich ins Gelbliche, ist stark magnetisch, auch an feuchter Luft sehr beständig, ist schmiedbar, schweißbar, dehnbar (läßt sich zu dünnen Blechen auswalzen, zu feinen Drähten ausziehen), läßt sich mit hohem Glanz polieren, aber, da es zur Blasenbildung neigt, nicht gut gießen. Es wird in reinem Zustand aus Nickelsalzlösungen an der Kathode gewonnen.

Nickel wird als Überzug von Metallwaren, in der Stahlindustrie (Nickelstahl) und zur Herstellung von Legierungen verwendet.

Zu unterscheiden sind: Rohnickel (Würfelnickel) mit 98—99% Nickel, 1—1,5% Kobalt, 0,3—0,5% Eisen, und Reinnickel mit etwa 99,5% Nickel und einem Rest, der in der Hauptsache aus Kobalt besteht.

Nickelbleche.

Dicke mm	0,5	1	2	3	4	5
Gewicht kg/mm²	4,5	9,0	18,0	27,0	36,0	45,0
Dicke mm	6	7	8	9	10	
Gewicht kg/mm²	54,0	63,0	72,0	81,0	90,0	

Nickelinbleche.

Dicke mm	0,5	1	2	3	4	5
Gewicht kg/m²	4,35	8,7	17,4	26,1	34,8	43,5
Dicke mm	6	7	8	9	10	
Gewicht kg/m²	52,2	60,9	69,6	78,3	87,0	

Nickelsuperoxyd findet als aktive Masse der Akkumulatorenplatten des Edison-Akkumulators (Eisen-Nickelakkumulator) mit 20%iger Kalilauge als Elektrolyt Verwendung.

Mangan, Mn, Atomgewicht 54,93, spezifisches Gewicht 7,41—7,51, Schmelzpunkt 1210° C, hat rötlichen Glanz, ist hart und spröde, wird zur Herstellung von Legierungen, von Spiegeleisen und Ferromangan verwendet.

Kalzium (Calcium), Ca, ist ein gelbes, glänzendes Metall, Atomgewicht 39,7, spezifisches Gewicht 1,55, Schmelzpunkt nahe 900° C, ist an der Luft nicht beständig, wird auf elektrochemischem Wege aus geschmolzenem Kalziumchlorid gewonnen.

Kalziumkarbid, CaC_2, wird durch Erhitzen eines Gemisches von Ätzkalk und Kohlepulver im elektrischen Ofen erhalten und bildet graue, kristallinische Massen.

Azetylen, ein Kohlenwasserstoff, C_2H_2, durch Zersetzung von Kalziumkarbid durch Wasser hergestellt, ist ein farbloses Gas von lauchartigem Geruch, welches mit rußender Flamme brennt (Entflammungspunkt 480° C). Ein m^3 Azetylen entwickelt 14.340, ein kg 12.200 Wärmeeinheiten. 0,58—0,75 l Azetylen liefern eine Leuchtkraft von 1 Hefnerkerze; 1 kg gutes Kalziumkarbid liefert etwa 300 l Azetylen.

Kalkstickstoff (Kalziumzyanid, Stickstoffkalk), $CaCN_2$, wird durch Überleitung von Stickstoff über glühendes Kalziumkarbid gewonnen; er dient als Ersatz des Chilesalpeters, für die künstliche Stickstoffgewinnung, in Verbindung mit leicht schmelzbaren Salzen unter dem Namen Ferrodur als Härtemittel für Stahl (Ersatz von Blutlaugensalz).

Gold, Au, Atomgewicht 197,2, spezifisches Gewicht (gegossen) 19,3—19,33, Schmelzpunkt 1064° C, ist das dehnbarste aller Metalle, läßt sich zu feinsten Fäden ausziehen und zu dünnen Blättchen hämmern, welche das Licht mit grüner Farbe durchlassen. Unter Annahme der Leitfähigkeit von Quecksilber = 1 ist bei:

Feingehalt 1,000 die Leitfähigkeit 39,75

,,   0,951 ,,   ,,   13,38

,,   0,751 ,,   ,,   7,14

Silber, Ag, Atomgewicht 107,88, spezifisches Gewicht (gewalzt) 10,62, beziehungsweise (gegossen) 10,42—10,51, Schmelzpunkt 995%, absorbiert beim Schmelzen an der Luft viel Sauerstoff, welchen es beim Erstarren unter Auftreibungserscheinungen (Spratzen) wieder abgibt.

Feinsilber wird in Form von dünnen Drähten (höherer Sicherheitsgrad, weil größte Gleichmäßigkeit im Material) zu Abschmelzdrähten für Sicherungspatronen verwendet. Die Drahtquerschnitte werden der Durchschmelzstromstärke entsprechend gewählt. Für größere Stromstärken werden nach Bedarf mehrere Feinsilberdrähte parallel geschaltet.

Quecksilber, Hg, Atomgewicht 200,6, spezifisches Gewicht 13,595, Schmelzpunkt — 38,5° C, Siedepunkt 357° C, spezifischer Widerstand 0,95, Temperaturkoeffizient + 0,00091. Quecksilber hat bei einer

Temperatur °C . .	80	160	240	320
eine Dampfdichte .	0,0000007	0,0000302	0,0003754	0,0019879

Kupfer, Cu, Atomgewicht 63,57, spezifisches Gewicht (gegossen) 8,83—8,92, beziehungsweise (gehämmert) 8,92—8,96, beziehungsweise (elektrolytisches) 8,88—8,95, Härte 3, schmilzt bei 1084° C, hat feinkörnigen, dichten, seidenartig glänzenden Bruch, ist ein stark glänzendes Metall von roter Farbe. (Die mit „kupferrot" bezeichnete Farbe ist mehr jene des Kupferoxyduls, als des reinen metallischen Kupfers.) Es besitzt große (mit der Reinheit zunehmende) Dehnbarkeit, besonders hervorragende Geschmeidigkeit, läßt sich nicht in Formen gießen, jedoch im kalten Zustand pressen, ziehen, hämmern, treiben, im warmen Zustand auswalzen; es ist nicht schweißbar, aber mit (Hart- und Weichlot) lötbar.

Säuren und gewisse Salze erzeugen auf Kupfer den giftigen Grünspan (essigsaures Kupfer); zum Schutze gegen ihre Einwirkung muß das Kupfer verzinnt werden.

Beim Erhitzen an der Luft zeigt es Anlauffarben und bedeckt sich mit einer schwarzen, leicht abspringenden Oxydschicht (Kupferhammerschlag).

An feuchter Luft bildet es einen (auch künstlich erzeugten) Überzug von grüner Farbe (kohlensaures Kupfer), sogenannte Patina, welcher es vor weiterer Oxydation schützt. Kupfer wird durch Rauchgase geschwärzt (Bildung von CuS), von Salpetersäure und Essig leicht gelöst, ist aber sonst ziemlich säurebeständig. Die Kupferverbindungen sind giftig, meist grün oder blau.

Eisen- und Wismutgehalt machen Kupfer kaltbrüchig; Nickel- und Phosphorgehalt über 0,5% wirken schädlich.

Die Zugfestigkeit von Kupfer beträgt im gewalzten Zustand 22 kg/mm², im gehämmerten 26 kg/mm², im gezogenen 30 kg/mm², die Bruchdehnung für gewalztes Kupfer 35—45%, die Brucheinschnürung 40—60%. Kupfer besitzt sehr gute Wärmeleitungsfähigkeit (stündlicher Wärmedurchgang bei 1° C Temperaturunterschied durch eine Platte von 1 m² Fläche und 1 mm Dicke: 300 WE für Handelskupfer) und vorzügliche Leitungsfähigkeit für Elektrizität (chemisch reines Kupfer 61, gewöhnliches Kupfer 57).

Kupfer wird aus Kupfererzen durch Rösten, Verschlackungs- und Oxydationsverfahren, sowie (besonders rein) auf elektrolytischem Wege aus einer mit Schwefelsäure angesäuerten Kupfersulfatlösung gewonnen; die Anoden werden durch Rohkupfer (Schwarzkupfer), die Kathoden durch dünne Reinkupferbleche, auf welche sich das chemisch reine Kupfer niederschlägt, gebildet. Pro m² Elektrodenfläche sind 50—100 Amp. erforderlich.

Gegossenes und Elektrolytkupfer zeigen körniges Gefüge (körnige Kristalle, welche durch Hämmern und Walzen stark gestreckt werden).

Kupfer findet Verwendung zur Herstellung von Blechen, Drähten, Röhren, Apparaten, Beschlägen, Dachdeckungen, Feuerbüchsen, Stehbolzen,

Dichtungsringen, Legierungen, in der Elektrotechnik für Stromerzeuger, Motoren, Apparate, Leitungsdrähte u. a. m.

Übliche Handelsmarken von Kupfer sind: Mansfeld Raffinade, Chilekupfer in Barren (Chilibars), amerikanisches (Lake-) Seenkupfer, Elektrolytkupfer.

Handelsformen: Rohkupfer in Form von Rosettenkupfer (dünne Scheiben), Schmelzkupfer (Blöcke von 5—6 kg), Stangen, Bleche, Röhren, Drähte usw.

Kupferbleche werden durch Ausschmieden und darauffolgendem Auswalzen von Kupferbarren hergestellt.

Kupfer- und Messingbleche.

Blechstärke	Kupfer	Messing	Blechstärke	Kupfer	Messing	Blechstärke	Kupfer	Messing
mm	kg/m²		mm	kg/m²		mm	kg/m²	
0,25	2,235	2,150	5,5	49,17	47,30	12	107,3	103,2
0,5	4,470	4,300	6	53,64	51,60	13	116,2	111,8
1	8,940	8,600	6,5	58,11	55,90	14	125,2	120,4
1,5	13,41	12,90	7	62,58	60,20	15	134,1	129,0
2	17,88	17,20	7,5	67,05	64,50	16	143,0	137,6
2,5	22,35	21.50	8	71,52	68,80	17	152,0	146,2
3	26,82	25,80	8,5	75,99	73.10	18	160,9	154,8
3.5	31,29	30,10	9	80,46	77,40	19	169,9	163,4
4	35,76	34,40	9,5	84,93	81,70	20	178,8	172,0
4,5	40,23	38,70	10	89,40	86,00			
5	44,70	43,00	11	98,30	94,60			

Kupferrohre werden aus Kupferblechstreifen durch Rollen, Ziehen und Verlöten, oder durch Ziehen eines dickwandigen gegossenen oder gepreßten Kupferrohrs auf der Schleppziehbank oder nach dem Mannesmann'schen Verfahren hergestellt.

Gezogener Messing- und Kupferdraht.
(G = Gewicht von 1000 m in kg.)

Nr.	Messing G	Kupfer G	Nr.	Messing G	Kupfer G	Nr.	Messing G	Kupfer G	Nr.	Messing G	Kupfer G
1	0,070	0,070	2/6	0,456	0,471	10	6,740	6,970	38	96,75	100,65
1/2	0,100	0,100	2/8	0,528	0,546	11	8,155	8,434	42	118,19	122,95
1/4	0,133	0,137	3/1	0,648	0,670	12	9,706	10,04	46	141,17	147,49
1/5	0,152	0,174	3/4	0,779	0,806	13	11,39	11,18	50	167,50	174,25
1/6	0,173	0,178	3/7	0,923	0,954	14	13,21	13,66	55	202,68	210,84
1/7	0,195	0,201	4	1,078	1,115	16	17,25	17,84	60	241,20	250,92
1/8	0,218	0,226	4/5	1,365	1,411	18	21,84	22,58	65	283,08	294,48
1/9	0,240	0,252	5	1,685	1,742	20	26,96	27,88	70	328,30	341,53
2	0,270	0,279	5/5	2,027	2,108	22	32,62	33,74	76	386,99	402,59
2/1	0,300	0,308	6	2,426	2,509	25	42,13	43,56	82	450,51	468,66
2/2	0,326	0,337	6/5	2,848	2,945	28	52,84	54,65	88	518,85	539,76
2/3	0,360	0,370	7	3,303	3,415	31	64,93	66,98	94	592,00	615,87
2/4	0,388	0,402	8	4,314	4,461	34	77,45	80,57	100	670,00	697,00
2/5	0,421	0,436	9	5,459	5,646						

Kupferdrähte für elektrische Leitungen müssen aus Reinkupfer hergestellt werden und dürfen bei 1 km Drahtlänge, 1 mm² Querschnitt und bei 15° C keinen höheren Widerstand als 17,5 Ohm aufweisen.

Reinkupferdraht.

Durchm.	Gewicht	Durchm.	Gewicht	Durchm.	Gewicht	Durchm.	Gewicht
mm	kg/km	mm	kg/km	mm	kg/km	mm	kg/km
0,388	1,049	1,008	7,091	1,628	18,500	2,248	35,279
0,465	1,510	1,085	8,224	1,705	20,304	2,325	37,754
0,543	2,055	1,163	9,440	1,783	22,192	2,713	51,375
0,620	2,684	1,240	10,740	1,860	24,163	3,100	67,124
0,698	3,397	1,318	12,125	1,938	26,219	3,488	84,925
0,775	4,194	1,395	13,593	2,015	28,358	3,875	104,850
0,853	5,075	1,473	14,145	2,093	30,581	4,263	126,875
0,930	6,043	1,550	16,781	2,170	32,888	4,650	150,984

Blanke Kupferleitungen.

Querschnitt	Durchmesser	Widerstand von 1000 m Länge bei 15° C in Ohm	1 Ohm entspricht Metern	Gewicht für 1000 m Länge	Querschnitt	Durchmesser	Widerstand von 1000 m Länge bei 15° C in Ohm	1 Ohm entspricht Metern	Gewicht für 1000 m Länge
mm²	mm				mm²	mm			
1	1,13	17,45	57	8,9	10	3,57	1,745	573	89
1,5	1,38	11,63	86	13,35	16	4,52	1,090	917	142,4
2,5	1,79	6,98	143	22,25	25	5,65	0,698	1433	222,5
4,0	2,26	4,36	229	35,6	35	6,68	0,499	2004	311,5
6	2,77	2,91	344	53,4	50	7,98	0,349	2865	445

Für Fernleitungen wird ein durch Siliziumzusatz gehärteter Kupferdraht, der Siliziumbronzedraht oder Bronzedraht, verwendet.

Gezogene

Lichter Durchm.	Wanddicke in Millimeter							
mm	1	1,25	1,5	1,75	2	2,25	2.5	2,75
5	0,252	—	—	—	0,400	—	—	—
10	0,305	0,390	0,479	0,571	0,677	0,766	0,868	0,974
12	0,361	0,460	0,563	0,669	0.778	0,891	1,007	1,127
14	0,417	0,529	0,646	0,766	0,889	1,016	1,146	1,280
16	0,472	0,590	0,729	0,863	1,000	1,141	1,285	1,443
18	0,528	0,669	0,813	0,960	1,112	1,266	1,424	1,586
20	0,583	0,738	0,896	1,058	1,223	1,391	1,363	1,739
25	0,616	—	—	—	1,530	—	—	—
30	0,861	1,086	1,313	1,544	1,779	2,017	2,259	2,503
40	1,139	1,433	1,730	2,031	2,535	2,643	2,954	3,268
50	1,417	1,731	2,147	2,517	2,891	3,268	3,649	4,033
60	1,695	2,128	2,564	3,004	3,447	3,894	4,344	4,797
70	1,974	2,476	2,981	3,491	4,003	4,519	5,039	5,562
80	2,252	2,823	3,398	5,977	4,559	5,145	5,738	6,326
90	2,530	3,171	3,815	4,464	5,115	5,770	6.429	7,091
100	2,808	3,518	4,223	4,950	5,671	6,396	7,125	7,856

Für große Leitungsspannweiten wird Kupferhautstahl verwendet, dessen Stahlkern mit einer aufgeschweißten Kupferhaut überzogen ist.

Stark verbleiter Kupferdraht, sogenannter Bleikupferdraht, dient in chemischen (insbesondere Salz- und Schwefelsäure-) Fabriken als Leitungsmaterial.

Unter Kuhlodraht wird ein Leitungsdraht verstanden, welcher, da über seine Isolierhülle noch eine dünne Metallhülle gezogen ist, ohne Isolierrohr verlegt werden kann.

Kupfervitriol (blaues Vitriol), $CaSO_4$, bildet lasurblaue Kristalle, schmeckt herb metallisch, ist giftig; spezifisches Gewicht 2,28. Es wird in der Färberei, zum Verkupfern von Eisen und als Konservierungsmittel verwendet.

Kadmium, Cd, Atomgewicht 112,40, spezifisches Gewicht 8,69 (gegossen 8,54—8,67), Schmelzpunkt 320° C, wird aus dem bei der Verhüttung kadmiumhaltiger Erze entstehenden Zinnrauch gewonnen.

Kadmium ist ein fast silberweißes, hartes, zähes Metall, welches sich an der Luft mit einer zarten Oxydationsschicht überzieht. Es dient zur Herstellung von Amalgamen und zur Herstellung von Legierungen mit besonders niedrigen Schmelztemperaturen.

Magnesium, Mg, Atomgewicht 24,32, spezifisches Gewicht 1,74, Schmelzpunkt bei etwa 700° C, ist ein silberweißes, weiches, stark-glänzendes Metall; es wird durch Elektrolyse des geschmolzenen Karnallits gewonnen; es bleibt an der Luft unverändert, läßt sich hämmern und walzen.

Magnesium wird schon bei Zimmerwärme von Kochsalzlösungen unter Wasserstoffentwicklung zersetzt, erheblich schneller bei höheren Temperaturen.

Kupferohre.

Lichter Durchm.	Wanddicke in Millimeter								
mm	3	3,5	4	5	6	7	8	9	10
5	0,680	—	1,020	1,420	1,87	2,28	2,94	3,57	4,24
10	1,084	1,313	1,556	2,085	2,75	3,37	4,07	4,84	5,67
12	1,251	1,508	1,779	2,363	—	—	—	—	—
14	1,417	1,702	2,001	2,641	—	—	—	—	—
16	1,584	1,897	2,224	2,919	—	—	—	—	—
18	1,751	2,092	2,446	3,197	—	—	—	—	—
20	1,918	2,286	2,669	3,475	4,41	5,35	6,34	7,38	8,48
25	2,380	—	3,280	4,240	5,26	6,34	7,37	8,65	9,90
30	2,752	3,199	3,781	4,865	6,11	7,83	8,60	9,93	11,31
40	3,586	4,173	4,893	6,255	7,82	9,31	10,86	12,47	14,1
50	4,420	5,146	6,005	7,645	9,50	11,28	13,12	15,02	16,96
60	5,254	6,119	7,117	9,035	11,19	13,26	15,38	17,56	19,79
70	6,088	7,092	8,229	10,43	12,89	15,24	17,65	20,11	22,62
80	6,922	8,065	9,341	11,82	—	—	—	—	—
90	7,757	9,038	10,45	13,21	—	—	—	—	—
100	8,591	10,01	11,57	14,60	—	—	—	—	—

Das Ein- und Umschmelzen von Magnesium wird durch seine sehr leichte Oxydierbarkeit stark erschwert (lufdicht verschlossene Öfen, beziehungsweise Tiegel).

Reines Magnesium hat im gegossenen Zustand etwa 12 kg/mm² Zugfestigkeit bei 4—5% Dehnung.

Magnesium wird zu Legierungen verwendet.

Zink, Zn, hat eine bläulichweiße Farbe, ein Atomgewicht von 63,57, ein spezifisches Gewicht von 7,1, Schmelzpunkt 419° C; es ist bei gewöhnlicher Temperatur spröde, erreicht bei einer Temperatur von 90—160° eine derartige Dehnbarkeit, daß es sich zu dünnen Blechen auswalzen läßt; bei 200° C wird es so spröde, daß es sich pulverisieren läßt.

Zink überzieht sich an feuchter Luft mit basischem Zinkkarbonat, welches das darunter liegende Metall schützt. Säuren, Rauchgase und saures Regenwasser wirken zerstörend auf Zink ein.

Zu unterscheiden sind: Rohzink mit 97—98% Zink, 2—3% Blei und geringen Mengen von Antimon, Arsen, Eisen und Kadmium, Raffinierzink mit 0,8—1,2% Blei und höchstens 0,02% Eisen, reines Feinzink mit 99,8—99,9% Zink, Zinkstaub (Anstrich- und Reduktionsmittel) mit 70—90% Zink.

Feinkörniges Preßzink hat im Mittel eine Festigkeit von etwa 1700 kg/cm² und 30% Dehnung, eine Kugelhärte von 40—50.

Zink wird zur Herstellung von Zinkguß, Platten und Stangen (für galvanische Elemente), zu Blechen (26 Handelsnummern), zu Röhren, zur Herstellung von Kunstgegenständen, Dachteilen, Legierungen und Farben verwendet.

Zinkrohre werden aus hohlen gegossenen Blöcken gewalzt oder aus zusammengelöteten Blechstreifen gezogen.

Zinkröhren werden an Stelle von Messingröhren zum Schutz von elektrischen Räumen in bewohnten Räumen verwendet, ebenso für Wasserleitungen. Feuchter Gipsmörtel greift Zink stark, feuchter Kalkmörtel nur sehr schwach an.

Zinkbleche.

Blechstärke mm	0,25	0,5	1	1,5	2
Gewicht kg/m²	1,788	3,575	7,150	10,73	14,30
Blechstärke mm	2,5	3	3,5	4	4,5
Gewicht kg/m²	17,88	21,45	25,03	28,60	32,18
Blechstärke mm	5	5,5	6	6,5	7
Gewicht kg/m²	35,75	39,33	42,90	46,48	50,05
Blechstärke mm	7,5	8	8,5	9	9,5
Gewicht kg/m²	53,63	57,20	60,78	64,35	67,93

Blechstärke mm	10	11	12	13	14
Gewicht kg/m²	71,50	78,8	58,8	93,0	100,1
Blechstärke mm	15	16	17	18	19	20
Gewicht kg/m²	107,3	114,4	121,6	128,7	135,9	143,0

Zinkbleche werden durch Auswalzen von gegossenen Zinkplatten hergestellt.

Zinkfolien dienen zur Belegung von Leydener Flaschen und Kondensatoren.

Zink kann überall dort, wo die Gefahr der Zerstörung durch Salzlösungen, Säuren usw. nicht zu befürchten ist, als Konstruktionsmaterial gegebenenfalls verwendet werden.

Vergleichende Drahttabelle.

Durch-messer mm	Gewicht eines Drahtes von 1000 m Länge					Durch-messer mm	Gewicht eines Drahtes von 1000 m Länge				
	Alu-minium	Schmied-eisen	Stahl	Kupfer	Messing		Alu-minium	Schmied-eisen	Stahl	Kupfer	Messing
11,68	286,6	823,2	840,4	955,1	914,1	1,15	2,78	7,969	8,135	9,244	8,854
10,40	227,3	652,9	666,4	756,9	725,1	1,02	2,19	6,319	6,453	7,331	7,019
9,27	180,2	517,8	528,5	600,7	575,1	0,90	1,744	5,011	5,117	5,814	5,580
8,25	142,9	410,5	419,1	476,3	456,0	0,81	1,383	3,971	4,057	4,610	4,414
7,35	113,3	325,6	332,4	377,8	361,7	0,72	1,097	3,152	3,217	3,656	3,500
6,54	89,3	258,3	263,6	299,6	286,8	0,64	0,8701	2,499	2,551	2,899	2,776
5,82	71,2	204,8	209,1	237,5	227,4	0,57	0,6900	1,980	2,022	2,299	2,201
5,19	56,5	162,4	165,8	188,4	180,3	0,51	0,5472	1,572	1,605	1,823	1,746
4,62	44,8	128,8	131,4	149,4	142,9	0,45	0,4339	1,246	1,272	1,446	1,384
4,11	35,5	102,6	104,2	118,4	113,4	0,40	0,3442	0,9886	1,009	1,146	1,098
3,66	28,2	80,89	82,57	93,97	89,96	0,36	0,2728	0,7841	0,8003	1,0995	0,8706
3,26	22,36	64,25	65,57	74,51	71,33	0,32	0,2163	0,6216	0,6346	0,7212	0,6903
2,90	17,73	50,94	52,00	59,10	56,58	0,29	0,1716	0,4929	0,5032	0,5720	0,5473
2,59	14,06	40,39	41,22	46,86	44,85	0,25	0,1361	0,3910	0,3992	0,4536	0,4342
2,30	11,15	32,04	32,71	37,17	35,58	0,23	0,1080	0,3101	0,3165	0,3598	0,3445
2,05	8,84	25,41	25,75	29,47	28,22	0,20	0,08560	2,463	0,2516	0,2852	0,2730
1,83	7,01	20,15	20,57	23,37	22,38	0,18	0,06792	0,1949	0,1991	0,2262	0,2165
1,63	5,56	15,97	16,31	18,53	17,74	0,16	0,05380	0,1545	0,1578	0,1793	0,1716
1,45	4,41	12,67	12,93	14,69	14,07	0,14	0,04263	0,1226	0,1251	0,1422	0,1361
1,29	3,49	10,04	10,26	11,65	11,16	0,13	0,03388	0,0973	0,0992	0,1128	0,1080

Vergleichende Blechgewichte
in kg/m².

Stärke mm	Schweiß-eisen	Gußeisen	Gußstahl	Kupfer	Messing	Zink	Blei
0,25	1,95	1,81	1,97	2,23	2,14	1,73	2,85
0,75	5,84	5,44	5,90	6,68	6,41	5,18	8,55
1	7,79	7,25	7,87	8,90	8,55	6,90	11,4
2	15,58	14,50	15,74	17,80	17,10	13,80	22,8
3	23,37	21,75	23,61	26,70	25,62	20,70	34,2
4	31,16	29,00	31,48	35,60	34,20	27,60	45,6
5	38,95	36,25	39,35	44,50	42,75	34,50	57,0
6	46,74	43,50	47,22	53,40	51,30	41,40	68,4
7	54,53	50,75	55,09	62,30	59,85	48,30	79,8

Stärke mm	Schweißeisen	Gußeisen	Gußstahl	Kupfer	Messing	Zink	Blei
8	62,32	58,00	62,96	71,20	68,40	55,20	91,2
9	70,11	65,25	70,83	80,10	76,95	62,10	102,6
10	77,90	72,50	78,70	89,00	85,50	69,00	114,0
11	85,69	79,75	86,57	97,90	94,05	75,90	125,4
12	93,48	87,00	94,44	106,80	102,60	82,80	136,8
13	101,27	94,25	102,31	115,70	111,15	89,70	148,2
14	109,06	101,50	110,18	124,60	119,70	96,60	159,6
15	116,85	108,75	118,05	133,50	128,25	103,50	171,0
16	124,64	116,00	125,92	142,40	136,80	110,40	182,4
17	132,43	123,25	133,79	151,30	145,35	117,30	193,8
18	140,22	130,50	141,66	160,20	153,90	124,20	205,2
19	148,01	137,75	149,53	169,10	162,45	131,10	216,6
20	155,80	145,00	157,40	178,00	171,00	138,00	228,0

Zinkoxyd spielt bei der Herstellung von Spezialgläsern eine Rolle.

Zinkvitriol (weißes Vitriol), $ZnSO_4$, bildet farblose Kristalle, schmeckt herb metallisch, ist giftig; spezifisches Gewicht 1,95. Dient als Konservierungs- und Desinfektionsmittel, verschiedenen chemisch-industriellen Zwecken, in der Kattundruckerei und zur Firnisherstellung (als Zusatz zu trocknenden Ölen).

Zinkchlorid, $ZnCl_2$ (Zinkbutter) ist eine weiße, durchscheinende, hygroskopische Masse; spezifisches Gewicht 2,75. Es dient zum Konservieren von Holz und tierischen Stoffen, wird in der Ölraffination, in der Teerfarbenfabrikation, in der Färberei und als Desinfektionsmittel verwendet.

Platin, Pt, Atomgewicht 195,2, findet sich in Körnerform (Rohplatin) gediegen mit etwa 70—85% Platingehalt vor; es hat eine bläulichweiße Farbe, ist zähe, geschmeidig, hämmerbar, schweißbar, walzbar, läßt sich zu Draht ziehen, ist gegen chemische Einflüsse widerstandsfähig; spezifisches Gewicht 21,40, Schmelzpunkt 1755° C.

Platin dient zur Herstellung von chemischen Apparaten, von Feinmeßinstrumenten, zu Elektroden, Glühlampendrähten und als Plattiermetall.

Platinblech von 100 cm² wiegt:

Dicke in mm	Gewicht in g	Dicke in mm	Gewicht in g	Dicke in mm	Gewicht in g	Dicke in mm	Gewicht in g
1	220	0,40	86	0,15	31	0,03	7,5
0,75	165	0,30	66	0,10	22	0,025	5,5
0,60	132	0,25	55	0,05	11	0,02	4,5
0,50	110	0,20	43	0,04	9	0,01	2,8

Iridium, Ir, Atomgewicht 193,1, spezifisches Gewicht 15,8, schmilzt bei 1950° C, ist im kompakten Zustand im Königswasser unlöslich. Die Iridiumlegierungen (Platin-, Osmiumiridium) sind wegen ihrer Unveränderlichkeit und Widerstandsfähigkeit besonders wertvoll.

Osmium, Os, Atomgewicht 19,1, spezifisches Gewicht 22,48, Schmelzpunkt 2500° C, dient zur Herstellung von Glühlampenfäden.

Palladium, Pd, Atomgewicht 106,7, spezifisches Gewicht 11,8, Schmelzpunkt 1541° C.

Titan, Ti, Atomgewicht 48,1, spezifisches Gewicht 4,5, Schmelzpunkt 1759° C, wird in der Stahlindustrie, Titansalze in der Lederfärbung verwendet.

Thorium- und Zirkoniumoxyd dienen zur Herstellung der Leuchtkörper (Stäbchen, Röhrchen) für Nerstlampen.

Uran, U, Atomgewicht 238,5, spezifisches Gewicht 18,8, ist ein weißes, etwas hämmerbares, sehr hartes Metall mit radioaktiven Eigenschaften, welches in den Mineralien Uranglimmer, Uranocker, Uranpecherz vorkommt, in verdünnten Säuren leicht löslich ist und beim Glühen unter Luftzutritt zu Uranoxyd verbrennt.

Selen, Se, Atomgewicht 79,2, spezifisches Gewicht 4,3—4,8, Schmelzpunkt 217° C, Siedepunkt 680° C, wird durch Verhüttung von selenhaltigen Mineralien als Nebenprodukt in amorpher, kristallinischer (beide bei 90—100° Erhitzung übergehend in metallisches), metallischer Form und schwarzes Selen gewonnen. Metallisches Selen hat leitende Eigenschaften, im Dunkeln einen sehr hohen Widerstand, der bei Belichtung geringer wird, worauf die Anwendung der Selenzelle (metallisches Selen zwischen zwei Leitungsklemmen) für elektrische Bildübertragung beruht.

Metallfäden (-drähte), aus Eisen-, Kupfer- und Messingdraht hergestellt, dienen zur Anfertigung von Sieben, Mahlzylindern, Drahttüchern und Papierformen.

Unter Haardrähte versteht man sehr feine Drähte aus Reinmetallen und Legierungen mit einem Durchmesser bis zu 0,015 mm; sie finden für empfindliche Meßinstrumente Verwendung.

Nach Ledebur sind Legierungen in geschmolzenem Zustand Lösungen zweier oder mehrerer Metalle ineinander, sowie, soferne sie die metallischen Eigenschaften (Metallglanz, Undurchsichtigkeit, Leitungsvermögen für Wärme und Elektrizität) gewahrt haben, Lösungen von Metalloiden in Metallen. Nach der Zahl der sich verbindenden Stoffe sind Zweistofflegierungen und Mehrstofflegierungen zu unterscheiden.

Die Legierungen können auch als Gemenge oder Gemische jeder Art, welche durch Vereinigung irgendwelcher Metalle in beliebiger Anzahl Mengenverhältnissen entstehen, aufgefaßt werden.

Die Legierungen kristallisieren wie alle Metalle beim Erstarren. Legierungen von zwei Metallen bestehen im festen Zustand entweder aus einer einzigen oder aus zwei Kristallarten. Die Kristallisation der Legierungen aus ihren Schmelzen geht nach denselben Gesetzen vor sich, wie die aller anderen gemengten Stoffe.

Bei der Herstellung von Legierungen treten bei ihrem Übergang aus dem flüssigen in den festen Zustand als „Seigerungen" bezeichnete Entmischungen auf, die durch verschiedenartige chemische Zusammensetzungen an verschiedenen Stellen des Gußblocks gekennzeichnet sind und sich meistens auch im Gefüge bemerkbar machen.

Durch eingeschlossene Hohlräume, beziehungsweise durch Legierungsbestandteile, wird das spezifische Gewicht erniedrigt, beziehungsweise beeinflußt.

Durch Legierung mit anderen Stoffen wird die Widerstandsfähigkeit der reinen Metalle gegen chemische Einwirkungen im allgemeinen erhöht, wenn das hinzulegierte Metall edler als das Hauptmetall ist und beide miteinander Mischkristalle bilden. Das Ausmaß der Widerstandsfähigkeit an Legierungen gegen chemische Einflüsse ist aus ihrer gegenseitigen Stellung in der Spannungsreihe[1]) zu erkennen; sie ergibt sich beispielsweise für einige der wichtigsten Legierungen aus nachstehenden Ergebnissen von Spannungsmessungen mit technischen Legierungen in 1%iger Kochsalzlösung bei 18^0 C.

Legierung	Zusammensetzung	Spannung gegen Normal-kalomelelektrode nach 120 Stunden in Volt
Nickel-Kupfer-Legierung .	48,07% Ni, 49,27% Cu, 1,63% Fe, 1,08% Mn	— 0,100
Phosphorbronze	93,75% Cu, 5,69% Sn, 0,493% P	— 0,154
Messing	73,74% Cu, 26,8% Zn	— 0,238
Zinn-Antimon-Kupfer-Lagermetall	83,33% Sn, 11,11% Sb, 55,5% Cu	— 0,418
Blei-Antimon-Hartblei . .	80% Pb, 20% Sb	— 0,483
Duraluminium	4,18% Cu, 0,74% Mg, 0,66% Mn, 0,51% Si, 0,26% Fe, 0,66% Zn. Rest: Aluminium	— 0,577
Nickelstahl	25,1% Ni, 0,3% C, 0,26% Si, 0,73% Mn	— 0,581
Woodsche Legierung . .	50% Bi, 25% Pb, 12,5% Sn, 12,5% Cd	— 0,707
Aluminium-Kupfer-Legierung	96% Al, 4% Cu	— 0,744
Stahl	0,86% C, 0,137% Si, 0,39% Mn	— 0,744
Flußeisen	0,035% C, 0,48% Mn, 0,01% Si, 0,065% P	— 0,755
Gußeisen	2,3% Graphit, 3,7% Gesamt-C, 1,68% Si, 1,69% Mn, 0,083% P, 0,054% S, 0,046% Cu	— 0,759
Zinn-Zink-Lagermetall .	72,54% Sn, 26,65% Zn, 1,20% Cn, 0,33% Pb	— 1,012
Magnesium-Aluminium-Legierung	Magnesium mit 5,12% Al	— 1,480
Magnesium-Zink-Legierung	Magnesium mit 3,8% Zn	— 1.528

---

[1]) u. ff. A. Ledebur: Die Legierungen in ihren Anwendungen für gewerbliche Zwecke.

Das spezifische Gewicht der Legierungen ist manchmal größer, manchmal kleiner als das aus den Bestandteilen errechnete.

Die Farbe der Legierungen wird durch das in der nachstehend angegebenen Reihe voranstehende Metall mehr beeinflußt als durch das nachfolgende: Zinn, Nickel, Aluminium, Eisen, Kupfer, Zink, Blei, Silber, Gold.

Die Schmelztemperatur liegt unter der des Bestandteils mit dem höchsten Schmelzpunkt. Die Dünnflüssigkeit der Legierungen ist größer als die der reinen Metalle.

Das Leitungsvermögen für Wärme und Elektrizität ist bei Legierungen fast stets geringer als bei reinen Metallen.

Spezifischer Leitungswiderstand einiger Legierungen:

Aluminiumbronze 0,12
Konstantan 0,50
Kruppin 0,85
Manganin 0,42
Neusilber . . : . . 0,15—0,36
Nickelin . . . . . . 0,40—0,44
Platiniridium . . 0,35—0,37
Rheotan . . . . . . 0,47—0,52

Durchschnittliche Festigkeit, Elastizität und Formveränderung der Metalle und Legierungen [1].

Material	Zug- Druck-Festigkeit kg/mm²	Elastizitätsgrenze	Dehnungsziffer	Streckgrenze	Bruch-Dehnung	Bruch-Einschnürung
Kupfer, gewalzt	22	2,5	} 1/12000	6	35	40
Kupfer, gehämmert	26	8		20	10	30
Kupfer, gezogen	30	12		26	5	—
Blei	2	Nahe Null	1/1600	{ 0,5 = Quetschgrenze	—	—
Aluminium, gegossen . . .	12	—	} 1/7000	3		
Aluminium, gewalzt . . .	24	—		—	—	—
Messing (Gelbguß), gegossen	15	60 / 5	} 1/8000	—	15	20
Messing (Gelbguß), gewalzt .	25	—		—	40	25
Messing (Gelbguß), gezogen .	45	15		—	—	—
Deltametall, gegossen . . .	40	7	} 1/10000	15	20	25
Deltametall, gewalzt . . .	55	12		20	30	40
Deltametall, gezogen . . .	90	—		—	—	—
Bronze od. Rotguß, gegossen	22	9	1/9000	—	20	35
Phosphorbronze, gegossen .	40	12	—	—	20	20
Phosphorbronze, gezogen .	140	—	—	{ Nahe Bruchgrenze	1	—
Weißmetall	—	—	—	{ 2,5 = Quetschgrenze	—	—

[1] u. ff. A. v. Lachenmair: Materialien des Maschinenbaues.

197

Längenschwindmaß verschiedener Metalle und Legierungen[1]).

Metalle und Legierungen	Längen-schwindmaß %
Blei	1,1
Blei (mit 1,27% Eisen)	0,82
Zink	1,6
Zink (mit 2,67% Eisen)	1,4
Zinn (Bankazinn)	0,44
Zinn (0,2% Verunreinigungen)	0,55
Zinn (gewöhnliches)	0,8
Aluminium	1,8
Aluminium (mit 0,33% Eisen	1,78
Kupfer	1,25
Kupfer (mit 0,35% Eisen)	1,42
Wismut (mit 0,12% Eisen)	0,29—0,4
Antimon (mit 0,34% Zinn, 1,3% Eisen, 0,56% Kupfer)	0,29—0,66
Blei-Zinn mit 18% Zinn	0,56
Blei-Zinn mit 70% Zinn	0,44
Blei-Zinn mit 81% Zinn	0,50
Blei-Antimon mit 19% Antimon	0,54
Blei-Antimon mit 15% Antimon	0,56
Zinn-Zink mit 49% Zink	0,50
Zinn-Zink mit 14,5% Zink	0,46
Zinn-Zink mit 5% Zink	0,49
Kupfer-Zink mit 16% Zink	2,17
Kupfer-Zink mit 33% Zink	1,62—1,97
Kupfer-Zink mit 36% Zink	1,97
Kupfer-Zinn mit 5% Zinn	1,7
Kupfer-Zinn mit 10% Zinn	0,8—1,4
Kupfer-Zinn mit 19% Zinn	1,5
Kupfer-Nickel-Zink mit 16% Nickel, 22% Zink	2,02
Kupfer-Nickel-Zink mit 20% Nickel, 23% Zink	2,05
Kupfer-Nickel-Zink mit 26% Nickel, 22% Zink	2,03
Kupfer-Nickel-Zink mit 36% Nickel, 18% Zink	1,93
Kupfer-Zinn-Zink-Blei mit 3% Zinn, 8% Zink, 2% Blei	1,76
Kupfer-Zinn-Zink-Blei mit 17,5% Zinn, 1,5% Zink	1,50
Kupfer-Zinn-Zink-Blei, mit 9,5% Zinn, 1,5% Zink	1,47
Kupfer-Zinn-Zink-Blei, mit 9,8% Zinn, 2% Zink, 1,4% Blei	1,47
Kupfer-Zinn-Zink-Blei mit 6% Zinn, 12% Zink	1,30
Zink-Zinn-Kupfer mit 14,5% Zinn, 4,3% Kupfer, 1,7% Blei	1,02
Zink-Zinn-Kupfer mit 46,0% Zinn, 2% Kupfer, 1% Blei	0,73
Weißmetall mit Zinn, 79% Blei, 12,5% Zinn, 8,5% Kupfer	0,55
Weißmetall mit 20% Zinn, 59% Blei, 21% Zinn	0,49
Weißmetall mit 85,5% Zinn, 9,5% Zinn, 5% Kupfer	0,51
Weißmetall mit 90% Zinn, 8% Zinn, 2% Kupfer	0,55
Weißmetall mit 71% Zinn, 9% Blei, 15% Zinn, 5% Kupfer	0,42
Aluminiumbronze	1,65
Duranametall	1,8
Zink-Kupfer-Aluminium mit 90% Zink, 5,5% Kupfer, 3,0% Aluminium, 0,84% Blei	1,2

Gewisse Weißmetallegierungen finden ausgezeichnete Verwendung als Dichtungsmaterial in Form von Ringen mit einem rechtwinkeligen Dreieck als Querschnitt (Howaldt-Packung: je zwei Ringe ruhen mit der

[1]) Nach F. Wüst: Metallurgie 1909 und O. Bauer: Legierungen und ihre Anwendung für gewerbliche Zwecke.

Hypotenusenfläche aufeinander) oder von losen Spänen einer weichen Metallegierung, welche nach vorhergehender Durchtränkung mit Öl in die Stopfbüchsen gepreßt werden (Planit-Metallpackung).

Zu den Eisenlegierungen zählen neben den an anderer Stelle genannten Sonderstählen, beziehungsweise Edelstählen, nachstehende Legierungen[1]), welche als Zusätze zur Eisendarstellung verwendet werden:

Ferrosilizium (50% Silizium, 49,3% Eisen, 0,3% Kohlenstoff, 0,35% Mangan, unter 0,04% Phosphor und Schwefel).

Ferromangansilizium (Silikospiegel, Hochofenerzeugnis: 65—68% Eisen, 20% Mangan, 10—12% Silizium, 2—2,5% Kohlenstoff, 0,18% Phosphor; elektrometallurgisches Erzeugnis: 50—75% Mangan, 20—35% Silizium, 0,65—1,0% Kohlenstoff, 0,05% Phosphor, 0,02% Silizium).

Ferroaluminium (90—80% Eisen, 10—20% Aluminium, kein Kohlenstoff).

Ferronickel (49,4% Eisen, 50% Nickel, 0,6% Kohlenstoff).

Ferrochrom (46,4—30% Eisen, 45—65% Chrom, 8,6—5% Kohlenstoff).

Ferrowolfram (34,6—12,7% Eisen, 65—84% Wolfram, 0,4—3,3% Kohlenstoff).

Ferromolybdän (normal 46,2 Eisen, 52% Molybdän, 1,8% Kohlenstoff, raffiniert nur 0,3% Kohlenstoff, hochprozentig 22—9% Eisen, 75—85% Molybdän, 3—6% Kohlenstoff).

Ferrovanadium (69—47% Eisen, 30—50% Vanadium, 1—3% Kohlenstoff).

Ferrotitan (64,8% Eisen, 32% Titan, 3,2% Kohlenstoff).

Ferrophosphor (Phosphormangan, 65% Mangan, 25% Phosphor, 7% Eisen, 2% Kohlenstoff, 1% Silizium).

Platinit ist eine Legierung aus 50% Eisen und 50% Nickel, welche bei der Glühlampenfabrikation für gasgefüllte Lampen an Stelle der Platindrähte zum Einschmelzen verwendet wird; ihr Ausdehnungskoeffizient ist annähernd der gleiche, wie jener des Glases.

Kruppin ist eine Eisen-Nickel-Legierung, spezifischer Widerstand 0,85, Temperaturkoeffizient 0,0007, besonders zur Herstellung von Widerständen und elektrischen Heizapparaten geeignet.

Rheosten ist eine als elektrisches Widerstandsmaterial dienende Legierung aus Nickel und Stahl.

Die Réaumursche Legierung besteht aus 70% Antimon und 30% Eisen; sie zeichnet sich durch große Härte aus und gibt beim Anfeilen Funken.

---

[1]) Dr. Ing. P. Schimpke: Technologie der Maschinenbaustoffe.

Die eigentlichen Bestandteile der Bronzen bilden Kupfer und Zinn, stets mit vorwiegendem Kupfergehalt; sie zeichnen sich durch gute Gießbarkeit, Härte, Festigkeit, Politurfähigkeit, zum Teil auch Schmiedbarkeit und Widerstandsfähigkeit gegen chemische Einflüsse aus. Für große Härte und Festigkeit werden nur zwei Metalle, für ein mittleres Maß dieser Eigenschaften auch andere Metalle (Zink oder Blei) als Zusatz gewählt. Mit der Härte der Bronze wächst ihre Sprödigkeit, und nimmt beim Überschreiten eines bestimmten Verhältnisses von Zinn zu Kupfer die Festigkeit wieder ab; mit wachsendem Zinngehalt nimmt die Geschmeidigkeit ab. Je nach dem Verwendungszweck sind (nach A. Ledebur[1]) zu unterscheiden:

1. Geschützbronze (Kanonengut, Stückgut, 89,3—90,9% Kupfer, 10,7—9,1% Zinn).
2. Stahlbronze (Geschützbronze mit 8% Zinn, deren Härtegrad durch mechanische Bearbeitung in gewöhnlicher Temperatur gesteigert wird).
3. Glockenbronze (beste Klangwirkung bei genügender Zähigkeit, 77—80% Kupfer, 23—20% Zinn).
4. Spiegelbronze (2 Teile Kupfer, 1 Teil Zinn), für die Spiegel astronomischer Instrumente.
5. Kunstbronze (für kunstgewerbliche Zwecke: 80—86% Kupfer, 18—10% Zink, 2—4% Zinn, oder Arguzoid: 56 Teile Kupfer, 13,5 Teile Nickel, 23 Teile Zink, 4,7 Teile Zinn, 3,5 Teile Blei oder Similor: 83,7 Teile Kupfer, 9,3 Teile Zink, 7 Teile Zinn; Bronze des Altertums bestand aus 80—90% Kupfer und 20—10% Zinn).
6. Münzenbronze (mit 5—10% Zinn oder Zink).
7. Maschinenbronze (verwendet für aufeinander reibende Maschinenteile, und zwar für jenen Teil, dessen Auswechslung die geringeren Kosten verursacht).
Geringer Zinkzusatz erhöht die Dünnflüssigkeit und liefert blasenfreien Guß. Blei wirkt bei mehr als ½% Zusatz ungünstig.

Verwendungszwecke der Maschinenbronzen	Kupfer	Zinn	Zink	Blei
	Prozente			
Lagermetallbronzen:				
Zähes Lagermetall	85	13	2	—
Lokomotiv-Achsenlager	82	10	8	—
Lokomotiv-Achsenlager	73,5	9,5	9,5	7,5
Lokomotiv-Achsenlager	79	8	5	8
Lager für Lenkstangen	82	16	2	—
Lagermetall der Preuß. Eisenbahnen . .	77	8	—	15
Kleinere Lagerschalen (nicht mit Weißmetall ausgegossen)	83	12	5	—

---

[1] Die Legierungen in ihrer Anwendung für gewerbliche Zwecke.

Verwendungszwecke der Maschinenbronzen	Kupfer	Zinn	Zink	Blei
	Prozente			
Größere Lagerschalen (nicht mit Weiß-metall ausgegossen)	85	11	4	—
Größere Lagerschalen (nicht mit Weiß-metall ausgegossen)	88	11	1	—
Verschiedene Verwendungszwecke: für Ventile, Hähne u. dgl.	88	10	2	—
» Exzenterringe	84	14	2	—
» Pumpenkörper und Ventilgehäuse . .	88	10	2	—
» Alarmpfeifen für Lokomotiven . . .	80	18	2	—
» Stopfbüchsen, Ventilkugeln	86,2	10,2	3,6	—
» Schraubenmuttern für grobe Gewinde	86,2	11,4	2,4	—
» Dichtungsringe für Dampfkolben . .	84	3	8,5	4,5
» Dampfschieber	82	18	2	—
» Getriebe, in welche Zähne geschnitten werden	88,8	8,5	2,7	—
» Getriebe, in welche Zähne geschnitten werden	87,7	10,5	1,7	—
» Getriebe für Spinnmaschinen . . .	90	10	—	—
» mathematische und physikalische Ge-räte	82	13	5	—
» Gewichte, Reißzeuge, Wagebalken . .	90	8	2	—
» Feilen	64,4	18	10	7,6
» Feilen	73	19	8	8
» dickwandige Stücke, wie Propeller-naben	86	8	6	—
» Steven, Wellenböcke, Wellenrohre usw.	88	8	4	—
» Bodenventile usw.	90	7	3	—
» Rohrflanschen und Teile, welche hart gelötet werden müssen	91	5	4	—

Die Zugfestigkeit der gegossenen Bronze ist 20—24 kg/mm², die Bruchdehnung 10—30%, die Brucheinschnürung 20—50%.

8. Phosphorbronze (eine Zinnbronze, die mit Phosphor [Zusatz von Phosphorkupfer oder Phosphorzinn] desoxydiert wurde; größere Gießbarkeit, weil durch den Phosphorzusatz dünn-flüssiger, große Härte und Festigkeit wie Widerstand gegen che-mische [Seewasser-] Einflüsse); sie läßt sich walzen, ziehen, schmieden.

Verwendungszweck	Phosphor-kupfer	Reines Kupfer	Zinn	Zink
	Prozente			
Dampfschalen für Lokomotiven	3,50	77,85	11,00	7,65
Pleuelstangen-Lager	3,50	74,50	11,00	11,00
Wagenachsen-Lager	2,50	72,50	8,00	17,00
Wagenachsen-Lager	1,50	73,50	6,00	19,00
Kolbenstangen für Wasserdruck-Zylinder	3,50	83,50	8,00	5,00

Die Zugfestigkeit der Phosphorbronze in gegossenem Zustand ist 35—45 kg/mm², in kaltgewalztem Zustand 60 kg/mm², in gezogenem (ungeglühtem) 120—160 kg/mm², die Bruchdehnung in gegossenem

Zustand 10—30% und die Brucheinschnürung in gegossenem Zustand 10—30%.

9. Siliziumbronze (mit 12% Silizium hart wie Stahl, weiß, spröde, mit abnehmendem Siliziumgehalt rötlich und weniger hart); ein Siliziumgehalt von 0,05% setzt die elektrische Leitfähigkeit der Bronze schon auf ein Drittel derjenigen des reinen Kupfers herunter. Verwendung für Telegraphen- und Telephonleitungen.

Verwendungszweck	Kupfer	Zinn	Silizium	Eisen	Zink	Zug-festigkeit kg/mm²	Leitungs-fähigkeit
			Prozente				
Telegraphendrähte .	99,94	0,03	0,03	Spur	—	45,0	98
Telephondrähte . . .	97,12	1,14	0,05	»	1,12	83,0	34

Bronzedraht (Hartkupferdraht) wird für Fernsprechleitungen, für größere Entfernungen mit 3 mm, für kleinere mit 2 mm Durchmesser, als Bindedraht mit 1,5 mm Durchmesser verwendet.

Drahtart	Spez. Gewicht.	Spez. Wider-stand bei 15° C.	Leitfähigkeit in Prozenten des reinen Kupfers
Bronze I	8,99	0,0193	87
Bronze II	8,94	0,0189	88
Bronze III	8,99	0,0280	60
Bronze IV	8,86	0,0490	34

Siliziumbronzedraht.

Durchmesser	Gewicht	Durchmesser	Gewicht	Durchmesser	Gewicht
mm	kg/km	mm	kg·km	mm	kg/km
0,707	3,532	2,121	31,789	3,676	95,513
0,848	5,086	2,262	36,169	3,818	103,001
0,990	6,922	2,404	40,832	3,959	110,771
1,131	9,042	2,545	45,777	4,101	118,825
1,273	11,444	2,687	51,005	4,242	127,161
1,414	14,129	2,828	56,516	4,949	173,055
1,555	17,095	2,969	62,310	5,656	226,060
1,697	20,345	3,111	68,386	6,363	288,610
1,838	23,877	3,252	74,744	7,070	353,230
1,980	27,692	3,394	81,384	7,777	427,390
—	—	3,535	88,307	8,484	508,640

10. Manganbronze (Kupfer-Manganlegierungen, bei höherem Mangangehalt [erhöhte Festigkeit] weiße, bei geringerem gelbliche Farbe, enthalten gewöhnlich kleine Mengen von Eisen und Kohle, besonders geeignet für elektrische Meßinstrumente und Widerstände: Manganin, Mangankupfer u. a.):

Manganin (zum Beispiel) 82,12% Cu, 15,02% Mn, 2,29% Ni, 0,57% Eisen oder 84% Kupfer, 12% Mangan und 4% Nickel.

(Sein spezifischer Widerstand beträgt bei 0^0 C 47,7 Ohm; der Widerstand nimmt bis 25^0 C nur wenig zu und nimmt bei weiterer Erwärmung nur wenig ab). Verwendung in Form von Drähten und Blechen als elektrisches Widerstandsmaterial.

Mangankupfer 72—78% Cu, 28—22% Mn, 0,3—0,2% Fe, 0,1% Si, findet als elektrisches Widerstandsmaterial Verwendung.

11. Aluminiumbronze wird im elektrischen Ofen aus 10% Aluminium, 4% Silizium, 4% Eisen, 7,2% Kupfer hergestellt, beziehungsweise unter Erhöhung des Aluminium- und Verminderung des Kupferzusatzes bis zu 10%; sie ist sehr hart, widerstandsfähig gegen Säuren, besitzt hohes (2%) Schwindmaß, läßt sich zu dünnen Blechen auswalzen, mit dem Hammer bearbeiten, nimmt hohe Politur an.

12. Zinkbronze (Kupfer-Zink-Legierungen, s. u.).

Gesamtschwindmaß von Bronzen [1].

Zusammensetzung der Legierungen	Längen-schwind-maß %	Zusammensetzung der Legierungen	Längen-schwind-maß %
92% Kupfer, 8% Zinn	1,53	92% Kupfer, 5% Zinn, 3% Zink	1,69
80% „ 10% „ 10% Zink	1,33	92% „ 7% „ 1% „	1,56
82% „ 10% „ 8% „	1,37	92% „ 6% „ 2% „	1,50
84% „ 10% „ 6% „	1,40	92% „ 5% „ 3% „	1,44
86% „ 10% „ 4% „	1,46	92% „ 4% „ 4% „	1,87
88% „ 10% „ 2% „	1,50	92% „ 5% „ 3% „	1,73
90% „ 8% „ 2% „	1,53	92% „ 7% „ 1% „	1,70
90% „ 6% „ 4% „	1,60	92% „ 6% „ 2% „	1,61
90% „ 4% „ 6% „	1,62	92% „ 5% „ 3% „	1,71
80% „ 8% „ 12% „	1,44	92% „ 5% „ 5% „	1,73
80% „ 6% „ 14% „	1,50	92% „ 8% „ 2% „	1,44
92% „ 7% „ 1% „	1,54	92% „ 5% „ 3% „	1,54
92% „ 6% „ 2% „	1,51	92% „ 3% „ 5% „	1,51

Kupfer-Zink-Legierungen:

1. Messing (Gelbguß, bei Kupfergehalt unter 60% nicht mehr zieh- und drückfähig, dagegen als Stanz- und Stangenmessing in großem Umfang verwendet; in Rotglut verarbeitbar bei 55—60% Cu, in Warmpressen verarbeitbar nur mit weniger als 60% Cu; Messing zur Herstellung von Gußwaren: Gußmessing oder Gelbguß):

Muntzmetall, normale Zusammensetzung: 60% Cu, 40% Zn;

Gelbguß, normale Zusammensetzung: 60—55% Cu, 35—45% Zn.

---

[1] H. v. Miller: Studien über die Einwirkung der wichtigeren metallischen und nichtmetallischen Zusätze auf normale Kupfer-Zinn-Bronze. Metallurgie 1912.

Die Zugfähigkeit von gegossenem Messing beträgt 12—18 kg/mm², von gewalztem und gehämmertem 20—30 kg/mm², von gezogenem 40—50 kg/mm²; die Bruchdehnung in gegossenem Zustand 110—20%, in gewalztem (andere Zusammensetzung) 30—50%, die Brucheinschnürung in gegossenem Zustand ist 15—25%, in gewalztem 40—60%.

2. Tombak (Rotguß) 82—99% Kupfer, 18—11% Zink, goldgelbe, rötliche bis braunrote Farbe.

3. Schmiedbares Messing (sogenannte Zinkbronzen, lassen sich in Rotglut bearbeiten; der kleine Eisengehalt erhöht die Schmiedbarkeit, daher auch Eisenbronzen genannt (60% Kupfer, 40% Zink).

Aluminiummessing (60—68% Kupfer, 27—32% Zink, 1,5—8% Aluminium, besitzt hohe Festigkeit, läßt sich in dunkler Rotglut schmieden und pressen), oder eine Legierung aus 90—95 Teilen Zink und 10—15 Teilen Aluminium (wird als Ersatz für Messing, welchem es an Festigkeit und Dehnbarkeit ziemlich nahe kommt, verwendet).

Weißmessing (20—50% Kupfer, 50—80% Zink, weißgelbe Farbe).

Deltametall, eine messingähnliche Legierung (in der Hauptsache bestehend aus Kupfer und Zink mit geringen Beimengungen von Eisen, Mangan, Blei und Phosphor), dient zur Herstellung von Maschinenteilen (55,94% Kupfer, 41,61% Zink, 0,72% Blei, 0,87% Eisen, 0,81% Mangan, 0,013% Phosphor, dichter Guß, in Rotglut schmiedbar, hämmerbar, walzbar, fester und zäher als Messing).

Die Zugfestigkeit des Deltametalls ist im Rohguß 35—55 kg/mm², gewalzt und geschmiedet 45—65 kg/mm², gezogen 85—95 kg/mm², die Bruchdehnung im Rohguß 10—30%, gewalzt und geschmiedet 20—40%, die Brucheinschnürung im Rohguß 15—35%, gewalzt und geschmiedet 30—50%.

Duranametall für Schiffbauzwecke besonders geeignet (64,78% Kupfer, 2,22% Zinn, 29,5% Zink, 1,7% Aluminium, 1,71% Eisen).

Duranametallbleche.

Dicke mm	0,5	1	2	3	4	5
Gewicht kg/mm²	4,15	8,3	16,6	24,9	33,2	41,5
Dicke mm	6	7	8	9	10	
Gewicht kg/mm²	49,8	58,1	66,4	74,7	83,0	

Weitere Sorten: Finow-, Selox-, Aeterna-, Olpea-, Reinicka-, Spree-, Ogala-Metall, Westfalia-, Mercedesbronze.

Gesamtschwindmaß von Kupfer-Zinklegierungen.
Nach Turner und Murray.

Zusammensetzung der Legierungen			Längenschwindmaß %		Zusammensetzung der Legierungen				Längenschwindmaß %	
			Stabquerschnitt						Stabquerschnitt	
			12,7 mm²	6,35 mm²					12,7 mm²	6,35 mm²
100%	Kupfer,	—	1,875	1,875	59%	Kupfer,	41%	Zink	—	1,43
85%	»	15% Zink	1,80	1,805	50%	»	50%	»	—	1,50
71,5%	»	28,5% »	1,67	1,70	49%	»	51%	»	1,87	—
65,6%	»	34,4% »	1,91	1,58	40%	»	60%	»	1,97	2,08
64%	»	36% »	1,82	—	30%	»	70%	»	1,59	1,78
63%	»	37% »	1,55	—	20%	»	80%	»	0,91	0,91
60%	»	40% »	1,47	--	—		100%	»	1,36	1,25

Messingdraht.

Nummer	Durchmesser mm	Gewicht f. d. lfd. m g	Nummer	Durchmesser mm	Gewicht f. d. lfd. m g	Nummer	Durchmesser mm	Gewicht f. d. lfd. m g
200	20	2688	75	7,5	378	5/5	0,55	2,03
180	18	2176	70	7	329	5	0,5	1,68
170	17	1941	65	6,5	284	4/5	0,45	1,36
160	16	1719	60	6	242	4	0,4	1,07
155	15,5	1613	55	5,5	203	3/5	0,35	0,82
150	15	1511	50	5	168	3	0,3	0,60
145	14,5	1412	45	4,5	136	2/5	0,25	0,42
140	14	1316	40	4	107	2/4	0,24	0,39
135	13,5	1224	35	3,5	82	2/3	0,23	0,36
130	13	1135	30	3	60	2 2	0,22	0,33
125	12,5	1049	25	2,5	42	2/1	0,21	0,30
120	12	967	20	2	27	2	0,20	0,27
115	11,5	888	17	1,7	19	1/9	0,19	0,24
110	11	813	14	1,4	13	1/8	0,18	0,218
105	10,5	740	11	1,1	8,13	1/7	0,17	0,194
100	10	672	8	0,8	4,30	1/6	0,16	0,172
95	9,5	606	7/5	0,75	3,78	1/5	0,15	0,151
90	9	544	7	0,7	3,29	1/4	0,14	0,132
85	8,5	485	6/5	0,65	2,44	1/2	0,12	0,10
80	8	430	6	0,6	2,40	1	0,10	0,07

Messingröhren.

Lichte Weite mm	Gewicht f. d. laufenden m in kg bei einer Wandstärke von mm								
	2	3	4	5	6	7	8	9	10
10	0,64	1,03	1,48	1,98	2,54	3,14	3,80	4,52	5,28
13	0,79	1,27	1,80	2,38	3,01	3,70	4,44	5,23	6,07
15	0,90	1,43	2,01	2,64	3,33	4,07	4,86	5,70	6,60
20	1,06	1,82	2,54	3,30	4,12	5,00	5,91	6,89	7,92
25	1,43	2,22	3,06	3,96	4,92	5,91	6,97	8,08	9,24
30	1,69	2,62	3,59	4,62	5,71	6,84	8,02	9,27	10,56
40	2,22	3,41	4,65	5,94	7,29	8,59	10,14	11,64	13,20
50	2,75	4,20	5,70	7,26	8,87	10,53	12,25	14,02	15,84
60	3,28	4,99	6,76	8,58	10,46	12,38	14,36	16,39	18,48
70	3,80	5,78	7,81	9,90	12,04	14,23	16,47	18,77	21,11

Antifriktionsmetalle sind Metallegierungen für Lagerschalen und Führungen, welche infolge ihrer Zusammensetzung möglichst geringe Reibung verursachen; in der Hauptsache handelt es sich hierbei um Weißmetalle, unter ihnen in erster Linie um Antimonlegierungen.

Zinklegierungen (schon 1—5% Zinn verringern das Schwindmaß des Zinks und liefern porenfreie Güsse).

Lagermetalle und Zinkguß.

Art	Zink	Zinn	Kupfer	Aluminium	Blei	Antimon	Eisen
				Prozente			
Antifriktionsmetall	85	10	5	—	—	—	—
Englisches Lagermetall {	90	1,5	7	—	—	1,5	—
	59,4	39,8	0,5	—	0,3	—	—
Lagermetall für rasch umlaufende Wellen	77	17,5	5,6	—	—	—	—
Lagermetall von Ludwig Loewe & Co. A.-G.	84,3	0,5	9,3	3,1	1,5	—	1,3
Glycometall	85,5	5	2,4	2	4,7	—	—
Gewöhnlicher Zinkguß	90	0,5	5,5	3,0	0,8	—	0,2
Spritz-Zinkguß	85	10	3	2	—	—	—

Babbitmetall (Antifriktions-, Lagermetall) besteht in bester Zusammensetzung aus 69 Teilen Zink, 19 Teilen Zinn, 4 Teilen Kupfer, 7 Teilen Antimon, 5 Teilen Blei, in billigerer Zusammensetzung aus 50 Teilen Zink, 25 Teilen Zinn und 25 Teilen Blei.

Zinnlegierungen (der Antimongehalt soll zur Vermeidung von Sprödigkeit unter 20% bleiben, Bleizusatz verbilligt, aber verschlechtert die Legierung; Schmelzpunkt zwischen 250 und 300° C).

Weißmetalle.

Verwendungszweck	Zinn	Antimon	Kupfer	Blei	Zink	Eisen
			Prozente			
Eisenbahnlagermetall {	82—90	7—12	3.—6	—	—	—
	45	13	2	40	—	—
Lagermetall für Braunkohlenpressen	85	10	5	—	—	—
Kolbenringe für Lokomotiven	81	12,5	6,5	—	—	—
Englisches Lagermetall {	76,7	15,5	7,8	—	—	—
	53	10,6	2,4	33	1,0	—
Lagermetall	58	14,5	2,2	25,3	—	—
Lagermetall, englisches	53	10,6	2,4	33	1,0	—
Für verschiedene Gußzwecke	35	17	4	44	—	—
» Hauptlager	34	16	6	44	—	—
» Lager unter Wasser	40	10	2	48	—	—
» Metallpackungen	42	17	3	38	—	—

Die beste Zusammensetzung für große Belastung ist 90% Zinn, 8% Antimon, 2% Kupfer, für mittlere Belastung 76,7% Zinn, 15,5% Antimon, 7,8% Kupfer, für geringe Belastung 85% Zinn, 10% Antimon, 5% Kupfer.

Britanniametall.

Verwendungszweck	Zinn	Antimon	Kupfer
	Prozente		
Für Bleche	92	6	2
Zum Drücken auf der Drehbank	93,7	3,8	2,5
Für gegossene Gegenstände	92,5	4,5	3

Folien.

Art	Zinn	Blei	Zink	Kupfer	Eisen	Nickel
	%					
Stanniol	96,21	2,41	—	0,95	0,09	0,30
Spiegelfolie	97,60	0,04	0,08	2,16	0,11	—
Unechtes Blattsilber	91,06	0,35	8,25	Spur	0,23	—

Farben von Kupfer-Zinn und Kupfer-Zinklegierungen.

Gehalt an		Farbe der	
Kupfer	Zinn, bzw. Zink	Kupfer-Zinn-	Kupfer-Zink-
Prozente		Legierungen	
99	1	blaurot	rot
95	5	morgenrot	rot mit gelbem Schein
92	8	rötlichgelb	bräunlichrot
90	10	orangegelb	rotgelb
86	14	gelb	gelbrot
84	16	rotgelb	gelbrot
80	20	blaßgoldgelb	rötlichgelb
75	25	bläulichrot	hellgelb
73	27	dunkelgrau	gelb
70	30	weiß	gelb
67	33	grauweiß	rötlichgelb
65	35	bläulichweiß	hochgelb
50	50	lichtgrau	goldgelb
40	60	mattweiß	silberweiß
30	70	weißlich	silbergrau
20	80	weißlich	zinkgrau
10	90	zinnweiß	zinkgrau

Nickel-Kupfer-Legierungen sind u. a.:

Neusilber, Legierungen mit 15,3—20% Ni, 73—80% Cu und 7% Zn, im polierten Zustand in bezug auf Farbe und Geschmeidigkeit dem Silber täuschend ähnlich, mit 33—40% Ni, 7—20% Cu, 40—52% Zink, besonders hart und große Zähigkeit; die nickelreicheren Sorten sind gut säurebeständig, oder 60% Kupfer, 10% Nickel und 30% Zinn oder

Zink, spezifisches Gewicht: 8,5, spezifischer Widerstand: 0,15—0,36, Temperaturkoeffizient 0,0002—0,0004.

Manganneusilber ist eine dem Neusilber ähnliche Legierung, bei welcher das Nickel ganz oder teilweise durch Mangan ersetzt ist.

Ander Bezeichnungen sind: Packfong, Argentan, Alpaka, Maillechort, German-Silver, Kunstsilber, Tutenag, Cuivre blanc, White copper, Silverine u. a. m.; in versilbertem Zustand: Alfénide, Chinasilber, Christofle, Argyroide, Argyrophan, Similargent. Zu dieser Gruppe zählen auch:

Farben von Neusilber-Legierungen.

Kupfer	Nickel	Zink	Farbe
Prozente			
81,7	11,8	6,5	hellkupferrot
81,2	13,2	5,6	silberweiß mit rötlichem Stich; Bruch rötlich
79,9	6,7	13,4	rötlich silbergrau mit rötlichem Stich
73,5	7,5	19,0	sehr hell messingfarben
73,5	13,8	12,7	silbergrau mit rötlichem Stich
73,6	19,4	7,0	silbergrau
67,5	16,8	15,7	gelblich silbergrau
66,7	19,8	13,5	silbergrau
63,0	26,6	10,4	nickelfarben
60,4	14,5	25,1	gelblich nickelfarben
60,3	25,8	13,9	nickelfarben
60,5	31,3	8,2	nickelfarben
60,2	33,9	5,8	nickelfarben
53,7	14,1	32,2	gelblich nickelfarben
53,4	21,5	25,1	nickelfarben
52,9	26,8	20,3	nickelfarben

Nickelin (für elektrische Widerstände verwendet, 56% Kupfer, 31% Nickel, 13% Zink oder 68% Kupfer, 32% Nickel oder 54% Kupfer und 20% Zink mit geringem Zusatz von Eisen oder Mangan, spezifischer Widerstand: 0,40—0,44 Ohm, Temperaturkoeffizient: 0,003—0,00033).

Nickelindraht.

Durchmesser mm	Maximalbelastung Ampère	Durchmesser mm	Maximalbelastung Ampère	Durchmesser mm	Maximalbelastung Ampère
0,2	1,5	0,8	7	1,50	23
0,4	3	1,0	10	1,75	30
0,6	5	1,25	15	2,0	38

Rheotan ist eine als elektrisches Widerstandsmaterial dienende Legierung aus 53,4% Kupfer, 16,9% Zink, 25,3% Nickel, 4,5% Eisen und 0,4% Mangan; spezifischer Widerstand: 0,47—0,52, Temperaturkoeffizient: 0,00023—0,00041.

Nickelmangankupfer, als elektrisches Widerstandsmaterial dienend, besteht aus 73% Kupfer, 24% Mangan, 3% Nickel. Spezifischer Widerstand: 47,7, Temperaturkoeffizient: 0,00003.

Manganin (bereits früher erwähnt).

Patentnickel, eine als elektrisches Widerstandsmaterial verwendete Legierung, besteht aus 75% Kupfer und 25% Nickel. Spezifischer Widerstand: 32,8, Temperaturkoeffizient: 0,0002.

Platinoid besitzt von sämtlichen Nickellegierungen den größten elektrischen Leitungswiderstand; es ist eine neusilberartige Legierung mit 55,5% Kupfer, 22% Nickel, 22% Zink und 0,5% Wolfram.

Eine Legierung, bestehend aus 51,6 Teilen Kupfer, 22,6 Teilen Zink und 25,8 Teilen Nickel wird unter dem Namen „Elektrum" in den Handel gebracht.

Nickelbronze, 50% Kupfer, 25% Zinn, 25% Nickel.

Nickel-Aluminiumbronze, 10% Kupfer, 20% Zinn, 40% Nickel, 30% Aluminium, oder 88% Kupfer, 10% Nickel, 2% Aluminium.

Rübelbronze, wird in drei Sorten hergestellt, sehr fest und dehnbar, widerstandsfähig gegen Säuren, 28,5—38,9% Kupfer, 18,2—40% Nickel, 6,1—8,3% Aluminium, 25,4—34,6% Eisen.

Neben Rübelbronzen stellt die Allgemeine Deutsche Metallwerk G. m. b. H., Berlin-Oberschönenweide, noch weitere Legierungen her, wie das Admos-Metall (billigere Legierung mit 55—65 kg/mm² Festigkeit bei rund 15—20% Dehnung), die Turbobronze (75—85 kg/mm² Festigkeit bei 20—15% Dehnung) und die Monosbronze (eine Sonderlegierung mit hohem Gehalt an Nickel und anderen hochwertigen Metallen (65 kg/mm² Bruchfestigkeit, 5% Dehnung, außerordentliche Härte). Die Garantien für Rübelbronzen und für die anderen vorstehend genannten Bronzen sind:

Marke	Herstellungsart	Bruchfestigkeit f. d. kg/mm²	Dehnung in %	Elastizitäts-grenze f. d. kg/mm²	Härte nach Brinell	Spezifisches Gewicht	Schwindmaß	Wärmeausdehnungs-koeffizient
A	gegossen	70	5 – 10	40		8,1	1,68	
B	gegossen	45—50	30—35	16		8,3	1,34	
B	gezogen	50—55	20—25	24		8,34	1,34	
C	gegossen	60—65	20—22	32	176	8,1	1,34	
D	gegossen	50—55	25—30	24	136	8,3	1,34	1/680
H	geschmiedet, weich	60—65	12—18	32		8,34	1,34	
H	geschmiedet, hart	65 – 70	10—12	42		8,34	1,34	
Admos II	gepreßt	55—65	15—20	36		8,4	1,40	
A dmos I	gewalzt	40—50	25—30	18		8,3	1,40	
Turbo	geschmiedet	75—85	15—25	45		8,3	1,60	—
Mono	gegossen	60—65	5—10	50		8,5	1,60	—

Konstantandraht.

Spezifischer Widerstand: 0,5, Temperaturkoeffizient: 0,0001.

Durch-messer	Querschnitt	Gewicht f. d. lfd. m	Widerstand f. d. m	Durch-messer	Querschnitt	Gewicht f. d. lfd. m	Widerstand f. d. m
mm	mm²	kg	Ohm	mm	mm²	kg	Ohm
0,05	0,0020	0,020	250	0,28	0,0616	0,560	8,1
0,08	0,0050	0,055	100	0,30	0,707	0,655	7,0
0,10	0,0079	0,081	62	0,35	0,962	0,900	5,2
0,11	0,0095	0,095	52	0,40	0,1260	1,120	4,0
0,12	0,0113	0,110	44	0,45	0,1590	1,410	3,1
0,13	0,0133	0,121	37	0,50	0,1960	1,750	2,6
0,14	0,0154	0,140	32	0,55	0,2370	2,120	2,1
0,15	0,0177	0,170	28	0,60	0,2830	2,570	1,71
0,16	0,0201	0,185	25	0,65	0,3320	2,950	1,55
0,17	0,9227	0,220	22	0,70	0,3850	3,400	1,21
0,18	0,0255	0,251	20	0,80	0,5030	4,450	0,91
0,19	0,0283	0,260	19	0,90	0,6360	5,680	0,71
0,20	0,0314	0,290	16	1	0,7850	7,080	0,63
0,22	0,0380	0,350	13	1,20	1,1310	10,980	0,44
0,25	0,0491	0,440	10,2	1,50	1,7670	15,780	0,28

Monelmetall, silberweiß, gegen Witterung und Säuren unempfindlich, rostsicher, wie Kupfer bearbeitbar, 68—75% Nickel, 25—32% Kupfer. Verwendung zu Drähten für Thermoelemente und Widerstände.

Konstantan, für elektrische Widerstände verwendet, 60% Kupfer, 40% Nickel.

Benediktnickel für nahtlose Röhren, 79,73% Cu, 19,87% Ni, 0,36% Fe, 0,04% Mn.

Für Schreibmaschinenteile, 57% Kupfer, 20% Nickel, 20% Zink, 3% Aluminium.

Eine, je nach ihrem Verwendungszweck zusammengesetzte Legierung aus Blei, Antimon und Zinn wird unter dem Namen Hartblei als Lagermetall verwendet. Mit zunehmendem Antimongehalt steigen Härte und Sprödigkeit, mit zunehmendem Zinngehalt nimmt die Sprödigkeit ab (Akkumulatorenblei ist Hartblei). Bleilegierungen werden auch Hartblei genannt, zum Unterschied von nichtlegiertem Weichblei.

Lagermetalle.

Verwendungszweck	Blei	Antimon	Zinn	Kupfer
	Prozente			
Eisenbahnlager	75	15	10	—
Straßenbahnen	Rest	22	12	0,8
Metallpackungen	70	13	17	—
Metallpackungen für Kolbenstangen . .	73	15	12	—
Gewöhnliches Lagermetall	71	24	5	—
Gewöhnliches Lagermetall	76	17	7	—
Magnolia-Metall	80	10	10	—
Jakoby-Metall	85	10	5	—
Lokomotivlager	72	13,5	11,5	3

Kompositionsdübel sind aus harter Bleikomposition gegossene Dübel, welche vor den aus Weichblei gepreßten den Vorzug genießen, daß die Gewindegänge nicht ausreißen können.

Das Lichtenbergmetall ist eine Legierung von 5 Teilen Wismut, 3 Teilen Blei, 2 Teilen Zinn und schmilzt bei 91,5° C.

Darcetmetall ist eine in der Galvanoplastik als Formmaterial Verwendung findende Legierung aus Blei, Zinn und Wismut, welche je nach ihrer Zusammensetzung bei 90—95° C schmilzt.

Woodmetall ist eine leicht schmelzbare Legierung, welche für einen Schmelzpunkt von 60° C aus 4 Teilen Wismut, 2 Teilen Blei, 1 Teil Zinn und 1 Teil Kadmium, von 70° C aus 15 Teilen Wismut, 8 Teilen Blei, 4 Teilen Zinn und 3 Teilen Kadmium besteht.

Roses Metall ist eine bei 93,7° C schmelzende Legierung aus 2 Teilen Wismut, 1 Teil Zinn und 1 Teil Blei.

Asberrymetall ist eine als Lagermetall Verwendung findende Legierung, bestehend aus 77,8 Teilen Zinn, 19,4 Teilen Antimon und 2,8 Teilen Zink.

Zusammensetzung und Erstarrungspunkte leichtflüssiger Legierungen[1].

Zusammensetzung in Gewichtsprozenten				Erstarrungspunkt °C	Zusammensetzung in Gewichtsprozenten				Erstarrungspunkt °C
Blei	Zinn	Wismut	Kadmium		Blei	Zinn	Wismut	Kadmium	
26,3	13,3	50	10		—	44	56	—	
24	14	48	13		—	46	54	—	136,5
32	13	45	10		—	51	49	—	
35	13	42	10	70	32	50	—	18	
37	13	40	10		35,5	46,5	—	18	
35	20	35	10		39	43	—	18	
40	—	52	8		42	40	—	18	145
42	—	50	8		45,5	36,5	—	18	
44	—	48	8	91,5	49	33	—	18	
48	—	44	8		52,5	29,5	—	18	
32	16	52	—		—	—	62	38	
34	16	50	—		—	—	62	38	
36	16	48	—	96	—	—	61	39	149
38	16	46	—		—	—	60	40	
40	16	44	—		—	—	58,5	41,5	
42	16	42	—		—	68	—	32	
—	26	53	21		—	64	—	36	
—	29,5	49,5	21		—	60	—	40	178
—	32	47	21	103	—	56,5	—	43,5	
—	34,5	44,5	21		—	53	—	47	
44	—	56	—		36	64	—	—	
46	—	54	—		37,5	62,5	—	—	
48	—	52	—	125	39	61	—	—	181
50	—	50	—		40,5	59,5	—	—	
52,5	—	47,5	—		42	58	—	—	
55	—	45	—		89% Zinn, 11% Zink				198
—	42	58	—	136,5					

[1] Waehlert, Z. V. J. 1918.

Aluminiumlegierungen enthalten nebst 70—95% Aluminium und 2,2 bis 4,36% Kupfer, verschiedene Mengen von Zinn oder Zink, kleine Beimengungen von Eisen, Silizium, Blei, Mangan, Antimon). Besonders wichtig sind die Legierungen:

Magnalium, 80—90% Aluminium, 20—10% Magnesium, spezifisches Gewicht 2—2,5, politurfähig;

Duraluminium, 93,2—95,5% Aluminium, 3,5—5,5% Kupfer, 0,5% Magnesium, 0,5—0,8% Mangan, spezifisches Gewicht 2,8, fest, hart, widerstandsfähig gegen Seewasser und einige Säuren, nicht gegen Salzsäure und Laugen.

Als Ersatz für Aluminium und Messing wird das Elektronmetall, eine silberweiße Legierung aus 90—95 Teilen Magnesium und 10—5 Teilen Aluminium verwendet; Schmelzpunkt bei rund 620° C, spezifisches Gewicht 1,8. Es wird in Form von gepreßten Stangen geliefert, läßt sich gut bearbeiten und für Kokillenguß verwenden.

Für elektrische Heizwiderstände dient die Legierung Kalorit, in der Hauptsache aus Chrom, Mangan, Nickel, Tellur zusammengesetzt; Schmelzpunkt bei etwa 1550° C.

Aus Chrom und Nickel bestehende Legierungen werden in Bandform (Chromnickelband) als Widerstandsmaterial für elektrische Heiz- und Kochapparate verwendet.

Chromnickeldraht, spezifischer Widerstand 1,21 Ohm, Temperaturkoeffizient 0,000124, spezifisches Gewicht 8,03, dient zur Herstellung elektrischer Widerstände, insbesondere der Heizspulen für Heizapparate.

Amalgame sind Legierungen von Quecksilber mit anderen Metallen; sie sind bei der Herstellung meist flüssig und nehmen je nach ihrer Zusammensetzung oft nach längerer Zeit erst eine feste kristallinische Beschaffenheit an.

Kienmayers Amalgam besteht aus 2 Teilen Quecksilber, 1 Teil Zink, 1 Teil Zinn.

Adams Amalgam besteht aus 5 Teilen Quecksilber und 1 Teil Zink.

Zur Amalgamierung von Zinkelektroden für galvanische Elemente dient die Amalgamierflüssigkeit, eine Lösung von 200 Gramm Quecksilber in 1000 Gramm Königswasser (250 Gramm Salpetersäure und 750 Gramm Salzsäure), welcher nach erfolgtem Lösungsvorgang noch 1000 Gramm Salzsäure zugesetzt werden.

Spiegelamalgam (zum Belegen der Spiegel): 23% Zinn, 77% Quecksilber.

Reibzeug der Elektrisiermaschinen: 50% Quecksilber, 25% Zinn,

Silberlegierungen werden in der Hauptsache für Münz- und Juwelierzwecke (500—900 Teile Silber, 30—15 Teile Kupfer, 470—5 Teile Kadmium) verwendet, für Silbergeräte das Tiers-Argent (33,33% Silber, 66,66% Aluminium).

Goldlegierungen (achtkaratiges Gold mit Goldgehalt von nicht mehr als 333 Tausenteile Gold): bestes Goldferderngold (für Füllfederhalter): 58,8% Gold, 14,7% Silber, 22,8% Kupfer, 3,7% Zink; Schakdo (für japanische Goldverzierungen): Goldkupferlegierung mit 1—10% Gold und etwas Antimon;

Blattgold: Dicke der mittels Goldschlägerhaut geschlagenen Blättchen $^1/_{7000}$—$^1/_{8000}$ mm;

Malergold (Goldbronze, Muschelgold) der zerriebene Abfall vom dünnsten Blattgold.

Farben von Gold- und Silberlegierungen.

Gold	Silber	Kupfer	Kadmium	Eisen	Farbe
		P r o z e n t e			
50	—	50	—	—	hochrot
60	20	20	—	—	blaßrot
50	37,5	12,5	—	—	gelb
33,5	66,5	—	—	—	blaßgelb
66,6	33,3	—	—	—	grünlich
75	25	—	—	—	grünlich
60	15	25	—	—	grünlich
75	—	12,5	12,5	—	grünlich
75	—·	—	—	25	graublau
80	—	—	—	20	graublau

Platinlegierungen (nur dort verwendet, wo die Gießbarkeit oder Härte erhöht werden soll):

Platin-Kupfer-Legierung für Metallspiegel von optischen Gegenständen: Platin 7, beziehungsweise 16, beziehungsweise 15 Teile, Kupfer 16, beziehungsweise 7, beziehungsweise 10 Teile, Zink 1 Teil.

Für Uhrenteile (zähe, Stahlhärte, nicht magnetisch, nicht rostend, mit geringeren Änderungen ihrer Abmessungen bei Temperaturschwankungen): Platin 54,32, beziehungsweise 62,75%, Kupfer 16, beziehungsweise 16,20%, Nickel 24,70, beziehungsweise 16,50%, Kadmium 1,25%, Kobalt 1,96, beziehungsweise 1,50%, Wolfram 1,77, beziehungsweise 1,80%.

Platin-Rhodium-Legierungen (für Thermoelemente für hohe Temperaturen);

Platin-Iridium-Legierungen (große Widerstandsfähigkeit gegen chemische und mechanische Einflüsse bei geringsten Schwankungen der Abmessungen bei Temperaturänderungen): 70% Platin und 30% Iridium (hart, spezifischer Widerstand 0,37) oder aus 80% Platin und 20% Iridium (weich, spezifischer Widerstand 0,35).

Zur Herstellung von Normalmaßen und gewissen Laboratoriums-gegenständen wird Platiniridium, eine Legierung aus 90 Teilen Platin und 10 Teilen Iridium, verwendet.

Als Platinersatz wird eine Legierung aus Silber und 2—5% Palladium verwendet.

Antimagnetische Legierungen (für antimagnetische Taschenuhren verwendbar) bestehen aus eisenfreien Metallen, zum Beispiel Mangor (Gold und Mangan), Wolfor (Gold und Wolfram), Woltine (Gold und Platin), Aror (Gold, Kadmium und Mangan), Manium (Mangan, Platin, Wismut und Kupfer) oder aus Platin und Iridium.

Wollastondraht ist ein mit Silber überzogener Platindraht, welcher im Diamantlochstein auf eine sehr geringe Stärke ausgezogen wird; Verwendung für Meßinstrumente.

Zur Herstellung der Leuchtfäden für Osramlampen wird Osram, eine Legierung aus Osmium und Wolfram, verwendet.

ÖLE UND FETTE.

Benzin, ein Gemisch von Kohlenwasserstoffen, ist in der Erdöl-industrie die Bezeichnung für die bis 150° siedenden Teile des Roh-petroleums, in der Lacktechnik (in welcher es meist an Stelle der teueren Terpentinöle verwendet wird) die Bezeichnung für Petroleum-destillate, die nicht feuergefährlich und dennoch nicht zu schwer flüchtig sind, um für Lacke brauchbar zu sein.

Die Benzine sind zu unterscheiden in Steinkohlenbenzin oder Benzol, Braunkohlenbenzin oder Solaröl, Petroleumbenzin oder Benzin (Ligroin) schlechtweg und reines Benzin oder Petroleumäther.

Benzol (Steinkohlenbenzin), C_6H_6, wird aus dem Vorlauf und dem sogenannten leichten Öl vom Siedepunkt 120—200° C bei der Destilla-tion des Steinkohlenteers durch fraktionierte Destillation gewonnen, wo-bei drei Fraktionen: 90%iges Benzol, 50%iges Benzol und Solvent-naphtha entstehen.

Reines Benzol ist eine leicht bewegliche, farblose, stark lichtbrechende, eigentümlich riechende Flüssigkeit von spezifischem Gewicht 0,8841; es siedet bei 80,5° C und erstarrt gegen 5,4° C.

Für die Benzol-Handelssorten gelten die Bestimmungen der nachstehenden Tabelle.

Handelsbezeichnung	Ergibt bei ° C				Spezifisches Gewicht bei 15° C	Ungefährer Siedepunkt ° C
	100	120	130	160		
	Prozente					
90%iges Benzol	90	100	—	—	0,885	80— 81
50%iges Benzol	50	90	—	—	0,880	88—110
30%iges Benzol	30	90	—	—	0,875	80—120
Schwerbenzol (Solventnaphtha)	—	—	20	90	0,875	13—180

Rohbenzin enthält noch erhebliche Mengen von über 150° C siedenden Teilen.

Das für Kraftwagen benützte Benzin soll möglichst keine, höchstens aber 5% über 100° C siedende Teile enthalten.

Petroleumbenzin entflammt (ungewöhnlich hoch siedende Öle ausgenommen) bei Annäherung einer Zündflamme bedeutend unter 0° C.

Dr. D. Holde gibt nachstehende Flammpunkte und Brennpunkte einiger Benzine:

Siedepunkt des Benzins	50—60°	60—78°	70—88°
Flammpunkt unter	— 58°	— 39°	— 45°
Zündpunkt	—	— 34°	— 42°
Siedepunkt des Benzins	80—100°	80—115°	100—150°
Flammpunkt unter	— 22°	— 21°	+ 10°
Zündpunkt	—	— 19°	+ 16°

Das spezifische Gewicht schwankt nach Qualität zwischen 0,700—0,800.

Geringe Mengen Benzindampf genügen, um mit Luft ein explosives Gasgemisch zu bilden.

Benzin zum Antrieb von Verbrennungsmotoren soll einen Heizwert von 10.700—11.000 W. E. und ein Litergewicht von 0,68—0,7 kg aufweisen.

Gutes Leuchtpetroleum soll vollständig klar, durchsichtig und höchstens schwach gefärbt sein (Water White ist wasserhell). Auf den Petroleummärkten wird das Petroleum nach der Farbe gehandelt (hierzu dienen eigene Farbmesser). Von den üblichen Handelsmarken zeigen am Stammerschen Erdölkalorimeter: Standard White 50 mm, Prime White 86,5 mm, Superfine White 199,5 mm, Water White 300—320 mm. Das spezifische Gewicht schwankt je nach Qualität zwischen 0,760 und 0,860; es erleidet beim längeren Stehen des Öles merkliche Erhöhungen. Gutes Petroleum soll eine spezifische Zähigkeit von höchstens 1,1 bei

20° C zeigen (damit es leicht im Docht aufsteigt). Bei 760 mm Barometerstand schwankt der Entflammungspunkt je nach Qualität zwischen 19,5 und 25,0° C. Die preußischen Staatsbahnen stellen folgende Lieferungsbedingungen für Petroleum: klar, wasserhell, weder nach roher Naphtha noch nach Rohpetroleum riechend, spezifisches Gewicht bei 20° C, für amerikanisches 792—807, für russisches bis 822, Flammpunkt (nach Abel) über 23° C, bestgereinigt, mit weißer Flamme brennend, nicht rußend oder riechend.

Masut, flüssige Rückstände der Erdöldestillation, werden für Heizzwecke (Dampfkessel) verwendet; der Heizwert schwankt zwischen 10.000—11.000 Kalorien, das spezifische Gewicht zwischen 0,943—0,952.

Durch trockene Destillation von Holz, Torf, Braunkohle, Steinkohle, Schiefer, Asphaltsteine, Bitumen werden nach den Ausgangsmaterialen benannte Rohteere gewonnen.

Holzteer wird bei der Holzkohlengewinnung (trockene Destillation) als Rückstand in Form einer dicken, dunkelgefärbten Masse gewonnen.

Torfteer, dem Braunkohlenteer sehr ähnlich, wird bei der Schweelerei des Torfes (bei ganzer Verkokung des Torfs 4% Teer, bei seiner Halbverkohlung 2% Teer) gewonnen.

Braunkohlenteer wird durch trockene Destillation (Schweelen) von Abfällen fetter, bituminöser Braunkohle gewonnen. Eine gute Schweelkohle liefert etwa 10% Teer.

Braunkohlenteer bildet eine braungelbe bis schwarze, bei gewöhnlicher Temperatur butterartig weiche Masse, welche zwischen 15—30° C zu einer dunklen, grün fluoreszierenden Flüssigkeit schmilzt, bei 80—100° C siedet; spezifisches Gewicht 0,820—0,950; er riecht kreosotartig.

Die Braunkohlenteeröle stehen den Erdölen (von ihnen wesentlich durch ihren Gehalt an Phenolen und Kreosolen unterschieden) an Qualität wesentlich nach; ihr spezifisches Gewicht ist wesentlich höher als jenes der Erdöle.

Steinkohlenteer wird bei der trockenen Destillation der Steinkohle gewonnen; er besteht aus einer großen Zahl leichtflüssiger und einer gewissen Menge schwerer flüchtigen Verbindungen. Bei der fraktionierten Destillation von Steinkohlenteer werden gewonnen:

10,5% leichtes Öl	0,55% Benzol bis 100° C, u. a. zur Fabrikation von Anilin verwendet;
	0,85% Benzol bis 100° C, 1,40%, u. a. zur Fabrikation von Anilin verwendet;
	0,48% Benzin Ia bis 130—150° C, u. a. als Lösungsmittel und Fleckenwasser verwendet;

	1,10 %	Benzin IIa bis 150—180° C, u. a. als Lösungsmittel und Fleckenwasser verwendet;

10,5 % leichtes Öl
- 1,10 % Benzin IIa bis 150—180° C, u. a. als Lösungsmittel und Fleckenwasser verwendet;
- 1,25 % Putzöl bis 180—200° C;
- 0,33 % Karbol, kristallinisch;
- 0,48 % Karbol, flüssig, mit wenig Kreosylsäure;

27,0 % schweres Öl
- 23,00 % schweres Öl, zur Imprägnierung verwendet;
- 3,20 % Kreosylsäure mit wenig Karbol;

57 % Pech . . .
- 5,50 % Ammoniakwasser und Verlust;
- 23,40 % Koks;
- 11,90 % Schmieröl.

Rektifizierter Steinkohlenteer wird als Anstrichmasse für Eisengegenstände, zur Imprägnierung von (wasser- und feuchtigkeitsundurchlässigen) Ziegeln, als Mauerbelag, zum Imprägnieren von Fasern, Geweben, Holz und Platten, zur Herstellung imprägnierter Massen (Kork-, Asphaltmassen, Kittmassen, Parkettmassen, Teerpflaster, zum Anstrich von Eisenröhren, zum Imprägnieren von Papierröhren, zur Rußgewinnung u. a. m. verwendet.

Gruner hat (nach Bunte) auf Grund der für die technische Verwendung wesentlichen Eigenschaften der Steinkohlen folgende Kohlentypen aufgestellt.

Nr	Kohlentypen	Elementarzusammensetzung			Verhältnis von O:H	Koksmenge nach d. Destillation	Spezifisches Gewicht des Kokses	Beschaffenheit des Kokses
		C	H	O				
		Prozente						
	Trockene Kohle mit langer Flamme (Sandkohle)	75—80	5,5—4,5	12,5—15	3—4	0-60	1,25	pulverförmig, höchstens zusammengefrittet
	Fette Kohle mit langer Flamme (Gaskohle) . . .	80—85	5,8—5,0	14.2—10,2	2—3	60—68	1,28—1,30	geschmolzen, aber stark zerklüftet
	Fette Kohle (Schmiedekohl.)	84—89	5,5—5	11,5—5,5	1	68—74	1,30	geschmolzen bis mittelmäßig kompakt
	Fette Kohle mit kurzer Flamme (Kokskohle) . .	88—91	5,5—4,5	6,8—5,5	1	74-82	1,30—1,35	geschmolzen, sehr kompakt, zerklüftet
	Magere Kohle od. Antbrazitkohle mit kurz. Flamme	90—93	4,5—4	5,5—3	1	82—92	1,35—1,41	gefrittet oder pulverförmig

Bei der Rektifikation des Steinkohlenteers verbleibt im Destilliergefäß ein tiefschwarzer Körper, das Teerpech, welches durch geeignete Behandlung gegen das Ende der Destillation in Teerasphalt (künstlicher Asphalt) umgewandelt werden kann. Er besitzt nicht die große Härte und Widerstandsfähigkeit gegen Temperaturänderungen wie der natürliche Asphalt und wird für Schutzanstriche von Metallen, Holz,

Mauerwerk, wie zur Herstellung von Mineral-, Holz- und Korkzementen verwendet.

Schieferteer wird aus geschweeltem schottischen (zwischen Edinburg und Glasgow) Schiefer (8—14% Teer), aus Messeler (bei Darmstadt) bituminösem Schiefer (6—10% Teer) u. a. gewonnen; sein spezifisches Gewicht ist 0,850—0,900, sein Schmelzpunkt sehr schwankend.

Bergwachs oder Montanwachs, aus Braunkohle durch direkte Extraktion mit Lösungsmitteln (Benzin, Benzol) gewonnen, ist eine braune, wachsartige (durch Reinigung nahezu farblos zu machende) Masse, welche dem Ceresin an Härte und Zähigkeit meist überlegen ist.

Rohes Montanwachs schmilzt bei 80—90° C, gereinigtes Montanwachs (weiß, kristallinisch) zwischen 70—80° C. Besondere Verwendung als Isoliermaterial in der Kabelfabrikation.

Identisch mit den in der Natur vorkommenden Asphalten sind die Erdölasphalte, welche bei der Verarbeitung des rohen Erdöls (Rohpetroleum, Rohnaphtha) gewonnen werden.

Nach Abdestillierung der ölartigen Produkte des Holzteers verbleibt eine geschmolzene Masse von schwarzer Farbe, das Holzteerasphalt oder Holzteerpech.

Deutsches oder künstliches Asphalt oder Goudron wird bei der Destillation des Braunkohlenteers gewonnen, auch aus natürlichem Asphalt durch Zusammenschmelzen von Asphaltstein mit Bergteer; es hat muscheligen Bruch.

Goudron dient zu Gußasphaltierungen, Isolierungen zum Anstrich feuchter Wände und Fundamentmauern.

Teerasphalt ist das aus dem Steinkohlenteer gewonnene Kunstasphalt.

Verfälschungen von Asphaltbitumen mittels Steinkohlenteer und Steinkohlenpech werden durch Alkohol oder Schwefelsäure, welche durch jene gebräunt werden, erkannt.

Asphalt wird zu Boden- und Straßenbelagen, in der Kautschukfabrikation, in der Elektrotechnik, als Isoliermaterial, als Anstrichmasse und für verschiedene Ersatzmittel verwendet.

Gußasphalt (auch zum Verlegen von Stab- und Parkettfußböden verwendet) wird hergestellt durch Schmelzen von Asphaltmastix mit etwas Goudron oder Naturasphaltbitumen in Kesseln unter Kieszusatz und streifenweißes Verstreichen auf ebener fester Unterlage aus Zementbeton, Ziegelpflaster, Asphaltsteinschotter usw. und hierauffolgendes Bestreuen mit Sand. Bei Verwendung von Steinkohlenteerpech wird der Belag in der Kälte spröde und brüchig, in der Hitze klebend.

Stampfasphalt, teurer aber auch dauerhafter als Gußasphalt, wird aus gedörrtem Asphaltmehl hergestellt, welches streifenförmig auf fester Unterlage, meist Beton, ausgebreitet, geebnet und durch heißes Abwalzen und Stampfen mit erhitzten Rammeisen gedichtet und verfestigt wird.

Als minderwertige Ersatzstoffe (zu Estrich- und Straßenbelagen) für Asphaltbitumen dienen zur Herstellung von Guß- und Stampfasphalt, Braunkohlen- oder Steinkohlenpech.

Gasöle (durch Zersetzung in glühenden Retorten auf Ölgas verarbeitet) sind hell- bis braungelb, dünnflüssig, sieden zwischen 200—300° C. Die Lieferungsbedingungen der preußischen Staatsbahnen fordern: klar, satzfrei, spezifisches Gewicht bei 20° C bis 882, wasserfrei, 100 kg bei 10 m³ Gaserzeugung in der Stunde mindestens 54 m³ Gas, welches bei 35 l Verbrauch in der Stunde eine Lichtstärke von 11 Vereinsnormalkerzen hat, geringe Rückstände beim Vergasen, Kreosotgehalt bis 2%.

Terpentinöl wird u. a. durch trockene Destillation von Fichtenholz gewonnen; es ist in frischem Zustand wasserhell mit einem spezifischen Gewicht von 0,865—0,875; in der Hauptsache werden amerikanische, deutsche, polnische und französische Terpentinöle in den Handel gebracht. Es dient u. a. zum Verdünnen von Firnissen und Lacken. Die Lieferungsbedingungen der preußischen Staatsbahnen fordern: klares farbloses Aussehen, spezifisches Gewicht 0,86—0,88, frei von fremdartigen Beimengungen, vollkommen gereinigt; bei der Verflüchtung darf französisches und amerikanisches Terpentin höchstens 0,3%, deutsches und polnisches (Kienöl) höchstens 0,6% harzigen Rückstand hinterlassen.

Schmieröle werden aus den bei der Destillation des rohen Erdöls nach erfolgter Gewinnung des Benzins und Leuchtpetroleums verbleibenden dunkelfarbigen, dickflüssigen Rückständen erzeugt (oft ungereinigt, direkt für gewisse Schmierzwecke verwendet) oder durch trockene Destillation von Braunkohle oder Torf.

Durch besondere Destillation werden die rohen Mineralöle für bestimmte technische Zwecke verwendungsfähig gemacht; die bei der Destillation übergehenden Produkte sind um so schwerer und weniger flüssig, je höher die Temperatur ist.

Zu unterscheiden sind:

Art	Viskosität (Flüssigkeitsgrad) bei 20° C	Flamm-(Entflamm-)punkt ° C	Bemerkungen	
Spindelöle für Spinnereimaschinen .	2—12	160—200	unter sehr geringem Druck gehend, leichtflüssig, teuere farblos, die anderen bräunlichgelb bis braunrot, spezifisches Gewicht 0,895—0,900	
Eismaschinen-Kompressoröle .	5—7	140—180	sehr tiefe Erstarrungsgrenze, teuere farblos, die anderen bräunlichgelb bis braunrot	
Leichte Maschinen-, Transmissions-, Motoren-, Dynamoöle	13—25	170—220	mäßig zähflüssig	teuere farblos, die anderen bräunlichgelb bis braunrot
(Nobel II)	12,4	170	spez. Gewicht 0,900	

Art	Viskosität (Flüssigkeitsgrad) bei 20° C	Flamm-(Entflamm-)punkt ° C	Bemerkungen
Schwere Transmissions- und Maschinenöle . . . . . (Nobel I, Rakuin)	25—45 (bis 60) 41—44	190—220 —	zähflüssig, bräunlichgelb bis braunrot, spezifisches Gewicht 0,905—0,910
Dunkle Eisenbahnwagen- und Lokomotivöle	45—60 f. Sommeröl 25—45 f. Winteröl	über 140	Erstarrungspunkt für Sommeröl —5° C Erstarrungspunkt für Winteröl – 20° C
Dampfzylinderöle .	23—45	220—315 (bessere Marken stets über 260)	dickflüssig bis salbenartig; über Fullererde filtrierte, destillierte oder undestillierte: braunrot, durchscheinend; nicht filtrierte und undestillierte: grünschwarz und undurchsichtig; bei auffallendem Lichte amerikanische Oele meist graugrün, russische bläulich

Die spezifischen Gewichte betragen bei 15° C für Petroleum: russisches 0,800—0,830, amerikanisches 0,780—0,800, Spindelöle, Paraffinöle usw.: russische 0,850—900, amerikanische 0,840—0,907, leichte bis schwere Maschinenöle: russische 0,900—0,915, amerikanische 0,875—0,914, Zylinderöle: russische 0,909—0,932, amerikanische 0,883—0,895.

Als Kennzeichen der verschiedenen Schmiermittel gibt Dr. R. Ascher u. a.:

Mineralöldestillate: hell bis dunkel, in diesem Falle in dünner Schicht durchscheinend, frei von Mineralsäuren, technisch wasserfrei, in Benzol ohne Rückstand löslich, Fettflecke auf gehärtetem Filtrierpapier zeigen ein noch durchscheinendes gleichmäßiges Bild;

Mineralölraffinate: klar, in 15 mm-Reagenzglas durchscheinend, Säuregehalt (SO₃) nicht über 0,1%, technisch wasserfrei, in Benzin klar löslich;

Mineralrückstandsöle: dunkel, wenig oder nicht durchscheinend, frei von Mineralsäuren, technisch wasserfrei;

Braunkohlen- oder Schieferöle: spezifisches Gewicht unter 1, schwach teerölartig;

Steinkohlenöle (Teerfettöle): dunkelbraun bis dunkelbraungrün, Steinkohlenteerölgeruch, spezifisches Gewicht mindestens 1,1% bei 15° C, technisch wasserfrei, in Benzol technisch löslich;

zusammengesetzte Öle: wasserfrei, in Benzol technisch löslich;

Starrschmieren: homogene Masse, beim Lagern nicht entweichbar, an gewöhnlicher Luft nicht vertrocknend, Aschengehalt 5% (auf Seifengrundlage hergestellt), beziehungsweise 1% (ohne Seifengrundlage hergestellt).

Für die Prüfung der äußeren Beschaffenheit der Schmiermittel gibt er folgende Wegleitungen: Destillate sind meist undurchsichtig, in der

Aufsicht braun bis grünschwarz. Raffinate sind durchsichtig, dunkelbraunrot über gelb, hellgelb bis wasserhell; im auffallenden Licht zeigen die amerikanischen Öle eine grünliche, die russischen eine bläuliche Fluoreszenz. Beim Verreiben des Öles zwischen den Fingern lassen sich die Öle an ihrem typischen Geruch erkennen, soferne er nicht durch andere Riechstoffe überdeckt ist. Verschwindet die Trübung von Öl bei Erwärmung von 50—60° C, so ist in ihm Paraffin enthalten; ist Wasser in Öl, so wird es erst bei höheren Temperaturen klar. Eine wichtige Ölprüfung ist durch das spezifische Gewicht gegeben, welches die Bestimmung der Identität ermöglicht. Weitere Prüfungen erstrecken sich auf die Bestimmung der Zähflüssigkeit (Viskosität, Flüssigkeitsgrad), des Flammpunkts (Entflammungspunkt), Brennpunkts (Entzündungspunkt), Brechungskoeffizienten, Erstarrungspunkts, Siedepunkts, Schmelzpunkts, Tropfpunkts, Ausdehnungskoeffizienten, der Jodzahl, Verseifungszahl und chemischen Zusammensetzung.

Maschinenöle mit Harzöl[1]): 95, beziehungsweise 90 Gewichtsteile raffiniertes Rüböl mit 5, beziehungsweise 10 Gewichtsteilen rektifiziertem Harzöl (bei gelinder Wärme durch Umrühren innig gemischt).

Spindel- oder Turbinenöle: 100 Gewichtsteile rektifiziertes Harzöl mit ½ Gewichtsteil Olivenöl (bei gelinder Wärme gemischt) oder 40 Gewichtsteile rektifiziertes Harzöl, 30 Gewichtsteile helles Paraffinöl, 30 Gewichtsteile Baumwollsamenöl.

Regulatorenöl für Wasserturbinen und Dieselmotoren: 80 Teile russisches Maschinenöl (0,906) mit 20 Teilen Senffettöl (bei 80° C).

Kraftwagen- und Flugzeugmotorenöle: 120 kg amerikanisches Spindelöl (0,885) mit 60 kg filtriertes Zylinderöl oder 5 kg raffiniertes Rüböl mit 5 kg raffiniertes Klauenöl und 3 kg weißes Vaselineöl.

Gasmotorenöle: 60 kg dickes Vaselineöl mit 30 kg raffiniertes Rüböl oder 120 kg russisches Maschinenöl (0,906—0,908) mit 30 kg raffiniertes Rüböl oder 90 kg amerikanisches Spindelöl (0,885) mit 10 kg raffiniertes Rüböl.

Separatorenöl (für mittleren Betrieb): 120 kg Mineralöl (0,903 bis 0,907) mit 30 kg raffiniertes Rüböl.

Turbinenöl: 40 Gewichtsteile russisches Maschinenöl (0,908—0,910) und 20 Gewichtsteile raffiniertes Rüböl.

Ziehöl für Metallbearbeitung: 30 Teile Hefewasser, 30 Teile Kupfervitriollösung (20 Teile Salz, 30 Teile Wasser), 10 Teile Schmierseife, 10 Teile Mineralöl, 10 Teile Unschlitt.

Kraftmaschinenöl: 70% russisches Maschinenöl (0,906—0,908) mit 30% Steamrefined extra filtered Cylinder oil Cold.

---

[1]) L. E. Andés: Vegetabilische und Mineral-Maschinenöle.

Schmiermittel für Seilbahnen 1,25 kg Unschlitt mit 6,25 kg Paraffin mit 3,125 kg Permanentweiß und 39,38 kg Schmieröl oder 10 Gewichtsteile holländischer Teer, ebensoviel Brauerpech und 2½ Gewichtsteile Kolophonium.

Feuerbeständiges Schmieröl: Mischung von Mineralschmieröl mit wolframsaurem Natrium, Ammoniumsulfat, Ammoniumphosphat, Salmiak und Natriumbikarbonat.

Seifenschmieren: 500 Gewichtsteile Talg mit 450 Gewichtsteilen Leinöl mit je 500 Gewichtsteilen Fichtenharz und 500 Gewichtsteilen Ätznatronlauge.

Konsistente Mineralöle: 100 kg Mineralöl mit 20 kg Leinöl mit 25 kg Erdnußöl und 10 kg Kalk, oder je 100 kg Mineralöl und Harzöl mit 50 kg Rapsöl, 75 kg Leinöl mit 25 kg Kalk.

Graphitschmiere: 75 Gewichtsteile geschmolzener Talg, 75 Gewichtsteile Graphit.

Von den zahlreichen Vorschriften für Schmieröle seien u. a. angeführt:

Schmieröl für liegende, doppelwirkende M. A. N.-Dreschmotoren.

Verwendung	Viskosität bei 50° C	Flammpunkt °C	Kältebeständigkeit
Zylinder u. Kolbenstange Kurbelzapfen, Kreuzkopf-	9 — 12	220 — 240	bei — 5° C noch fließend
Kurbellager	7 — 8	220 — 240	bei — 5° C noch fließend
Luftpumpenzylinder . .	4 — 5 (b.100° C)	nicht unter 300	bei + 8° C noch fließend

Kraftwagen- und Flugzeugmotorenöle:

dünnflüssig, Viskosität bei 50° C . . . . 6 — 7

mittelflüssig, Viskosität bei 50° C . . . . 9 — 10

dickflüssig, Viskosität bei 50° C . . . . 12 — 16

extradickflüssig, Viskosität bei 50° C . . . . . . über 14

Dampfturbinenöle: Dichte (möglichst niedrig) 0,85—0,9 bei 15° C, Viskosität bei 50° C 2,5—3,0, schwefelfrei, Säuregehalt (SO_3) 0,01 bis 0,015%, Aschengehalt unter 0,01%, in Normalbenzin keine abscheidbaren Rückstände, jegliches Fehlen von fetten Ölen und Seifen.

Transformatorenöl muß frei von Wasser und Mineralsäuren und möglichst wenig verdampfbar sein; bei mehrstündiger Erhitzung auf 100° C darf es weder Zersetzungen noch Niederschläge an den kalten Wandungen zeigen, bei — 15° C Kälte muß es noch gut flüssig sein.

Transformatoren- und Schalteröle (Auszug aus den Öllieferungsbedingungen der Vereinigung der Elektrizitätswerke): reine, unvermischte, hochraffinierte Mineralöle, spezifisches Gewicht bei 15° C 0,850—0,920, Flüssigkeitsgrad (nach Engler), bezogen auf Wasser von

20^0 C, nicht über 8 bei 20^0 C, Flamm- und Brennpunkt im offenen Tiegel nicht unter 160^0 C, beziehungsweise 180^0 C, Gefrierpunkt bei Transformatorenölen nicht über -5^0 C, bei Schalterölen nicht über -15^0 C, Verdampfungsverluste nach fünfstündigem Erhitzen auf 100^0 C nicht über $0,4\%$, frei von Säuren, Alkali, Schwefel, Wasser, mechanischen Beimengungen und suspendierenden Bestandteilen (Fasern, Sand und dergleichen).

Schalteröle müssen wasser- und säurefrei und schwer verdampfbar sein (flüssige Zylinderöle).

Durch Einblasen von Luft bei $70-120^0$ in tierische und pflanzliche Öle und Fette nimmt ihre Zähflüssigkeit bedeutend zu und verändern sich ihre Eigenschaften. Diese „geblasenen" („kondensierten") Öle ergeben, dem Mineralöl zugesetzt, vorzügliche Schmiermittel von erhöhter Zähigkeit.

Die spezifischen Gewichte einiger wichtigen Öle und Fette sind bei 15^0 C: Olivenöl $0,914-0,919$, Erdnußöl $0,916-0,920$, Rizinusöl $0,961$ bis $0,973$, Rüböl, $0,913-0,917$, Baumwollsaatöl $0,922-0,930$, Leinöl $0,931-0,936$, Palmöl $0,912-0,948$, Palmkernöl $0,941-0,952$, Knochenöl $0,914-0,916$, Rindstalg $0,943-0,952$, Hammeltalg $0,937-0,940$, Schmalzöl $0,915$, Trane $0,922-0,041$.

Zusammengesetzte Schmiermittel kommen in den Handel als reine Mineralmischungen, als kompoundierte Öle (Mischungen von Mineralölen mit fetten Ölen, zum Beispiel Rüböl), als Starrschmieren (konsistentes Fett), als Bohröle und Textilöle (mit Wasser emulgierbare Öle, fälschlich wasserlösliche Öle genannt), als Vaseline und Lederfette, Graphit (s. u.) und Graphitschmiermittel, sowie als Ersatzmittel verschiedenster Art.

Als Adhäsionsfett dient eine Mischung aus Öl, Talg und Harz; es wird auf der Innenseite von Treibriemen aufgetragen, um das Gleiten auf der Riemenscheibe zu vermindern oder zu verhindern.

Konsistente Fette sind Aufquellungen von Kalkseifen in Mineralöl; sie müssen homogen-schmalzartig sein, dürfen nicht unter $70-80^0$ C schmelzen, beim Stehen weder Öl noch Seife absondern, sich durch Oxydation oder Verdunstung nicht verändern, nichtfett- oder nichtseifenartige Bestandteile nicht enthalten; ihr Hauptvertreter ist das Tovotefett. Zu Wagenfetten werden minderwertige Öle oder zähe Rückstände der Mineralöldestillation nebst Kalkseife, verwendet. Kompoundfette für Schiffsmaschinen müssen butter- bis talgartige Konsistenz haben und mit Wasser leicht emulgierbar sein. Fett zur Tränkung von Stopfbüchsenpackungen besteht aus einer Mischung von Talg mit Wachs oder Öl (oft aus reinem Talg). Seilschmieren bestehen aus festen Fetten, Wachs, Öl und Talg, Walzenfette (für Walzwerke) aus verseiftem Wollfett mit oder ohne Zusatz von Harz und saurem Harzöl, Kammradschmiere aus Fett mit Talk oder Graphit (oft unter Zusatz von Öl, Teer, Harz usw.) zusammengeschmolzen, Riemenfette aus Tran mit Talg, Wollfett oder Wachs.

Tierische und pflanzliche Wachse sind Verbindungen aus gesättigten Kohlenwasserstoffen mit hoch schmelzenden Alkoholen von hoher Kohlenstoffzahl; sie enthalten kein Glyzerin, sind meist hart und fest, lösen sich nur schwer in Lösungsmitteln, sind sehr widerstandsfähig gegen Ranzigwerden und sonstige Veränderungen. Verwendung: flüssige Wachse zum Schmieren feinster Maschinenteile, feste zur Herstellung von Schmierstoffen (Bohnermassen, Schuhcreme usw.).

Als Schmiermaterial für besondere Zwecke wird Flockengraphit verwendet, ein besonders reiner und weicher Graphit, welcher trocken oder mit Öl oder Wasser vermischt aufgebracht wird.

Vorteile der Graphitschmierung sind: Verwendungsmöglichkeit bei sehr hohen Lagerdrücken, welche das Schmieröl herausdrücken würden, Ausgleichen der Unebenheiten und Poren der aufeinanderlaufenden Reibungsflächen (heiße Lager, Zylinderschmierung); Nachteile: Schädlichkeit jeder Beimengung durch schmirgelnde Verunreinigung, schwere Reinigung des graphitführenden Ablauföls, Verminderung des Wärmeleitungsvermögens durch an den Heizflächen des Kessels abgesetzten Graphit, welcher vom Zylinderdampf graphitgeschmierter Zylinder kommt.

Graphit wird auf fabrikatorischem Wege in ein Kolloid übergeführt (so fein verteilt, daß die Teilchen unter dem Mikroskop nicht mehr zu erkennen sind), Achesongraphit und ähnliche Fabrikate, in Öl verteilt, Oildag.

Künstliches Dégras oder Moëllon sind Mischungen von natürlichem Dégras (Sämisch-Moëllon) mit künstlich oxydiertem Tran; sie dienen zum Einfetten von lohgarem oder chromgarem Leder, dringen leicht in halbfeuchte Häute ein und lassen sich in diesem Zustand gleichmäßig in den Poren verteilen; sie verhindern gewisse Schmierfehler am Leder, erzeugen einen vollen Griff des Leders und konservieren Oberleder vorzüglich. Handelsdégras soll nicht mehr als 20% Wasser enthalten; Verfälschungen erfolgen durch Talg, Harze, Mineralöle u. a. m.

Für Putzöle (die im Leuchtöl oder Schmieröl nicht unterzubringenden, zwischen 100—150° C, beziehungsweise 200—250° C siedenden Teile des Rohpetroleums) fordern die Lieferungsbedingungen der preußischen Staatsbahnen: klar, hell, schwacher Geruch, spezifisches Gewicht bei 20° C 800—850, Flammpunkt (nach Abel) über 30° C, säure-, harz-, fett- und wasserfrei, frei von sonstigen Verunreinigungen, muß Öle und Schmutzteile gut lösen und darf Lackierung nicht angreifen.

Seifen sind in weiche und harte Seifen zu unterscheiden; jene, auch Schmierseifen genannt, entstehen durch Kochen von Fetten mit Kalilauge oder von Fettsäuren mit Pottasche, diese auch Natronseifen genannt, durch Kochen der Fette mit Natronlauge oder von Fettsäuren mit Soda. Die Lieferungsbedingungen der preußischen Staatsbahnen fordern:

Schmierseife: klar, durchscheinend, geruchlos, mindestens 40 % Fettsäuregehalt, frei von Kieselsäure, kieselsauren Salzen, Ton, Stärkemehl und sonstigen Füllmitteln, beziehungsweise fremden Zusätzen, und so fest, daß sie bei 250° C nicht zieht, frei von Tran und übelriechenden Fetten, Harzgehalt bis 5 % des verwendeten Fettes;

Kernseife (weiße Seife): weder übelriechend noch künstlich wohlriechend, mindestens 60 % Fettsäuregehalt, soll neutrale Kernseife sein, frei von Harz, Kieselsäure, kieselsauren Salzen, Ton, Stärkemehl und sonstigen fremdartigen Zusätzen, beim Waschen ausreichend schäumend, muß trocken sein, darf, fünf Tage lang der Luft bei 20° C ausgesetzt, höchstens 5 % ihres ursprünglichen Gewichts verlieren.

Sonderseifen für technische Zwecke sind unter anderen: Aluminiumseife (zum Wasserdichtmachen von Zeug), Manganseife (ein Sikkativ), Harzseifen (zum Leimen des Papiers).

Die festen Fettsäuren (Stearin) sind Mischungen aus vorwiegend Stearinsäure und Palmitinsäure; sie bilden harte, blendend weiße Kuchen, welche sich nicht fettig anfühlen, aber auf Papier einen Fettfleck hinterlassen; sie schmelzen bei einer Temperatur über 60° C.

Die flüssigen Fettsäuren (Oleïn, Elaïn) sind gelb und klar oder braun und trüb; die Handelsprodukte enthalten neben Ölsäure noch feste Fettsäuren.

Stearinkerzen werden aus Rinder- oder Hammeltalg, aus dem bei der Margarinefabrikation abfallenden Preßtalg, Palm- und Knochenfett hergestellt. Die Lieferungsbedingungen der preußischen Staatbahnen fordern: reinweißes, glattes, glänzendes, nicht krümlig oder fettes Aussehen; Schmelzpunkt über 52° C, frei von Neutralfetten (Kokosöl, Talg usw.) und Paraffin, beim Aneinanderschlagen, heller, harter Klang, hell; nicht rußend, nicht tropfend brennend, gleichmäßiger, fester Docht.

Paraffin ist ein durch trockene Destillation aus Braunkohle oder Torf erhaltenes Material von grauweißer Farbe, durchscheinend, dessen Schmelzpunkt zwischen 45° und 65° C liegt.

Paraffinkerzen enthalten 1—2 % Stearin, Kompositionskerzen bis zu $^2/_3$ Paraffin und $^1/_3$ Stearin; durch den höheren Stearinzusatz verlieren sie das transparente Aussehen der Paraffinkerzen und werden den höherwertigen Stearinkerzen ähnlicher. Der äußere Eindruck der Stearinkerzen kann bei Paraffinkerzen von wesentlich geringerem Stearingehalt durch Zusatz von Alkohol (Alkoholkerzen) erreicht werden.

FASERSTOFFE.

Spinnfasern sind jene faserartigen Stoffe und Gebilde, aus welchen zu Gespinsten verarbeitbare Garne und Fäden hergestellt werden können; sie müssen eine gewisse Länge und Dicke, eine bestimmte Geschmeidigkeit und Elastizität, einen gewissen Grad von Zugfestigkeit und Rauheit aufweisen.

Die Faserstoffe der Textilindustrie stammen aus dem Mineral-, Pflanzen- und Tierreich. Zu diesen natürlichen „Gespinstfasern" kommen als künstliche noch die Kunstseide und das Papiergarn.

Spinnen ist die Erzeugung eines beliebig langen Fadens (Garnes) durch Zusammendrehen mehr oder weniger kurzer Fasern.

Vorgarn oder Vorgespinst ist der grobe, lockere, wenig gedrehte Faden, Feingarn oder Feingespinst ist das verfeinerte (in die Länge gezogene, mit der erforderlichen Anzahl von Drehungen versehene) Vorgespinst.

Von einem guten gesponnenen Faden (Garn) muß gefordert werden:
Glätte (Baumwollfaden sind im allgemeinen merklich rauher als Leinen[Flachs-]faden);

gleichmäßige Fadenstärke (er soll überall gleich dick sein, keine Knoten oder auffallend dünne Stellen zeigen); der Faden wird als gleich stark und gleich fein bezeichnet, wenn er für dieselbe Fadenlänge ein bestimmtes Gewicht oder für ein bestimmtes Gewicht dieselbe Fadenlänge besitzt; die metrische Feinheitsnummer eines Gespinstes ist gleich der Kilometerzahl Fadenlänge, welche zur Erfüllung eines Kilogramms nötig ist, oder der Anzahl Meter, welche ein Gramm wiegt; für die sichere Numerierung ist die Angabe des Feuchtigkeitsgehalts (beziehungsweise dessen Reduzierung auf einen bestimmten Feuchtigkeitsgehalt, Konditionierung) erforderlich;

entsprechende Drehung (Draht, Drall) (wird bestimmt durch den Verwendungszweck); die Drehungszahl (gemessen mit dem Drahtzähler oder durch Aufdrehen des Fadens, bis die Fasern parallel liegen) ist die Anzahl der Drehungen, welche auf die Längeneinheit entfällt; sie steigt allgemein unter sonst gleichen Umständen mit der Quadratwurzel aus der Feinheitsnummer; Kettenfaden werden stärker, Schußfaden und jene für Tuchfabrikation schwächer gedreht;

Festigkeit (gemessen durch Dynamometer), abhängig von den Eigenschaften des Rohmaterials und der Drehung; Reißlänge ist das Produkt aus der Reißkraft in Grammen und der metrischen Feinheitsnummer; die spezifische Festigkeit des Fadens ist das Produkt aus seiner Reißlänge und dem spezifischen Gewicht des Fadenmaterials. Ing. A. Haußner[1]) gibt nachstehende Tabelle:

Fasern	Reißlänge m	Spezifisches Gewicht	Spezifische Zugfestigkeit kg/mm²
Schafwolle	8,3	1,314	10,9
Jute	20	1,436	28,7
Chinagras	20	—	—
Flachsfasern (roh) . . .	24	1,465	35,2
Baumwolle	25	1,503	37,6
Hanf	30	1,5	45
Manilahanf	31.8	—	—
Rohseide	33	1,359	44,8

Das feinste im Handel vorkommende Baumwollgarn ist Nr. 300, das gröbste Nr. 4; Dochtgarne sind noch gröber.

Baumwollgarne und -gewebe schrumpfen unter Einwirkung sehr starker Laugen bei gewöhnlicher Temperatur auf $^4/_5$—$^3/_4$ ihrer Ausmaße zusammen, dabei werden Reißkraft und Elastizität bedeutend, das Gewicht etwas erhöht (Mercerisieren der Baumwolle).

Die beim Vor- und Feinspinnen entstehenden Abfälle der Baumwolle werden als Putzwolle, zum Ausstopfen von Bettdecken und dergleichen verwendet.

Die handelsüblichen Numerierungen der Baumwollgarne sind die englische Numerierung (nach der Anzahl der Strähne [560 Fäden = 840 Yards = 760 m] zu 7 Gebinden auf 1 Pf. engl. = 453,6 g) und die französische (Anzahl der Strähne [700 Fäden = 1000 m] zu 10 Gebinden auf 1 kg). Die Zwirnnummer wird durch einen Bruch dargestellt, dessen Zähler die Garnnummer, dessen Nenner die Fadenzahl angibt.

Das Sortieren des Streichwollgarns erfolgt in bezug auf die Güte des Materials (Prima-, Sekunda-, Tertiagarne), auf die Art des Materials (reine, gemischte, manipulierte Garne), auf die Feinheit (hochfeine Garne in den metrischen Nummern über 40, feine 20—40, mittelfeine 10—20, grobe 0,5—10), auf den Gebrauchszweck (Kettengarn, Schußgarn, Halbkette), auf die zur Verwendung gelangende Feinspinnmaschine (Watergarn als Kette, Mulegarn als Schuß dienend).

Das Sortieren des Kammgarns erfolgt in bezug auf die Art des verwendeten Materials (Merinogarn, aus feinen, gekräuselten, kurzgestapelten Wollen gesponnen, Lüstergarn, aus gröberen, langgestapelten, schlichten, stark glänzenden Wollen [englische Kammwollen] gesponnen), auf die Güte des Materials (AAA oder ³A, AA oder ²A, A, B, C, D, E-Wolle), auf die Feinheit des Materials (hochfeine Garne in den

---

[1]) Vorlesung über mechanische Technologie der Faserstoffe.

metrischen Numern 70—120, feine 50—70, mittelfeine 20—50, grobe
1—20), auf den Gebrauchszweck (Kettengarn, Halbkette, Schußgarn,
Strick-, Posamentier-, Zephir-, Teppich-, Trikotagegarn usw.), auf die
Härte oder Weichheit des Fadens (hartes [Möbelstoff-, Strick-, Po-
samentiergarn] und weiches Garn, für Kleiderstoffe), auf die Art der
verwendeten Feinspinnmaschinen (Watergarn und Mulegarn), auf die
Zwirnung (einfaches Garn, zwei-, drei-, vier- und mehrfach gezwirnte
[fädige] Garne).

Als zulässiger Feuchtigkeitsgehalt sind zum Trockengewicht zuzu-
schlagen: für reinwollene Streichgarne 17%, für Mischgarne aus Wolle
und Baumwolle 10%, für Kammgarne $18^1/_4$%.

Halbkammgarne sind Wollgarne, welche aus mittellangen Wollen
entweder ähnlich wie bei eigentlichen Kammgarnen mit Hinweglassung
des Kämmens, oder ähnlich wie Streichgarn mit Hinweglassung des
gekreuzten Auflegens des Pelzes erzeugt werden.

Die im Handel unter dem Namen Merinogarne vorkommenden Strick-
und Strumpfwirkgarne sind halbwollene (größerer Teil Wolle, kleinerer
Baumwolle) Garne.

Die handelsüblichen Numerierungen der Streichgarne sind: die
englische Numerierung (Anzahl Schneller zu je 7 Gebinden auf 1 Pf.
engl.; Strähnlänge 560 Fäden auf 1 Yard); die Wiener Numerierung
(Anzahl Strähne [880 Faden = 1760 Wiener Ellen = 1371 m] zu je
20 Gebinden auf 1 Wiener Pfund [5609]); die Berliner Numerierung
(Anzahl Strähne [860 Fäden = 2150 Berliner Ellen] zu je 10 Gebinden
auf 500 g); die sächsische Numerierung (Anzahl Strähne [400 Faden =
1200 Leipziger Ellen] zu je 5 Gebinden auf 1 Pf. engl.); die belgische
(Cockerillsche) Numerierung (Anzahl Strähne [560 Faden = 1494]
zu je 7 Gebinden auf 500 g); die altfranzösische (Sedansche) Numerierung (Anzahl Strähne [968 Faden = 1494 m] zu je 22 Gebinden
auf 1 altes Pariser Pfund = 489,5 g); die internationale Numerierung (Anzahl Meter auf 1 Gramm).

Die handelsüblichen Numerierungen der Kammgarne sind: die englische (Anzahl Schneller zu je 7 Gebinden auf 1 Pf. engl.; Strähnlänge
280, 420, 560 Faden); die altfranzösische Numerierung (Anzahl
Strähne [700 Faden = 1000 m] zu je 720 m auf 500 g); die alte deutsche
Numerierung (Anzahl Strähne [560 Faden = 840 Yards] zu je 7 Gebinden auf 1 altes Berliner Pfund = 467,7 g); die internationale Numerierung (Anzahl km auf 1 kg; Strähnlänge 700 Faden = 1000 m).

Die handelsüblichen Numerierungen der Leinengarne sind: die englische Numerierung (Anzahl der Gebinde [leas] zu je 300 Yards =
274,3 m auf 1 Pf. engl. = 453,6 g; Länge des Strähns [weife] 100 Faden
zu je 3 Yards); die französische Numerierung (Anzahl der km auf
500 g); die deutsche (schlesische) Numerierung (240 Strähne =
720.000 Yards); die österreichische Numerierung (Anzahl Strähne

[1200 Faden = 3600 Wiener Ellen] zu 20 Gebinden, zu je 60 Faden auf 10 Pf. engl.).

Aus dem beim Schwingen und Hecheln des Flachses abfallendem Werg werden die Werggarne (Towgarne) erzeugt, welche gröber, ungleichmäßiger und rauher sind als die Hechelgarne.

Zwirnen ist das Zusammendrehen mehrerer fertiger Fäden (Garne).

Alle Fäden (Garne) und Zwirne werden in bestimmter Weise gewickelt in den Handel gebracht. Die nebeneinander gewickelten Fäden bilden einen Strähn, welcher in bestimmten Abständen (durch den Fitzfaden) in Gebinde (Widel, Fitze) unterteilt (abgebunden) ist. Spulen sind Wicklungen auf eine zylindrische Leitfläche, Knaul oder Knäul auf einer sphäroidalen.

Zwirn zeigt in erhöhtem Maße die Eigenschaften des einfachen Fadens. Meist werden 2 bis 4, selten über 8 Fäden (zweidrähtig oder zweifädig, dreidrähtig oder dreifädig usw.) zusammengedreht. Die Drehrichtung ist beim Einzelfaden meist rechts, beim Zwirn meist links.

Gewebe, Zeug oder Stoff ist, im weitesten Sinne des Wortes, jedes flächenartig ausgedehnte Erzeugnis, welches durch regelmäßige Verschlingung von Fäden oder diesen ähnlichen Körpern mittels maschineller Einrichtung hergestellt wird. Zu unterscheiden sind zwei Hauptgruppen[1]):

Eigentliche Gewebe, kurzweg Gewebe genannt, welche aus zwei sich rechtwinklig kreuzenden Fadenlagen gebildet werden;

Wirkwaren, bei welchen ein einzelner Faden oder mehrere Fäden so verschlungen sind, daß die einzelnen Fadenwindungen eigenartig gekrümmt — maschenartig — ineinandergreifen.

Bei den eigentlichen Geweben läuft eine Gruppe der Fäden (Kette, Werft, Zettel, Schweif, Aufzug usw.) der Länge des Stoffes, die andere Gruppe (Schuß, Einschuß, Eintrag, Einschlag usw.) der Breite des Stoffes nach. Durch Umbiegen der Schußfäden am Rande und hierauf folgende Zurückführung werden die Randfäden der Kette fest eingeschlossen und entstehen feste, seitliche Bänder (Kante, Leiste, Sahlband, Ende).

Die Kreuzungsstellen von Schuß und Kette, dort wo der Schuß von der Unter- zur Oberseite der Kettenfäden übertritt, nennt man Bindungen.

Es sind fünf Hauptgruppen von Geweben zu unterscheiden:

leinwandartige (mit nur zwei verschiedenen Lagen von Kette und Schuß);

gazeartige (mit gekreuzten Kettenfäden);

geköperte oder croisierte (mit mehreren verschiedenen, doch gleiche Bindungszahl besitzenden Lagen von Kette und Schuß);

---

[1]) A. Haußner: Vorlesung über mechanische Technologie der Faserstoffe, Leipzig, Fr. Deuticke.

gemusterte, fassonierte oder figurierte (mit durch Bindungswechsel veranlaßtem, bildnerischem Aussehen);

samtartige (mit einer Flordecke, welche durch besondere Schuß-fäden aus Baumwolle [Manchester- oder Baumwollsamt] oder durch besondere Kettenfäden aus Seide oder Wolle [echter Seiden- oder Woll-samt, Plüsch oder Felpel] erzeugt wird).

Schlichte ist jene klebrige Masse, mit welcher die Fäden (behufs Ver-ringerung der beim Weben entstehenden Fadenreibung, Verhinderung des Fadenreißens) überzogen, beziehungsweise imprägniert werden; die Schlichte ist je nach Garnart und Zweck verschieden. Für Baumwolle besteht sie im wesentlichen aus Stärkekleister mit Zusätzen (Leim, Borax, Wachs, antiseptische Körper gegen Fäulnis, wie Salizylsäure usw.), für Wolle Leimwasser (oft Lösung von arabischem Gummi oder Dextrin). Echte Seide wird (weil die Seidenfaser von Natur aus glatt und fest ist) nicht geschlichtet oder geleimt.

Tuch ist, im weitesten Sinne des Wortes, das aus Wolle (Schafwolle), Baumwolle oder Kunstwolle erzeugte Gewebe, welches meist als äußer-liche Bekleidung benützt wird. Tuche im engeren Sinne sind aus den genannten Rohstoffen hergestellte Gewebe, deren Oberfläche mehr oder weniger vollkommen mit einer Filzdecke versehen ist.

Zum Verfilzen der Gewebe dient das Walkmittel oder die Walkspeise: Walkerde aus Tonerde, Kieselerde, Talkerde Eisenoxyd und Wasser, Sodalösungen und andere Alkalien, Seife (beinahe ausschließlich für reine, gewaschene Gewebe), Urin des Menschen, nur in gefaultem Zu-stand, ohne Wasserzusatz, Waschextrakt, welcher beim Seifensieden als Nebenprodukt gewonnen wird.

Die Wirkwaren sind zu unterscheiden in: Kulierwaren, gewirkte Stoffe, welche durch Maschen eines ununterbrochen fortlaufenden Fadens entstehen, und Kettenwaren, welche nur durch Verschlingung parallel zueinander liegender (Ketten-) Fäden (ohne senkrecht dazu verlaufenden Schußfaden) entstehen.

Die Abfälle der Wollspinnereien (Wollflug oder guter Flug, Ausputz oder Putzstücke, unreiner, schlechter Flug, offene, lose Vorgarnenden und festgedrehte Spinn- und Kettenenden) werden teils in den Woll-spinnereien selbst, teils in den Streichgarn- und Kunstwollfabriken weiterverarbeitet.

Die zur Herstellung der Kunstwolle dienenden Lumpen werden im Handel sortiert nach Lumpen aus pflanzlichen Gespinsten für Papier-fabrikation, aus tierischen und gemischtfaserigen Gespinsten; die Lum-pen aus tierischen Gespinsten werden sortiert in seidene und wollene, diese in gewalkte und ungewalkte. Zu unterscheiden sind: Mungo-lumpen (reinwollene, gewalkte), Shoddyllumpen (reinwollene, un-gewalkte), Extraktlumpen (gemischtfaserige Gespinste). Ferner wird sortiert nach der Farbe (einfärbige sind am wertvollsten), nach der

Güte (gute, mittelgute, schlechte, feine, mittelfeine, grobe), nach der Reinheit (reine, schmutzige), nach der Abnutzung (neue, alte).

Kunstwolle ist Wolle, welche aus schon einmal verarbeiteten Garnen oder Geweben (Hadern, Abfälle aus Spinnereien, Webereien, Schneidereien) gewonnen wird; sie ist um so wertvoller, je weniger Baumwolle sie enthält.

Kunstwolle wird unterschieden in Mungo (Zerfaserungsprodukt von reinwollenen, gewalkten [tuchartigen] Geweben, 5—10 mm lang, geringwertig), Shoddy (Zerfaserungsprodukt aus reinwollenen, ungewalkten Geweben, Flanellen und Wirkwaren, 2 cm lang), Alpaka oder Extragut (Zerfaserungsprodukt von nicht reinwollenen Geweben).

Kunstseide ist ein der Seide ähnliches, aus Kollodium (in Äther und Alkohol gelöste Nitrozellulose, das ist mit Salpeter- und Schwefelsäure behandelte gute reine Baumwolle oder Zellstoff) hergestelltes Produkt. Zur Herstellung der Kunstseide dienen verschiedene Verfahren. Das gewonnene Produkt wird unter hohem Druck durch haarfeine Öffnungen in Fadenform ausgepreßt; seine Festigkeit beträgt höchstens $^2/_3$ jener der natürlichen Seide.

Das spezifische Gewicht der Kunstseide ist um rund 5—10% größer als jenes der echten; für einen Meter Stoff vom gleichen Feinheitstitre müssen von Kunstseide 5—10% mehr Schuß als bei echter Seide genommen werden.

Dickere Kunstseidenfäden kommen als künstliches Roßhaar in den Handel.

Die Bleichmittel für Garne und Gewebe werden in oxydierende (die bleichende Wirkung ist die Folge eines Oxydationsprozesses, herbeigeführt durch die Luft [Rasenbleiche]), Chlor und seine Verbindungen, Ozon, Wasserstoffsuperoxyd, Natriumsuperoxyd, Persulfate, Permanganate) und reduzierende (Reduktionsprozeß durch Einwirkung von schwefeliger, hydroschwefeliger Säure und deren Salze) unterschieden.

Das Bleichen von Baumwolle erfolgt nach vorausgegangenem Sengen (Entfernen der beim Bedrucken hinderlichen Faserchen) und Waschen mittels Bäuchen (Durchziehen durch Kalkmilch und darauffolgendes Kochen oder Kochen mit Natronlauge oder Harzseifen), Chloren (Abscheiden von Harzen und Fettsäuren), Säuern, Antichloren und Waschen.

Das Bleichen von Leinen erfolgt durch Kochen mit Soda, wiederholtes Chloren, Säuern, Abbrühen und Rasen- oder Ozonbleiche.

Das Bleichen von Hanf erfolgt in ähnlicher Weise wie jenes von Leinen.

Das Bleichen von Jute erfolgt durch Behandlung mit Kaliumpermanganat und wässerigem Schwefeldioxyd.

Das Bleichen von Wolle erfolgt mittels Entfettung (Soda, Seife, Urin), Behandlung von Wasserstoffsuperoxyd (nur für Farben mit hellen Tönen).

Das Bleichen von Seide erfolgt durch Entbasten (neutrale Seifenlösung) und wiederholtes Spülen in verdünnter Sodalösung und Abkochen in Seifenlösung.

An dieser Stelle sei auf Bleichmittel für verschiedene Zwecke, wie Chlorkalk, Chlorsoda, Eau de Yavelle (Lösung von Kaliumhypochlorit), Magnesia-, Tonerde-, Zinkbleiflüssigkeit (Hypochlorite), Wasserstoff-, Natriumsuperoxyd, Ozon und elektrolytische Bleichung verwiesen.

Appreturmittel dienen dazu, den gebleichten Geweben ein besseres Aussehen und einen besseren Griff zu verleihen, beziehungsweise ihnen Härte oder Steifheit, oder umgekehrt Weichheit, Glanz zu geben, sie zu beschweren oder zu konservieren (gegen Fäulnis), beziehungsweise sie wasserdicht oder unverbrennbar zu machen und zu färben. Für Baumwollgewebe wird Härte und Steifheit durch Stärke, Mehl, Dextrin, Leime, Gelatine usw., Weichheit (Griff) und Glanz durch Öle, Talg, Wachs, Seife, Stearin usw., zur Beschwerung Kaolin, Kalzium-, Bleisalze usw., zur Konservierung Kampfer, Borax usw., zum Wasserdichtmachen Kautschuk-, Aluminiumsalz-, Magnesiumsalzlösungen, zum Unverbrennbarmachen Borax, Magnesiumsilikate usw. verwendet; für Wolle werden Eiweiß, Leim, Stärke, Dextrin, Wasserglas usw., für Seide Gummi, Tragant, Gelatine, Schellack usw., benützt.

In bezug auf die Echtheit der Färbung ist zu unterscheiden: lichtecht, wasserecht, waschecht, walkecht, schweißecht, tragecht.

Da die Gespinstfasern nur gewisse Farbstoffe unmittelbar aufnehmen, werden sie zur Aufnahme aller anderen Farbstoffe vor dem Färben einer besonderen Behandlung, dem „Beizen" unterworfen; es kommen anorganische Beizen (Tonerde-, Eisen-, Chrom-, Zinn-, Kupfer-, Blei-, Mangan- und Schwefelbeizen) und organische (Gerbsäure- und Ölbeizen) in Anwendung, für Baumwolle überdies Brechweinstein.

Die Farbstoffe, welche zum Färben von Gespinsten und Geweben dienen, werden in natürliche (überseeische Farbhölzer, vereinzelt noch Indigo) und künstliche (basische, saure und substantive: zusammengesetzte organische Säuren) unterschieden.

Eisfärbung ist die Färbung von Gespinstfasern (durch Tränkung mit der alkalischen Komponente eines Azofarbstoffes), bei welcher der unlösliche Farbstoff in der Faser erzeugt wird.

Zum Färben von Wollgarnen dienen: schwarz: Blauholz mit Kaliumchromat oder Eisen- oder Kupfervitriol; weiß: schweflige Säure mit Anilinfarben; braun: Rot- und Blauholz mit Chromverbindungen, Orseille mit Indigokarmin, Anilinfarbstoffe; gelb: Flavine, Pikrinsäure, Anilingelb; grün: Indigokarmin mit Pikrinsäure, Indigokarmin mit

232

Gelbholz, Anilinfarbstoffe; blau: Indigo und Waid, Anilinfarbstoffe; violett: Anilinfarbstoffe; rot: Anilinfarbstoffe, Cochenille; grau und Modefarben: Indigokarmin, Orseille, Pikrinsäure, Anilinfarbstoffe.

Zum Färben von Baumwollgarnen dienen: Sumach mit Eisen, mit Gelb- und Blauholz, Blauholz mit Kaliumchromat; weiß: Chlorkalk mit Ultramarin; braun: Catechu mit Chromverbindungen, Anilinfarbstoffe; gelb: Kaliumchromat mit Bleizucker, Querzitron, Orlean, Anilingelb; grün: Küpengrund mit Gelbholz, Anilinfarbstoffe; blau: Indigo mit Anilinfarbstoffen; violett: Anilinfarbstoffe; rot: Alizarin, Anilinfarbstoffe; grau und Modefarben: Sumach mit Eisen und Farbhölzern, Catechu mit Kaliumchromat, Anilinfarbstoffe.

Baumwolle wird selten im ungesponnenen Zustand, meist als Garn oder Gewebe (nach Entfernung der Fettspuren, bei hellen Farben nach vorhergehender Bleichung) gefärbt, wozu für gewisse Farben als Vorprozesse, Beizen (zum Befestigen der Farbstoffe auf der Faser) und Fixieren (adjektives Färben, im Gegensatz zum Färben ohne Beizen, substantives Färben) treten.

Zum Färben von Seidengarnen dienen: schwarz: Blauholz mit Eisen, Gambir und gelbem Blutlaugensalz; weiß: schweflige Säure, Bariumsuperoxyd, Wasserstoffsuperoxyd; gelb: Orlean, Wau, Pikrinsäure, Flavine; grün: Pikrinsäure; grau und Modefarben: Farbhölzer mit Eisen, Cochenille, Orseille, Indigokarmin, Berberitzenwurzel; Anilinfarbstoffe für Grün, Blau, Violett, Rot und Grau.

Unter Zuhilfenahme elektrochemischer Reaktionen können Textilstoffe elektrisch gefärbt und und entfärbt werden, je nach dem Vorzeichen der Elektroden und der Zusammensetzung des Elektrolyten. Gefärbte Zeuge, welche mit bestimmten Salzlösungen getränkt sind, werden an der Anode bei Stromdurchfluß entfärbt. Baumwoll- oder Leinentücher, welche mit Ammonium- oder Kaliumrhodanlösung getränkt sind, werden bei Stromdurchgang durch Ausscheidung von Kanarin hellgelb bis dunkelorange gefärbt, während sich bei einem mit Anilinsulfat durchtränkten Gewebe bei Stromdurchfluß Anilinschwarz ausscheidet.

Seile aus Hanf, Baumwolle oder sonstigen Gespinstfasern werden als Quadrat-, Dreikant-, Flach- und Rundseile hergestellt, und zwar die Quadratseile durch Flechten aus acht Litzen, die Dreikantseile durch Flechten aus sechs Litzen. Runde Hanfseile mit drei Litzen sind am gebräuchlichsten; je nachdem sie mehr oder weniger biegsam sein sollen, werden sie bei der Anfertigung lose oder fest geschlagen. Flach-Hanfseile werden durch Zusammennähen, beziehungsweise Verweben mehrerer runder Seile hergestellt. Kabeltaue erhalten statt der Litzen drei oder mehrere einzelne Seile.

Baumwollseile sind schmiegsamer als Hanfseile und daher besonders für kleinere Scheiben geeignet; sie leiden nicht unter Feuchtigkeit und Hitze.

Hanfseile sind zugfester als Baumwollseile, erfordern jedoch wegen ihrer geringeren Schmiegsamkeit Seilscheiben von mehr als 1,5 m Durchmesser.

Hanfseile werden konserviert, indem man sie durch eine Lösung von 1 Gewichtsteil Seife in 10 Gewichtsteilen Wasser durchzieht, oder durch Liegenlassen des Seils in einer Kupfersulfatlösung 1 : 8 während vier Tagen, dann trocknet und hierauf mit dünnem heißen Teer bestreicht, der an der Luft trocknen gelassen wird.

Hanfseile.
(Mechanische Hanfspinnerei von Felten & Guilleaume, Köln am Rhein.)

Seile aus russischem Reinhanf			Seile aus reinem Schleißhanf			Seile aus echt bad. Schleißhanf		
Durch-messer	Unge-fähres Gewicht f. d. Meter	Tragfähig-keit bei achtfacher Sicherheit	Durch-messer	Unge-fähres Gewicht f. d. Meter	Tragfähig-keit bei achtfacher Sicherheit	Durch-messer	unge-fähres Gewicht f. d. Meter	Tragfähig-keit bei achtfacher Sicherheit
mm	kg		mm	kg		mm	kg	
13	0,13	130	13	0,14	145	13	0,14	165
16	0,20	200	16	0,21	230	16	0,21	251
18	0,24	254	18	0,25	290	18	0,25	330
20	0,30	314	20	0,31	350	20	0 31	393
23	0,38	416	23	0,39	470	23	0,39	519
26	0,50	531	26	0,51	600	26	0,51	663
29	0,65	660	29	0,67	740	29	0.67	825
33	0,78	855	33	0,80	960	33	0,80	1067
36	0,93	1017	36	0,96	1145	36	0,96	1271
39	1,10	1194	39	1,15	1340	39	1.15	1492
46	1,45	1661	46	1,50	1870	46	1,50	2055
52	1,90	2122	52	1,95	2390	52	1,95	2599
55	2,15	2226	55	2,25	2493	55	2,25	2783
60	2,50	2473	60	2,55	2755	60	2,55	3180
65	2,80	2694	65	2,90	2984	65	2,90	3565
70	3,30	2885	70	3,50	3221	70	3,50	3846
75	3,80	3160	75	3,90	3587	75	3,90	4101
80	4,30	3328	80	4,50	4020	80	4,50	4460
85	4,85	3757	85	5,00	4395	85	5,00	4890
90	5,40	4133	90	5,60	4848	90	5,60	5404
95	6,10	4665	95	6,30	5400	95	6,30	5932
100	7,00	5163	100	7,20	5887	100	7,20	6476

Die Hanfseile werden aus der, aus dem Bast des Stengels der Hanf-pflanze gewonnenen, 1—1,75 m langen Hanffaser des italienischen, russi-schen Hanfs, Manilahanfs (weniger geschmeidig, jedoch unempfindlich gegen Feuchtigkeit), badischen Schleißhanfs (sehr geschmeidig) her-gestellt.

Zu unterscheiden sind Rundseile, meist aus drei Litzen bestehend, Drei-, Vier-, Achtkant- und Sechskantseile.

Hanfseile müssen vor dem Gebrauch gut ausgereckt und getrocknet werden; sie erfordern wegen ihrer geringeren Biegsamkeit und Elastizität große Seilscheiben; da sie unter der Feuchtigkeit leiden, sind sie alle drei bis vier Monate mit Seilschmiere einzufetten.

Die Verspleißung erfolgt auf 3—4 m Länge.

Ein Vergleich der wichtigsten Faserseile ergibt [1]:

Seil-durch-messer	Vorteilhafte Seilscheiben-größen	Ungefähres Gewicht der einzelnen Arten für d. lfd. m in kg		
mm	mm	Manilahanf	Bad. Schleißhanf	Baumwollengarn
25	400 – 600	0,475	0,525	0,470
30	600 – 700	0,600 – 0,650	0,730 – 0,750	0.700 – 0,730
35	800	0.800 – 0,900	0,950 – 1,000	0,800 – 0,900
40	900	1,100 – 1,200	1,200 – 1,250	1,050 – 1,200
45	1000	1,300 – 1,500	1,500 – 1,800	1,250 – 1.500
50	1100 – 2000	1,600 · 1.800	1,700 – 2,000	1,600 – 1,800
55	2000 – 3000	1,800 – 2.000	2,100 – 2,200	1,850 – 2,200
60	3000 – 4000	2,200 – 2,400	2,250 – 2,700	2,250 – 2,400

Die Faserseile (Baumwolle-, Hanf-, Manilahanfseile) müssen, auch wenn sie gut imprägniert sind, in geschlossenen, zumindest überdachten Räumen, mit Rücksicht auf die Schädlichkeit der Witterungseinflüsse, verwendet werden.

Manilahanfseile sind leichter als Seile aus gewöhnlichem Hanf, haben zumindest die gleiche Zugfestigkeit wie diese, erfordern jedoch kleinere Seilscheibendurchmesser.

Baumwollriemen, aus gezwirnten Baumwollgarnen, beziehungsweise vier- bis zehnfach aufeinandergenähten Gewebelagen hergestellt, werden an Stelle von Lederriemen in feuchten und heißen Räumen verwendet. Um sie gegen Feuchtigkeit unempfindlicher zu machen, werden neue Baumwollriemen mit Fett durchtränkt. Sie längen mehr als Lederriemen.

Gummiriemen längen sich mehr als Lederriemen, jedoch weniger als Baumwollriemen; sie sind gegen Feuchtigkeit, Dämpfe und Säuren unempfindlich. Die beabsichtigte Beanspruchung bestimmt die Zahl und Stärke der Baumwoll-, beziehungsweise Leinwandeinlage.

Faserstoffe, welche als Putzmittel in Maschinenbetrieben dienen, sind: Werg (Hede, geeignet zur Entfernung von Wasser und Flüssigkeiten, nicht geeignet zum Reinigen von öligen Maschinenteilen), Putzwolle (am besten weiße, gewaschene, minder wertvoll bunte), Putztücher (von vornherein für Putzzwecke hergestellt, rein, gleichmäßig beschnitten, oft gesäumt, aus Baumwolle hergestellt) und Putzlappen (aus Abfällen aller Art von Geweben hergestellt, sortiert und unsortiert, gereinigt, ungereinigt in den Handel kommend). Das im Putz-

---

[1] Nach Kabelfabrik Landsberg a. W.

material sich ansammelnde Öl wird, unter gleichzeitiger Reinigung, durch verschiedene Mittel und Vorrichtungen gewonnen.

Linoleum ist eine auf Jutegewebe gepreßte elastische Masse, welche durch Mischen von stark oxydiertem festen Leinöl mit gemahlenem Kork, Fichtenharz, Kopalen u. dgl., gegebenenfalls mit Farbstoffen, hergestellt wird; es wird ein- oder mehrfarbig bedruckt oder durchgehend gemustert (Inlead-, Mosaik-Linoleum); es dient als Fußbodenbelag (nicht staubend, schlechter Schall- und Wärmeleiter).

Zu Hanfpackungen wird reiner, wergfreier, langfaseriger, weicher Hanf verwendet, welcher zu möglichst langen Zöpfen gedreht und reichlich mit geschmolzenem Talg getränkt wird. Die Anwendung der Dichtungen erfolgt erst nach Erkalten. Hanfpackungen, welche öfter gelöst werden müssen, werden vor Beschädigungen durch Umwickeln mit starker, fettgetränkter Leinwand geschützt.

Kuhhaarfilz in Plattenform dient zur Wärmeisolierung von Dampfgefäßen.

Die Verwendung von Faserstoffen als Wärmeschutzmittel ergibt sich aus ihren Wärmeleitungszahlen[1]):

Temperatur ^{0}C	0	50	100
Baumwolle	0,047	0,054	0,059
Seidenzopf	0,039	0,047	0,052
Seide	0,038	0,045	0,051
Schafwolle	0,033	0,042	0,048

Die zur Papierfabrikation dienenden Hadern werden im Handel nach dem Rohstoff in Flachs-, Hanf- und Baumwollgewebe unterschieden und sortiert in reine, weiße, schmutzfreie, gebleichte, halbgebleichte, ungebleichte, farbige, gestreifte, buntbedruckte mit hellem und dunklem Boden, in Abfälle der Spinnereien und Webereien, gehackte Stricke und Taue.

Papier ist die Bezeichnung für verschieden dicke blattartige Erzeugnisse, welche aus einer stark wässerigen Verteilung von verfilzten, fast ausschließlich pflanzlichen Fasern durch Entziehung des Wassers gewonnen werden. Zur Papierfabrikation können nur sehr kurze Fasern (aus Stroh, Gräserarten, Holz), beziehungsweise sehr kurze Faserreste (meist aus Abfällen: Lumpen, Hadern, Strazzen) verwendet werden.

Japanpapier besitzt große Zähigkeit, Geschmeidigkeit, gute Isolierfähigkeit, trägt wenig auf und bietet, mit einem guten Isolierlack behandelt, eine vorzügliche Isolation; Rollenlänge rund 90 m, Rollenbreite rund 900 mm, Rollengewicht rund 7—8 kg; im Handel auch unter dem Namen Waterproof-Felt bekannt.

Polreagenzpapier wird aus porösem Papier durch Tränkung mit 10—20%iger Natriumchlorid- oder Natriumsulfatlösung hergestellt, welches nach dem Trocknen durch eine alkoholische Phenolphthalein-

---

[1]) Versuche von Nußfeld, Hütte II. T.

lösung gezogen wird. Die im Papier befindlichen Verbindungen werden durch den elektrischen Strom zersetzt (Polbestimmung), wobei sich am positiven Pol die Säure, beziehungsweise das Chlor, am negativen des Ätznatron ausscheidet, welches mit dem Phenolphthalein eine lebhaft rot gefärbte Verbindung eingeht.

Isolierrohre, in Längen von 3—4 m, mit Lichtweite von 7—48 mm hergestellt, werden aus mehreren spiralförmig gewundenen, mit Kohlenwasserstoff getränkten Papierstreifen erzeugt, mit Specksteinmehl durchgeblasen, um das Einziehen der Drähte zu erleichtern. In chemischen Fabriken und Räumen, welche Säuredämpfe enthalten, werden Rohre aus Eisenblech mit fest anhaftendem Bleimantel verwendet.

Pappe findet im Maschinenbau in Stärken bis zu 5 mm als Dichtungsmittel, getränkt mit Leinölfirniß oder dünnflüssiger Mennige, bei nicht zu hohen Temperaturen und mäßigem Drucke Verwendung.

Dachpappen werden durch Imprägnieren von Rohpappen mit heißem, destilliertem oder präpariertem Steinkohlenteer (manchmal, jedoch minder gut, mit Schmieröl- und Petroleumrückständen) — Asphaltpappe — hergestellt. Dachpappe gelangt zumeist als Rollenpappe von gewöhnlich 1 m Breite in den Handel. Zur Verhütung des Zusammenklebens beim Aufrollen werden manche Dachpappen nach der Imprägnierung besandet. Die dickste Dachpappe wird mit Nr. 0, die folgenden dünneren mit Nr. 1, 2 usw. bezeichnet. Beim Biegen und Zusammenschlagen muß sich gute Pappe zähe und so geschmeidig erweisen, daß sie trotz mehrmaligen Zusammenbiegens bis zum Aufeinanderliegen der Pappflächen nicht bricht. Die Farbe der Dachpappe soll an der Oberfläche und an den Reißstellen gleichmäßig braunschwarz bis schwarz sein; teerfreie Schichten dürfen sich an keiner Stelle zeigen. Die Dachpappe muß waserdicht sein. Nach den Normen soll die zur Herstellung der Dachpappe verwendete Rohpappe (giltig bis zu Rohpappe Nr. 150, das heißt 150 qm = 50 kg) folgenden Bedingungen genügen: zur Herstellung dürfen nur Lumpen, Abfälle aus der Textilindustrie, soweit sie faseriger Art sind, und Altpapier verwendet werden; Zusätze von Holzschliff, Torf, Sägemehl und mineralischen Füllstoffen sind verboten; der Aschegehalt darf 12% nicht übersteigen; im lufttrockenen Zustand darf der Wassergehalt 12% nicht übersteigen; Pappen, welche bei einer Zimmertemperatur von weniger als 120% gewöhnliches Anthrazenöl aufnehmen, sind mangelhaft; Rohpappen von normaler Dicke (333 g für 1 m² und mehr) müssen in der Längsrichtung bei 15 mm breiten Streifen mindestens 4 kg Zerreißbelastung besitzen.

Linkrusta-Tapeten bestehen aus auf Papier gepreßter, erhaben gemusterter Linoleummasse.

Pergamoid wird durch Tränken von Papier und Geweben mit

Pergamoidmasse (lederartiger, wasserdichter, abwaschbarer Stoff) hergestellt.

Tapeten: bedruckte Papiertapeten, Samt- oder Velourstapeten (Papiertapeten mit Baumwollstaub-Bewurf), Stofftapeten, echte Ledertapeten, Holztapeten (gemaserte Holzfurnieren), Metalltapeten (Zink- oder Aluminiumfolien).

LEDER.

Die Eigenschaften des Leders werden wesentlich durch die Gerbmethode bestimmt. Zu unterscheiden sind: Loh- oder Rohgerberei.

Das Gerben, die Behandlung der Tierhäute (von Ochsen, Kühen, Kälbern, Büffeln, Hirschen, Pferden, Eseln, Lämmern, Schafen, Ziegen u. a. m.) mit Gerbmaterialien besteht in einer Umwandlung, nach welcher die Häute beim Trocknen nicht mehr starr und hornartig, sondern geschmeidig und im feuchten Zustand haltbar bleiben.

Vor dem Gerben („gar" machen) müssen die Häute eingeweicht (von Blut, Schmutz, Fett und Fleischteilen befreit), gelockert (mit der Fleischseite nach innen zusammengeschlagen, Schwitzen, Schwellen der Haut, Gärprozeß), enthaart (in Kalkmilch oder mittels anderer Stoffe), geschwellt (Entfernen der Kalkteilchen, Schwellbeitzen) und gepickelt (Behandlung mit Kochsalzlösung unter Zusatz von Schwefelsäure) werden, so daß die Lederhaut übrig bleibt.

Diese wird durch den Gerbprozeß (Lohgerberei: Einsetzen der Häute mit Gerbstoff [Lohe] in Gruben; Schnellgerben: Einbringen der Häute mit Gerbstoffauszügen in Drehtrommeln; Mineralgerben: Weißgerben mit Alaun und Kochsalz, Chromgerben mit Chromsalzen; Sämischgerben: Einreiben mit Tran und hierauf folgende Oxydierung an der Luft) dauerhaft und geschmeidig gemacht und hierauf zugerichtet (getrocknet, geölt, gefettet, gewalzt, gehämmert [beides zur Erhöhung der Festigkeit und Erzielung des Glanzes]; geschwärzt, gefärbt, lackiert).

Bei der elektrischen Gerbung werden die entsprechend vorbereiteten Häute in einer Gerbstoffbrühe der längeren Einwirkung des Gleichstroms ausgesetzt, wodurch die Gerbdauer wesentlich verkürzt wird. Beim „deutschen" Verfahren befinden sich die Häute zwischen Kupferelektroden und verhalten sich während des Stromdurchgangs wie Diaphragmen (elektromotische Wirkungen beschleunigen den Gerbprozeß). Nach diesem Verfahren (auf eine Flüssigkeitsmenge von rund 15.000 Liter kommt eine Spannung von 60—65 Volt bei 10—12 Ampère Stromstärke) können dünne Häute in 72 Stunden, dickere in 5—6 Tagen gut durchgegerbt werden.

Gerbmaterialien (pflanzliche [Lohgerberei] oder mineralische) wirken durch den in ihnen befindlichen Gerbstoff. Pflanzliche Gerbstoffe sind Rinden, Sumach, Galläpfel (türkische [Alepposorte], europäische mit höchstens 30% Gerbsäure, chinesische mit bis zu 75% Gerbstoff). Catechu (braunes, auch Pegu genannt, Extrakt des Kernholzes der indischen Accacia Catechu, gelbes, auch Gambir genannt, Extrakt der Stengel und Blätter der indischen Nauclea) u. a. m. Mineralische Gerbstoffe sind Aluminium-, Eisen- und Chromverbindungen.

Die Zugfestigkeit des Leders beträgt 250—350 kg/cm² (oft bis 450 kg/cm²). Im Durchschnitt beträgt für neue Riemen die Dehnungsziffer bei geringen Spannungen von etwa bis 20 kg/cm² $^1/_{1250}$, bei höheren Spannungen $^1/_{1900}$, für alte Riemen bei mäßigen Spannungen $^1/_{2250}$, bei hohen Spannungen $^1/_{4250}$; für gut ausgetrocknetes neues Leder beträgt die Bruchdehnung 2—3%.

Treibriemen werden aus dem Kernstück (Mittelstückteil des Tieres in etwa 1,2 m Länge und Breite herausgeschnitten) der Tierhaut hergestellt, welches lohgegerbt oder chromgegerbt und hierauf gestreckt wird. Die einzelnen Streifen werden an den Enden auf Längen von 200 bis 400 mm Längen zugeschärft, überlappt und unter Druck geleimt (oft auch noch genäht).

Feuchtigkeit, Öl und hohe Temperatur wirken schädigend auf Ledertreibriemen.

Die Lebensdauer von gut erhaltenen (eingefetteten, alle Jahre mit warmem Wasser gewaschenen) Riemen beträgt 10—20 Jahre.

Die Verbindung der Riemenenden kann durch stumpfes Aneinanderstoßen oder durch auslaufende Überblattung, wobei im ersten Falle Kreuznähte oder Parallelnähte, im zweiten Falle Leimung mit und ohne Nähten in Verwendung kommen, hergestellt werden. Die Überblattungen sollen für einfache Riemen bis zu 140 mm Riemenbreite 200 mm, bis zu 350 mm Breite 300 mm, bis zu 500 mm Breite 400 mm, für größere Streifen 500 mm, für Doppelriemen je 50—100 mm Länge haben. Die Binderiemen sollen 1—2 mm stärker als die Nahtlochdurchmesser sein.

Zum Antrieb von Lichtmaschinen dürfen Riemenverbindungen durch Nähte oder Riemenschlösser nicht verwendet werden, da sonst starkes Zucken der Glühlampen auftritt.

Die Lederriemen (Naturriemen) zeichnen sich gegenüber Kunstriemen (Baumwoll-, Kautschuk-, Balatariemen usw.) durch größere Anhaftungskraft, Zulässigkeit größerer Riemenspannungen, Verwendungsfähigkeit für größere Geschwindigkeiten und meist kleinere Gewichte unter sonst gleichen Verhältnissen, diese durch Gleichmäßigkeit, Nahtlosigkeit, Billigkeit und Zulässigkeit beliebiger Stärken aus. Mit Kunstriemen können nur bis zu 8 kg/cm² übertragen werden gegen 12,5 kg/cm² bei guten Kernlederriemen.

Nutzbelastung in kg auf 1 cm Riemenbreite.

Laufgeschwindigkeit m/sec		3	5	10	15	20	25
		Einfache Riemen					
Riemscheiben-durchmesser mm	100	2	2,5	3	3	3,5	3,5
	200	3	4	5	5,5	6	6,5
	500	5	7	8	9	10	11
	1000	6	8,5	10	11	12	13
	2000	7	10	12	13	14	15
		Doppelte Riemen					
Riemscheiben-durchmesser mm	500	8	9	10	11	12	13
	1000	10	12	14	16	17	18
	2000	12	15	20	29	24	25

Einfache Riemen.

(Für Doppelriemen können bei gleicher Breite die einundeinhalbfachen Werte der in der Tabelle angegebenen Pferdestärken gesetzt werden.)

Riemen-Breite	Dicke	Gew. eines lfd. Meters	Kraftübertragung	Anzahl der übertragbaren Pferdestärken, wenn die Riemengeschwindigkeit in Metern f. d. Sekunde beträgt																
mm	kg	kg		5	6	7	8	9	10	11	12	13	14	15	16	18	20	22	24	26
50	4	0,25	25	1,7	2,0	2,3	2,7	3	3,3	3,7	4,0	4,3	4,7	5	5,3	6	6,7	7,3	8	9
60	4	0,30	30	2,0	2,4	2,8	3,2	3,6	4	4,4	4,8	5,2	5,6	6	6,4	7,2	8	9	10	11
70	5	0,35	43	2,9	3,4	4	4,6	5,1	5,7	6,3	6,9	7,5	8	8,6	9,2	10,3	11,5	13	14	15
80	5	0,45	50	3,3	4,0	4,6	5,3	6	6,6	7,3	8	8,6	9,3	10	10,7	12	13,5	15	16	17
90	5	0,53	56	3,7	4,6	5,2	6	6,7	7,4	8,2	9	9,8	10,5	11,2	12	13,5	15	16,5	18	19
100	6	0,60	75	5,0	6,0	7	8	9	10	11	12	13	14	15	16	18	20	22	24	26
110	6	0,66	82	5,5	6,5	7,6	8,7	9,8	10,9	12	13	14	15	16	18	20	22	24	26	28
120	6	0,73	90	6,0	7,2	8,4	9,6	10,8	12	13	14	15,5	16,5	18	19	22	24	26	29	31
130	6	0,83	97	6,5	7,7	9	10,5	11,5	13	14	15,5	17	18	19	21	23	26	28	31	34
140	6	0,90	122	8,1	9,9	11,4	13	14,5	16	17,5	19	21	23	24	26	29	33	36	39	42
150	7	1,02	131	8,7	10,5	12,2	14	15,5	17,5	19	20,5	22,5	24	26	28	31	35	38	42	45
160	7	1,15	140	9,3	11,2	13	15	17	19	21	22	24	26	28	30	34	37	41	45	49
180	7	1,25	157	10,5	12,5	14,6	17,0	19	21	23	25	27	29	31	34	38	42	46	51	55
200	7	1,40	175	11,5	14,0	16,5	19	21,0	23,5	26	28	31	33	35	38	42	47	52	57	62
225	7	1,56	196	13,0	15,6	18,3	21	23,5	26	29	31	34	37	39	42	47	52	58	63	69
250	7	1,74	220	14,5	17,5	20,0	23	26	29	32	35	38	41	44	47	52	58	64	70	76
275	8	2,15	275	18,5	22	25,5	29	33	37	40	44	47	51	55	59	66	73	81	88	95
300	8	2,34	300	20	24	28	32	36	40	44	48	52	56	60	64	72	80	88	96	104
350	8	2,66	350	23,5	28	32	37	42	46	51	56	60	65	70	74	84	93	102	112	121
400	8	2,98	400	27,0	32	37	42	48	53	58	64	69	74	80	85	96	106	117	128	138
450	8	3,35	450	30,0	36	42	48	54	60	66	72	78	84	90	96	108	120	133	144	156
500	8	3,72	500	33,5	40	46	53	60	66	73	80	86	93	100	106	120	133	146	160	173
550	8	4,10	550	37,0	44	51	58	66	73	80	88	95	102	110	117	132	146	161	176	190
600	8	4,46	600	40,0	48	56	64	72	80	88	96	104	112	120	128	144	160	176	192	208

Rohhautritzel werden aus dünnen Scheiben Büffelhaut mittels Bindemittel unter hohem Drucke hergestellt.

Chromleder, in U- oder ⊔-förmiger Form gepreßt, dient als Stulpendichtung für hydraulische Maschinen dort, wo sehr hoher Druck bei mäßiger Temperatur und geringer Geschwindigkeit der beweglichen

Teile in Anwendung kommt (hydraulischer Preßzylinder). Andere gute Ledersorten finden im Maschinenbau auch Verwendung zu Ventil- und Pumpenklappen, Kolbenringen und dergleichen. Lederdichtungen dürfen nur bei mäßigen Temperaturen angewendet werden.

BINDEMITTEL.

Die als Bindemittel dienenden Mörtel sind zu unterscheiden in Luft-mörtel, welche zur Erlangung ihrer Festigkeit und eines dauernden Zusammenhangs des ungehinderten Luftzutritts (rasches Austrocknen ist nachteilig) bedürfen, und Lehmmörtel und Wassermörtel, welche auch ohne Luftzutritt (sehr langsam) erhärten, wenn eine ausreichende Menge Wasser vorhanden ist. Zur Gruppe der Luftmörtel zählen die Lehmmörtel, bestehend aus genäßtem Lehm mit Zusätzen von Sand, Häcksel und dergleichen, die Kalkmörtel aus gelöschtem, gebranntem Kalk mit Zusätzen von Sand (bei Haarkalkmörtel außerdem noch Tier-haare), die Gipsmörtel aus Gips mit und ohne Sandzusatz, die Schamottemörtel aus Schamottemehl mit feuerfestem Ton. Zu den Wassermörteln gehören die Zementmörtel, bestehend aus Portland-, Eisenportland-, Hochofen- oder Schlackenzementen mit einem Zusatz von Sand, die natürlichen Wasserkalkmörtel, bestehend aus ge-branntem hydraulischen Kalk mit Sandzusatz, die künstlichen Wasser-kalkmörtel, bestehend aus durch besondere Herstellungsverfahren hydraulisch gemachten Kalken mit Sandzusatz, der Traßmörtel, be-stehend aus Luftkalkmörtel mit einem Zusatz von Traßmehl, alle Luft-kalkmörtel, denen natürliche oder künstliche, durch Glühen aufge-schlossene Tonerdesilikate oder Zemente in ausreichender Menge bei-gemischt werden.

Kalkmörtel mittlerer Güte soll bei 28 Tagen Luftlagerung eine Zug-festigkeit von etwa 3,0 kg/cm² und eine Druckfestigkeit von etwa 15 kg/cm² besitzen.

Magerungsmittel mit aufschließbarer Kieselsäure, wie Traß, Bims-sand, Vulkansand, Basaltmehl usw. erhöhen die Erhärtungsfähigkeit von Kalkmörtel, ebenso der Zusatz von Zement (verlängerter Zement-mörtel).

Durchschnittlich ergeben nach H. D i e c k:

1 Raumteil Kalk und 3 Raumteile Sand . . . 3,2 Raumteile Mörtel
1   ,,   ,,   ,,   2   ,,   ,,   . . . 2,4   ,,   ,,
1 m³ Mörtel 1 : 2 erfordert 0,84 m² Sand, 420 l gelöschten Kalk oder 252 l = 202 kg gebrannten Kalk und 170 l Wasser;
1 m³ Mörtel 1 : 2,5 erfordert 0,92 m² Sand, 370 l gelöschten Kalk oder 222 l = 178 kg gebrannten Kalk und 184 l Wasser;

1 m³ Mörtel 1 : 3 erfordert 1,00 m² Sand, 330 l gelöschten Kalk oder 198 l = 159 kg gebrannten Kalk und 200 l Wasser.

Die mittlere Festigkeit von Wasserkalkmörtel in der Mischung von 1 Raumteil Kalkpulver und 3 Raumteilen Normensand, für 28 Tage alte Proben, schwankt bei:

Luftlagerung zwischen 0,9—5,2 kg/cm² Zugfestigkeit und 5 bis 29 kg/cm² Druckfestigkeit,

Wasserlagerung zwischen 0,1—5,0 kg/cm² Zugfestigkeit und 3 bis 18 kg/cm² Druckfestigkeit.

Die Erhärtungsfähigkeit der Wasser- und Luftkalkmörtel wird durch puzzolanartige Zuschläge oder Zusatz von Zement erhöht.

Gipsmörtel, selten aus reinem Gips bestehend, wird mit Sand oder anderen Zuschlagstoffen gemagert. Der schnellbindende Gips wird zu Stuck-, Putz- usw., der langsambindende zu Mauer- und Estricharbeiten verwendet.

Stuckgips: lose geschüttelt . . . . 650— 850 kg/m³,
eingerüttelt . . . . 1200—1400 ,, ,
spezifisches Gewicht 2,6.

Estrichgips: lose geschüttelt . . . . 1000—1100 kg/m³,
eingerüttelt . . . . 1500—1600 ,, ,
spezifisches Gewicht 2,8—2,9.

1 m³ reiner Gipsmörtel erfordert 1800 kg Estrichgips und 800 l Wasser.

Traßkalkmörtel [1] ist ein aus Traß und Kalkhydrat in Pulver- oder Teigform hergestelltes Bindemittel. Nach 28 Tagen Wasserlagerung ergibt sich eine durchschnittliche Zugfestigkeit von 19,3 kg/cm² und eine Druckfestigkeit von 63 kg/cm². Er kann fertig angemacht verhältnismäßig lange lagern, ohne daß seine Erhärtungsfähigkeit leidet. Traßkalkmörtel binden langsamer ab und bleiben länger elastisch als reine Zementmörtel. Mit reinem Fettkalk (nicht hydraulischen) angemacht, wittern sie bei Bruchsteinverblendung nicht aus.

H a m b l o c h [2] empfiehlt für rheinischen Traß nachstehende Mischungen von Traßkalkmörtel und -beton:

Für Unterwasserbauten, die völlig dicht sein sollen:

Fettkalkteig: 1 Raumteil Traß : ⅔—1 Raumteil Kalk : 1—1¼ Raumteilen Sand,

Fettkalkpulver: 1 Raumteil Traß : 1—1½ Raumteile Kalk : 1 bis 1¼ Raumteilen Sand;

für Trockenmauerwerk, die völlig dicht sein sollen:

Fettkalkteig: 1¼—1½ Raumteile Traß : 1 Raumteil Kalk : 1½ bis 2½ Raumteilen Sand,

---

[1] Deutsche Bauzeitung 1919.
[2] Unna: Bestimmungen rationeller Mörtelmischungen.

Fettkalkpulver: $1\tfrac{1}{4}$—$1\tfrac{1}{2}$ Raumteile Traß : $1\tfrac{1}{2}$—$1\tfrac{3}{4}$ Raumteile Kalk : $1\tfrac{1}{2}$—$2\tfrac{1}{2}$ Raumteilen Sand;

für Trockenmauerwerk mit längerer Erhärtungsdauer:

Fettkalkteig: 1 Raumteil Traß : 2 Raumteilen Kalk : 5 Raumteilen Sand,

Fettkalkpulver: 1 Raumteil Traß : 3 Raumteilen Kalk : 3—5 Raumteilen Sand;

für Verputzarbeiten an der freien Luft:

Fettkalkteig: $1\tfrac{1}{4}$ Raumteile Traß : 1 Raumteil Kalk : $2\tfrac{1}{2}$—$3\tfrac{1}{2}$ Raumteilen Sand,

Fettkalkpulver: $1\tfrac{1}{4}$ Raumteile Traß : $1\tfrac{1}{2}$ Raumteile Kalk : $2\tfrac{1}{2}$ Raumteilen Sand (für Innenputz nur $1\tfrac{1}{2}$—$2\tfrac{1}{2}$ Raumteile Sand).

Bewährte Mischungen sind auch für:

Bruchsteinmauerwerk: 1 Raumteil Traß : 1 Raumteil Kalkteig : 3 Raumteilen Sand,

starkbeanspruchtes Mauerwerk: 1 Raumteil Traß : 1 Raumteil Kalkteig : 2 Raumteilen Sand,

Gewölbemauerwerk: 0,5 Raumteile Traß : 1 Raumteil Kalkteig : 5 Raumteilen Sand,

Tunnelmauerwerk: 0,5 Raumteile Traß : 1 Raumteil Kalkteig : 3 Raumteilen Sand,

Fundamentbeton: 0,5 Raumteile Traß : 1 Raumteil Kalkteig : 16 bis 18 Raumteilen Sandkies,

Eisenbeton: 0,5 Raumteile Traß : 1 Raumteil Kalkteig : 9 Raumteilen Sandkies,

Putzmörtel: 0,5 Raumteile Traß : 1 Raumteil Kalkteig : $1\tfrac{1}{2}$ Raumteilen Sandkies.

Höhere Festigkeiten als Traßkalkmörtel erreichen mit wachsendem Alter die Traßzementmörtel, doch ist Traßzusatz nur bei Portlandzement zulässig; sie müssen länger feucht gehalten werden als reine Zementmörtel. Dient der Traß als Streckmittel des Portlandzements, so kann $\tfrac{1}{4}$ des Zementgewichts durch Traß ersetzt werden; dient er als Zusatz zur Erzielung größerer Dichtigkeit und Elastizität, so können $\tfrac{1}{4}$—$\tfrac{1}{2}$ Gewichtsteile Traßzuschlag auf 1 Gewichtsteil Portlandzement gewählt werden. Für Talsperren und andere Bauten, welche völlige Dichtigkeit, hohe Festigkeit und Elastizität besitzen sollen, empfiehlt H a m b l o c h als Traßzementmörtel:

$1\tfrac{1}{2}$ Raumteile Traß : 1 Raumteil Kalkteig oder $1\tfrac{1}{2}$ Raumteile Kalkpulver : 1 Raumteil Zement : 4 Raumteilen Sand : 8—12 Raumteilen Kies- oder Steinschlag.

Feuerfeste Mörtel[1]) oder Feuerzemente nehmen unter dem Einfluß des Feuers Festigkeiten wie die Mörtelstoffe an; die an sie zu stellenden Anforderungen sind die gleichen wie für alle anderen keramischen feuerfesten Materialien. Zu unterscheiden sind:

Schamottemörtel, zum Vermauern von Steinen mit überwiegend tonigem Charakter verwendet, aus feingemahlener Schamotte und Bindeton, zum Vermauern von gemischten Tonquarzsteinen mit Zusatz feingemahlener Quarzschamotte,

Klebsandmörtel oder Sandmörtel, zum Vermauern der Quarzschamotte oder Quarztonsteine, aus feingemahlenem Klebsand oder Quarz oder Sand mit Bindeton,

Feuerzemente oder Feuerkitte, etwas weniger plastisch als Klebsandmörtel, werden aus feingemahlenem Klebsand oder aus feingemahlenen Kaolin-Schlemmrückständen (dann weniger plastisch) hergestellt,

Magnesitsteinmörtel aus feingemahlenem Sintermagnesit unter Zusatz von Teer hergestellt, dienen zum Vermauern von Magnesitsteinen, Teer allein zum Vermauern von Dolomitsteinen; Teermörtel werden heiß verarbeitet,

Mörtel für Kohlenstoffsteine werden aus Koksstaub mit etwas Tonmehl hergestellt,

Anstrichmassen oder Schlichten, zum Anstreichen der Kokillen, Gußformen, Kerne, behufs Erzielung einer sauberen Oberfläche der Gußstücke, werden aus gemahlenem Schamottemehl, Graphittiegelscherben, Graphit, Koksgrus, Tonmehl, Formsand (für Metallguß aus mit Melasse gemischtem Graphit und Tonmehl) hergestellt.

Feuerfeste Mörtel: feingemahlener Quarz mit gutem Bindeton (zum Vermauern von Quarztonsteinen), Klebsand oder eine Mischung von feinem Sand, gemahlenen Steinstücken und Bindeton (zum Vermauern von Quarz- und Quarzschamottesteinen), feingemahlene Schamotte mit Bindeton (zum Vermauern von Tonschamottesteinen), feingemahlener gebrannter Magnesit mit einem Zusatz von wasserfreiem Teer (zum Vermauern von Magnesitsteinen), 2 Teile Koksstaub und 1 Teil Tonmehl (zum Vermauern von Kohlenstoffsteinen); Dolomitsteine werden vor dem Einmauern mit Teer bestrichen, die Fugen brennen dann im Feuer dicht. Zum Verschließen des Stichlochs von Schmelzöfen dient eine wasserarme Mischung von groben Schamotte- und Quarzkörnern (oft noch mit grobem Koks klein vermischt) mit wenig Bindeton.

---

[1]) Dr. Herm. Hecht: Lehrbuch der Keramik.

Bei den Zementmörteln, deren Bindekraft verhältnismäßig hoch ist und welche namentlich große Anfangsfestigkeit besitzen, wächst die Druck- und Zugfestigkeit mit zunehmendem Alter stetig bis zu einem gewissen Zeitpunkt, und zwar bei Luftlagerung wesentlich stärker als bei Wasserlagerung.

Für Normalmörtel aus Portlandzement wurden folgende Durchschnittswerte gefunden:

	Wasserlagerung 7 Tage	Kombinierte Lagerung 28 Tage	
	kg/cm²		
Zugfestigkeit .	22,1	28,7	—
Druckfestigkeit	234,0	327,0	384

Zuschlagstoffe oder Füllstoffe (Magerungsmittel) sind [1]) solche Stoffe, die den Bindemitteln behufs Herstellung von Mörtel oder Beton zugesetzt werden. Als solche kommen in Betracht:

Sand: natürlicher (in der Natur fertiger) oder künstlich gebrochener, künstlicher Schlackensand,

Kies, Geschiebe, Gerölle,

Stein, Kleinschlag, Schotter aus: natürlichen Gesteinen (Basalt, Granit, Kalkstein usw.), künstlichen Steinen (Ziegelbrocken, Hochofenschlacke, Betonbruch usw.).

Rückstände verbrannter Kohle, Asche, Schlacke, Lösche.

Wasser.

Die Beurteilung der Güte und Verwendbarkeit der Zuschlagstoffe erfolgt nach:

Kornbeschaffenheit: Korngröße, Form, Oberflächenbeschaffenheit,

Dichtigkeitsverhältnis des Haufwerks: Raumgewicht, spezifisches Gewicht, Undichtigkeitsgrad (Gehalt an Hohlräumen), Kornzusammensetzung,

chemische Beschaffenheit: Gehalt an lehmigen (erdigen oder tonigen), an anderen schädlichen Bestandteilen (bei Schlacke, Asche, Lösche, Gehalt an Ätzkalk, Sulfidschwefel und Schwefelsäure), Gehalt an aufschließbaren Silikaten,

Festigkeit und physikalische Eigenschaften: Druckfestigkeit, Wasseraufnahmefähigkeit (Porosität), Frost(Wetter-)Beständigkeit, Feuerbeständigkeit.

Die Korngrößen des Zuschlags sind für Stampfbeton: Kies bis 50 mm, Schotter bis 70 mm, für Eisenbeton bis Walnußgröße (richtet sich nach der Dicke und den Abständen der Eiseneinlage). Der Dichtigkeitsgrad

---

[1]) Prof. H. Burchartz: Betonkalender.

ist durch den Quotienten $\dfrac{\text{Raumgewicht}}{\text{Spezifisches Gewicht}}$ der Undichtigkeitsgrad durch $1 - \dfrac{\text{Spezifisches Gewicht}}{\text{Raumgewicht}}$ gegeben. Je geringer der Undichtigkeitsgrad ist, desto geringer ist der Bindemittelverbrauch.

Die Raumgewichte schwanken zwischen:

1,310 und 1,570 kg/l bei Sand,
1,400 „ 1,660 „ „ Kies (Kiessand),
1,250 „ 1,530 „ „ Schotter aus natürlichen Gesteinen,
0,990 „ 1,500 „ „ Schotter aus künstlichen Gesteinen,

die spezifischen Gewichte zwischen:

2,580 und 2,660 bei Sand (Quarzsand),
2,620 „ 2,650 „ Kies,
2,580 „ 3,100 „ Schotter aus natürlichen Gesteinen,
2,450 „ 2,700 „ Schotter aus künstlichen Gesteinen.

Das zur Herstellung der Bindemittel verwendete Wasser muß frei von Kohlensäure, Schwefelsäure (Gips), schwefelsauren Salzen und Schwefeleisen (Schwefelwasserstoff) sein.

Raumgewichte verschiedener Zuschlagstoffe	kg/l	Raumgewichte verschiedener Zuschlagstoffe	kg/l
Sand:		**Schotter:**	
Bimssand (mit 37,2% Wassergehalt) . . .	0,737	Lokomotivlösche . . .	0,600
Berliner Mauersand . .	1,310	Koksasche	0,700
Grand	1,320	Ziegelsteinschlag, je nach Korngröße,	
Mauersand	1,350	Brand usw. ver-	
Rheinsand (7 mm) . .	1,340	schieden	0,990—1,030
» entfeint .	1,480	Leichter Schlackensand	
Isarsand (7 mm) . . .	1,440	(Abfallstoff der Eisen-	
» gewaschen . .	1,490	erzverhüttung) . . .	0,700
» entfeint . . .	1,570	Schwerer Schlackensand	
Normensand	1,460	(Abfallstoff der Eisen-	
		erzverhüttung) . . .	1,300
Kies (Kiessand):		Stückschlacke und	
		Schlackenfein (0-7 mm	
Kiessand, je nach Art		Korn)	1,400—1,600
und Kornzusammen-		(Abfallstoff der Eisen-	
setzung verschieden	1,400—1,600	erzverhüttung)	
Luckenwalder Gruben-		Stückschlacke, grob	
kies	1,490	(7—40 mm Korn)	
Spreehagener Flußkies	1,470	(Abfallstoff der Eisen-	
Oderkies	1,500	erzverhüttung) . . .	1,300—1,500
Elbekies	1,550	Granitschotter	1,250—1,410
Neißekies	1,590	Basaltschotter	1,350
Storkower Flußkies . .	1,540	Kiesel	1,530
Rheinkies (7—25 mm) .	1,490	Rheinkiesel	1,450
Isarkies (7—25 mm) . .	1,570	Isarkiesel	1,490

Ausbeute eines Stoffes im Mörtel ist das Maß, in dem der Stoff zur Raumvergrößerung beiträgt. Guter Mörtelsand, in welchem alle Korngrößen vertreten sind, hat 0,38—0,40 des Maßes an Hohlräumen, welche mit „Kittmasse" auszufüllen sind, um dichten Mörtel zu erhalten. Bei 40% Hohlräume im Sand ist die Ausbeute zu rechnen von Zement und Traß = 0,48, von hydraulischem Zement und hydraulischem Kalk = 0,28, von Fettkalk = 1,00, von Wasser = 1,00. Die Dichtigkeit des Mörtels ist durch das Verhältnis Kittmasse: Hohlräumen gegeben.

Im Mittel kann der Wasserzusatz gerechnet werden bei:

Zementmörtel 22% der Zement- und Sand-Raummmengen,
Traßkalkmörtel 8—10% der Traß-, Kalk- und Sand-Raummmengen,
Traßzementmörtel 20% der Traß-, Zement- und Sand-Raummmengen.

Ausbeute und Dichtigkeit der Zement-, Traß- und hydraulischen Mörtel gehen aus nachstehender Tabelle hervor, in welcher bezeichnen: Z = Zement, S = Sand, W = Wasser, K = Kalk, gbr K = gebrannter Kalk, h K = hydraulischer Kalk, T = Traß.

Mörtelart	Aus-beute	Kitt-masse	Hohl-räume	Dichtig-keit	1 m³ Mörtel erfordert			
	Raumteile				Z kg	S l	W l	gbr K kg
Zementmörtel								
1 Z 2 S 0,53 W	2,21	1,01	0,80	1,26	642	906	240	—
1 Z 2½ S 0,62 W	2,60	1,10	1,00	1,10	585	962	240	—
1 Z 3 S 0,65 W	2,92	1,12	1,20	0,93	486	1026	220	—
1 Z 4 S 0,80 W	3,68	1,28	1,60	0,80	385	1128	217	—
1 Z 5 S 1,00 W	4,48	1,48	2,00	0,74	317	1115	223	—
Verlängerter Zementmörtel								
1 Z 0,5 K 5 S 1,3 W	5,28	2,28	2,00	1,14	270	950	246	46
1 Z 1 K 6 S 1,4 W	6,48	3,48	2,40	1,45	220	928	216	74
1 Z 1,5 K 8 S 1,6 W	8,58	3,58	3,20	1,12	170	960	192	86
1 Z 2 K 10 S 1,7 W	9,18	3,18	4,00	0,80	155	1090	185	105
Traßzementmörtel								T
1 Z 0,4 T 3 S 1 W	3,47	1,67	1,20	1,14	410	865	288	115
1 Z 1 T 4 S 1,16 W	4,52	2,12	1,60	1,33	314	884	256	221
1 Z 1 T 4,5 S 1,20 W	4,86	2,16	1,80	1,20	292	927	246	206
1 Z 1,5 T 5 S 1,38 W	5,58	2,58	2,00	1,29	255	895	247	269
Traßkalkmörtel					T			gbr K
1½ Z 1 K 1 S 0,28 W	2,60	2,00	0,40	5,00	578	385	108	185
1 Z 1 K 1 S 0,27 W	2,35	1,75	0,40	4,40	426	426	115	205
1 Z 1 K 2 S 0,35 W	3,03	1,83	0,80	2,30	330	660	116	158
1 Z 1 K 3 S 0,50 W	3,78	1,73	1,20	1,44	265	795	133	127
1 Z 2 K 5 S 0,90 W	6,38	3,38	2,00	1,69	157	785	151	142
Hydraulischer Kalkmörtel					hK			
1 ZK 1,5 S 0,75 W	1,93	1,03	0,60	1,70	292	777	388	—

Portlandzement entsteht durch Brennen einer innigen Mischung von kalk- und tonhaltigen Materialien bis zur Sinterung und darauffolgender Zerkleinerung bis zur Mehlfeinheit. Die Brenntemperatur liegt bei

Segerkegel 10—14 = 1200—1400° C. Die Zusammensetzung des Portlandzements steht zwischen den Werten in 100 Teilen:

$$CaO \dots \dots \dots \dots \quad 58\text{—}65,5$$
$$SiO_2 \dots \dots \dots \dots \quad 20\text{—}26,5$$
$$(AlFe)_2O_3 \dots \dots \dots \quad 6\text{—}14$$
$$MgO \dots \dots \dots \dots \quad 1\text{—}3$$
$$\text{Alkal.} \dots \dots \dots \dots \quad 0,2\text{—}2,5$$
$$SO_3 \dots \dots \dots \dots \quad 0,2\text{—}2,5$$

100 l Portlandzement wiegen eingelaufen 100—130, im Mittel 120 kg, eingerüttelt 160—210, im Mittel 190 kg, eingefüllt 100—130, im Mittel 125 kg.

Nach dem vom Verein deutscher Portlandzement-Fabrikanten aufgestellten Normen ist Portlandzement ein hydraulisches Bindemittel von nicht weniger als 1,7 Gewichtsteilen Kalk (CaO) auf 1 Gewichtsteil lösliche Kieselsäure (SiO_2) plus Tonerde (Al_2O_3) plus Eisenoxyd (Fl_2O_3), hergestellt durch feine Zerkleinerung und innige Mischung der Rohstoffe, Brennen bis mindestens zur Sinterung und Feinmahlen. Dem Portlandzement dürfen nicht mehr als 3% Zusätze zu besonderen Zwecken zugegeben sein. Der Magnesiagehalt darf höchstens 5%, der Gehalt an Schwefelsäureanhydrit (SO_3) nicht mehr als 2,5% im geglühten Portlandzement betragen. Im allgemeinen bewegt sich die Zusammensetzung der Portlandzemente innerhalb der nachstehend angegebenen Grenzwerte:

$$\text{Ätzkalk (CaO)} \dots \dots \dots \quad 57\text{—}68\%$$
$$\text{Kieselsäure (SiO}_2\text{)} \dots \dots \quad 17\text{—}26\%$$
$$\text{Eisen (Fl}_2O_3\text{)} \dots \dots \dots \quad 1\text{—}5\%$$
$$\text{Tonerde (Al}_2O_3\text{)} \dots \dots \quad 4\text{—}10\%$$
$$\text{Magnesia (MgO)} \dots \dots \dots \quad \text{bis } 5\ \%$$
$$\text{Alkalien} \dots \dots \dots \dots \quad \text{,,} \quad 3,0\%$$
$$\text{Schwefelsäureanhydrit (SO}_3\text{)} \dots \quad \text{,,} \quad 3,3\%$$
$$\text{Glühverlust} \dots \dots \dots \dots \quad \text{,,} \ 10\ \%$$
$$\text{Unaufgeschlossener Rückstand} \dots \quad \text{,,} \quad 1,5\%$$

Im allgemeinen ist Portlandzement um so besser, je feiner er gemahlen ist, doch darf nicht übersehen werden, daß nicht gehörig gebrannte oder mit zu viel Ton versetzte Zemente beim Mahlen besonders fein ausfallen. Frischer Portlandzement aus gut gesinterten Klinkern hat ein spezifisches Gewicht von 3,13—3,25. Je nach der Bindezeit (Zeit, welche der Zementbrei zum Abbinden benötigt) sind zu unterscheiden Schnellbinder (Abbinden in weniger als 2 Stunden) und langsam bindende Zemente (Abbinden oft erst in 12 Stunden). Im allgemeinen binden ab:

Gießzemente in	. . . .	5	Minuten
Schnellbinder in	. . . .	15—20	„
Normalbinder in	. . . .	1— 2	Stunden
Langsambinder in	. . . . . .	3—12	„

Guter Portlandzement ist nach erfolgtem Abbinden frostbeständig; nur während des Abbindens kann der Frost schädlich wirken. Zementmörtel ist wetterbeständig; Säuren, gewisse fette Öle und kohlensäurehaltige Wasser wirken schädlich auf Zement ein. Eine 1,5 cm starke Schicht Mörtel aus 1 Teil Zement und 1 Teil Sand ist sofort nach dem Abbinden völlig wasserdicht.

Eisenportlandzement besteht aus mindestens 70% Portlandzement und höchstens 30% basische Hochofenschlacke, welche durch inniges Vermischen in mehlfeinem Zustand vereinigt werden.

Feuerflüssige Hochofenschlacken, durch Wassergranulation rasch abgekühlt und dadurch in einen glasigen Zustand überführt, hierauf mit 15—30% Portlandzement staubfein vermahlen, liefern den Hochofenzement, dessen mittlere Zusammensetzung gegeben ist durch:

Ätzkalk CaO	. . . .	44—53%
Kieselsäure SiO$_2$	. . . .	27—32%
Tonerde und Eisenoxyd	. . . .	11—20%
Magnesia	. . . .	bis 4 %
Sulfidschwefel	. . . .	bis 2,5%

Romanzemente werden aus tonreichen Kalkmergeln durch Brennen unterhalb der Sintergrenze und hierauffolgende Zerkleinerung und Vermahlung auf Mehlfeinheit gewonnen. Der Kalkgehalt der Romanzemente beträgt 40—50%; sie löschen nicht mehr ab.

Romanzemente haben hellgraubraune Farbe, höheres Raumgewicht, höheres spezifisches Gewicht und größere Erhärtungsenergie als hydraulische Kalke.

Erzzemente (zum Beispiel Eisenoxyd 9,44—6,46%, Tonerde bis hinunter zu 1,5%) spielen bei Bauten in Meerwasser eine wichtige Rolle, da sie diesem gegenüber, im Vergleich zu gewöhnlichen Portlandzementen, eine größere Widerstandsfähigkeit aufweisen.

Im weißen Sternzement, welcher durch Brennen einer Portland-Rohmischung bis zur Sinterung gewonnen wird, ist das Eisenoxyd bis auf einen geringen Rest durch Tonerde ersetzt.

Holzzement besteht aus einem Gemisch von 60 Gewichtsteilen entwässertem Steinkohlenteer, 15 Teilen Asphalt und 25 Teilen Schwefel. Bei Innenfeuer leistet ein Holzzementdach verhältnismäßig weniger lange Widerstand als ein Pappdach, ist jedoch gegen Außenfeuer völlig widerstandsfähig.

Zur Erzielung größerer Festigkeit oder Wasserwiderstandsfähigkeit oder Wasserdichtigkeit und höherer Elastizität werden den Zementen, Kalken, beziehungsweise deren Mörteln, andere natürliche oder künstliche Stoffe (Traß, Hochofenschlacken Pozzuolanerde, Ziegelmehl usw.) beigefügt.

Im Maschinenbau findet Zement nicht nur als Fundamentmaterial, sondern auch als Dichtungsmittel in Form von Zementmehl, welches mit Wasser zu einem steifen Teig angerührt wird, Verwendung für Abdichtungen von Teilen, welche nicht nachgezogen werden und nicht wiederholter Ausdehnung und Zusammenziehung ausgesetzt sind (Flanschendichtungen).

Zementrohre, fabriksmäßig aus Beton hergestellt, besitzen gegenüber den Ton- und Steinzeugröhren den Vorzug, daß sie in allen Profilformen und Größen in genauester Form angefertigt werden können. Zum Schutze gegen den Angriff schwerer Sinkstoffe und Geschiebe, sowie auch gegen den Angriff konzentrierter Säuren werden sie manchmal im unteren Teil ihrer Innenfläche mit gesinterten Tonschalen, Klinkern oder auch Asphalt ausgekleidet.

Plutonit ist ein Material, das unter dem Einfluß hoher Wärme sintert und damit einen wirksamen Schutz für die umhüllte Eisenkonstruktion abgibt. Die Masse wird in Teigform in den Handel gebracht, an der Verwendungsstelle mit Zement und Wasser gleichmäßig durchgeknetet und dann auf die zu ummantelnden Eisenteile in 3 cm starker Schicht aufgetragen;

Asbestzement wird in Pulverform geliefert und mit Wasser ohne irgendwelchen Zusatz zu einem Brei an Ort und Stelle angerührt; die Masse wird meist in $2\frac{1}{2}$ cm Stärke aufgetragen, bei größeren Stärken, in besonders feuergefährlichen Räumen, in zwei Schichten, wobei die erste Schicht vor der völligen Erhärtung aufgerauht werden muß; nach mehreren Tagen wird die Ummantlung abgeglättet und dann mehrere Male stark genäßt;

Asbestkieselgurzement, bestehend aus Kieselgurzement und Asbestfasern, wird mit Wasser angerührt und in mehreren Schichten von 25 bis 30 mm Stärke auf die Eisenteile aufgebracht.

Leim ist ein aus tierischen Bindegeweben, Knorpelsubstanz der Knochen, Sehnen, Häute usw. beim Kochen mit Wasser entstehendes Produkt, dessen Hauptbestandteil das Glutin ist. Der Leim im reinsten Zustand wird als Gelatine bezeichnet. Zu unterscheiden ist: Hautleim, Knochenleim, Fischleim (Hausenblase, Fischschuppen, Dorschköpfe und -gräten usw.), Walfischleim (aus der beim Auskochen des Trans zurückbleibenden Leimbrühe gewonnen), Gerbleim (Papierleim, aus den Laugen der Sulfitfabrikation).

Gewöhnlicher Tischlerleim wird durch Erhitzen von Leim unter Wasser hergestellt, flüssigbleibender Leim durch Auflösen von gleichen Teilen Leim in kochendem Wasser unter Zusatz von $1/5$ Teil Salpetersäure von 35° Bé oder von Salpetersäure, Essigsäure usw., wodurch die Eigenschaft zu gelatinieren verloren geht, nicht aber die klebende, Käseleim (auch kalt benutzbar) durch Mischen von Kasein mit Kalkhydrat.

Gummi sind teils in Wasser lösliche, teils darin quellbare, in Alkohol und allen übrigen Harzlösungsmitteln unlösliche Pflanzenstoffe. Die wichtigsten Sorten sind: arabischer Gummi (aus der Rinde austretender Saft afrikanischer Akazienarten), schwachgelbliche bis braunrote Stücke, in Wasser vollständig löslich, spezifisches Gewicht 1,487, Kirschgummi aus Steinobstbäumen und Tragant (aus den Rindenrissen asiatischer Astragalusarten fließend), weiße, gelbe bis braune Stücke, geschmacklos, zähe, schwer pulverisierbar, in Wasser aufquellend.

Gummi wird als Kleb-, Appreturmittel, in der Zeugdruckerei, zur Herstellung von Farben und Tinten verwendet.

Dextrin (Stärkegummi), durch Rösten von Stärke gewonnen, kommt in verschiedenen Qualitäten, welche nach Farbe, Löslichkeit im Wasser und Klebkraft unterschieden werden, in den Handel. Es dient als Ersatz für Gummi arabicum, in der Zeugdruckerei, Streichholzfabrikation, zum Verdicken von Farbstoffen und Tinten u. a. m.

Wasserglas, eine gallertartige, leimige Flüssigkeit, eine Verbindung von Kieselsäure mit Kalium (Kaliwasserglas) oder Natrium (Natriumwasserglas) findet zur Herstellung von Kitten, Kunststeinen, als Feuerschutz, zum Imprägnieren von Holz und brennbaren Stoffen Verwendung.

Kitte dienen zum Ausfüllen von Fugen und Poren bei Metallen, Steinen und Holz, sowie zur Vereinigung von Teilen derselben (gleicher und verschiedener Art).

Kitte (Klebemittel) sind teigartige oder flüssige Stoffe, durch welche andere gleichartige oder ungleichartige Stoffe miteinander vereinigt werden können. Zu unterscheiden sind: Ölkitte, Harzkitte, Kautschuk- oder Guttaperchakitte, Leim- oder Stärkekleisterkitte, Kalkkitte, wozu noch die Eisen- und Schmelzkitte, Glyzerin- und Wasserglaskitte kommen [1]).

Ölkitte sind unter anderen: Glaserkitt (feingeschlämmte Kreide mit Leinöl versetzt und gut durchgearbeitet), Mennigekitt (Mennige mit Leinöl, zum Verkitten von Gas- und Wasserleitungsröhren), Zinkölkitt (Zinkweiß[-oxyd] mit Leinöl oder Leinölfirnis, zum Kitten von Glas an Holz oder Metall), Mastix (300 Teile Quarzsand, 100 Teile Kalksteinpulver, 50 Teile Bleiglätte, 35 Teile Leinöl).

---

[1]) Dr. Fr. Wächter: Kitte und Klebemittel.

Harzkitte (Destillationsrückstände) sind spröde, werden daher mit Ölen vermischt; sie sind nur dort zu verwenden, wo keine höheren Temperaturen auftreten.

Kautschuk- und Guttaperchakitte sind unter anderen: harter Mennigekitt (150 Teile Kautschuk, 10 Teile Talg, 10 Teile Mennige), Marineleim (harter [10 Teile Kautschuk, 120 Teile Petroleum, 20 Teile Asphalt], fester, flüssiger), Guttaperchaharzkitt (100 Teile Guttapercha, 200 Teile Fichtenharz).

Leimkitte sind unter anderen: Hausenblasenmetallkitt (100 Teile Hausenblasenlösung, 1 Teil Salpetersäure, zum Aneinanderkitten von Metallflächen), Syndetikon (Leim mit Essig, Patentleim).

Kaseïn und Kleberkitte sind unter anderen: gewöhnlicher Kaseïnkitt (12 Teile Kaseïn, 50 Teile gelöscher Kalk, 50 Teile Wellsand), Kleberkitt (12 Teile Kleber, 10 Teile gebrannter Kalk, 30 Teile Zement).

Asphaltkitt, durch Zusammenschmelzen von Bergteer und gepulvertem Asphaltstein erhalten, wird oft (fälschlich) als Mastix bezeichnet.

Eisenkitte:

2 Gewichtsteile Mennige, 5 Bleiweiß, 4 getrockneter Pfeifenton, fein zerrieben und mit Leinölfirnis verarbeitet (Gas- und Dampfleitungen).

2 Gewichtsteile Salmiak, 35 Eisenbohrspäne, 1 Schwefel mit Wasser zu einem steifen Brei vermengt;

Kalk, Romanzement und Lehm, getrocknet und gemahlen, mit Leinölfirnis zu einem Teig angemacht;

2 Gewichtsteile Salmiak, 1 Schwefelblume, 60 rostfreie, fein gesiebte Eisenfeilspäne mit (durch $^1/_6$ Essig oder etwas Schwefelsäure angesäuertem) Wasser angemacht;

100 Gewichtsteile rostfreie Eisenfeilspäne, 1 Salmiakpulver mit Urin angefeuchtet.

Rostkitte für Dampf- und Wasserleitungen.

4 Gewichtsteile rostfreie Eisenfeilspäne, 2 Ton, 1 zerstoßene Schmelztiegelscherben(oder 1 Schamottemasse) mit Kochsalzlösung zu einem Teig angemacht (glühhitzebeständig);

1 Gewichtsteil Schwefelblumen, 2 Salmiak, etwas Feilspäne, mit Wasser oder Essig zu einem Brei angemacht (auch für Eisen in Stein);

Eisen auf Eisen.

3 Gewichtsteile Schwefel, 3 Bleiweiß, 1 Borax. $\left.\begin{array}{l}\end{array}\right.$

1 Gewichtsteil Talg, 2 Fichtenharz, 8 gelbes Wachs, 24 fein gesiebte Gußeisenspäne;

9 Gewichtsteile Blei, 2 Antimon, 1 Wismut;

8 Gewichtsteile Blei, 3 Antimon, 1 Wismut.

Gußeisen-Flickkitte.

Holz-Eisen-Kitt oder Glas-Eisen-Kitt:

½ Gewichtsteil gepulverter Bimsstein (Kreide) mit ½ Schellack zusamengeschmolzen.

Gummikitt:

150 Gewichtsteile Kautschuk, 10 Mennige oder Kalk, 10 Talg.

Kupfer-Sandstein-Kitt:

7 Gewichtsteile Bleiweiß, 6 Silberglätte, 6 Bolus, 4 gestoßenes Glas, 4 Firnis.

Eisen-Stein-Kitt:

4 Gewichtsteile pulverisierter hydraulischer Kalk, 4 Ziegelmehl, 1 Eisenfeilspäne zu einem Brei gemengt.

Metall-Glas-Kitt:

2 Gewichtsteile gelbes Wachs, 1 Schwarzpech, 4 Harz, zusammengeschmolzen und mit 1 feines Ziegelmehl angerührt.

Metall-Holz-Kitt:

Tischlerleim mit feingemahlener Kreide zu einem Teige angerührt.

Schmelztiegel-Kitt:

pulverisierter gelöschter Kalk mit konzentrierter Boraxlösung zu einem teigigen Brei angerührt.

Dampfgefäße-Kitt:

16 Gewichtsteile Leinölfirnis, 16 Bleiglätte, 15 Schlämmkreide, 50 feines Graphit zu einem steifen Brei angerührt.

Kitt für dünne Metallbleche:

Hausenblase mit wenig Salpetersäure.

Lötmittel dienen zur Verbindung gleichartiger oder verschiedener Metalle und Legierungen. In der Hauptsache ist zwischen Hartloten und Weichloten zu unterscheiden; diese schmelzen bei niedrigerer Temperatur und ergeben eine geringere Festigkeit der Lötstelle als jene.

Hart- oder Schlaglote sind Kupfer-Zinklegierungen, mit oder ohne Zusatz anderer Metalle; sie dienen zum Löten von Kupfer, Bronze, Messing, Neusilber, Silber, Gold und anderen in hoher Temperatur schmelzbaren Metallen und Legierungen. Ein kleiner Zusatz von Zinn

($^1/_2$—1 Teil) macht die Messingschlaglote dünnflüssiger (schnellflüssiger, Schnellote); ihr Schmelzpunkt liegt über 500° C. Sie kommen in Form von Feilspänen, Körnern, Drähten und Blechschnitzeln in den Handel.

Hartlote von verschiedener Zusammenstellung[1]).

Kupfer	Zink	Silber	Verwendung für
53	43	4	strengflüssige Metalle
48	48	4	mittelstrengflüssige Metalle
42	52	6	Messingblechdraht; sehr bequem für zahlreiche Verwendungen
43	48	9	zweite Lötungen
38	50	12	dritte Lötungen und als Ersatz f. zinnhaltige, schnellflüssige Lote

Messingschlaglote:

gelbes, sehr strengflüssiges: 10 Teile Messing, 4 Teile Zink;
gelbes, mäßig strengflüssiges: 10 Teile Messing, $4^1/_2$ Teile Zink;
hellgelbes, gutflüssiges: 10 Teile Messing, 5 Teile Zink,
halbweißes, leichtflüssiges: 10 Teile Messing, 6 Teile Zink;
weißes, sehr schnellflüssiges: 10 Teile Messing, 7—$8^1/_2$ Teile Zink.

Reines Kupfer dient zum Löten von Gußeisen und Schmiedeisen. Hartlot für Eisen und Kupfer besteht aus 2 Teilen Kupfer und 1 Teil Zink. Schmelztemperatur: rund 425—460° C. Je größer der Zinkgehalt, desto geringer die Festigkeit und desto niedriger die Schmelztemperatur. Gelbes Schlaglot besteht aus vier Teilen zerkleinerten Messingabfällen und 1—2 Teilen Zink; Schmelztemperatur 400—425° C. Weißes Schlaglot besteht aus 80 Teilen Messingabfällen, 16 Teilen Zinn und 4 Teilen Zink; Schmelztemperatur 426°. Zum Hartlöten von Aluminiumbronze wird ein Lot aus 64 Teilen Zink, 2 Teilen Zinn und 52 Teilen Kupfer verwendet.

Silberschlaglote dienen zum Löten von Silberwaren und anderen Gegenständen, wenn die Lötstelle besondere Festigkeit und eine gewisse Biegsamkeit besitzen soll; es sind silberhaltige Hartlote, aus Silber, Kupfer und Zink bestehend; die silberreicheren sind die besseren; für leichtflüssige Silberlote empfiehlt sich die Zusammensetzung: 5 Teile Silber, 6 Teile Messing, 2 Teile Zink.

Goldschlaglote, zum Löten der Goldwaren, müssen dünnflüssiger sein als die zu lötenden Gegenstände, was durch Zusatz von Kadmium, oder Zink, oder Messing erreicht wird.

Als Flußmittel werden bei Hartloten Borax, $Na_2B_4O_7$, oder phosphorsaures Natron, Na_2HPO_4, in Salzform verwendet.

Weichlote (Weißlote oder Schnellote) sind Blei-Zinnlegierungen; sie sind weniger fest als Hartlote und schmelzen bei einer Temperatur unter 300° C; sie kommen meist in dünnen Stangen in den Handel:

---

[1]) Dingl. Polyt. Journ. Band 293.

Zinn ohne Zusatz: zum Löten von schmiedbarem Eisen, Kupfer, Messing, Zink, Blei.

Zinn-Bleilote: starke Schnellote mit Erstarrungspunkt oberhalb 200⁰ C, schwache Schnellote mit darunter liegendem Erstarrungspunkt. Das leichtflüssigste Lot, Sickerlot, 36% Blei, 64% Zinn, erstarrt (schmilzt) bei 181⁰ C; durch Zusatz von Wismut und Kadmium läßt sich die Schmelztemperatur des Lots noch weiter erniedrigen.

Weichlote:

Für Blei, Zink, Kupfer, Messing: Schmelztemperatur 225—230 ⁰C, 2 Teile Blei, 1 Teil Zinn;

für Blei, Zink, Zinn, Weißblech: Schmelztemperatur 200⁰ C, 1 Teil Blei, 1 Teil Zinn;

für Zinn-Bleilegierungen: Schmelztemperatur 125—150⁰ C, 1 Teil Blei, 2 Teile Zinn, 1 Teil Wismut;

für Zinn-Bleilegierungen: Schmelztemperatur 125—150⁰ C, 2 Teile Blei, 3 Teile Zinn, 1 Teil Wismut.

Zum Weichlöten von Aluminiumbronze dient ein Lot von 15 Teilen Kadmium und 20 Teilen Zink ohne Anwendung von Lötwasser; die Lötstellen müssen durch Abschaben metallisch reingemacht werden.

Für Weichlötungen werden als Flußmittel Lötfett verwendet, welches aus 1 kg Talg, 1 kg Braunöl, 0,5 kg Kolophoniumpulver und 0,25 kg Salmiak besteht, oder Lötwasser (Zinkchlorid, Zinksalmiak) oder Kolophonium.

Tinol, Lötmittel zum Löten elektrischer Leitungen, aus gepulvertem Weichlot, Chlorzink und Glyzerin.

Lötzinn wird von der Vereinigten Blei- und Zinnwerke, G. m. b. H., Köln am Rhein, in folgenden Stangensorten geliefert:

F 1. . . . 1 cm breit flach	D 7. . . . 7 mm dreikant
F 2. . . . 2 „ „ „	D 10. . . . 10 „ „
F 4. . . . 4 „ „ „	D 15. . . . 15 „ „
H 2. . . . 2 „ halbrund	D 20. . . . 20 „ „
H 3. . . . 3 „ „	Q 1. . . . 1 cm quadrat

Die Qualitäten unterscheiden sich durch aufgegossene Punkte, wie folgt:

30%	Qualität	I	mit einem	•
33⅓%	„	II	„ zwei	••
35%	„	III	„ drei	•••
40%	„	IV	„ vier	••••
45%	„	V	„ fünf	•••••
50%	„	VI	„ sechs	••••••

Es dienen:

Qualität I und II zum Löten von Bleiröhren
„ III „ IV „ „ „ Zinkblechen
„ IV „ V „ „ „ Weißblech, Eisenblech usw.
„ VI für alle feineren Werkstatt-Arbeiten.

Die Aluminium-Industrie A.-G., Neuhausen, welche selbst ein Lötmittel (über welches die Angaben nicht gemacht werden) vertreibt,
weist darauf hin, daß es ein dauernd haltbares Aluminium-Lot nicht
gibt, namentlich wenn chemische Einflüsse, irgendwelcher Art zur Geltung kommen. Aus der großen Zahl der auf den Markt gebrachten
Aluminiumlote seien genannt: 9 Teile Aluminium, 85 Teile Zink, 6 Teile
Kupfer; 2 Teile Aluminium, 23 Teile Zink, 55 Teile Antimon, 5 Teile
Silber; 1 Teil Aluminium, 8 Teile Zink, 32 Teile Antimon; 75 Teile
Zink, 10 Teile Kupfer, 100 Teile Antimon.

Elektrisches Löten kann erfolgen mittels eines elektrisch erhitzten
Lötkolbens, durch direkte Stromwärme, indem das zwischen den Arbeitsstücken befindliche Lot, bei gleichzeitigem Zusammenpressen der
zu lötenden Stücke, mittels des Stromes zum Fließen gebracht und
zwar mittels elektrischen Lichtbogens (bei Hartlötungen), welcher
durch einen Blasmagneten (Elektromagnet) auf das zwischen den
Arbeitsstücken befindliche Lot gerichtet wird.

SCHLEIFMITTEL.

Künstliche Schleifmittel sind[1]):
Siliziumkarbide: Karborundum (Karborit), Karbolisit, Krystolon,
Kohinur.
Künstliche Korunde: Alundum, Aloxit, Elektrit, Elektrorubin,
Koraffin, Korubin usw.
Schmirgel ist ein dunkelbraungraues Gestein (Naxos, Kleinasien),
welches sich bis rund 60% aus Korund, Margarit, Magneteisenstein,
Turmalin und anderen Beimengungen zusammensetzt.
Korund ist nahezu reine kristallisierte Tonerde (Aluminiumoxyd).
Karborundum (Carborundum, entdeckt von E. G. Acheson) ist der
Handelsname des Siliziumkarbids, SiC, welches aus Bauxit im elek-
trischen Lichtbogenofen oder auf aluminiothermischem Wege (Ver-
brennen von gepulvertem Aluminium mit Eisenmangan oder Chrom-
oxyd, wobei Korubin als Schleifmittel ausscheidet) hergestellt wird.

---

[1]) Vereinigte Schmirgel- und Maschinenfabriken A.-G., Hannover-Hainholz:
Wichtige Fragen über Schleifscheiben.

Karborundum hat ein spezifisches Gewicht von 3,125 bei 15° C; es ist bei gewöhnlichem Druck unschmelzbar. Karborundumkristalle (blauschwarze, glänzende, rhomboedische) sind gewöhnlich schwarz, weiß nur, wenn sie frei von allen Verunreinigungen sind. Es wird von Säuren nicht angegriffen und ist feuerbeständig. Verwendung: zu feuerfesten Materialien, in der Stahlfabrikation, zur Herstellung von Silizium, als Schleifmittel.

Die Schleifmittel werden zum Polieren in feinsten Körnungen, Staub und geschlämmt, zum Schleifen (durch Mischung mit Öl oder Aufleimen auf Leder, Leinen, Papier usw.) in verschiedenen feinsten bis gröberen Körnungen, in allen Körnungen zur Herstellung von Schleifscheiben (unter Verwendung von Magnesit-, Wasserglas-, Gummi-, Schellack-, Harz-, Öl- und [gebrannte] Ton-Bindung) verwendet.

Auf harten Materialien (Gußeisen, Hartguß, Porzellan usw.) greifen die Silizium-Karbidkristalle, auf zähen und weicheren Materialien (Schmiedeeisen, Werkzeugstähle usw.) die künstlichen Korunde und Schmirgel an.

Für weiche Metalle, in welche sich der grobkörnige Schmirgel leicht hineindrückt und auf welche der feine Staubschmirgel nicht angreift (Rotgußventile-Einschleifen) wird fein gepulvertes Glas unter Öl als Schleifmittel verwendet.

Die Härte der Scheibe ist von der Härte des Bindemittels (nicht von der Härte des Schleifmittels) abhängig. Die Körnung einer Schleifscheibe ist die Nummer der Korngröße des Schleifmittels. Für weiches Material soll eine harte Scheibe, für hartes Material eine weiche Scheibe verwendet werden. Die Vereinigten Schmirgel- und Maschinenfabriken A.-G., Hannover-Hainholz, haben für die hartgebrannten Scheiben folgende, der amerikanischen Skala entsprechende Härteskala eingeführt.

Härtegrad A . . sehr weich	Härtegrad I . . mittel weich
„ B	„ J
„ C	„ K
„ D	„ L
„ E . . weich	„ M . . mittel
„ F	„ N
„ G	„ O
„ H	„ P

Härtegrad Q . . . . . . mittel hart
„ R
„ S
„ T
„ U . . . . . hart

Härtegrad V

    „   W

    „   X

    „   Y . . . . . . sehr hart

    „   Z

Die Körnungen der von der genannten Firma hergestellten Schleifscheiben, deren Nummern mit jenen der Firma-Schmirgelskala über-
einstimmen, sind:

Nach den Anleitungen der Firma sind zu wählen:

Hainholz-Nr.		Amerik. Nr.	Hainholz-Nr.		Amerik. Nr.
sehr fein . . .	0000	200	grob	8	40
	000	180		9	30
	00	140		10	24
	0	120		11	20
	1	100		12	18
fein	2	90	sehr grob . . .	13	16
	3	80		14	14
	4	70		15	12
				16	10
mittel	5	60			
	6	54			
	7	46			

	Körnung	Härtegrad
Für Gußeisen, schwere Stücke	12—13	O—Q
„ „ mittlere „	9—12	N—P
„ „ leichte „	7— 8	M—O
„ Stahlguß, schwere „	13—14	O—Q
„ „ mittlere „	11—13	N—P
„ „ leichte „	9—12	M—O
„ Temperguß	9 - 12	L—Q
„ Hartgußwalzen und Bandagen	9—14	K—Q
„ Schmiedeisen	7—12	M—Q
„ Gesenkschmiedestücke	7— 9	M—Q
„ allgemeine Schleifarbeiten, vorwiegend Gußeisen .	10 - 11	M—Q
„ „ „ „ Schmied-		
eisen	10—12	M—Q
„ Dreh- und Hobelstähle	4— 7	O—T
„ Schnelldrehstähle	6—10	M—Q
„ Stahl-Werkzeuge für Holz	3— 4	O—R
„ Reibahlen, Fräser	0— 4	N—R
„ Messer für Papiere usw.	6— 7	J—L
„ Messing, schwere Stücke	9—12	O—R
„ „ mittlere „	7— 9	N—P
„ „ leichte „	3— 7	M - O
„ Rotguß, schwere „	9—12	O—Q
„ „ mittlere „	7— 9	M—P
„ „ leichte „	3— 7	L—O

Aloxitkorn kommt in den Körnungen: 6—8—10—12—14—16—20—24—30—36—46—54—60—70—80—90—100—120—150—180—220—F, FF, FFF in den Handel, wobei die letzgenannte Körnung die feinste ist.

Die künstlichen Schleifsteine werden aus Schleifmitteln unter Druck und unter Verwendung von Bindemitteln (mineralistische: Magnesit oder Silikate für Trockenschliffe und Grobschleiferei, vegetabilische: Öl oder Gummi für dünne Scheiben, Trocken- und Naßschliffe, keramische: feuerfester Ton und Feldspat) hergestellt.

Die zulässigen sekundlichen Umfangsgeschwindigkeiten von Schleifscheiben mit mineralischen Bindungen betragen bis 15 m, mit keramischen oder vegetabilischen Bindungen bei Handschleifmaschinen bis 25 m, bei Supportschleifmaschinen bis 35 m.

Durchmesser	Umdrehungen in der Minute			Durchmesser	Umdrehungen in der Minute		
	für 15 m	für 25 m	für 35 m		für 15 m	für 25 m	für 35 m
mm	sekundl. Umfangsgeschwindigkeit			mm	sekundl. Umfangsgeschwindigkeit		
25	11460	19100	26740	450	635	1060	1485
50	5730	9550	13370	500	570	950	1335
75	3820	6370	8910	550	520	865	1215
100	2860	4780	6680	600	475	795	1115
125	2290	3820	5350	650	440	730	1030
150	1900	3180	4450	700	410	680	955
175	1630	2730	3820	750	380	630	890
200	1435	2390	3350	800	360	600	835
225	1270	2120	2980	850	335	560	780
250	1145	1910	2675	900	320	530	
300	955	1590	2250	950	300	500	
350	820	1365	1900	1000	285	475	
400	715	1190	1675				

Aloxitscheiben.

Scheibendurchmesser Zoll engl.	Minutliche Umdrehungszahlen bei sekundlichen Umlaufgeschwindigkeiten in m					
	20	23	25	28	30,5	33
1	15,279	17,200	19,099	21,000	22,918	24,850
2	7,639	8,590	9,549	10,500	11,459	12,420
3	5,093	5,725	6,366	7,000	7,639	8,270
4	3,820	4,295	4,775	5,250	5,730	6,205
5	3,056	3,440	3,820	4,200	4,584	4,970
6	2,546	2,865	3,183	3,500	3,820	4,140
7	2,183	2,455	2,723	3,000	3,274	3,550
8	1,910	2,150	2,387	2,626	2,865	3,100
10	1,528	1,720	1,910	2,100	2,292	2,485
12	1,273	1,433	1,592	1,750	1,910	2,070
14	1,091	1,228	1,364	1,500	1,637	1,773
16	955	1,075	1,194	1,314	1,432	1,552
18	849	957	1,061	1,167	1,273	1,380
20	764	860	955	1,050	1,146	1,241

Scheiben-durch-messer Zoll engl.	Minutliche Umdrehungszahlen bei sekundlichen Umlaufgeschwindigkeiten in m					
	20	23	25	28	30.5	33
22	694	782	868	952	1,042	1,128
24	637	716	796	876	955	1,035
26	586	661	733	809	879	955
28	546	614	683	749	819	887
30	509	573	637	700	764	827
32	477	537	596	657	716	776
34	449	506	561	618	674	730
36	424	477	531	584	637	689
38	402	453	503	553	603	653
40	382	430	478	525	573	621
42	364	409	455	500	546	591
44	347	391	434	477	521	564
46	332	374	415	456	498	539
48	318	358	397	438	477	517
50	306	344	383	420	459	497
52	294	331	369	404	441	487
54	283	318	354	389	425	459
56	273	307	341	375	410	443
58	264	296	330	363	396	428
60	255	287	319	350	383	414

Schleifleinen (Schmirgelleinen) und Schleifpapier (Schmirgelpapier) werden durch Aufstreuen des pulverisierten Schleifmittels auf geleimte Leinen oder Papiere hergestellt.

Zu Holzbearbeitungszwecken werden Glaspapier (-leinen), in ähnlicher Weise wie Schmirgelpapier hergestellt, und Bimssteinpulver und -handsteine verwendet.

SCHUTZMITTEL.

Aus technischen Sicherheitsrücksichten einerseits, aus den wirtschaftlichen Forderungen nach weitgehendster Ausnutzung, mithin möglichst großer Lebensdauer, der industriellen Erzeugnisse anderseits, endlich aus der verkaufstechnischen Forderung nach einladendem Aussehen, ergibt sich die Wahl von Stoffen, mit deren Hilfe von anderen Stoffen schädliche Einflüsse ferngehalten oder in ihrer Wirkung geschwächt, vorzeitige Abnützungen, unvorhergesehene Zerstörungen verhindert, die Lebensdauer und oft zugleich oder auch nur das äußere Ansehen der geschützten Stoffe erhalten oder wesentlich erhöht werden. Nach ihrer Endwirkung sind die schützenden Stoffe in Erhaltungs-, Schutz- und Verschönerungsmittel einzuteilen; da die Wirkungen jedes dieser drei Mittel in mehr oder weniger großem Umfang bei allen drei Arten vertreten sind, kann zwischen ihnen eine scharfe Trennung kaum durchgeführt werden.

In der Hauptsache werden die Schädigungen und Entwertungen der in der Industrie verwendeten Stoffe auf die Einwirkung von Wasser,

Feuchtigkeit, Luft und ihre Bestandteilen, Licht, Wärme, Elektrizität, Dämpfen, Alkalien, Säuren und sonstigen chemischen Einflüssen zurückzuführen sein.

Demnach wird zu unterscheiden sein zwischen Schutzmitteln, welche durch Umhüllung wirken und zwischen Schutzmitteln, welche durch Eindringen (Vermischen, Vermengen) des Schutzstoffes in den zu schützenden Stoff zur Geltung kommen.

Die ältesten Schutz- und Verschönerungsmittel von Stoffen sind die Farben. Je nach der Art ihrer Verwendung ist zwischen Anstrichmitteln und Färbemitteln zu unterscheiden; jene werden auf der Oberfläche des zu schützenden oder zu verschönernden Stoffes aufgetragen, diese mit seiner Masse innig vermengt (vermischt).

Anstriche dienen zum Schutze der mit ihnen gestrichenen Hölzern, Metallen, Steinen und Verputzen gegen äußere Einflüsse (wie Nässe, Atmosphärilien, Feuer), zur Erhaltung und Verschönerung der Baustoffe, wie zur Nachbildung eines wertvolleren Stoffes (Holzmaserierung, Marmornachahmung, Vergoldung usw.) auf ihrer Oberfläche.[1])

Voraussetzung eines jeden Anstrichs ist eine trockene, staubfreie, schmutzfreie, rostfreie, beziehungsweise reine Oberfläche, sowie vollständige Trocknung des vorausgegangenen Anstrichs.

Zu unterscheiden sind: eigenfarbige Anstriche (lasierende, deckende Farbanstriche, Beizen) und nicht eigenfarbige, meist glänzende, mehr oder weniger durchsichtige (Firnisse). Die Anstriche bestehen je nach ihrer Zusammensetzung aus einem festen Stoff (Farbstoff in Pulverform bei den eigenfarbigen, Harz bei den nicht eigenfarbigen Anstrichen) und aus einem flüssigen Stoff (Binde- oder Lösungsmittel).

Nach der Art der des flüssigen Stoffes sind in der Hauptsache zu unterscheiden: Wasser-, Kalk-, Kaseïn-, Leim-, Öl- und Wasserglasanstriche.

Die Farbstoffe gliedern sich in natürliche (Erden) und künstliche (Metallsalze) Mineralfarben, in natürliche organische (Pflanzen-, Tierfarbenstoffe, zum Beispiel Cochenille, Gummigutt, Indigo, Purpur, Farben der Farbhölzer usw.) und in Teerfarbenstoffe (Anilin-, Alizarinfarben usw.).

Zu beiden werden, behufs Erzielung besonderer Glanzwirkungen, Zusätze von Balsamen und Wachsen (Kopaivabalsam, Mastix usw.) hinzugefügt.

Wasserfarbenanstriche (Lösungsmittel: Wasser) und Leimfarbenanstriche (Bindemittel: Leimwasser) sind nur als Innenanstriche, Kalkfarbenanstriche (Bindemittel: Kalkmilch) für Innen- und Außenanstriche, zum Weißen von Decken, verwendbar; sie sind nicht dauerhaft, färben ab und werden durch Alaun- oder Seifenlaugenzusatz,

---

[1]) Dr. H. Seipp: Leitfaden der Baustofflehre.

beständiger, durch Milch- oder Käsequarkzusatz (Milch- und Kasein-
farben) fixiert. Bei Verwendung von Wasserglasfarbenanstrichen
(Natron- oder Kaliwasserglas als Bindemittel) auf Putz entsteht un-
lösliches Kalksilikat (Keim'sche Mineralfarben).

Aquarellfarben bestehen aus feinst gepulverten Pigmenten, welche
je nach dem Verwendungszweck mit Dextrin, Gummi, Hausenblase,
Leimwasser, Glyzerin (für Glanz: Zusatz von Wachs, Mastix, Kopaivabalsam) angerieben werden.

In hygienischer Beziehung sind, weil bakterienerhaltend, die Leim-
farben, die minderwichtigsten, besser sind die Kalkfarben, noch besser
die Ölfarben, am besten die Emaillefarben, da auf ihnen die Bakterien
am schnellsten absterben.

Zu unterscheiden sind [1]:

Weiße Farbstoffe:

Kreide- oder Kalkweiß aus Schlämmkreide hergestellt;

Bleiweiß, Kremserweiß, basisch-kohlensaures Bleioxyd, 2 (PbOCO$_2$),
PbOH$_2$O, rein weiß, vorzügliche Leucht- und Deckkraft, giftig,
wird durch Schwefelwasserstoff gelb, bräunlich bis schwarz gefärbt und durch Einleiten von Kohlensäure in essigsaures Bleioxyd erhalten;

Zinkweiß, Zinkoxyd, ZnO, ziemliche Deckkraft, recht farbenbeständig, giftig, wird durch Glühen von Zinkkarbonat erhalten;

Barytweiß, Permanentweiß, künstlicher Schwerspat, schwefelsaures
Baryumoxyd, BaOSO$_3$, rein weiß, stark deckend, farbenbeständig, wird aus Baryumchlorid und verdünnter Schwefelsäure hergestellt.

Gelbe Farbstoffe:

Bleiglätte, PbO, schmutziggelb, giftig (zum Grundieren); die gelben
Ockerarten sind tonhaltige Eisenoxydhydrate, gut deckend,
farbebeständig;

Chromgelb, chromsaures Bleioxyd, PbOCrO$_3$, hohe Leucht- und
Deckkraft, hellgelb bis orange, wenig säurefest, giftig, wird aus
löslichen Bleisalzen durch chromsaures oder doppelchromsaures
Kali niedergeschlagen.

Blaue Farbstoffe:

Berlinerblau, Preußischblau, Fe$_7$C$_{18}$N$_{18}$, dunkelblau, große Deckkraft, farbenbeständig, jedoch nicht kalkbeständig, giftig, wird
aus gelbem Blutlaugensalz und einer Eisenoxydverbindung hergestellt;

Kobaltblau, Smalte, gepulvertes, durch Kobaltverbindungen hergestelltes blaufarbiges Glas;

---

[1]) Glinger: Bautechnische Chemie.

Thénardsblau, Kobaltultramarin, schwachdeckend, kalkbeständig; wird durch Glühen von Kobaltoxyd mit Tonerde erhalten;

Ultramarin, Lasurblau, ein schwefelhaltiges Tonerde-Natron-Silikat, nicht säureecht, sonst beständig.

Grüne Farbstoffe:

Grüner Zinnober, giftig, wird aus Chromgelb und Berlinerblau her-hergestellt;

Chromgrün, Chromoxyd Cr_2O_3 und Cr_2O_3, 2 (H_2O);

Berggrün, Malachitpulver, $CuOCO_2$, $CuOHO_2$, hellgrün, schlecht deckend;

Grünspan (blaue Abart: französischer Grünspan), giftig, basisch-essigsaures Kupfer, durch Einwirkung von Essigsäure und Luft auf Kupfer entstehend;

Schweinfurtergrün, schönste grüne Kupferfarbe, licht- und luft-, jedoch nicht kalk- und schwefelwasserstoffbeständig, sehr giftig, in Wohnräumen unzulässig, wird durch Einwirkung von ar-seniger Säure auf Grünspan erhalten.

Rote Farbstoffe:

Mennige, Minium, Pb_3O_4, leuchtend rot;

Englischrot, Indischrot, Polierrot, Totenkopf, Fe_2O_3, dunkelrot (zum Grundieren von Eisen, als Poliermittel), wird durch Glühen von Eisenvitriol gewonnen;

Zinnober, Schwefelquecksilber, HgS (natürliches und künstliches), prächtig leuchtend, dunkelrot, vorzüglich deckend, sehr be-ständig;

roter Bolus, Pompejanischrot, dunkelrot, sehr beständig (in die Gruppe der Terra di Siena gehörend), wird durch Brennen von eisenhaltigem Ton gewonnen.

Braune Farbstoffe:

Umbra, von ähnlicher Natur wie Bolus;

Kölner- oder Kasslerbraun (aus Braunkohle gewonnen).

Schwarze Farbstoffe:

Asphalt, dunkelbraun bis schwarz;

Kienruß, verkohltes harziges Holz;

Elfenbeinschwarz, Knochenkohle;

Frankfurterschwarz, Kohle von Weinrückständen.

Bronze- oder Metallfarben sind feinstes Pulver von Metallen oder Metallegierungen.

Für Öl- und Emaillefarben werden giftige, nichtgiftige, säure- und lichtbeständige und -nichtbeständige Farben verwendet. Giftige Farben sind[1]): Bleiweiß, Zinkweiß- Chromgelb, Kasslergelb, Mennige, Chrom-, Malachit-, Braunschweiger-, Schweinfurter-, Scheele'sches Grün (wie alle Kupferfarben); nichtgiftig sind: Englischrot, Eisenmennige, natürlicher und gebrannter Ocker, Chromoxydgrün, Ultramarinblau, Manganviolett, alle Umbra, Kassler- und Manganbraun, Beinschwarz, Ruß, Rebenschwarz, Graphit; von den genannten Farben sind gegen Schwefelwasserstoff empfindlich: Bleiweiß, Chromgelb, Mennige, Chromgrün, Malachitgrün, Braunschweigergrün, Schweinfurtergrün, Scheele'sches Grün; lichtbeständig sind: Zinkweiß, gelber, brauner Ocker, Englischrot, Eisenmennige, roter natürlicher und gebrannter Ocker, Chromoxydgrün, sowie alle anderen genannten grünen, braunen und schwarzen Farben, Ultramarinblau; schlechte Deckkraft haben kölnische Umbra und Kasslerbraun; schlechte Trockenkraft haben die beiden letztgenannten und die schwarzen Farben.

Die Untersuchung von Anstrichfarben erstreckt sich nach E. Bandow[2]) auf:

Streichfähigkeit: eine Farbe ist um so streichfähiger, je rascher bei wiederholtem gleichmäßigen Anstrich einer Glasplatte von 15—20 cm Größe, zuerst in der Längs-, dann in der Querrichtung ein glatter, gleichmäßiger Anstrich erzielt wird;

Deckkraft: bei guter Deckkraft muß die in vorgenannter Weise bestrichene Glasplatte, gegen das Licht gehalten, völlig undurchsichtig geworden sein;

Deckfähigkeit: gemessen (nach Prof. Eibner) durch eine Dicke der deckenden Farbschicht in Hundertsteln eines Millimeters;

Ausgiebigkeit: gemessen (nach Prof. Eibner) durch die Oberfläche in Quadratzentimetern, welche 1000 g Farbe decken;

Haltbarkeit: Art und Dauer des Festhaltens einer Farbe auf dem mit ihr gestrichenem Hintergrund;

Verhalten gegen Wasserdampf: Wasserdampf wird gegen eine zweimal gestrichene, in einer Entfernung von 10—15 cm vor der Ausblasestelle aufgehängte Glasplatte etwa 15 Minuten lang geblasen; von der sorgfältig getrockneten Platte darf die Farbe sich nicht ablösen, noch Risse oder Blasen zeigen, noch ihre Härte verlieren;

Rostbildung: rechteckige, blankpolierte Eisenbleche von 10 × 30 cm Seitenlängen, werden zweimal möglichst gleichmäßig gestrichen, acht Tage an der Luft getrocknet, dann 10—12 Stunden der Einwirkung des Dampfes von kochendem Wasser ausgesetzt,

---

[1]) Dr. Ing. Fr. Seeligmann und E. Zieke: Handbuch der Lack- und Firnisindustrie.
[2]) Chemische Zeitung 1905.

hierauf vorsichtig etwa 1 Stunde lang bei 100° C getrocknet. Wird die dem Wasserdampf ausgesetzte Stelle dann vorsichtig mit Chloroform abgelöst und ist das polierte Eisenblech unverändert blank geblieben, dann ist die Farbe gut rostschützend;

Einwirkung von Schwefelwasserstoff, gasförmiger schwefliger Säure, Ammoniak, Salzsäure- und Salpetersäuredämpfen: die gut getrocknete angestrichene Glasplatte wird fünf Minuten lang der Einwirkung ausgesetzt; je nach Art der Farbe wird sie nicht angegriffen oder durch Ammoniak dunkler, durch gasförmige schweflige Säure heller gefärbt, durch Schwefelwasserstoff nachgedunkelt, durch die beiden Säuren gelb oder dunkelbraun;

Elastizität: Zeichenpapierstreifen, 40 × 10 cm, werden zwei- bis dreimal gestrichen und jedesmal dazwischen und nachher gut getrocknet, hierauf je zweimal rückwärts und vorwärts gekniffen und unter einer Glasplatte mit 2 kg beschwert; nach vierundzwanzig Stunden dürfen an den Knickstellen keine Risse sichtbar sein;

Trockenfähigkeit: je nach den Witterungsverhältnissen soll die Farbe in 12—18 Stunden trocknen;

erforderlicher Farbenaufwand: eine Platte von bestimmter Flächengröße wird vor und nach dem Anstrich gewogen; aus dem Gewichtsunterschied läßt sich der Farbenaufwand für das Quadratmeter berechnen.

Firnisse sind zu unterscheiden in Ölfirnisse (oder fette Firnisse), bei welchen sich der durchsichtige, harte, schützende Stoff, das Harz, erst aus dem trocknenden Firnis durch Verharzung des Leinöls bildet, Öllackfirnisse (oder fette Lacke), Lösungen von Harzen (Asphalt, Bernstein, Kopal) in Leinöl, bei welchen sowohl der vorgenannte Vorgang stattfindet, außerdem der schützende Stoff schon vorhanden ist, und Lackfirnisse (oder flüchtige Lacke), bei welchen das Harz (Kopalharz, Mastix, Sandarak, Schellack) schon im Firnis vorhanden ist (gelöst in Weingeist oder Terpentinöl) und sich beim Trocknen (Verflüchtigung des Lösungsmittels) als feste, dünne Schichte ausscheidet.

Ölfirnisse, Öllackfirnisse und Terpentinöllacke trocknen langsamer als die stark glänzenden Weingeistlacke, geben aber elastischere, im Temperaturwechsel weniger leichtreissende, wetterbeständigere Überzüge.

Geblasene Firnisse sind jene, welche durch Einleiten von erhitzter Luft in das auf entsprechende Temperatur gebrachte Leinöl erhalten werden.

Leinölfirnis wird durch Kochen von Leinöl bei 200—260° C mit anorganischen Blei- oder Manganverbindungen (Bleiglätte, Braunstein usw.) oder durch das Lösen von 1—3 % organischer Blei- oder Manganverbindungen bei 120—150° C oder durch Einwirkung von Sauerstoff auf erhitztes Leinöl (ozonisierter Firnis) gewonnen; die Verfälschungen von Leinölfirnis erfolgen durch Harz, Harzöl, Mineralöl, Tran u. dgl. Die Lieferungsbedingungen der preußischen Staatsbahnen fordern: aus reinem Leinöl unter Zusatz von Mangan oder Bleiverbindungen herzustellen, frei von fremden Beimengungen, bei längerem Lagern keinen Bodensatz; in dünner Schicht auf Glastafeln gestrichen bei 20° C nach achtzehn Stunden trockener, klebfreier, nicht nachdunkelnder Überzug.

Trockenmittel sind Stoffe, welche, einem trocknenden Öl beigemengt, dessen Trockengeschwindigkeit steigern. Trockenmittel sind Braunstein, Manganoxyde, -borate, -karbonate, -oxalate, Bleizucker, Bleiglätte, Mennige usw., sowie die löslichen Sikkative.

Sikkativ, als trocknender Zusatz zu gewöhnlichem Leinöl verwendet, wird durch Einkochen und Eindicken, sowie durch Zusatz von oxydierenden Stoffen, die den zur Verharzung nötigen Sauerstoff liefern, hergestellt.

Für Sikkative fordern die Bedingungen der preußischen Staatsbahnen: in klarer Lösung, frei von fremdartigen Beimengungen zu liefern, beim Aufbewahren kein Bodensatz, auf Glastafeln gestrichen bei 20° C in zehn Minuten klebfrei, nach zwei Stunden vollkommen hart.

Zur Durchtränkung der Umspinnungen von Leitungswicklungen elektrischer Maschinen werden besondere Firnisse mit gewissen isolierenden Eigenschaften, sogenannte Armaturenfirnisse, verwendet.

Die Lacke sind, wie bereits erwähnt, zu unterscheiden in flüchtige oder magere Lacke (Lösungen von Harzen, zum Beispiel Schellack, Kopal, Bernstein, Kolophonium usw. in flüchtigen Lösungsmitteln wie Alkohol, Terpentinöl, Benzin usw.) und fette Lacke oder Öllacke, welche überdies noch Leinöl oder Firnis enthalten, nach ihrer Verwendung in: Anstrich- und Isolierlacke.

Asphaltlacke sind Lösungen von natürlichem oder künstlichem Asphalt, beziehungsweise Asphaltbitumen, in Leinöl, Benzin, Petroleum, Teeröl und Terpentinöl (flüchtige, mit leicht verdunstendem Lösungsmittel, fette, mit Leinöl als Lösungsmittel, gemischte mit Zusatz von Lacken aus harten Harzen). Asphaltlacke dienen zum Lackieren eiserner Gegenstände (dünn aufgetragen sind sie braun, dick aufgetragen glänzend und schwarz), sowie beim Ätzen von Metall und Glas zum Decken der zu schützenden Stellen.

Bernsteinlack wird aus Bernsteinabfällen in Verbindung mit geeigneten Lösungsmitteln gewonnen.

Durch Lösen von Dammarharz in Terpentinöl werden die Dammarlacke gewonnen.

Metallacke sind Spirituslacke. Transparenter Metall-Spirituslack muß wasserhell und blank sein und darf keine Schlüren enthalten. Nach der Verwendung ist zwischen Streichlacken und Tauchlacken zu unterscheiden.

Zelluloidlack (Zaponlack), eine Lösung von Zelluloid in Alkohol, Äther und verschiedenen anderen organischen Flüssigkeiten, dient als Überzug für polierte Metalle.

Unter Isolierlacken und oft auch Tauchlacken werden Lacke von großer Isolierfähigkeit verstanden. Die umsponnenen Drähte werden mit ihnen getränkt, indem sie in das Lackbad eingetaucht oder durch dieses, der fortschreitenden Umspinnung entsprechend, durchgezogen werden.

Isolierlacke müssen nicht nur bei gewöhnlicher, sondern auch bei erhöhter Temperatur gut isolieren, das heißt, dürfen bei dieser nicht weich werden, da sich sonst die Isolierfähigkeit vermindert. Der Lack muß elastisch sein, so daß die lackierten Gegenstände gebogen werden können, ohne daß der schützende Überzug dabei leidet. Die Adhäsion, mit welcher der Isolierlack an den verschiedenen Stellen anhaftet, muß sehr groß sein.

Zur isolierenden Imprägnierung von Geweben und Papier, welche als Zwischenlagen bei Wicklungen von stromführenden Teilen dienen, sowie zu deren direkten elektrischen Isolation dienen besondere Imprägnierungs-Isolierlacke, deren Zusammensetzung sich nach den Isolationsanforderungen (Durchschlagsfestigkeit) richten.

Als Armaturenlacke zum Überziehen von Isolationskörpern, Schalttafeln und Metallteilen werden besondere Isolierlacke (s. d.) verwendet.

Zur Herstellung einer festen Verbindung zwischen Metallen und Isoliermitteln dienen die Isolierklebelacke.

Lacke für elektrolytische Zellen werden hergestellt durch Mischung von 8 Teilen Harz, 20 Teilen Guttapercha und 10 Teilen gekochtes Leinöl oder aus 150 Teilen Burgunderpech, 25 Teilen Guttapercha und 25 Teilen pulverisiertem Bimsstein. Dieser wird der geschmolzenen Guttaperchamasse zugesetzt und dann das Pech mit dem Ganzen gemischt. Für kleinere elektrolytische Zellen kann ein Zelluloidlack verwendet werden, der durch zwei- bis dreitägiges Maserieren von Zelluloidspänen in Azeton gewonnen wird.

Ein bekanntes Anstrichmittel für Akkumulatorenräume ist der hart trocknende, gegen Säuredämpfe sehr widerstandsfähige Heisinglack.

Isolierlacke für Erdkabel und bloßliegenden Starkstromleitungen: 2 Teile deutscher Asphalt werden mit 0,4 Teilen Schwefel zusammengeschmolzen, 5 Teile Leinölfirnis, Leinöl oder Baumwollsamenöl hinzugefügt, dann 5—6 Stunden auf 160° C gehalten, hierauf nach Bedarf Terpentinöl hinzugegossen; oder: 3 Teile Elaterit werden mit 2 Teilen Leinölfirnis 5—6 Stunden auf 200° C gehalten, dann 3 Teile deutscher Asphalt geschmolzen, beide zusammengegossen und abermals 3—4

Stunden auf 200° C gehalten, dann 1 Teil Leinölfirnis und nach Bedarf Terpentinöl zugesetzt.

Isolierlacke für Dynamomaschinen und Leitungen mit schwacher Stromspannung: 4 Teile Schellack, 2 Teile Sandarak, 2 Teile Leinöloder Holzölsäure, 15 Teile Alkohol oder: 4 Teile Schellack, 4 Teile Sandarak, 1 Teil Elemi und 20 Teile Alkohol.

Zellonlacke, für elektrochemische und andere technische Zwecke geeignet, werden durch Lösung von Zellon in geeigneten Lösungsmitteln erhalten. Im Handel wird zwischen weichen, normalen und harten Zellonlacken unterschieden.

Zur Befestigung von isolierendem Papier oder Gewebe auf blanken Leitungs- oder Maschinenteilen wird Insullack verwendet, welcher sich durch hohe Isolationseigenschaften auszeichnet.

Ein Isolierlack, welcher gegen Öle, Säuren und Feuchtigkeit unempfindlich ist und die Wärme leicht ausstrahlt, ist das Elektro-Emaillon; er kommt für Drahtwicklungen in Anwendung, welche mit ihm getränkt werden.

Mit entsprechenden Teerfarbstoffen gefärbter Zaponlack wird zum Färben von Glühlampen verwendet; sie werden in den Glühlampentauchlack getaucht und erhalten nach erfolgter Trocknung einen festhaftenden, temperaturbeständigen färbigen Überzug.

Holzanstriche gewähren vorübergehenden Schutz gegen äußere Einflüsse, nicht aber gegen die von der Zersetzung der Holzfasern ausgehende Zerstörung. Die Anstriche müssen von Zeit zu Zeit erneuert werden. Fäulnishindernde Anstriche sind: Ölfarben, Firnisse aus Leinöl und ähnlichen Stoffen, Holzteer, Pech, Leinöl, Wasserglas (für in Erde stehenden Hölzer), eine Mischung von Holzteer, Steinöl und Ätzkalk, Karbolineum, hochsiedendes Teerdestillat (weniger vorteilhaft im Freien), eine mit Leim und Terpentinöl zusammengeriebene Mischung von gereinigtem Graphit, Kautschuk, Schellack und Bleizucker, Preolit, Tränkung mit Kautschukbutter und darauffolgender Anstrich mit sogenannter Kautscholeum, geschmolzener Asphalt, eine Mischung von 2 kg Englischrot, $^2/_3$ kg pulverisiertem Vitriol, $^1/_3$ kg gepulvertem Kolophonium, 2 kg Tran, $1^1/_2$ kg Roggenmehl und 10 kg Wasser, für in Erde stehenden Hölzer eine heiß zu benützende Mischung von 5 Teilen pulverisiertem Pech oder Kolophonium, 2 Teilen gepulvertem Schwefel und 7 Teilen Steinkohlenteer, ferner die sehr guten, aber teueren Tränkungen mit Wachs, Talg, Harzlösungen in Öl, Paraffin, Leinöl.

Soll die Holzstruktur sichtbar bleiben, dann werden dem Anstrichmaterial keine oder nur sehr wenige Farbkörper zugesetzt, andernfalls werden Deckfarben verwendet. Das mit Anstrich zu versehende Holz muß trocken sein und darf keine fettigen Stellen aufweisen; harzige Stellen müssen vor dem Anstrich mit Schellacklösung bestrichen werden. Deckfarben werden in drei Anstrichen: Grundierung (Ölfarbenanstrich mit wenig Farbkörper), zweiter Anstrich mit weniger fetter Farbe als der erste, dritter Anstrich mit fetter Farbe, zur Erhöhung des Glanzes mit dichtgekochtem Leinöl gemischt. Jedem Anstrich muß vor Auftragung gutes Trocknen des vorhergehenden vorausgehen.

Farbstoffimprägnierungen erfolgen bei fertig bearbeiteten Stücken nach vorhergegangener Dämpfung durch Eintauchen in erhitzte Farbenlösungen oder durch deren Einpressungen in das Holz mittels Luftverdünnung oder unter Druck.

Durch das Polieren (Schleifen der Holzfläche, Grundieren mit Polierflüssigkeit, Fertigpolieren) wird eine glatte, glänzende Oberfläche des Holzes, welche die Poren nicht mehr erkennen läßt, erreicht. Für harte Hölzer sind dünne, für weiche Hölzer starke Polituren zu verwenden. Streichpolituren sind Lösungen von Kopal, Mastix, Sandarak in Alkohol oder Schellack in Terpentin. Farbige Polituren sind u. a.: Braunpolitur (in Spiritus gelöstes übermangansaures Kalium), Rotpolitur (Lösungen in Spiritus von Cochenille, Drachenblut, Krappauszug, Auszug von Sandelholzspänen oder Alkannawurzel), Blaupolitur (Lösung von gepulvertem Indigo in Spiritus), Gelbpolitur (Lösung von Gummigutt oder Kurkuma in Spiritus), Grünpolitur (Tränkung mit blauer Politur, hierauf Polieren mit gelber). Mattpolitur wird hergestellt, indem die wenig anpolierte und getrocknete Fläche durch Bimsstein mit Öl oder Firnis matt geschliffen oder durch Sandstrahlgebläse behandelt wird.

Holzbeizen dienen dazu, in Verbindung mit Farbengebung die Struktur des Holzes hervortreten zu lassen, helles Holz dunkler zu färben und teuere Hölzer nachzuahmen. Den Hauptbestandteil aller Beizen bilden Säuren. Gebeiztes Holz läßt sich im allgemeinen schwerer bearbeiten als ungebeiztes. Hirnholz saugt die Beizen kräftiger auf, die Jahresringe erscheinen heller gefärbt. Braunfärbung wird bei allen Holzarten durch übermangansaures Kalium, bei Eichenholz durch Lösungen von doppeltchromsaurem Kalium in Wasser und durch Salmiakgeist erzielt, Gelbfärbung bei Fichten- und Ahornholz durch die zuletzt genannte Lösung, Grünfärbung durch in Wasser gelöstes Azingrün, Blaufärbung durch Azinblau, Violettfärbung durch Azinviolett.

Holz kann schwerentflammbar und langsam verkohlbar gemacht, jedoch nicht absolut gegen Feuer geschützt werden. Mittel zur Erzielung von Schwerentflammbarkeit neben den zahlreichen, geheim gehaltenen Feuerschutzmitteln sind: Anstriche mit borsaurem Ammonium, vier- bis fünfmaliger Anstrich mit einer, mit halber Gewichtsmenge verdünnter Wasserglaslösung, welcher etwas Ton, Kreide oder Schwerspat zugesetzt wird, und hierauffolgendem Überzug von reinem Wasserglas; mehrmaliger Anstrich mit einer Mischung von 35% Wasserglas, 35% Schwerspatpulver, 1,4% Zinkweiß und 28% Wasser; Anstrich mit gebranntem, in einer Lösung von Kalziumchlorid gelöschten Kalk,

Tränkung mit phosphor- oder schwefelsaurem Ammonium; zwei- bis drei-
maliger Anstrich mit einer dickflüssigen Lösung von 1 Teil Natriumsilikat in 2—3 Teilen Wasser, mit darauf folgendem Anstrich durch
Kalkmilch, auf welchen nach erfolgter Trocknung 2 Teile in Wasser
gelöstes Wasserglas aufgebracht werden. Die Entflammbarkeit kleinerer
und mittelgroßer bearbeiteter Holzteile wird nahezu vernichtet, indem
sie mehrere Stunden in eine kochende Lösung von 2 Teilen Manganchlorür, 2 Teilen Phosphorsäure, 1 Teil Magnesiumkarbonat, 1 Teil
Borsäure und 3 Teilen Ammoniumchlorid in 100 Teilen Wasser getaucht und dann in einem warmen Raum getrocknet werden.

Adiodon wird als Anstrichmittel für Holz, Mauerwerk und Eisen-
konstruktionen, sowie für verschiedene andere Materialien verwendet,
um sie gegen chemische und elektrische Einflüsse zu schützen.

Preolit ist ein elektrisch isolierendes und säurebeständiges Anstrichmittel für Akkumulatorenkasten, -gestelle und -räume, ebenso ein rost-
schützendes Anstrichmittel für Eisen.

Ein wasserdichter Metallanstrich wird nach H. Blücher[1]) erhalten
durch Zusammenreiben von 115 Teilen einer warmen Lösung aus
3 Teilen venetianischem Terpentin und 1 Teil Mastix in Leinölfirnis mit
20 Teilen scharf gebranntem feingemahlenen Ton, 80 Teilen Portlandzement, 10 Teilen Zinkweiß, 5 Teilen Mennige und 25 Teilen
Terpentinöl.

Zum Schutze von Metallgegenständen gegen die Einwirkung des
Meerwassers dient der sogenannte Marineleim (in wasserfreiem Petroleum aufgequellter Kautschuk mit Asphalt gemischt, vor dem Anstrich
bis zur Dünnflüssigkeit erhitzt).

Amerikanischer Metallack ist Marineleim mit etwas Schwefelzusatz
(die bestrichenen Metallgegenstände werden auf 250—270° C erhitzt,
wobei sich der Anstrich in eine harte, widerstandsfähige Hartkaut-
schukmasse umwandelt).

Als Anstrichmittel für Eisen und Zement zum Schutze gegen säure-
haltigen, alkalischen Wässer, Chlor und Salpetersäure wird Inertol (eine
geschützte Masse) verwendet, welches bei warmen Wasser nicht zulässig
ist.

Kautschukemaille ist ein auf Metallgegenständen festsitzender Überzug aus Hartkautschuk.

An trockener, wasserfreier Luft und in sauerstofffreiem Wasser bleibt
Eisen unverändert; an feuchter Luft bildet sich durch Zutritt von
Wasserstoff und Sauerstoff, mit oder ohne Vermittlung von Kohlen-
säure, ein brauner, lockerer, poröser, luft- und wasserdurchlässiger
Überzug, der Rost (Eisenoxydhydrat); dieser Überzug wirkt nicht, wie

---

[1]) Auskunftsbuch für die chemische Industrie.

bei Kupfer und Zink, schützend, sondern frißt allmählich nach innen weiter. Mit abnehmendem Kohlenstoffgehalt wächst die Rostgefahr; Schmiedeisen rostet leichter als Gußeisen. Das Rosten wird durch Säuren, gewisse Salzlösungen, abirrende elektrische Ströme beschleunigt.

Die Frage der Rostsicherheit der verschiedenen Sonderstähle ist zwar noch nicht genügend untersucht, doch deuten alle vorliegenden Angaben darauf hin, daß es keine Eisenlegierung gibt, welche den Angriffen des Rostes derart widersteht, daß man das Eisen mit sicherem Erfolg ohne Schutzanstrich in Berührung mit Wasser verwenden könnte.

Rostschutzmittel sind in erster Linie unlösliche, unveränderliche, dichte und doch dehnbare, Luft und Wasser abhaltenden Anstriche. Soweit die Anstrichfarben hiefür in Betracht kommen, sei betreffend die Bestimmung der Rostschutzsicherheit und Säurebeständigkeit auf die obenerwähnte „Untersuchung von Anstrichfarben" verwiesen.

Voraussetzung der sicheren Wirkung aller Rostschutzmittel ist die vorhergehende gründliche Reinigung der Eisenoberfläche auf trockenem Wege. Diese wird durch Bürsten mit Stahldrahtbürsten oder Sandstrahlgebläse, Abbeizen mit 5 %iger Salzsäure, Abwaschen mit einer sehr verdünnten heißen Lösung von gelbem Blutlaugensalz u. v. a. erzielt.

Rostschützende Eisenanstriche werden auf die trockene reine Eisenfläche für sich allein oder als Grundierung (Mennige mit Leinöl oder Leinöl allein) für andere Farbenanstriche aufgetragen.

Rostschutzmittel sind alle selbst rostsicheren Metallüberzüge (Verzinken, Verzinnen, Vernickeln, Metallspritzverfahren), ferner Schmelzüberzüge (Emaillierungen), bestehend aus einer gesinterten Silikatschichte mit aufgebrachtem Emailleüberzug, s. w. u.

In der Hauptsache sind drei Rostschutzstoffe, Oxyde des Bleies, Eisens, Mangans, Kohlenstoff und Glimmerstoffe zu unterscheiden. Zur ersten Gruppe zählen Mennige, Bleiweiß, Eisenmennige, Totenkopf, Braunstein, welche mit Leinölfirnis angerieben werden, zur zweiten Graphit mit Leinölfirnis angerieben, zur dritten die verschiedenen Arten von Schuppenpanzerfarben sowie andere Farbenanstrichzusammensetzungen.

Dr. P. Schimpke führt als Rostschutzmittel auf:

Wasser- und säureaufnehmende Deckstoffe:

    Zusätze zum Dampfkesselwasser:

        Zinkara (Zinkoxyd-Natron),

        Karbozink (Zinkkarbonat, $ZnCO_3$);

    für Eisenteile in Tunnels:

        Bestreichen mit Kalkmilch $(Ca[OH]_2)$,

        Kalksteinschlag als Bettung.

Oxydische Überzüge:

Brünieren, gewöhnliches, Bestreichen der Eisenteile mit Antimontrichlorid, SbCl$_3$, mit nachfolgender Einwirkung der Luft; mehrmalige Wiederholung des Verfahrens, hierauf Einreiben des erwärmten Stückes mit Wachs; s. u. elektrolytische Brünierung.

Inoxydieren, Erhitzen der Eisenteile in Inoxydöfen auf 800—900^0 C bei abwechselnder Einwirkung oxydierender und reduzierender Feuergase.

Metallüberzüge:

Feuerverzinnung (für Bleche [Weißbleche]; auf Gußeisen wegen dessen hohen Kohlenstoffgehalts nicht haftend);

Feuerverzinkung (rostsicherer als Verzinnung, auf Gußeisen wegen dessen hohen Kohlenstoffgehalts nicht haftend; am Zink bildet sich an schlecht verzinkten Stellen eine Decke von Zinkoxyd, die gegen weiteres Rosten schützt; Metallauflage 500—800 g/qm);

Sherardisieren, darin bestehend, daß Eisenstücke in ein Gemenge von 80—90 % Quarzsand und 10—20 % Zinkstaub in eiserne geschlossene, von außen her erwärmte (230—400^0 C), sich langsam drehende Trommeln eingebracht werden; an der Oberfläche bildet sich eine Eisenzinklegierung und darüber ein Überzug mit Reinzink;

Schoop'sches Metallspritzverfahren: geschmolzene Metallteilchen, werden mittels Druckluftstrahl in fein verteilter Form auf die zu schützende (aufgerauhte) Fläche aufgespritzt;

Plattieren, Aufschweißen dünner Kupfer- beziehungsweise Nickelbleche auf eine oder beide Seiten des Eisenblechs mittels Walzen;

elektrolytische Verzinkung (Verzinnung, Verkupferung, Vernickelung usw.), bei welcher das als Rostschutzüberzug dienende Metall aus einer Metallsalzlösung mittels des elektrischen Stromes ausgeschieden und auf die als Kathode dienenden, vorher gereinigten, entfetteten Eisenteile niedergeschlagen wird. Die Zinkauflage beträgt beispielsweise 80—100 g/m².

Schmelzüberzüge:

Die aus Borax, Feldspat, Magnesia, Quarz, Ton bestehende, pulverisierte, in Wasser angerührte Grundmasse wird auf die gebeizte Eisenfläche aufgetragen und eingebrannt, (nach Erkalten), hierauf in gleicher Weise mit einer leichtflüssigen Deckmasse (Glasur) versehen;

Zementüberzüge:

Mit Wasser angerührter Zement wird vier- bis fünfmal, nach jeweilen erfolgtem Erhärten der vorher aufgetragenen Schicht aufgebracht;

272

Einfetten und Ölen mittels mineralischer Stoffe (nur vorübergehender Schutz): Kautschuköl (Lösung von Kautschuk in Terpentin), Antioxyd (Lösung von Guttapercha in Benzin);

Teeren, Aufbringen von flüssigem Teer auf angewärmte (250 bis 400° C) Gußeisenröhren, darauf liegende Umwicklung von mit Teer getränkter Jute für schmiedeiserne Röhren;

Firnis-, Lack- und Ölfarbenüberzüge;

Graphit.

Bei Verwendung von Löschkalk als rostschützender Eisenanstrich ist ein Zusatz von Schlämmkreide oder gemahlenem Rohkalk (Marmormehl) zu empfehlen, durch welchen der Anstrich widerstandsfähiger wird.

Der billigste Anstrich, namentlich für eingemauerte Träger und Eisenteile, ist wasser- und säurefreier Steinkohlenteer. In die gleiche Gruppe zählen der Asphaltanstrich und der aus Pech und Steinkohlenteer hergestellte Eisenlack (zum Beispiel Siderosthen, aus Ölgasteer hergestellt).

Ein guter Rostschutz wird erreicht durch Kochen der Eisenteile in 2%iger Lösung von Ätznatron, hierauf folgendes Trocknen, Erhitzen auf 125° C und Bestreichen mit Paraffinwachs, ferner durch Kautschuk-ölanstrich. Ein anderes gutes Rostschutzmittel ist die Mischung aus 50 Teilen Wachs und 1 Teil Lanolin, welche geschmolzen oder mit Terpentinöl verdünnt aufgetragen wird.

Portlandzementanstrich, mehrfach, bis zu einigen Millimetern Stärke wiederholt, schützt gut, während Kalk- und Gipsmörtel auf Eisen zerstörend wirken.

Wo rostschützende Anstriche nicht zulässig sind, das Eisen aber der Rostungsgefahr ausgesetzt ist, empfiehlt sich die Verwendung von Chromnickelstahl, der in hohem Maße Widerstandsfähigkeit gegen Rosten besitzt; auch Kobaltstahl ist widerstandsfähiger gegen Rost.

H. Blücher [1]) gibt als Flammenschutzmittel unter anderen an: Ammoniumsulfat oder -phosphat (6—10%ig), Wasserglaslösung mit Kreide oder Holzpulver versetzt (für Holzanstriche), desgleichen Eisenvitriol, Borax, Asbestfarben, eine Mischung von 6 Teilen Borax, 5 Teilen Magnesiumsulfat, 1 Teil Stärke und 50 Teile Wasser, eine Mischung aus 20%iger Lösung von Natriumwolframat mit 4% Natriumphosphat, oder 1 Teil Natriumwolframat mit 6 Teilen Alaun, 2 Teilen Borax, 1 Teil Dextrin und 100 Teile Seifenwasser.

Ein wasserfester Anstrich, dessen Haltbarkeit jener des Schiefers gleichkommen soll, wird erhalten durch Einrühren von 250 g Alaun, 100 g Eisenvitriol, 150 g Pottasche und (entsprechend der zu erzielenden

[1]) Auskunftsbuch für die Chemische Industrie.

Streichfähigkeit) feingesiebten Sand in eine Mischung aus 6 l zu Staub gelöschtem, gut gesiebten Kalk, 1 l Kochsalz und 4 l Wasser.

Zum Schutze gegen Säuredämpfe und alkalische Flüssigkeiten werden Metallteile mit einem steinkohlenteerähnlichen Isoliermaterial (in warmem Zustand), dem Isolazit, bestrichen.

Zur Abhaltung von Sonnenstrahlen verwendet man für Glasscheiben eine auf ihrer Innenseite aufgetragene dünnflüssige Mischung von Schlämmkreide und Milch.

Zum Erkennen warmlaufender Lager wird das rötliche Doppelsalz von Quecksilberjodid und Kupferjodür verwendet, dessen Farbe in schwarz übergeht, wenn die Temperatur auf 60° C steigt.

Zum Schutze und zur Verschönerung von Mauerflächen dient Sinterzeug, welches durch Brennen bis zu einer Temperatur, bei welcher die Durchdringung der Ton- und Quarzteilchen durch die schmelzenden Flußmittel erfolgt (Sinterung oder Klinkerung), hergestellt wird.

Klinker sind verglaste, hartgebrannte Ziegel aus kalkhaltigem, mit Quarzsand gemischtem Ton. Sie müssen eine gleichmäßig aussehende Bruchfläche zeigen, geradflächig, struktur- und rissefrei sein; eisenreiche Klinker haben eine eigentümliche blaurote Farbe; oft werden die Klinker mit Glasur versehen; Raumgewicht bei einer Druckfestigkeit von mindestens 350 kg/cm² 2—2,4; die Wasseraufnahme soll möglichst gering, höchstens 4% sein.

Verblender dienen zur Verkleidung der Ansichtsflächen von Backsteinmauerwerk, müssen daher sorgfältig hergestellt werden; oft wird die Oberfläche noch besonders nachgearbeitet, oft die Form besonders profiliert. Zu unterscheiden sind Vollblender (ohne Löcher), Eckblender (als Lochziegel ausgeführt), Läuferblender (als Hohlziegel ausgeführt); ihre Druckfestigkeit muß mindestens 250 kg/cm², ihre Wasseraufnahmefähigkeit soll 2—4% ihres Gewichts betragen.

Für Bauterrakotten, deren Oberfläche ornamental oder figurlich ausgebildet wird, gelten die gleichen Anforderungen wie für die Verblender.

Fußbodenplatten oder Fliesen sind einfarbig und von den Klinkern nur durch die Form unterschieden; neben ihnen kommen farbige Mettlacherplatten und gemusterte Mosaikplatten, deren Oberflächen meist mit eingepreßten Flächenmustern versehen sind, in Verwendung.

Eisenkonstruktionsteile sind im eigentlichen Sinne des Wortes wohl feuersicher, aber infolge ihrer hohen Wärmeleitungsfähigkeit und ihrer schon bei nicht sehr hohen Wärmegraden erfolgenden Formveränderung und Festigkeitsabnahme (schon bei 600° C) bei Bränden gefährdend. Isolierende Ummantelung dient als Vorbeugungsmittel; sie wird bei Guß- und Schmiedeisenstützen aus Klinkern in Portlandzement, hohlen Tonkörpern, Beton (Monierkonstruktion), Rabitzputz, Gipsdielen, Korksteinen, Kieselgur und Asbest, bei Trägern aus Beton oder Tonkörpern hergestellt.

Neben den mörtelartigen Stoffen und festen Platten werden zum Feuerschutz für Eisenteile noch biegsame Mäntel verwendet, welche sich leicht an gekrümmte oder eckige Flächen anschließen. Hiezu gehören:

Macks Feuerschutzmantel, welcher aus Gipsdielen besteht, die als 15—20 mm starke Lamellen auf Jutegewebe aufgeklebt sind und meist 1,5×0,6 m groß geliefert werden, mit einem Gewicht von 12 kg/m² bei 15 mm, von 15 kg/m² bei 20 mm Stärke; sie werden mit Mörtelputz bedeckt;

Die Feuertrotzummantelung besteht aus Lamellen, deren Hauptbestandteil Kieselgur ist und die auf loses Gewebe geklebt sind. Auf die Außenseite der Lamellen ist eine brennbare Schichte aus organischen Stoffen (Sägespänen, Wollstaub) aufgebracht, auf welche eine besonders geformte Platte (Furchenplatte) gelegt wird; diese erhält einen Mörtelverputz aus Ton und dergleichen, welcher unter dem etwaigen Einfluß des Feuers sintert und sich somit in eine schlackenartige Masse verwandelt. Darüber kommt ein Schutzputz aus Zementmörtel.

Der Schutz von Metallen erfolgt neben den erwähnten mittels Anstrichen, durch Oxydschichten, durch Hochpolituren und durch (zum Teil bereits genannte) Metallüberzüge, welche auf metallurgischem oder elektrolytischem Wege hergestellt werden.

Drei Arten von Verzinkungen sind zu unterscheiden: die gewöhnliche Verzinkung, welche in der Weise ausgeführt wird, daß die Eisengegenstände in geschmolzenes Zink eingetaucht werden, der Sherardprozeß, bei welchen die Eisengegenstände auch in Zinkdämpfen neben der erwähnten zinkhaltigen Packung, welche bei höheren Temperaturen Zink zu liefern vermag, erhitzt werden, die galvanische Verzinkung, bei welcher ein Zinkniederschlag auf Eisengegenständen erzeugt wird.

Die Brünierung von eisernen Gegenständen (als Anoden) erfolgt entweder in gewöhnlichem Wasser von rund 70° C mit Eisenplatte als Kathode oder in einem Bad aus 100 Gramm Ammoniumnitrat, 5 Gramm Manganchlorür und 500 Gramm Wasser mit Kohlenplatte als Kathode.

Dünne Eisenüberzüge (Verstählung) werden in einem Eisenbad von 100 Gramm Ammoniumchlorid in 1 l Wasser mit Eisenblechen als Elektroden durch Eisenabscheidung an der Kathode hergestellt. Stärkeren Eisenüberzügen (Eisengalvanisierung) dienen Eisenbäder von 150 Gramm Eisenoxydul-Ammonium in 1 l destillierten Wasser mit Eisenblechen als Anoden oder 500 Gramm Kalziumchlorid, 450 Gramm Eisenchlorür in 750 Gramm Wasser. Bei diesem Bad soll die Stromdichte 20 Ampère für 1 dm², bei dem vorgenannten (bei 4 cm Anodenabstand) 0,2 Ampère für 1 dm² betragen.

Zur Vernickelung von Eisengegenständen dient ein Bad von 50 Gramm Diammonium-Nickelsulfat, 20 Gramm Borsäure, 15 g Chlorammonium mit 1 l Wasser, bei einer Badspannung von 3 Volt und einer Stromdichte von 0,3 Ampère für 1 dm².

Nickelüberzüge von Bronze-, Messing-, Kupfer- und Zinkgegenständen werden mit gegossenen oder gewalzten Nickelanoden in einem Bad aus 50 Gramm Nickelsulfat, 25 Gramm Chlorammonium in 1 l Wasser mit einer Badspannung von 1,9 Volt und einer Stromdichte von 0,5 Ampère für 1 dm² hergestellt.

Zur galvanischen Verkupferung von Eisen-, Zink- und Zinngegenständen mit Anoden aus Elektrolytkupferblechen oder -platten empfiehlt ⁻Stockmeier-Langbein eine Mischung aus 25 Gramm Natriumsulfit, 17 Gramm Natriumkarbonat und 20 Gramm Cyankalium in ½ l Wasser mit 20 Gramm Kupferazetat in ½ l Wasser an, welcher eine Lösung von 8 Gramm Natriumbisulfit in 1 l Wasser zugesetzt wird.

Zur Herstellung von Bleiniederschlägen dient eine Lösung von 50 Gramm Ätzkali in 1 l Wasser, welcher 5 Gramm Bleiglätte zugesetzt werden; Badspannung gering; als Anoden dienen Bleibleche.

Bei der galvanischen Herstellung von Antimonniederschlägen (Antimonisierung) kommt als Antimonbad eine Lösung von 50 Gramm Schlippersches Salz (Natriumsulfantimoniat) und 10 Gramm Ammoniaksoda in 1 l Wasser mit einer Stromspannung von 1,9—3,2 Volt und einer Stromdichte von 0,25 Ampère für 1 dm² in Verwendung.

Arsenniederschläge (Arsenierung) werden besonders für Kupfer- und Messinggegenstände verwendet und besitzen einen bläulichgrauen Ton. Als Arsenbad dient eine Lösung von 20 Gramm Natriumpyrophosphat und 50 Gramm Kaliumcyanid in 1 l Wasser, welcher 50 Gramm arsenige Säure zugesetzt werden; die Badspannung soll wenigstens 4 Volt betragen; als Anoden dienen Kohlenplatten.

Galvanische Verzinkung erfolgt nach Obgenanntem durch eine Lösung von 200 Gramm Zinksulfat, 40 Gramm Natriumsulfat, 10 Gramm Zinkchlorid, 5 Gramm Borsäure in 1 l Wasser; als Anoden dienen Zinkbleche mit möglichst großer Oberfläche; Badspannung 1,1—3,7 Volt, Stromdichte 0,6—1,9 Ampère für 1 dm².

Zur galvanischen Verzinnung wird nach Roseleur eine Lösung von 18 Gramm geschmolzenem Zinnchlorür und 35 Gramm Natriumpyrophosphat in 1 l Wasser und eine gegossene Zinnplatte verwendet; Badspannung 1,25—1,5 Volt, Stromdichte 0,25—0,3 Ampère für 1 dm².

Die Färbung der Metalle kann auf chemischem Wege (Beizen, Bronzieren, Patinieren) durch stoffliche Veränderung des Metalls oder der Metalloberfläche (Anlauffarben), oder auf mechanischem Wege, durch mechanisches Aufbringen von geeigneten farbigen Stoffen, erfolgen.

Die zu färbenden Metalle müssen eine metallisch reine Oberfläche besitzen. Als Reinigungsmittel dienen Bürsten mit feinem Pulver von Seesand, Bimsstein, Schmirgel, Kalk (oft mit Öl), Entfettungsmittel (Natron-, Kalilauge-, Soda-, Pottaschelösungen) und chemische Mittel. Mittel zur chemischen Reinigung (Beizen, Dekapieren) sind für:

Eisen, Stahl, Zink: verdünnte Schwefelsäure; Rost durch Petroleum;

Blei, Britanniametall: verdünnte Salpetersäure;

Kupfer und Kupferlegierungen: Gelbbrennen:

Vorbrenne: 200 Gramm Salzsäure (36° Bé), 1—2 Gramm Kochsalz, 1 Gramm Ruß;

Glanzbrenne: 75 Gramm Salpetersäure (40° Bé), 100 Gramm Schwefelsäure (66° Bé), 1 Gramm Kochsalz;

Mattbrenne: 300 Gramm Salpetersäure (36° Bé), 200 Gramm; Schwefelsäure (66° Bé), 1—2 Gramm Kochsalz.

Eisen und Stahl werden mittels Anlassen[1]) gefärbt:

dunkelblau: langsames Erhitzen in einer Mischung von je 1 l Wasser mit 150 Gramm unterschwefligsaurem Natron, beziehungsweise 35 Gramm essigsaurem Blei;

blau und braun: Einlegen der mit Salzsäure befeuchteten Stücke in ein Sandbad;

tiefschwarz: Bestreichen mit Schwefelbalsam, den Anstrich bei gelinder Wärme trocknen lassen, hierauf mit Vorsicht stark erhitzen, nachher abreiben und leicht polieren.

Ätzflüssigkeiten und Ätzpulver für Metalle[1]) sind für:

Aluminium: Eisenchloridlösung (konzentriert wirkt heftig, verdünnt schwach und langsam), verdünnte Salzsäure;

Antimon und Antimonlegierungen: verdünnte Salpetersäure;

Blei: Eisenchloridlösung mit Zusatz von essigsaurem Natrium;

Eisen und Stahl: reine Salpetersäure (zum Anätzen mit 4 bis 8 Teilen Wasser, zum Tiefätzen mit gleichem Gewichtsteil Wasser), 120 Gramm 80%igen Alkohol mit 8 Gramm reiner Salpetersäure und 1 Gramm Silbernitrat, Chromsäurelösung und andere mehr; für feine Ätzungen auf Stahl: 2 Gramm Jod mit 4 Gramm Jodkalium und 40 Gramm Wasser und andere mehr; Ätzpulver: je 50 Gramm Kupfervitriol und Kochsalz mit Wasser befeuchtet;

Gold: verdünntes Königswasser;

Kupfer und Kupferlegierungen: Eisenchloridlösung mit Zusatz von Salzsäure und chlorsaurem Kalium;

---

[1]) G. Buchner: Das Ätzen und Färben der Metalle.

Nickel: siehe Kupfer;

Silber: verdünnte reine Salpetersäure oder 170 Gramm Salpetersäure mit 30 Gramm doppelchromsaures Kalium und 320 Gramm Wasser;

Zink: Mischung halbkonzentrierter Lösungen von Natriumbisulfat und Kaliumnitrat; Ätzpulver: je 50 Gramm Kupfervitriol und Kochsalz mit Wasser befeuchtet;

Zinn und Zinnlegierungen: nicht konzentrierte Eisenchloridlösung mit Zusatz von Salzsäure; Ätzpulver: siehe Zink.

Billiger ist das galvanische Ätzen. Es erfordert als Bäder verdünnte Säuren oder Salzlösungen für:

Gold: Goldchlorid- oder Cyankaliumlösung,

Kupfer und Messing: Kupfervitriollösung,

Platin: Platinchlorid- oder Cyankaliumlösung,

Silber: Salpetersäure oder Cyankaliumlösung,

Stahl und Eisen: Eisenvitriol- oder Salmiaklösung,

Zink: Zinkvitriol- oder Zinkchloridlösung,

Zinn: Zinnchloridlösung.

Zur Haltbarmachung des Holzes werden verschiedene Mittel angewendet. Das Ankohlen der in Erde stehenden Holzteile sichert nicht die Haltbarkeit des Holzes. Das Auslaugen des Holzes durch Einbringung in fließendes Wasser bietet nur bei ganz gesundem Holz Schutz gegen Fäulnis. Die an anderer Stelle behandelten Anstriche (die immer erneuert werden müssen) bieten nur Schutz gegen äußere Einflüsse, nicht aber gegen Zerstörungen, die Folgeerscheinungen der Holzfaserzersetzung sind. Die sicherste Haltbarmachung erfolgt durch Einbringung fäulniswidriger Stoffe (wässerige Salzlösungen und Öle), sogenanntes Metallisieren.

Für die Haltbarmachung von Holz durch Einbringen fäulniswidriger Stoffe, kommen wässerige Salzlösungen (Zinkchlorid, β — naphthalinsulfosaures Zink [Wiesesalz], Kupfervitriol, Quecksilbersalze, Fluornatrium, Kieselfluornatrium) und Öle (reines Steinkohlenteeröl von solcher Zusammensetzung, daß bei der Destillation bis 150° C höchstens 3%, bis 200° C höchstens 10%, bis 235° C höchstens 35% überdestillieren), Anthrazen, Bitumen, Naphthalin, Holzteer (sehr teuer), Mischungen von Erdölen und Steinkohlenteer. Von den zahlreichen in Gebrauch stehenden Tränkungsverfahren sind die wichtigsten:

Boucherisieren, Behandlung mit Kupfervitriol, für nicht entrindete Stämme nicht anwendbar: eine Lösung von 100 Gewichtsteilen Wasser und 1—1,5 Teilen Kupfervitriol wird unter Druck durch das höchstens 9—10 Tage vorher gefällte Holz gepreßt, wobei das Eintrittsende mit einer luftdicht schließenden Kappe versehen wird. Für 100 cm³ Holz sind etwa 95—100 kg Lösung erforderlich.

Kyanisieren, Behandlung mit Quecksilberchloridlösung — 300 Teile Wasser und 2 Teile Quecksilberchlorid — im wesentlichen nur als Oberflächentränkung. Eine Eisenbahnschwelle erfordert etwa $^1/_8$ kg Lösung.

Burnettisieren, Behandlung mit Chlorzinklösung in luftdicht geschlossenem Kessel. Vorerst Erhitzung durch Dampf von 1,5 Atm. während drei Minuten, nach Dampfablassung 10 Minuten Luftverdünnung, hierauf Einwirkung von 65° C warmer Chlorzinklösung unter Druck.

Rüpingverfahren, Behandlung mit erhitztem Steinkohlenteeröl: 10 Minuten dauernde Einwirkung von Preßluft unter 1,5—4 Atm., hierauf Einwirkung von Teeröl von etwa 70° C durch $^1/_2$—1 Stunde unter 7 Atm. Druck, darauffolgende Entfernung des Öls durch Luftverdünnung.

Die Haltbarkeit von in Gebäuden befindlichem Holz wird erhöht, wenn zwischen den Balkenköpfen und dem Mauerwerk ein Luftzwischenraum von 2,5—4 cm vorhanden ist, der möglichst mit dem Innern des Gebäudes in Verbindung stehen soll.

Lebensdauer von Eisenbahnschwellen.

Holzart	Jahre	Holzart	Jahre
Buchenholz	2¹/₂— 3	Kiefernholz	7— 8
Eichenholz	14—16	Lärchenholz	9—10
Fichtenholz	4— 5	Tannenholz	4— 5
Harthölzer, australische	18—25		

Einfluß der Tränkung auf die Lebensdauer von Eisenbahnschwellen.

Auswechslung wegen Fäulnis nach Jahren	Fichte und Tanne		Kiefer		Buche		Eiche	
	natürlich	getränkt	natürlich	getränkt	natürlich	getränkt	natürlich	getränkt
	P r o z e n t							
5	42,8	28,3	13,36	1,6	100	4,3	4,5	0,2
7	93,4	48,7	37,3	3,2	—	10,8	10,6	0,8
10	—	—	67,7	11,6	—	11,5	31,1	3,5
13	—	—	120,0	41,8	—	25,0	34,9	12,1

Lebensdauer von Holzmasten:

Jahre

4— 6 . . . . nicht imprägnierten

12—15 . . . . mit Kupfersulfat imprägnierten

8—12 . . . . „ Zinkchlorid „

20—30 . . . . „ kreosothaltigem Teeröl imprägnierten

Gegen aufsteigende Feuchtigkeit im Mauerwerk bieten guten Isolierschutz die Asphalt-Filzplatten (wasserdicht und biegsam), welche aus mit Asphalt getränktem Filz hergestellt werden.

Bei starkem Wasserdruck werden Asphalt-Blei-Isolierplatten verwendet, welche aus zwei Asphaltpappeschichten mit dünner Blecheinlage bestehen.

Mauer- und Gewölbeisolierungen werden auch durch Goudronanstrich oder eine Asphaltmastixschicht hergestellt.

Asphalt-Isolierplatten mit Falzen für Luftschichten werden zur Trockenlegung feuchter Wände verwendet.

Für Dichtungszwecke können Gummiplatten und gepreßte Gummiformen (Stulpdichtungen) nur dort verwendet werden, wo keine höheren Temperaturen auftreten. Für die gleichen Zwecke (Stopfbüchsen) werden auch mit dicken Stoffgeweben überzogene Gummischnüre (Tuckschnüre) verwendet. Wo höhere Temperaturen auftreten, werden vulkanisierte Kautschukdichtungen verwendet.

Für technische Zwecke, welche bei Verwendung von Gummi größere Festigkeit erfordern, wie zum Beispiel Ventilklappen, Membrane, Riemen, gewisse Schläuche usw. wird er mit Einlagen aus Baumwolle, Leinwand, Draht versehen.

Die Gummiplatten kommen als reine Gummiplatten oder mit einer oder mehreren Gewebeeinlagen in Stärken bis zu 10 mm in den Handel.

Die vulkanisierten Gummiwaren enthalten den Kautschuk in Form eines Reaktionsprodukts mit Schwefel oder Chlorschwefel; dabei geht der plastische Zustand des abgewalzten Materials in den elastischen über, es wird reißfester, dabei aber doch dehnbarer, wird in weiteren Grenzen unempfindlicher gegen Temperaturschwankungen, in allen Lösungsmitteln in der Kälte unlösbar. (Lösungsmittel für Kautschuk sind: Benzol, Petroläther, Paraffin und andere Kohlenwasserstoffe, Chloroform, Schwefelkohlenstoff, Chinolin u. a. m.)

Aus der großen Zahl technischer Gummiwaren seien unter anderen genannt: Akkumulatorenkasten, Chatterton-Kompound (Bindemittel für Stoffe und Guttaperchastreifen), Dichtungsplatten für Heißwasser und Dampf, Gummischnüre und -bänder, Hartgummistäbe und -platten, Ebonit, Isoliermassen, Isolierbänder, Klingeritplatten (Asbest, Eisenoxyd, Magnesia und Kautschuk), Kabelisoliermischungen, Luftreifen (Pneus), Vollgummireifen, Stabilit, Schläuche, Gummiriemen, Vulkanasbest, Weichgummimischungen, Gummiwalzen, Kautschukzemente u. a. m. Diesbezügliche Rezepte und Mischungsverhältnisse sind in großer Auswahl von Dr. R. Ditmar[1]) gegeben.

----

[1]) Mischungsbuch für die Kautschuk-, Guttapercha-, Balata-, Kabel-, Isolier- und Faktis-Industrie.

Hartgummi ist unter anderen (gegenüber Weichgummi) gekennzeichnet durch größeren Schwefelgehalt der Mischungen und durch erheblich längere Vulkanisationszeit.

Schlechte Elektrizitätsleiter (sie dienen zum Schutze der stromführenden guten Elektrizitätsleiter) sind: trockene Metalloxyde, fette Öle, Asche, Eis unter 0^0 C, Phosphor, Kautschuk, Kampfer, ätherische Öle, Porzellan, getrocknete Pflanzen, Leder, Pergament, trockenes Papier, Federn, Haare, Wolle, Seide, Edelsteine, Glimmer, Glas, Wachs, Harz, Bernstein, Schellack, Luft.

Zur Herstellung elektrischer Isoliermaterialien dienen· Faserstoffe, Gummiarten, Harze und mineralische Stoffe. An ein elektrisches Isoliermaterial sind folgende Forderungen zu stellen: genügend hohe Durchschlagsfestigkeit (bei der höchsten in Betracht kommenden Betriebsspannung darf das Isoliermaterial nicht durchschlagen), Beständigkeit gegen hohe Temperaturen, in vielen Fällen Feuerbeständigkeit, genügende mechanische Festigkeit, das Material darf nicht hygroskopisch sein, es soll sich in Formen pressen lassen, darf durch elektrische und Temperatureinflüsse nicht verändert werden (nicht „altern"). Zu unterscheiden sind: Isolierkörper, welche direkt aus mineralischen Rohstoffen hergestellt werden (Glimmer, Marmor, Schiefer), welche aus ihnen durch Brennen oder Schmelzen hergestellt werden (Glas, Porzellan), welche aus Gummiarten durch einen Vulkanisierprozeß in Verbindung mit Faser- oder mineralischen Stoffen erhalten werden (Eisengummi, Hartgummi, Isolast, Stabilit, Vulkanasbest u. a. m.), welche aus Glimmer und isolierenden Bindemitteln hergestellt werden (Pertinax, Pilit, Preßspan, Vulkanfiber), welche aus Asphalt oder Harzen in Verbindung mit mineralischen Stoffen hergestellt werden (Adit, Ambroin, Asbestzement, Cornit, Eburin, Gummon, Pulvolit, Pyrostat, Rhadonit u. a. m.), welche durch organische chemische Prozesse erhalten werden (Bakelit, Zellon, Galalith und die Isolierlacke, Lösungen verschiedener Harze in Benzol, Leinöl, Terpentinöl). Bei verschiedenen Isoliermaterialien nimmt, wenn sie längere Zeit unter dem Einfluß von hochgespanten Strömen stehen, die Durchschlagsfestigkeit ab. Insbesondere treten derartige Alterungserscheinungen bei hygroskopischen und porösen Isolierkörpern infolge von chemischen und physikalischen Veränderungen im Material oft schon nach kurzer Beanspruchungszeit auf.

Isolationsmaterial	Temperatur ^{0}C	Widerstand eines cm^3 in Megohm
Vulkanfiber	20	$1,2 \cdot 10^{12}$
Glimmer	20	$84 \cdot 20^{12}$
Guttapercha	24	$450 \cdot 10^{12}$
Eternit	46	$28000 \cdot 10^{12}$
Paraffin	46	$34000 \cdot 10^{12}$

Rhadonit ist ein als Ersatz für Marmor und Schiefer dienendes Isolier-material, welches sich mit Bohrer und Säge bearbeiten läßt; hart wie Stein, von dunkler Marmorierung, wird es unter hohem Drucke und Wärme aus pulverisierten Materialien und Bindemitteln hergestellt. Durchschlagsfestigkeit bei 23 mm Plattenstärke 36000 Volt.

Pulvolit ist ein aus pulverförmigen Mineralien und Bindemitteln unter hohem Drucke, in Formen gepreßtes elektrisches Isoliermaterial (für Sicherungs- und Schaltersockel) von der Härte des Steines, nicht brenn-bar, nicht hygroskopisch. Durchschlagsfestigkeit bei:

$$8 \text{ mm Plattenstärke} \ldots 20000 \text{ Volt}$$
$$10 \quad \text{,,} \quad \text{,,} \quad \ldots 35000 \quad \text{,,}$$
$$12 \quad \text{,,} \quad \text{,,} \quad \ldots 40000 \quad \text{,,}$$

Steinholz (Xylolith) ist ein für elektrotechnische Zwecke viel ver-wendetes, jedoch nicht sehr gut elektrisch isolierendes Konstruktions-material von gelblicher Farbe, welches in Platten von 4—26 mm oder in Formen in Handel gebracht wird.

Eine besondere Kohlenmischung mit mutmaßlichem Graphitzusatz, wird unter dem Namen Kryptol als eine körnige Masse (Widerstands-masse zur Füllung der Kryptolöfen) in den Handel gebracht. Es erhitzt sich bei entsprechender Stromstärke, zwischen zwei Elektroden ge-bracht, sehr stark.

Hartgummi (Ebonit, Hartkautschuk) wird durch Vulkanisieren aus Kautschuk und Schwefel hergestellt. Die Härte nimmt mit dem Schwefelgehalt zu. Die isolierenden Eigenschaften werden durch die mineralischen Zusätze bestimmt. Im reinen Zustand hat das Material tiefschwarze Farbe und eine Durchschlagsfestigkeit von 20000, be-ziehungsweise 35000, beziehungsweise 50000 Volt bei 0,5, beziehungs-weise 1, beziehungsweise 2 mm Plattenstärke. Hartgummi wird bei 40° C weich, ist, auf seine Entzündungstemperatur gebracht, leicht brennbar. Als feuersicheres Isoliermaterial ist Hartgummi nicht ver-wendbar, hingegen wegen seiner guten Isoliereigenschaften als elek-trisches Isoliermaterial. Längere Zeit unter Hochspannung stehende Teile aus Hartgummi werden (ebenso bei lang dauernden Luft- und Lichteinflüssen) olivengrün gefärbt.

Hartgummiröhren, biegsame, für Isolierzwecke.

Lochweite	Wandstärke	f. 100 m	f. 1 kg
mm		kg	m
7	1—1^1/$_4$	4 — 4^1/$_2$	22 — 26
9	1^1/$_4$—1^1/$_2$	6^1/$_2$ — 7^1/$_4$	14 — 16
11	1^1/$_4$—1^1/$_2$	8 — 9	11 — 13
13	ca. 1^1/$_2$	10^1/$_2$—11	9 — 9^1/$_2$
16	1^3/$_4$—2	14—15	6^1/$_2$—7

Dem Hartgummi ähnlich ist das Isoliermittel „Isolast", welches in drei Sorten hergestellt wird (lederharte: leicht, harte: noch gut, extra-harte: schwer bearbeitbar); braune Farbe, politurfähig, feuersicher, bei Flammentemperatur weich und biegsam, aber nicht flüssig. Durch-schlagsfestigkeit 79000 Volt, beziehungsweise 94000 Volt bei 5, be-ziehungsweise 10 mm Plattenstärke.

Eisengummi weist bei einer Plattenstärke von 5 mm eine Durch-schlagsfestigkeit von 88000 Volt auf; es erweicht erst bei 100^0 C, behält (ohne Druck und Zug) seine Form noch bei 160^0 C, ist unter den Ein-flüssen der atmosphärischen Luft beständiger als Hartgummi. Die Farbe ist nicht so tiefschwarz wie jene von Hartgummi, welches in viel höherem Grade als Eisengummi politurfähig ist.

Vulkanit wird durch Vulkanisieren aus Kautschuk und Schwefel her-gestellt; es ist gegen chemische Einflüsse sehr widerstandsfähig und besitzt hohe Isolierfähigkeit, bei -20 bis $+100^0$ C ziemlich gleich-bleibende Härte und Elastizität.

Faktis (Fatices, Fakties, Fastice) sind Kautschukersatzmittel, welche durch Behandlung von Pflanzenölen mit Schwefel oder Schwefelver-bindungen auf warmem Wege hergestellt werden. Zu unterscheiden sind weiße Faktise (hergestellt aus Rüböl, Kohlsaatöl u. dgl. durch Behand-lung mit Chlorschwefel) und braune oder schwarze Faktise (hergestellt durch Erhitzen von Rizinusöl oder Rüböl mit Schwefel von etwa 32% des Ölgewichts); leichte Faktise werden durch Zusatz von Mineralölen oder Vaseline zu den vegetabilischen Ölen vor der Schwefelung er-halten, weiße Faktise enthalten 6—8% Schwefel, braune 15—18%.

Synthetischer Kautschuk wird durch Erhitzen von Isopren (C_5H_8, bei der trockenen Destillation der Steinkohle gewonnen) mit Essigsäure unter Luftabschluß hergestellt.

Preßspan ist ein hygroskopisches, elektrisches Isoliermaterial, welcher in hell- bis dunkelbrauner Farbe in Stärken von 0,2—5 mm aus Faser-stoffen und Bindemitteln hergestellt wird; es ist kartonartig und wird mit isolierenden Lacken getränkt. Durchschlagsspannung für hell-braunen Preßspan bei Plattenstärke von:

$$
\begin{array}{llll}
0,5 \text{ mm} & . & . & . & . & 25000 \text{ Volt} \\
1,0 \text{ „} & . & . & . & . & 38000 \text{ „} \\
2,0 \text{ „} & . & . & . & . & 54000 \text{ „} \\
3,0 \text{ „} & . & . & . & . & 63000 \text{ „} \\
4,0 \text{ „} & . & . & . & . & 72000 \text{ „}
\end{array}
$$

In seiner Zusammensetzung dem Preßspan ähnlich ist Leatheroid, welches eine graue Farbe und rauhe Oberfläche und eine größere mechanische Festigkeit als jener besitzt.

Durchschlagsfestigkeiten:

$$
\begin{array}{llll}
0,4\ \text{mm} & .\ .\ .\ . & 5000 & \text{Volt} \\
0,8\ \text{,,} & .\ .\ .\ . & 8000 & \text{,,} \\
1,2\ \text{,,} & .\ .\ .\ . & 12000 & \text{,,} \\
1,6\ \text{,,} & .\ .\ .\ . & 15000 & \text{,,}
\end{array}
$$

Preßolith ist ein durchschlagsicheres, hitzebeständiges hygroskopisches elektrisches Isoliermaterial (11 400 Volt Durchschlagsspannung bei 3 mm Plattenstärke in trockenem, 9000 Volt in feuchtem Zustand); die Metallteile werden in das Preßolith eingepreßt.

Zur Herstellung von Formstücken aller Art, welche isolierend wirken sollen, dient unter anderen auch das Cornit, welches nicht hygroskopisch ist, keinen Gummi enthält, wärmebeständig ist und bis zu 250° C dauernd beansprucht werden kann. Die Durchschlagsfestigkeit einer gut isolierenden Sorte beträgt bei einer Platte von 4 mm Stärke 25000 Volt.

Durch Bindung von Holzmehl, Asbestflocken oder Fiberstaub mit Bakelit wird das Isoliermaterial Bakdura erhalten, welches ölbeständig und zur Herstellung von Formstücken gut geeignet ist. Durchschlagsspannung bei 1 mm Plattenstärke 10000 Volt.

Durch Imprägnierung von Asbest mit Erdwachs entsteht das Isoliermaterial Carcola, welches sich gut in beliebige Formen pressen und bearbeiten läßt.

Bitlit ist ein aus Asphalt hergestelltes Isoliermaterial.

Pertinax, ein Isoliermaterial für Hochspannungszwecke wird aus besonderen Papiersorten und Bindemitteln hergestellt; es zeichnet sich durch hohe Durchschlagsfestigkeit, Festigkeit und Widerstandsfähigkeit gegen Feuchtigkeit, heiße Öle und Säuren aus. Wird hauptsächlich in Röhrenform verwendet.

Pilit ist ein aus Faserstoffen, Kolophonium, Leinöl und Ozokerit hergestelltes elektrisches Isoliermaterial, welches als hartes Pilit (Plattenform, rot oder schwarz, Durchschlagsspannung 0,57 mm, Plattenstärke 18000 Volt) oder flexibles Pilit (weniger hygroskopisch, biegsam, durch heißes Öl nicht veränderbar, Durchschlagsspannung bei 0,6 mm Plattenstärke 13000 Volt) hergestellt und für Ankerisolationen an Stelle von Preßspan verwendet wird.

Ambroin ist ein nach dem Verwendungszweck zusammengesetztes Gemenge aus Kopal (fossile Harze), Glimmer und Asbest; die aus diesem Isoliermaterial durch starken Druck hergestellten Formstücke (insbesondere für Bahnleitungsanlagen) lassen sich gut bearbeiten.

Ambroin hat ein spezifisches Gewicht: 1,4—1,8, Bruchgrenze für Zugfestigkeit: 151 kg/mm², Druckfestigkeit bei einem Würfel von

25 mm Seitenlänge: 1216 kg, läßt sich bohren, drehen, schleifen, polieren.

Mikarta (Mikartapapier), ein in Platten und Röhren hergestelltes, elektrisches Isolationsmaterial mit einer Durchschlagsspannung von 20000 Volt bei 1 mm Plattenstärke, wird durch gleichmäßiges Belegen von Zellulosepapier mit Glimmerplättchen unter Vermittlung eines Bindemittels hergestellt.

Aus einem Gemisch von Harzen und kieselsauren Verbindungen (Silikaten) stellt die Gebr. Adt A.-G das Isoliermaterial „Adit" her; der Harzgehalt richtet sich nach dem Zwecke der Verwendung; mit seiner Zunahme steigt die Isolierfähigkeit, doch wird das Adit zugleich weniger hygroskopisch und hitzebeständig. Die verschiedenen Sorten von Adit sind für Temperaturen von 60—150° C vorgesehen. Die Durchschlagsspannung der gut isolierenden Sorte beträgt bei einer Plattenstärke von 1 mm 1000 Volt, 2 mm 1800 Volt, 3 mm 4000 Volt. Aus Adit werden durch Preßverfahren Grundplatten, Gehäuse, Schaltergriffe usw. hergestellt.

Voltit ist ein elektrisches Isoliermaterial, welches in der Hauptsache aus Harzölen und Paraffin besteht.

Eburin ist ein nach einem besonderen Verarbeitungsprozeß aus Harzen, Infusorienerde und Asbest (oder sonstigen Füllkörpern) hergestelltes, wetterbeständiges Isoliermaterial von großer mechanischer Festigkeit; die Durchschlagsfestigkeit dieses nicht hygroskopischen Isoliermaterials beträgt bei 10 mm Plattenstärke 30000—40000 Volt. Eburin kann in beliebige Formen gepreßt und um Metallteile umgepreßt werden; es wird besonders für Oberleitungsmaterial und Anschlußklemmen verwendet.

Tenacit ist ein je nach seiner Verwendung aus wechselnden Mengen von alkalischen Erden, Asbest, Glimmer und Harzen in vier Sorten hergestelltes elektrisches Isoliermaterial in brauner, grüner, roter und schwarzer Farbe: Sorte A als Ersatz für Hartgummiteile von Telegraphen-und Telephonapparaten, Sorte B mit größerem Glimmergehalt, Sorte C besonders witterungsbeständig für Isolierungen im Freien, Sorte D unempfindlich gegen hohe Temperaturen; Durchschlagsfestigkeit bei 1 mm Plattenstärke 10000 Volt.

Gummon, ein Gemisch von Asbest und Asphalt wird in verschiedenen Sorten für verschiedene Temperaturen und Durchschlagsfestigkeiten ausgeführt. Formstücke können durch Pressung hergestellt werden.

Bituba ist ein unter Anwendung von Bakelit als Bindemittel durch Schichtung von Zellulose, Holzstoffpapier oder Preßspan hergestelltes ölbeständiges Isoliermaterial, dessen Durchschlagsspannung bei 1 mm Plattenstärke 20000 Volt beträgt.

Durax, aus Bakelit und Papiermehl bestehend, hat ein spezifisches Gewicht von 1,4, ist säurefest und bis 150° C säurebeständig. Durchschlagsspannung bei 1 mm Plattenstärke: 10 000 Volt. Läßt sich (mit Metallteilen) in Formstücke pressen.

Stabilit ist ein bei Flammentemperatur sich entzündendes, daher nicht feuersicheres elektrisches Isoliermittel von 10 000—15 000 Volt Durchschlagsfestigkeit bei 1 mm Plattenstärke, welches als Ersatz von Hartgummi dient und in Platten, Preßformen, Röhren und Stangen in brauner, grauer, roter, schwarzer Farbe in den Handel gebracht wird; es läßt sich auf der Drehbank verarbeiten und ist politurfähig.

Ähnliche Eigenschaften wie Stabilit hat das Resistan, welches besonders zur isolierenden Bekleidung von stromführenden Apparaten- und Maschinenteilen verwendet wird. Die Durchschlagsspannung beträgt bei 1 mm Plattenstärke 10000—15000 Volt.

Asolit (Durchschlagsfestigkeit bei 5 mm Plattenstärke 17 000 Volt, große mechanische Festigkeit, nicht hygroskopisch) kann für Formstücke (Isolierbüchsen, Schaltergriffe, Spulenkasten usw.) verwendet werden, die einer Temperatur unter 80° C ausgesetzt werden.

Von großer mechanischer Festigkeit ist das Isoliermaterial Fermit, welches sich wie Hartholz mit den entsprechenden Werkzeugen bearbeiten läßt; spezifisches Gewicht 1,9—2,0, Durchschlagsfestigkeit 1000 Volt bei 1 mm Plattenstärke; wenig hygroskopisch, wärmebeständig bis 175° C.

Plastit ist ein für elektrische Isolationszwecke dienendes Material, welches aus dem bei der Destillation der Steinkohlenteers zurückbleibendem Material durch Zusatz von Kautschuk bis zu 20—25% hergestellt wird; es besitzt große Härte und Festigkeit, geringe Elastizität und ist außerordentlich brüchig.

Vulkanfiber (Celluwert) wird trotz seiner geringeren Isolierfähigkeit stark in der Elektrotechnik verwendet; es wird durch Behandlung von Holzfasern mit Zinkchlorid und Schwefelsäure hergestellt; die erhaltene Masse wird unter hohem Drucke gepreßt und getrocknet. Es ist hygroskopisch, nimmt unter Aufquellen bis 10% Wasser auf, ist indifferent gegen Alkohol, Äther, Benzine, Öle und Petroleum, läßt sich gut bohren, drehen, feilen und sägen, und besitzt in trockenem Zustand unter Öl gute Isolierfähigkeit. Der spezifische Widerstand von Vulkanfiber beträgt bei 15° C für das cm³: in trockenem Zustand 8 Tage lang einer Temperatur von 30° C ausgesetzt 800 Megohm, 24 Stunden der Zimmerluft ausgesetzt 45 Megohm; konstant bleibender Wert nach 4 Wochen in feuchter Luft ist 6 Megohm.

Peralit ist ein als Ersatz für Fiber und Mikanit dienendes elektrisches Isoliermaterial von hoher Isolierfähigkeit und Unempfindlichkeit gegen Hitze und Öl.

Zellon, ein dem Zelluloid ähnliches, jedoch nicht feuergefährliches Isoliermaterial wird aus Azetylhydrozellulose und indifferenten Erweichungsmitteln hergestellt, je nach deren Wahl das Zellon dehnbar oder hart wird. Durch Lösung von Zellon entstehen die Zellonlacke. Die Durchschlagsfestigkeit von Hartzellon beträgt bei Plattenstärken von:

0,2 mm	durchschnittlich	 13200	Volt
0,35 „	„	 22000	„
0,45 „	„	 25000	„
1,0 „	„	 26000	„
2,0 „	„	 35000	„

Zellon wird in Platten, Röhren und Stäben hergestellt.

Zellon-Isolierband wird aus zähem Papierband durch Tränkung mit Zellonlösung hergestellt. Es muß in dicht abschließenden Blechbüchsen aufbewahrt werden, ist sehr dehnbar, umschließt den zu umwickelnden Körper infolge Verdunsten des Lösungsmittels sehr dicht und fest.

Wird mercerisierte Baumwolle der Einwirkung von Schwefelkohlenstoff ausgesetzt, so entsteht „Viskose"; diese löst sich in Wasser und bildet mit ihm eine dicke bis gallertartige Masse, welche allmählich zu einer hornartigen Masse, Viskoid (Ersatz für Horn und Elfenbein, nicht so leicht entzündlich wie Zelluloid) erstarrt.

Bakelit wird in der Hauptsache durch Kondensation aus Karbolsäure und Formaldehyd (oder ähnlich wirkenden Stoffen) gewonnen. Zu unterscheiden ist zwischen Bakelit A, B und C. Bakelit A: feste (schmelzbare) oder flüssige Form; lösbar in Phenol, Glyzerin, Azeton, Natronlauge; Bakelit B: im kalten Zustand fest, im erwärmten Zustand plastisch; Bakelit C: unschmelzbar, unlöslich, nie plastisch, farblos bis hellgelb, leitet weder Wärme noch Elektrizität. Flüssiges Bakelit dient als Isolierlack, als Imprägnierungs- und Verkittungsmittel für Poliermaterialien; festes Bakelit wird zu Schalttafeln, Schaltergehäusen, Spulenkörpern, Isoliergriffen verarbeitet.

Als Ersatz für Hartgummi, Fiber und ähnliche elektrischen Isoliermaterialien kommt Faturan, ein Kondensationsprodukt aus Phenol und Formaldehyd, in Verwendung. Es zeichnet sich durch geringe Oberflächenleitung, hohen Isolationswiderstand und hohe Durchschlagsfestigkeit aus, ist säure- und ölbeständig, wärmebeständiger als Hartgummi und nicht hygroskopisch. Spezifisches Gewicht 1,2—1,3, Festigkeit 2,5—3 kg/mm². Wird in Form von Stäben und Platten geliefert, läßt sich wie Horn und Knochen verarbeiten.

Ein zelluloidähnliches, künstliches Produkt ist Galalith (Kunsthorn), welches durch Einwirkung von Formaldehyd auf Kasein hergestellt wird; es ist schwer brennbar, läßt sich formen und kneten, spezifisches Gewicht 1,317—1,35, Härte 2,5 (Mohs), besitzt hohes elektrisches

Isoliervermögen, bildet eine harte, bernsteingelbe Masse und kann beliebig gefärbt werden. In heißem Wasser erweicht es und kann in diesem Zustand in Formen gepreßt werden. Seine Durchschlagsfestigkeit in trockenem Zustand beträgt 22 500 Volt bei 5 mm Plattenstärke, nimmt aber mit zunehmendem Feuchtigkeitsgehalt ab. Galalith verhält sich gegen Alkalien, Benzine, Fette und Öle indifferent und ist nicht brennbar, jedoch stark hygroskopisch.

Asphaltdrähte besitzen drei entgegengesetzte Umspinnungen, von welchen die zwei inneren asphaltiert, die äußere gewachst sind; sie dienen für trocken liegende Leitungen.

Kupferdraht-Durchmesser	Gesamt-Durchmesser	Gewicht f. 100 m	Länge v. 1 kg
mm	rd. mm	rd. kg	rd. m
0,8	2,6	1,0	2,5
0,9	3,0	1,25	2,5
1,0	3,4	1,6	2,5

Als Isoliermaterial für Kabel wird Chatterton-Kompound, eine Mischung aus 2 Teilen Guttapercha, 1 Teil Holzteer, 1 Teil Harz, verwendet; Handelsform: Stangen.

Solidin, hauptsächlich zur Umkleidung von Leitungsdrähten (Solidinader) verwendet, gut haltbar und wetterbeständig, besteht in der Hauptsache aus einer vulkanisierten Gummimischung.

Guttaperchadrähte werden hergestellt durch Baumwollumspinnung des Leiters, welcher mit einer Guttaperchahülle umpreßt wird.

Gummiaderschnüre (in Querschnitten von 1—1,5 mm² zulässig) bestehen aus einer Kupferseele aus feuerverzinnten, miteinander verseilten Kupferdrähten von höchstens 0,25 mm Durchmesser. Die Baumwollumspinnung der Kupferseele liegt in einer wasserdichten vulkanisierten Gummihülle, die selbst wieder für jede Ader durch eine Umklöppelung aus Baumwolle, Garn oder Seide geschützt ist; Verwendung für Spannungen bis 250 Volt.

Gummiaderleitungen (mit massiven Leitern in Querschnitten von 1—16 mm², mit mehrdrähtigen Leitern in Querschnitten von 1 bis 1000 mm² zulässig) bestehen aus der den Leiter umgebenden Gummihülle, welche mit gummiertem Band bedeckt ist. Darüber befindet sich eine imprägnierte Umklöppelung (welche bei Mehrfachleitungen gemeinsam sein kann) aus Baumwolle, Hanf oder ähnlichem Material. Verwendung, bei fester Verlegung, für Spannungen bis 750 Volt und zum Anschluß von fahr- oder tragbaren Stromverbrauchern bis 500 Volt.

Gummibandleitungen (mit massiven Leitern in Querschnitten von 1—16 mm², mit mehrdrähtigen Leitern in Querschnitten von 1 bis

150 mm² zulässig) dürfen für Mehrfachleitungen nicht benutzt werden. Die feuerverzinnte Kupferseele ist mit Baumwolle, diese mit reinem unvulkanisiertem Paraband, dieses mit einer Umwicklung mit Baumwolle, und diese mit einer entsprechend imprägnierten Umklöppelung aus Baumwolle, Hanf oder gleichartigem Material umgeben; Verwendung zur festen Verlegung über Putz in trockenen Räumen bis 125 Volt.

Hooperdrähte sind Kupferdrähte von 0,8—2,0 mm Durchmesser mit Isolationsüberzug von Guttapercha und Umspinnung.

Wachsdraht ist ein für Fernsprech- und Haussignalanlagen verwendeter Leitungsdraht mit zwei- oder mehrfacher Baumwollumspinnung, deren oberste gefärbt und mit Erdwachs oder Paraffin getränkt ist.

Hackeldraht ist ein mit Faserstoff umsponnener Leitungsdraht, der mit einem Gemisch aus Mennige und Leinöl durchtränkt wird; die erhärtete Isolierung besitzt ein sehr gutes Leitungsvermögen.

Zum Schutze von fehlerhaften Leitungsstellen, zur Bewicklung von Endverschlüssen und Lötstellen von elektrischen Leitungen dient das Isolierband, ein Baumwollband, welches mit einer grauen oder schwarzen klebrigen Gummimasse überzogen ist.

An Stelle des mit der üblichen Umspinnung hergestellten, für die Bewicklung von Magnetspulen dienenden Leitungsdrahtes wird auch sogenannter Emailledraht verwendet, insbesondere dort, wo an Raum gespart werden muß. Er ist nicht hygroskopisch, sehr elastisch, zähe, gegen Temperaturen bis zu 150° unempfindlich und wird erst bei einer höheren Spannung durchgeschlagen. Die isolierende Umhüllung besteht aus Zelluloseazetat. Im Handel sind diese Drähte auch unter dem Namen Azetatdraht bekannt.

Für Fernmeldeanlagen wird zur festen Verlegung in trockenen Räumen Lackaderdraht, ein Kupferdraht mit 0,6—0,8 mm Durchmesser, verwendet, welcher mit einer Lackschicht überzogen wird; über diese kommen drei Umhüllungen aus Faserstoff; die Umhüllungen sind mit Paraffin oder ähnlichen Stoffen getränkt.

Für in feuchten Räumen verlegten Kabeln und Leitungen empfiehlt sich als Isoliermaterial Okonit, eine Mischung aus 49,6% Kautschuk, 5,3% Schwefel, 3,2% Ruß, 15,5% Zinkoxyd und 26,4% Bleioxyd.

Vergleichende Eigenschaften einiger elektrischer Isoliermaterialien:

Ätnamaterial: große Widerstandsfähigkeit gegen Temperaturveränderungen, in geringem Maße hygroskopisch;

Ambroin: große Isolierfähigkeit, große Zugfestigkeit, wetterbeständig, fast nicht hygroskopisch;

Eburin: wetterbeständig und fest;

Hartgummi: große Isolierfähigkeit, große Haltbarkeit an der Luft und im Wasser, bei höheren Temperaturen geringere Feuchtigkeit, nachteilige Schwefelabsonderungen;

Ohmit: nicht hygroskopisch, große Festigkeit auch bei hohen Temperaturen, große Isolierfähigkeit;

Porzellan: große Isolierfähigkeit, leicht zerbrechlich;

Stabilit: gleiche Isolierfähigkeit wie Hartgummi, in geringem Maße hygroskopisch, widerstandsfähig gegen Erschütterungen;

Vulkanitasbest: fest, wetterbeständig, gut isolierend;

Vulkanfiber: mittlere Isolierfähigkeit, geringe Festigkeit, stark hygroskopisch;

Wiederaufgebauter Granit: frostbeständig, wird nur von Flußsäure angegriffen.

ANHANG.

VERSCHIEDENE STOFFE.

Alkohol (Weingeist, Spiritus, Äthylalkohol, Äthanol), C_2H_5OH, wird aus alkoholartigen Materialien und deren Abfälle (Wein, Bier usw.), aus zuckerhaltigen (Zuckerrüben, Melasse, süße Früchte) und stärkehaltigen Materialien (Kartoffel, Getreide) gewonnen.

Absoluter Alkohol ist leichtflüssig, wasserklar, richt angenehm, brennt mit kaum leuchtender Flamme, schmeckt scharf brennend; spezifisches Gewicht bei 0^0 C 0,80625, bei 15^0 C 0,79367, Siedepunkt bei 760 mm Quecksilbersäule $78,3^0$ C.

Er ist ein wichtiges Lösungsmittel für Öle, Harze und viele organischen Verbindungen. Zur Bestimmung des Gehalts an absolutem Alkohol des Handelspiritus dienen die Gewichtsalkoholmeter, welche in 100 g Spiritusmischung die Gramme absoluten Alkohols bei der Normaltemperatur von 15^0 C angeben.

Zu unterscheiden sind: Rohspiritus mit 75—95% Volumenprozent Äthylalkohol, Wein- und Feinsprit mit 96%, Primasprit mit 94—96%, Sekundasprit mit 90—92%.

Das Aräometer von Tralles gibt direkt Volumenprozente an.

Die Alkoholdenaturierung erfolgt (nach Z. V. D. J.) in den verschiedenen Ländern nach folgenden Verhältnissen:

Art	Spez. Gewicht bis 15° C	Methylen und seine Verunreinigungen	Pyridin oder seine Basen	Azeton	Benzol	Benzin (unrein)
			Prozente			
Frankreich	0,832	7,5	—	2,5	—	0,5
Deutsch-{denaturiert	0,819	1,5	0,5	0,5	—	—
land {Motorenspiritus . .	0,825	0,75	0,25	0,25	2,0	—
Öster-{denaturiert	0,835	3,75	0,5	1,25	—	—
reich {Motorenspiritus . . .	0,826	0,5	Spur	Spur	2,5	—
Rußland	0,836	10,0	0,5	5,0	—	—
Italien, Motorenspiritus . . .	0,835	6,5	0,65	2,0	1,0	—
Schweiz	0,837	5,0	0,32	2,2	—	—

Ammoniak, NH_3, ist ein farbloses, stechend riechendes und zu Tränen reizendes, ätzendes Gas; färbt Lackmuspapier blau; spezifisches Gewicht 0,589; es wird in der Färberei, Zeugdruckerei, Bleicherei, Farbenfabrikation und zum Betrieb von Eismaschinen (hiezu stärkster Salmiakgeist mit 29—30° Bé bei 15° C) verwendet.

Anilin, $C_6H_5 . NH_2$, ist in reinem Zustand eine stark lichtbrechende, farblose Flüssigkeit von eigentümlichem Geruch; spezifisches Gewicht

1,0265, Siedepunkt 182° C; löst sich im Alkohol, Äther, Benzol, löst Kampfer, Phosphor, Schwefel u. v. a. In der Technik finden die Anilin-öle (unreine Produkte der Darstellung, Blauanilin, Rotanilin usw.) große Anwendung.

Bor, B, Atomgewicht 10,94, ist im amorphen Zustand ein kastanien-braunes, unschmelzbares Pulver, spezifisches Gewicht 2,45 im kristalli-sierten Zustand, spezifisches Gewicht 2,68, übertrifft es in der Härte fast noch den Diamant. In der Natur kommt es als Borax (Tinkal), Borsäure und in anderen Verbindungen vor.

Borsäure, B_2O_3, unter anderem in der Glasindustrie verwendet, findet sich als Rohmaterial in Form von Colemanit, Ulexit, Boronatrocalcit, Tinkal (natürlicher Borax), Pandermit in Kalifornien, Chile und in der Türkei (in der Nähe des Schwarzen Meeres). Borsäure kristallisiert in weißen, schwachglänzenden, durchscheinenden, biegsamen, sich fettig anfühlenden Schuppen aus. Borsäure setzt den Schmelzpunkt des Glases herab.

Chlor (Cl.), chemischer Grundstoff, Atomgewicht 35,18, Litergewicht 3,220 g, giftiges, grünliches Gas mit eigenartigen durchdringendem Geruch.

Chlorschwefel (Schwefelchlorsäure), S_2Cl_2 wird zur Herstellung von Leinölfirnis, zur Überführung von Rapsöl in eine kautschukähnliche Masse verwendet.

Fluor, F, Atomgewicht 19,1, ein Gas, spezifisches Gewicht 1,31, kondensiert bei — 185° C zu einer hellgelben Flüssigkeit und kommt in der Industrie nur als Fluorwasserstoff (Flußsäure), HF, Siedepunkt 19,4° C und in Verbindungen in Anwendung. Fluorwasserstoff bildet an der Luft dichte Nebel, erzeugt auf der Haut Blasen und Geschwüre, wirkt eingeatmet außerordentlich giftig, verkohlt Holz, Papier, greift Glas (jedoch nicht in trockenem Zustand) an, Paraffin jedoch nicht.

Zum Einätzen von Aufschriften, Zeichnungen usw. in Glas wird Mattiersalz, ein aus Fluornatrium oder Fluorkalium und Kaliumsulfat bestehendes Gemisch verwendet, welches beim Zusammenbringen (mittels Gummistempels aufgetragen) mit einer, mit Chlorzink ver-setzten konzentrierten Salzsäure freie Fluorwasserstoffsäure entwickelt. Durch diese findet eine Ätzung der mit Mattiersalz bestreuten be-druckten Stellen statt.

Glyzerin, ein dreiwertiger Alkohol, $C_3H_5(OH)_3$, ist farblos, dickflüssig, schlüpfrig; bei 15° C ist das spezifische Gewicht 1,2647; es wird als Nebenprodukt bei verschiedenen Verseifungsprozessen und in der Seifenfabrikation gewonnen. Im Handel sind zu unterscheiden: Roh-glyzerine und reine Glyzerine (chemisch reines mit 6—10% Wasser, dann kristallisiertes [fast 100%ig], bei mittlerer Temperatur fest, Dynamitglyzerin, gelblich und 30° Bé, kalkfreies weißes und gelbes Glyzerin von 28° Bé). An der Luft ist es stark hygroskopisch, schmeckt

rein süß; siedet bei 290° C. Glyzerin wird zur Herstellung von Nitro-
glyzerin und Dynamit, wegen seiner Unveränderlichkeit in der Kälte,
Beständigkeit in der Luft und Widerstandsfähigkeit gegen Fermente
in der Nahrungsmittelindustrie, als Appretur in der Spinnerei, Weberei,
in der Gerberei, Färberei und Zeugdruckerei, in der Kunstwolle-, Leim-
und Gelatinefabrikation, zu Kitten, Seifen, für hydraulische Maschinen
usw. verwendet.

Im Handel wird zwischen chemisch reinen, rohen und Dynamitglyzerin unterschieden.

Holzgeist (Holzalkohol, Holzspiritus, Methylalkohol), CH_3OH, wird
aus dem bei der Holzverkohlung gewonnenen Holzessig durch Destillation gewonnen. Er ist eine farblose Flüssigkeit, schwach riechend, mit
nichtleuchtender Flamme brennend; das spezifische Gewicht ist 0,7984,
der Siedepunkt 66° C.

Kohlensäure, CO_2, ist ein farbloses Gas von schwach säuerlichem
Geruch und Geschmack; spezifisches Gewicht bei 0° C und 760 mm
Druck 1,524 (1 l Kohlensäure wiegt 1,977 g). Flüssige Kohlensäure ist
eine farblose, leicht bewegliche Flüssigkeit, spezifisches Gewicht 0,947
bei 0° C, siedet bei gewöhnlichem Druck von 760 mm bei — 78,2°; sie
verdampft sehr schnell an der Luft, wobei so viel Kälte erzeugt wird,
daß der noch flüssige Teil erstarrt. Feste Kohlensäure ist eine lockere,
schneeartige Masse. Gasförmige Kohlensäure findet Anwendung in der
Zuckerfabrikation, zur Herstellung von Blauweiß, flüssige Kohlensäure
in der Nahrungsmittelindustrie, zu Feuerlöschzwecken, zum Härten von
Gußstahl, zu Kältemischungen u. v. a.

Kohlenstoff, C, Atomgewicht 11,91, kommt in der Natur kristallisiert
als Diamant, Dichte 3,5, und Graphit, Dichte 1,8—2,2 und amorph
als Kohle, in künstlicher Herstellungsform als Retortenkohle und
Koks vor.

Die atmosphärische Luft besteht aus:

	Raumteile	Gewichtsteile
	P r o z e n t e	
Kohlensäure	0,04	0,06
Stickstoff	78,06	75,5
Sauerstoff	20,96	23,14
Argon	0,94	1,3

Phosphor, P, Atomgewicht 31,03, ist unter Wasser aufbewahrt und
vor Licht geschützt, fast vollkommen farblos und durchsichtig, meist
gelblich gefärbt und durchscheinend; bei mittlerer Temperatur ist er
weich wie Wachs, in der Kälte spröde; spezifisches Gewicht 1,83—1,84,
Schmelzpunkt 44—45° C; bei 75° C entzündet er sich an der Luft. Phosphor ist giftig. Er wird in der Zündwarenfabrikation, zur Herstellung

von Phosphorbronze und in der chemischen Industrie verwendet. Unter Einwirkung der Wärme und des Lichts verwandelt er sich in roten oder amorphen Phosphor, ein glanzloses scharlach- bis karmoisinrotes Pulver oder eine rötlichbraune spröde Masse; spezifisches Gewicht 2,1.

Salmiak (chemisches Zeichen: NH₄Cl, Ammoniumchlorid, Chlorammonium) wird in faseriger, kristallinischer grauweißer Form (als Lötmittel) oder als weißes Kristallpulver (als Erregersalz für galvanische Elemente) hergestellt, löst sich in Wasser bei bedeutender Temperaturerniedrigung, ist beim Erhitzen sublimierbar. In erhitztem Zustand löst er bestimmte Metalloxyde, worauf seine Verwendung als Lötmittel beruht.

Salzsäure, HCl, als Nebenprodukt bei der Sulfatfabrikation gewonnen, ist farblos, spezifisches Gewicht 1,2596; die wässerige Säure ist farblos, raucht in konzentriertem Zustand an der Luft. Salzsäure wird in der chemischen Industrie (Fabrikation von Chlor, Chlorkalk usw.), zu Reinigungszwecken, zum Beizen von Metallen- (Zinkerei), zur Darstellung von Kohlensäure, Bikarbonat, zur Extraktion von Kupfererzen und sonstigen metallurgischen Zwecken, in der Färberei, Zeugdruckerei, Teerfarbenfabrikation usw. verwendet.

Salzsäure.
(Bei 15° C.)

Gr. Bé. .	3	5	10	15	16	17	18	19	20	21	22
Spez. Gew.	1,022	1,038	1,075	1,116	1,125	1,134	1,142	1,152	1,163	1,171	1,180
HCl .	4,57	7,58	15,16	23,05	24,78	26,54	28,14	29,95	32,10	33,65	35,39
20° . .	14,2	23,6	47,2	71,8	77,2	82,7	87,7	91,4	100,0	104,8	110,2
21° . .	13,6	22,5	45,1	68,5	73,6	78,9	83,6	89,0	95,4	100,0	105,2
22° . .	12,9	21,4	42,8	65,1	70,0	75,0	79,5	84,6	90,7	95,1	100,0

(Rows 20°, 21°, 22° unter der Bezeichnung „Prozente")

Sauerstoff (chemisches Zeichen: O), ein chemischer Grundstoff mit Atomgewicht 16,00, spezifisches Gewicht in bezug auf Luft: 1,156, ist ein farb-, geruch- und geschmackloses Gas, welches sich unter hohem Druck verflüssigen läßt. Eine besondere Form von Sauerstoff ist Ozon.

Schwefel, S, Atomgewicht 32,04 kommt in gediegenem Zustand (Hauptfundort Sizilien) und in verschiedenen Verbindungen in der Natur vor. Die im Handel vorkommenden Schwefelblumen enthalten stets SO₂ und H₂SO₄, wovon sie durch Auswaschen mit Wasser befreit werden. Schwefel hat hellgelbe Farbe, spezifisches Gewicht 1,98—2,06, Schmelzpunkt 111°.

Schwefelsäure, H₂SO₄, wird durch Oxydation des Schwefeldioxyds (Bleikammer-Kontaktverfahren) gewonnen. Im Handel ist zu unterscheiden: gewöhnliche oder englische Schwefelsäure, spezifisches Gewicht 1,56—1,84, rauchende Schwefelsäure oder Nordhäuser Vitriolöl,

294

spezifisches Gewicht 1,89—1,90, und Schwefelsäureanhydrid (Schwefeltrioxyd), SO_3, in fester Form. Die Verwendung der Schwefelsäure erfolgt mittelbar oder unmittelbar in den meisten Industriezweigen.

Schwefelsäure.
(Bei 15⁰ C.)

Gr. Bé.	Spez. Gew.	In 100 Gew.-Teilen				Gr. Bé.	Spez. Gew.	In 100 Gew.-Teilen			
		SO_3	H_2SO_4	Säure von				SO_3	H_2SO_4	Säure von	
				60⁰	50⁰					60⁰	50⁰
5	1,037	4,53	5,55	7,11	8,88	54	1,597	55,7	68,28	87,50	109,21
10	1,075	8,90	10,90	13,97	17,44	55	1,615	57,1	69,89	89,56	111,8
20	1,162	18,3	22,44	28,76	35,89	59	1,691	62,4	76,45	97,97	122,3
30	1,263	28,5	34,91	44,74	55,84	60	1,711	63,7	78,03	100,00	124,8
40	1,383	39,5	48,35	61,96	77,33	61	1,732	65,3	80,02	102,54	128,0
47	1,483	47,5	58,13	74,49	92,97	64	1,796	70,5	86,30	110,60	138,0
48	1,498	48,6	59,54	76,30	95,22	65	1,820	73,5	90,05	115,40	144,0
49	1,514	49,9	61,12	78,32	97,75	65,5	1,831	75,3	92,30	118,29	147,6
50	1,530	51,0	62,52	80,13	100,00	65,9	1,840	78,0	95,60	122,51	152,9
51	1,540	52,2	63,98	82,00	102,33	.	1,8415	79,8	97,71	125,21	156,2
52	1,563	53,4	65,35	83,75	104,53	.	1,8385	81,59	99,95	128,08	159,9
53	1,580	54,5	66,71	85,49	106,70			81,63	100,0	128,0	159,9

Verdünnte Schwefelsäure findet zur Füllung der Zellen von Bleiakkumulatoren Verwendung. Sie wird als Akkumulatorensäure (Füllsäure) fertig gebrauchsfähig von chemischen Fabriken geliefert. Zur Verdünnung dient destilliertes Wasser. Die Schwefelsäure muß frei von Salpeter- und Salzsäure, Arsen und metallischen Verunreinigungen sein. Für 15⁰ C gilt nachstehende Tabelle über Akkumulatorensäure:

Beaumégrade	Spezifisches Gewicht	100 Gewichtsteile enthalten Schwefelsäure	1 Liter enthält Schwefelsäure Gramm
16	1,125	17,3	195
18	1,142	19,6	224
20	1,162	22,1	258
22	1,180	24,5	289
24	1,200	27,1	325

Schweflige Säure (Schwefeldioxyd, Schwefligsäureanhydrid), SO_2, wird zur Darstellung der Schwefelsäure, zu verschiedenen chemischen Prozessen, in der Papierfabrikation, zum Bleichen von tierischen Stoffen, zum Konservieren (in der Nahrungsmittelindustrie, Zuckerfabrikation), in der Spiritusbrennerei, als Feuerlöschmittel, zur Extraktion von Fetten und Ölen usw. verwendet.

Schwefelkohlenstoff, CS_2, wird zu Extraktionszwecken (von Schwefel aus schwefelarmen Erzen, des Öls, aus Samen und Fruchtkernen, zum Entfetten und Reinigen von pflanzlichen und tierischen Fasern, zur

Gewinnung von Öl und Fett aus öl- und fetthaltigen Stoffen (Lumpen, Putzwolle und -lappen usw.), zum Ausziehen des Fetts aus Knochen (Herstellung der Knochenkohle), zum Reinigen von Talg, Wachs, rohem Paraffin, zum Auflösen von Teer, als fäulniswidriges Mittel, zu Feuerlöschzwecken, zur Herstellung gewisser galvanischer Bäder, in der chemischen Industrie u. v. a. verwendet.

S t i c k s t o f f (chemisches Zeichen: N), Atomgewicht: 14,1, Litergewicht: 1,341 g, ist ein farb-, geruch- und geschmackloses Gas, wichtig in elektrochemischer und industrieller Beziehung für die Herstellung von Stickstoffverbindungen (Salpetersäure, Kalkstickstoff u. a. m.).

Wasserstoff (chemisches Zeichen: H), Atomgewicht 1, Litergewicht 0,09 g, Volumen von 1 g = 11,117 Liter, ist ein farb-, geschmack- und geruchloses Gas, welches sich unter hohem Druck verflüssigen läßt. Es wird auf elektrolytischem Wege aus verdünnter Ätznatronlauge oder verdünnter Schwefelsäure durch Abscheidung an der Kathode hergestellt.

Zelluloid oder Zellhorn wird durch Zusammenschmelzen von Nitrozellulose mit Kampfer erhalten. Es ist eine hornähnliche, harte, elastische schwer zerbrechliche, in Wasser unlösliche, leicht entzündliche Masse, welche sich in der Wärme unter Druck schweißen und aufleimen läßt. Es dient zu vielfachen Zwecken u. a. auch zur Herstellung der Zelluloidlacke (Lösungen von Zelluloid in Äther, Azeton usw.).

TABELLEN.

Umwandlung der Thermometergrade.
(Celsius = C, Fahrenheit = F, Réaumur = R.)

C	R	F	C	R	F	C	R	F
−40	−32	−40	− 4	− 3,2	+24,8	+14	+11,2	+57,2
−30	−24	−22	− 3	− 2,4	+26,6	+15	+12,0	+59,0
−20	−16	− 4	− 2	− 1,6	+28,4	+16	+12,8	+60,8
−19	−15,2	− 2,2	− 1	− 0,8	+30,2	+17	+13,6	+62,6
−18	−14,4	− 0,4	0	0	+32,0	+18	+14,4	+64,4
−17	−13,6	+ 1,4	+ 1	+ 0,8	+33,8	+19	+15,2	+66,2
−16	−12,8	+ 3,2	+ 2	+ 1,6	+35,6	+20	+16,0	+68,0
−15	−12,0	+ 5,0	+ 3	+ 2,4	+37,4	+21	+16,8	+69,8
−14	−11,2	+ 6,8	+ 4	+ 3,2	+39,2	+22	+17,6	+71,6
−13	−10,4	+ 8,6	+ 5	+ 4,0	+41,0	+23	+18,4	+73,4
−12	− 9,6	+10,4	+ 6	+ 4,8	+42,8	+24	+19,2	+75,2
−11	− 8,8	+12,2	+ 7	+ 5,6	+44,6	+25	+20,0	+77,0
−10	− 8,0	+14,0	+ 8	+ 6,4	+46,4	+26	+20,8	+78,8
− 9	− 7,2	+15,8	+ 9	+ 7,2	+48,2	+27	+21,6	+80,6
− 8	− 6,4	+17,6	+10	+ 8,0	+50,0	+28	+22,4	+82,4
− 7	− 5,6	+19,4	+11	+ 8,8	+51,8	+29	+23,2	+84,2
− 6	− 4,8	+21,2	+12	+ 9,6	+53,6	+30	+24,0	+86,0
− 5	− 4,0	+23,0	+13	+10,4	+55,4	+31	+24,8	+87,8

C	R	F	C	R	F	C	R	F
+ 32	+25,6	+ 89,6	+110	+ 88,0	+230,0	+ 340	+ 272	+ 644
+ 33	+26,4	+ 91,4	+120	+ 96,0	+248,0	+ 350	+ 280	+ 662
+ 34	+27,2	+ 93,2	+130	+104,0	+266,0	+ 360	+ 288	+ 680
+ 35	+28,0	+ 95,0	+140	+112,0	+284,0	+ 370	+ 296	+ 698
+ 36	+28,8	+ 96,8	+150	+120,0	+302,0	+ 380	+ 304	+ 716
+ 37	+29,6	+ 98,6	+160	+128,0	+320,0	+ 390	+ 312	+ 734
+ 38	+30,4	+100,4	+170	+136,0	+338,0	+ 400	+ 320	+ 752
+ 39	+31,2	+102,2	+180	+144,0	+356,0	+ 410	+ 328	+ 770
+ 40	+32,0	+104,0	+190	+152,0	+374,0	+ 420	+ 336	+ 788
+ 41	+32,8	+105,8	+200	+160,0	+392,0	+ 430	+ 344	+ 806
+ 42	+33,6	+107,6	+210	+168,0	+410,0	+ 440	+ 352	+ 824
+ 43	+34,4	+109,4	+220	+176,0	+428,0	+ 450	+ 360	+ 842
+ 44	+35,2	+111,2	+230	+184,0	+446,0	+ 460	+ 368	+ 860
+ 45	+36,0	+113,0	+240	+192,0	+464,0	+ 470	+ 376	+ 878
+ 46	+36,8	+114,8	+250	+200,0	+482,0	+ 480	+ 384	+ 896
+ 47	+37,6	+116,6	+260	+208,0	+500,0	+ 490	+ 392	+ 914
+ 48	+38,4	+118,4	+270	+216,0	+518,0	+ 500	+ 400	+ 932
+ 49	+39,2	+120,2	+280	+224,0	+536,0	+ 600	+ 480	+1112
+ 50	+40,0	+122,0	+290	+232,0	+554,0	+ 700	+ 560	+1292
+ 60	+48,0	+140,0	+300	+240,0	+572,0	+ 800	+ 640	+1472
+ 70	+56,0	+158,0	+310	+248,0	+590,0	+ 900	+ 720	+1652
+ 80	+64,0	+176,0	+320	+256,0	+608,0	+1000	+ 800	+1832
+ 90	+72,0	+194,0	+330	+264,0	+626,0	+2000	+1600	+3632
+100	+80,0	+212,0						

Schmelzpunkt der Seger-Normalkegel.

Kegel Nr.	Geschätzte Temperatur °C	Kegel Nr.	Geschätzte Temperatur °C	Kegel Nr.	Geschätzte Temperatur °C	Kegel Nr.	Geschätzte Temperatur °C
022	590	06	1030	10	1330	25	1630
021	620	05	1050	11	1350	26	1650
020	650	04	1070	12	1370	27	1670
019	680	03	1090	13	1390	28	1690
018	710	02	1110	14	1410	29	1710
017	740	01	1130	15	1430	30	1730
016	770	1	1150	16	1450	31	1750
015	800	2	1170	17	1470	32	1770
014	830	3	1190	18	1490	33	1790
013	860	4	1210	19	1510	34	1810
012	890	5	1230	20	1530	35	1830
011	920	6	1250	21	1550	36	1850
010	950	7	1270	22	1570	37	1870
09	970	8	1290	23	1590	38	1890
08	990	9	1310	24	1610	39	1910
07	1010						

1 metrische (neue) Atmosphäre (at) = 1 kg/cm² = 737,4 mm Queck-silbersäule (Q.-S.) von 15° C = 10 m Wassersäule (W.-S.) von 4° C = 0,968 Atm.

1 alte Atmosphäre (Atm.) = 1,033 kg/cm² = 762 mm Q.-S. von 15° C = 760 mm Q.-S. von 0° C = 10,333 mm W.-S. von 4° C = 1,0333 at.

Umrechnung von Quecksilbersäule in Wasserdruck.

mm Q.-S.	W.-S. in cm Gewicht in g	mm Q.-S.	W.-S. in cm Gewicht in g	mm Q.-S.	W.-S. in cm Gewicht in g	mm Q.-S.	W.-S. in cm Gewicht in g
1000	1356,1	100	135,6	10	13,6	1	1,4
900	1220,5	90	122,1	9	12,2	0,9	1,2
800	1084,9	80	108,5	8	10,8	0,8	1,1
700	949,3	70	94,9	7	9,5	0,7	0,9
600	813,7	60	81,4	6	8,1	0,6	0,8
500	678,1	50	67,8	5	6,8	0,5	0,7
400	542,4	40	54,2	4	5,4	0,4	0,5
300	406,8	30	40,7	3	4,1	0,3	0,4
200	271,2	20	27,1	2	2,7	0,2	0,3
100	135,6	10	13,6	1	1,4	0,1	0,1

Umrechnung von Wasserdruck in Quecksilbersäule.

Wasser-druck mm	Queck-silber-druck mm	Wasser-druck mm	Queck-silber-druck mm	Wasser-druck mm	Queck-silber-druck mm	Wasser-druck mm	Queck-silber-druck mm	Wasser-druck mm	Queck-silber-druck mm	Wasser-druck mm	Queck-silber-druck mm
1	0,07	20	1,48	38	2,80	56	4,13	74	5,46	92	6,79
2	0,15	21	1,55	39	2,88	57	4,21	75	5,54	93	6,86
3	0,22	22	1,62	40	2,95	58	4,28	76	5,61	94	6,94
4	0,30	23	1,70	41	3,03	59	4,35	77	5,68	95	7,01
5	0,37	24	1,77	42	3,10	60	4,43	78	5,76	96	7,08
6	0,44	25	1,84	43	3,17	61	4,50	79	5,83	97	7,16
7	0,52	26	1,92	44	3,25	62	4,58	80	5,90	98	7,23
8	0,59	27	1,98	45	3,32	63	4,65	81	5,98	99	7,31
9	0,66	28	2,07	46	3,39	64	4,72	82	6,05	100	7,38
10	0,74	29	2,14	47	3,47	65	4,80	83	6,13	200	14,76
11	0,81	30	2,21	48	3,54	66	4,87	84	6,20	300	22,14
12	0,89	31	2,29	49	3,62	67	4,94	85	6,27	400	29,52
13	0,96	32	2,36	50	3,69	68	5,02	86	6,35	500	36,90
14	1,03	33	2,44	51	3,76	69	5,09	87	6,42	600	44,28
15	1,12	34	2,51	52	3,84	70	5,17	88	6,49	700	51,66
16	1,18	35	2,58	53	3,91	71	5,24	89	6,57	800	59,04
17	1,26	36	2,66	54	3,99	72	5,31	90	6,64	900	66,42
18	1,33	37	2,73	55	4,06	73	5,39	91	6,72	1000	73,80
19	1,40										

Barometerstand und Quecksilbersäule.

Standort des Barometers über Meer m	Höhe der Quecksilber-säule mm	Standort des Barometers über Meer m	Höhe der Quecksilber-säule mm
0	760	5000	417
100	751	6000	370
200	742	7000	328
300	733	8000	291
400	724	9000	258
500	716	10000	229
1000	674	15000	124
1500	635	20000	68
2000	598	30000	20
3000	530	40000	6
4000	470	50000	1

Verflüssigungszahlen verschiedener Gase.

G a s a r t	Kritischer Druck	Kritische Temperatur	Siedepunkt	Erstarrungspunkt
	at	G	r a d	e
Ammoniak	115	130	— 33	— 77
Stickoxydul	75	35	— 80	—
Kohlensäure	75	31	— 80	— 56
Äthylen	52	10	—102	—169
Stickoxyd	71	— 93	—154	—167
Sauerstoff	51	—119	—182	—
Atmosphär. Luft	39	—140	—191	—
Stickstoff	35	—146	—194	—214
Wasserstoff	20	—232	—252	—257

Härteskala.

Material	Härte	Material	Härte
Achat	7	Gold	2,5—3
Adular	6	Granat	7
Alabaster	1,7	Graphit	0,5—1
Alaun	2—2,5	Hornblende	5, 5
Andalusit	7,5	Iridium	6
Anthrazit	2,2	Iridosmium	7
Antimon	3,3	Kalkspat	3
Antimonblüte	2,6	Kaolin	1
Antimonglanz	2	Korund	9
Apatit	5	Kupfer	2,5—2
Aragonit	3,5	Kupfervitriol	2,5
Arsen	3,5	Lehm (0°)	0,3
Asbest	5	Magneteisenerz	6
Asphalt	1—2	Marmor	3—4
Augit	6	Meerschaum	2—3
Bernstein	2—2,5	Opal	4—6
Beryll	7,8	Palladium	4,8
Bittersalz	2,3	Platin	4,3
Bleiglanz	2,5	Platiniridium	6,5
Chlorsilber	1,3	Quarz	7
Diamant	10	Salpeter	2
Dolomit	3,5—4	Schwefel	1,5—2,5
Eisenglanz	6	Schwerspat	3,3
Eisenkies	6,3	Serpentin	3—4
Eisenvitriol	2	Silber	2,5—3
Feldspat	6	Steinkohle	2—2,5
Feuerstein	7	Talk	1
Flußspat	4	Topas	8
Galmei	5	Turmalin	7,3
Gips	1,6—2	Wachs (0°)	0,2
Glaubersalz	1,7	Wismut	2,5
Glimmer	2,8		

Umrechnungstabelle für englische Zoll in mm.

Zoll	0	1/16	1/8	3/16	1/4	5/16	3/8	7/16
0		1,587	3,175	4,762	6,350	7,937	9,525	11,112
1	25,4?0	26,987	28,574	30,162	31,749	33,337	34,924	36,512
2	50,799	52,387	53,974	55,561	57,149	58,736	60,324	61,911
3	76,199	77,786	79,374	80,961	82,549	84,136	85,723	87,311
4	101,60	103,19	104,77	106,36	107,95	109,54	111,12	112,71
5	127,00	128,59	130,17	131,76	133,35	134,94	136,52	138,11
6	152,40	153,98	155,57	157,16	158,75	160,33	161,92	163,51
7	177,80	179,38	180,97	182,56	184,15	185,73	187,32	188,91
8	203,20	204,78	206,37	207,96	209,55	211,13	212,72	214,31
9	228,60	230,18	231,77	233,36	234,95	236,53	238,12	239,71
10	254,00	255,58	257,17	258,76	260,35	261,93	263,52	265,11
11	279,39	280,98	282,57	284,16	285,74	287,33	288,92	290,51
12	304,79	306,38	307,97	309,56	311,14	312,73	314,32	315,91

Zoll	1/2	9/16	5/8	11/16	3/4	13/16	7/8	15/16
0	12,700	14,287	15,875	17,462	19,050	20,637	22,225	23,812
1	38,099	39,687	41,274	42,892	44,449	46,037	47,624	49,212
2	63,499	65,086	66,674	68,261	69,849	71,436	73,024	74,611
3	88,898	90,486	92,073	93,661	95,248	96,836	98,423	100,01
4	114,30	115,89	117,47	119,06	120,65	122,24	123,82	125,41
5	139,70	141,28	142,87	144,46	146,05	147,63	149,22	150,81
6	165,10	166,68	168,27	169,86	171,45	173,03	174,62	176,21
7	190,50	192,08	193,67	195,26	196,85	198,43	200,02	201,61
8	215,90	217,48	219,07	220,66	222,25	223,83	225,42	227,01
9	241,30	242,88	244,47	246,06	247,65	249,23	250,82	252,41
10	266,70	268,28	269,87	271,46	273,05	274,63	276,22	277,81
11	292,09	2?3,68	295,27	296,86	298,44	300,03	301,62	303,21
12	317,49	319,08	320,67	322,26	323,84	325,43	327,02	328,61

Zoll	0	1/8	1/4	3/8	1/2	5/8	3/4	7/8
13	330,19	333,37	336,54	339,72	342,89	346,07	349,24	352,42
14	355,59	358,77	361,94	365,12	368,29	371,47	374,64	377,82
15	380,99	384,17	387,34	390,52	393,69	396,87	400,84	403,22
16	406,39	409,57	412,74	415,92	419,09	422,27	425,24	428,62
17	431,79	434,97	438,14	441,32	444,49	447,67	450,64	454,02
18	457,19	460,37	463,54	466,72	469,89	473,07	476,24	479,42
19	482,59	485,77	488,94	492,12	495,29	498,47	501,64	504,82
20	507,99	511,17	514,34	517,52	520,69	523,87	527,04	530,22
21	533,39	536,57	539,74	542,92	546,09	549,27	552,44	555,61
22	558,79	561,96	565,14	568,31	571,49	574,66	577,84	581,01
23	584,19	587,36	590,54	593,71	596,89	600,06	603,24	606,41
24	609,59	612,76	615,94	619,11	622,29	625,46	628,64	631,81
25	634,99	638,16	641,34	644,51	647,69	650,86	654,04	657,21
26	660,39	663,56	666,74	669,61	673,09	676,26	679,44	682,61
27	685,79	688,96	692,14	695,31	698,49	701,66	704,84	708,01
28	711,19	714,36	717,54	720,71	723,89	727,06	730,24	733,41
29	736,59	739,76	742,94	746,11	749,29	752,46	755,64	758,81

Zoll	0	$^1/_8$	$^1/_4$	$^3/_8$	$^1/_2$	$^5/_8$	$^3/_4$	$^7/_8$
30	761,99	765,16	768,34	771,51	774,69	777,86	781,04	784,21
31	787,39	790,56	793,74	796,91	800,09	803,26	806,44	809,61
32	812,79	815,96	819,14	822,31	825,49	828,66	831,83	835,01
33	838,18	841,36	844,53	847,71	850,88	854,06	857,23	860,41
34	863,58	866,76	869,93	873,11	876,28	879,46	882,63	885,81
35	888,98	892,16	895,33	898,51	901,68	904,86	908,03	911,21

Umwandlung von Quadraten in Kreise und von Kreisen in Quadrate.

Seite des Quadrates	1	2	3	4	5	6	7	8	9	10
Durchmesser des Kreises	1,128	2,275	3,575	4,513	5,642	6,77	7,898	9,027	10,155	11,283

Durchmesser des Kreises	1	2	3	4	5	6	7	8	9	10
Seite des Quadrates	0,886	1,772	2,658	3,545	4,431	5,317	6,203	7,089	7,976	8,862

Sekundliche Umfangsgeschwindigkeiten für den Halbmesser $= 1$ bei gegebener Umlaufzahl in der Minute $= n$.

n	0	1	2	3	4	5	6	7	8	9
00	0,0000	0,1047	0,2094	0,3142	0,4189	0,5236	0,6283	0,7330	0,8378	0,9425
10	1,0472	1,1519	1,2566	1,3614	1,4661	1,5708	1,6755	1,7802	1,8850	1,9897
20	2,0944	2,1991	2,3038	2,4086	2,5133	2,6180	2,7227	2,8274	2,9322	3,0369
30	3,1416	3,2463	3,3510	3,4558	3,5605	3,6652	3,7699	3,8746	3,9794	4,0841
40	4,1888	4,2935	4,3982	4,5029	4,6077	4,7124	4,8171	4,9218	5,0265	5,1313
50	5,2360	5,3407	5,4454	5,5501	5,6549	5,7596	5,8643	5,9690	6,0737	6,1785
60	6,2832	6,3879	6,4926	6,5973	6,7021	6,8068	6,9115	7,0162	7,1209	8,2257
70	7,3304	7,4351	6,5398	7,6445	7,7493	7,8540	7,9587	8,0634	8,1681	8,2729
80	8,3776	8,4823	8,5870	8,6917	8,7965	8,9012	9,0059	9,1106	9,2153	9,3201
90	9,4248	9,5295	9,6342	9,7389	9,8437	9,9484	10,053	10,158	10,263	10,367
100	10,472	10,577	10,681	10,786	10,891	10,996	11,100	11,205	11,310	11,414
110	11,519	11,624	11,729	11,833	11,938	12,043	12,147	12,252	12,357	12,462
120	12,566	12,671	12,776	12,881	12,985	13,090	13,195	13,299	13,404	13,509
130	13,614	13,718	13,823	13,928	14,032	14,137	14,242	14,347	14,451	14,556
140	14,661	14,765	14,870	14,975	15,080	15,184	15,289	15,394	15,499	15,603
150	15,708	15,813	15,917	16,022	16,127	16,232	16,336	16,441	16,546	16,650
160	16,755	16,860	16,965	17,069	17,174	17,279	17,383	17,488	17,593	17,698
170	17,802	17,907	18,012	18,117	18,221	18,326	18,431	18,535	18,640	18,745
180	18,850	18,954	19,059	19,164	19,268	19,373	19,478	19,583	19,687	19,792
190	19,897	20,001	20,106	20,211	20,316	20,420	20,525	20,630	20,735	20,839

n	0	1	2	3	4	5	6	7	8	9
200	20,944	21,049	21,153	21,258	21,363	21,468	21,572	21,677	21,782	21,886
210	21,991	22,096	22,201	22,305	22,410	22,515	22,619	22,724	22,829	22,934
220	23,038	23,143	23,248	23,353	23,457	23,562	23,667	23,771	23,876	23,981
230	24,086	24,190	24,295	24,400	24,504	24,609	24,714	24,819	24,923	25,028
240	25,133	25,237	25,342	25,447	25,552	25,656	25,761	25,866	25,970	26,075
250	26,180	26,285	26,389	26,494	26,599	26,704	26,808	26,913	27,018	27,122
260	27,227	27,332	27,437	27,541	27,646	27,751	27,855	27,960	28,065	28,170
270	28,274	28,379	28,484	28,588	28,693	28,798	28,903	29,007	29,112	29,217
280	29,322	29,426	29,531	29,636	29,740	29,845	29,950	30,055	30,159	30,264
290	30,369	30,473	30,578	30,683	30,788	30,892	30,997	31,102	31,206	31,311
300	31,416	31,521	31,625	31,730	31,835	31,940	32,044	32,140	32,254	32,358
310	32,463	32,568	32,673	32,777	32,882	32,987	33,091	33,196	33,301	33,406
320	33,510	33,615	33,720	33,824	33,929	34,034	34,139	34,243	34,348	34,453
330	34,558	34,662	34,767	34,872	34,976	35,081	35,186	35,291	35,395	35,500
340	35,605	35,709	35,814	35,919	36,024	36,128	36,233	36,338	36,442	36,547
350	36,652	36,757	36,861	36,966	37,071	37,176	37,280	37,385	37,490	37,594
360	37,699	37,804	37,909	38,013	38,118	38,223	38,327	38,432	38,537	38,642
370	38,746	38,851	38,956	39,060	39,165	39,270	39,375	39,479	39,584	39,689
380	39,794	39,898	40,003	40,108	40,212	40,317	40,422	40,527	40,631	40,736
390	40,841	40,945	41,050	41,155	41,260	41,364	41,469	41,574	41,678	41,783
400	41,888	41,993	42,097	42,202	42,307	42,412	42,516	42,621	42,726	42,830
410	42,935	43,040	43,145	43,249	43,354	43,459	43,563	43,668	43,773	43,878
420	43,982	44,087	44,192	44,296	44,401	44,506	44,611	44,715	44,820	44,925
430	45,029	45,134	45,239	45,344	45,448	45,553	45,658	45,763	45,867	45,972
440	46,077	46,181	46,286	46,391	46,496	46,600	46,705	46,810	46,914	47,019
450	47,124	47,229	47,333	47,438	47,543	47,647	47,752	47,857	47,962	48,066
460	48,171	48,276	48,381	48,485	48,590	48,695	48,799	48,904	49,009	49,114
470	49,218	49,323	49,428	49,532	49,637	49,742	49,847	49,951	50,056	50,161
480	50,265	50,370	50,475	50,580	50,684	50,789	50,894	50,999	51,103	51,208
490	51,313	51,417	51,522	51,627	51,732	51,836	51,941	52,046	52,150	52,255
500	52,360	52,465	52,569	52,674	52,779	52,884	52,988	53,003	53,198	53,302

Kugelinhalte für die Durchmesser d = 1—200.

d	$\frac{\pi}{6}d^3$	d	$\frac{\pi}{6}d^3$	d	$\frac{\pi}{6}d^3$	d	$\frac{\pi}{6}d^3$	d	$\frac{\pi}{6}d^3$
1	0,523599	41	36086,94	81	278261,8	121	927587,2	161	2185125
2	4,188790	42	38792,39	82	288695,6	122	950775,8	162	2226094
3	14,13717	43	41629,77	83	299387,0	123	974347,7	163	2267574
4	33,51032	44	44602,24	84	310339,1	124	998305,9	164	2309565
5	65,44985	45	47712,94	85	321555,1	125	1022654	165	2352071
6	113,0973	46	50965,01	86	333038,2	126	1047394	166	2395096
7	179,5944	47	54361,60	87	344791,4	127	1072531	167	2438642
8	268,0826	48	57905,84	88	356817,9	128	1098066	168	2482713

d	$\frac{\pi}{6} d^3$	d	$\frac{\pi}{6} d^3$	d	$\frac{\pi}{6} d^3$	d	$\frac{\pi}{6} d^3$	d	$\cdot \frac{\pi}{6} d^3$
9	381,7035	49	61600,87	89	369120,9	129	1124004	169	2527311
10	523,5988	50	65449,85	90	381703,5	130	1150347	170	2572441
11	696,9100	51	69455,91	91	394568,9	131	1177098	171	2618104
12	904,7787	52	73622,18	92	407720,1	132	1204260	172	2664305
13	1150,347	53	77951,81	93	421160,3	133	1231838	173	2711046
14	1436,755	54	82447,92	94	434892,8	134	1259833	174	2758331
15	1767,146	55	87113,75	95	448920,5	135	1288249	175	2806162
16	2144,660	56	91952,32	96	463246,7	136	1317090	176	2854543
17	2572,441	57	96966,83	97	477874,5	137	1346357	177	2903477
18	3053,628	58	102160,4	98	492807,0	138	1376055	178	2952967
19	3591,364	59	107536,2	99	508047,4	139	1406187	179	3003006
20	4188,790	60	113097,3	100	523598,8	140	1436755	180	3053628
21	4849,048	61	118847,0	101	539464,3	141	1467763	181	3104805
22	5575,280	62	124788,2	102	555647,2	142	1499214	182	3156551
23	6370,626	63	130924,3	103	572150,5	143	1531112	183	3208869
24	7238,229	64	137258,2	104	588977,4	144	1563457	184	3261761
25	8181,231	65	143793,3	105	606131,0	145	1596256	185	3315231
26	9202,772	66	150532,6	106	623614,5	146	1629511	186	3369282
27	10305,99	67	157479,1	107	641431,0	147	1663224	187	3423919
28	11494,04	68	164636,2	108	659583,7	148	1697398	188	3479142
29	12770,05	69	172006,9	109	678075,6	149	1732038	189	3534956
30	14137,17	70	179594,4	110	696910,0	150	1767146	190	3591364
31	15598,53	71	187401,8	111	716090,0	151	1802725	191	3648369
32	17157,28	72	195432,2	112	735618,6	152	1838778	192	3705978
33	18816,57	73	203688,8	113	755499,1	153	1875309	193	3764181
34	20579,53	74	212174,8	114	775734,6	154	1912321	194	3822996
35	22449,30	75	220893,2	115	796328,3	155	1949816	195	3882419
36	24429,02	76	229847,3	116	817234,2	156	1987799	196	3942456
37	26521,85	77	239040,1	117	838602,7	157	2026271	197	4003108
38	28730,91	78	248474,9	118	860289,5	158	2065237	198	4064379
39	31059,36	79	258154,6	119	882347,3	159	2104699	199	4126272
40	33510,32	80	268082,6	120	904778,7	160	2144660	200	4188790

Potenzen, Wurzeln, natürliche Logarithmen, reziproke Werte, Kreisumfänge und Kreisinhalte.

n	n^2	n^3	$\sqrt{n}$	$\sqrt[3]{n}$	$\ln n$	$\dfrac{1000}{n}$	$\pi . n$	$\dfrac{\pi . n^2}{4}$	n
1	1	1	1,0000	1,0000	0,00000	1000,000	3,142	0,7854	1
2	4	8	1,4142	1,2599	0,69315	500,000	6,283	3,1416	2
3	9	27	1,7321	1,4422	0,09861	333,333	9,425	7,0686	3
4	16	64	2,0000	1,5874	1,38629	250,000	12,566	12,5664	4
5	25	125	2,2361	1,7100	1,60944	200,000	15,708	19,6350	5
6	36	216	2,4495	1,8171	1,79176	166,667	18,850	28,2743	6
7	49	343	2,6458	1,9129	1,94591	142,857	21,991	38,4845	7
8	64	512	2,8284	2,0000	2,07944	125,000	25,133	50,2655	8
9	81	729	3,0000	2,0801	2,19722	111,111	28,274	63,6173	9
10	100	1000	3,1623	2,1544	2,30259	100,000	31,416	78,5398	10
11	121	1331	3,3166	2,2240	2,39790	90,9091	34,558	95,0332	11
12	144	1728	3,4641	2,2894	2,48491	83,3333	37,699	113,097	12
13	169	2197	3,6056	2,3513	2,56495	76,9231	40,841	132,732	13
14	196	2744	3,7417	2,4101	2,63906	71,4286	43,982	153,938	14
15	225	3375	3,8730	2,4662	2,70805	66,6667	47,124	176,715	15
16	256	4096	4,0000	2,5198	2,77259	62,5000	50,265	201,062	16
17	289	4913	4,1231	2,5713	2,83321	58,8235	53,407	226,980	17
18	324	5832	4,2426	2,6207	2,89037	55,5556	56,549	254,469	18
19	361	6859	4,3589	2,6684	2,94444	52,6316	59,690	283,529	19
20	400	8000	4,4721	2,7144	2,99573	50,0000	62,832	314,159	20
21	441	9261	4,5826	2,7589	3,04452	47,6190	65,973	346,361	21
22	484	10648	4,6904	2,8020	3,09104	45,4545	69,115	380,133	22
23	529	12167	4,7958	2,8439	3,13549	43,4783	72,257	415,476	23
24	576	13824	4,8990	2,8845	3,17805	41,6667	75,398	452,389	24
25	625	15625	5,0000	2,9240	3,21888	40,0000	78,540	490,874	25
26	676	17576	5,0990	2,9625	3,25810	38,4615	81,681	530,929	26
27	729	19683	5,1962	3,0000	3,29584	37,0370	84,823	572,555	27
28	784	21952	5,2915	3,0366	3,33220	35,7143	87,965	615,752	28
29	841	24389	5,3852	3,0723	3,36730	34,4828	91,106	660,520	29
30	900	27000	5,4772	3,1072	3,40120	33,3333	94,248	706,858	30
31	961	29791	5,5678	3,1414	3,43399	32,2581	97,389	754,768	31
32	1024	32768	5,6569	3,1748	3,46574	31,2500	100,531	804,248	32
33	1089	35937	5,7446	3,2075	3,49651	30,3030	103,673	855,299	33
34	1156	39304	5,8310	3,2396	3,52636	29,4118	106,814	907,920	34
35	1225	42875	5,9161	3,2711	3,55535	28,5714	109,950	962,113	35
36	1296	46656	6,0000	3,3019	3,58352	27,7778	113,097	1017,88	36
37	1369	50653	6,0828	3,3322	3,61092	27,0270	116,239	1075,21	37
38	1444	54872	6,1644	3,3620	3,63759	26,3158	119,381	1134,11	38
39	1521	59319	6,2450	3,3912	3,66356	25,6410	122,522	1194,59	39
40	1600	64000	6,3246	3,4200	3,68888	25,0000	125,66	1256,64	40
41	1681	68921	6,4031	3,4482	3,71357	24,3902	128,81	1320,25	41
42	1764	74088	6,4807	3,4760	3,73767	23,8095	131,95	1385,44	42
43	1849	79507	6,5574	3,5034	3,76120	23,2558	135,09	1452,20	43
44	1936	85184	6,6332	3,5303	3,78419	22,7273	138,23	1520,53	44
45	2025	91125	6,7082	3,5569	3,80666	22,2222	141,37	1590,43	45
46	2116	97336	6,7823	3,5830	3,82864	21,7391	144,51	1661,90	46
47	2209	103823	6,8557	3,6088	3,85015	21,2766	147,65	1734,94	47
48	2304	110592	6,9282	3,6342	3,87120	20,8333	150,80	1809,56	48
49	2401	117649	7,0000	3,6593	3,89182	20,4082	153,94	1885,74	49

n	n^2	n^3	$\sqrt{n}$	$\sqrt[3]{n}$	$\ln n$	$\dfrac{1000}{n}$	$\pi \cdot n$	$\dfrac{\pi \cdot n^2}{4}$	n
50	2500	125000	7,0711	3,6840	3,91202	20,0000	157,08	1963,50	50
51	2601	132651	7,1414	3,7084	3,93183	19,6078	160,22	2042,82	51
52	2704	140608	7,2111	3,7325	3,95124	19,2308	163,36	2123,72	52
53	2809	148877	7,2801	3,7563	3,97029	18,8679	166,50	2206,18	53
54	2916	157464	7,3485	3,7798	3,98898	18,5185	169,65	2290,22	54
55	3025	166375	7,4162	3,8030	4,00733	18,1818	172,79	2375,83	55
56	3136	175616	7,4833	3,8259	4,02535	17,8571	175,93	2463,01	56
57	3249	185193	7,5498	3,8485	4,04305	17,5439	179,07	2551,76	57
58	3364	195112	7,6158	3,8709	4,06044	17,2414	182,21	2642,08	58
59	3481	205379	7,6811	3,8930	4,07754	16,9492	185,35	2733,97	59
60	3600	216000	7,7460	3,9149	4,09434	16,6667	188,50	2827,43	60
61	3721	226981	7,8102	3,9365	4,11087	16,3934	191,64	2922,47	61
62	3844	238328	7,8740	3,9579	4,12713	16,1290	194,78	3019,07	62
63	3869	250047	7,9373	3,9791	4,14313	15,8730	197,92	3117,25	63
64	4096	262144	8,0000	4,0000	4,15888	15,6250	101,06	3216,99	64
65	4225	274625	8,0623	4,0207	4,17439	15,3846	204,20	3318,31	65
66	4356	287496	8,1240	4,0412	4,18965	15,1515	207,35	3421,19	66
67	4489	300763	8,1854	4,0615	4,20469	14,9254	220,49	3525,65	67
68	4624	314432	8,2462	4,0817	4,21951	14,7059	213,63	3631,68	68
69	4761	328509	8,3066	4,1016	4,23411	14,4928	216,77	3739,28	69
70	4900	343000	8,3666	4,1213	4,24850	14,2857	219,91	3848,45	70
71	5041	357911	8,4261	4,1408	4,26268	14,0845	223,05	3959,19	71
72	5184	373248	8,4853	4,1602	4,27667	13,8889	227,19	4071,50	72
73	5329	389017	8,5440	4,1793	4,29046	13,6986	229,34	4185,39	73
74	5476	405224	8,6023	4,1983	4,30407	13,5135	233,48	4300,84	74
75	5625	421875	8,6603	4,2172	4,31749	13,3333	235,62	4417,86	75
76	5776	438976	8,7178	4,2358	4,33073	13,1579	238,76	4536,46	76
77	5929	456533	8,7750	4,2543	4,34381	12,9870	241,90	4656,63	77
78	6084	474552	8,8318	4,2727	4,35671	12,8205	245,04	4778,36	78
79	6241	493039	8,8882	4,2908	4,36945	12,6582	248,19	4901,67	79
80	6400	512000	8,9443	4,3089	4,38203	12,5000	251,33	5026,55	80
81	6561	531441	9,0000	4,3267	4,39445	12,3457	254,37	5153,00	81
82	6724	551368	9,0504	4,3445	4,40672	12,1951	257,61	5281,02	82
83	6889	571787	9,1104	4,3621	4,41884	12,0482	260,75	5410,61	83
84	7056	592704	9,1652	4,3795	4,43082	11,9048	263,89	5541,77	84
85	7225	614125	9,2195	4,3968	4,44265	11,7647	267,04	5674,50	85
86	7396	636056	9,2736	4,4140	4,45435	11,6279	270,18	5808,80	86
87	7569	658503	9,3274	4,4310	4,46591	11,4943	273,32	5944,68	87
88	7744	681472	9,3808	4,4480	4,47734	11,3636	276,46	6082,12	88
89	7921	704969	9,4340	4,4647	4,48864	11,2360	279,60	6221,14	89
90	8100	729000	9,4868	4,4814	4,49981	11,1111	282,74	6361,73	90
91	8281	753571	9,5394	4,4979	4,51086	10,9890	285,88	6503,88	91
92	8464	778688	9,5917	4,5144	4,52179	10,8696	289,03	6647,61	92
93	8649	804357	9,6437	4,5307	4,53260	10,7527	292,17	6792,91	93
94	8836	830584	9,6954	4,5468	4,54329	10,6383	295,31	6939,78	94
95	9025	857375	9,7468	4,5629	4,55388	10,5263	298,45	7088,22	95
96	9216	884736	9,7980	4,5789	4,56435	10,4167	301,59	7238,23	96
97	9409	912673	9,8489	4,5947	4,57471	10,3093	304,73	7389,81	97
98	9604	941192	9,8995	4,6104	4,58497	10,2041	307,88	7542,96	98
99	9801	970299	9,9499	4,6361	4,59512	10,1010	311,02	7697,69	99

n	n^2	n^3	$\sqrt{n}$	$\sqrt[3]{n}$	$\ln n$	$\dfrac{1000}{n}$	$\pi \cdot n$	$\dfrac{\pi \cdot n^2}{4}$	n
100	10000	1000000	10,0000	4,6416	4,60517	10,0000	314,16	7853,98	100
101	10201	1030301	10,0499	4,6570	4,61512	9,90099	317,30	8011,85	101
102	10404	1061208	10,0995	4,6723	4,62497	9,80392	320,44	8171,28	102
103	10609	1092727	10,1489	4,6875	4,63473	9,70874	323,58	8332,29	103
104	10816	1124864	10,1980	4,7027	4,64439	9,61538	326,73	8494,87	104
105	11025	1157625	10,2470	4,7177	4,65396	9,52381	329,87	8659,01	105
106	11236	1191016	10,2956	4,7326	4,66344	9,43396	333,01	8824,73	106
107	11449	1225043	10,3441	4,7475	4,67283	9,34579	336,15	8992,02	107
108	11664	1259712	10,3923	4,7622	4,68213	9,25926	339,29	9160,88	108
109	11881	1295029	10,4403	4,7769	4,69135	9,17431	342,43	9331,32	109
110	12100	1331000	10,4881	4,7914	4,70048	9,09091	345,58	9503,32	110
111	12321	1367631	10,5357	4,8059	4,70953	9,00901	348,72	9676,89	111
112	12544	1404928	10,5830	4,8203	4,71850	8,92857	351,86	9852,03	112
113	12769	1442897	10,6301	4,8346	4,72739	8,84956	355,00	10028,7	113
114	12996	1481544	10,6771	4,8488	4,73620	8,77193	358,14	10207,0	114
115	13225	1520875	10,7238	4,8629	4,74493	8,69565	361,28	10386,9	115
116	13456	1560896	10,7703	4,8770	4,75339	8,62069	364,42	10568,3	116
117	13689	1601613	10,8167	4,8910	4,76217	8,54701	367,57	10751,3	117
118	13924	1643032	10,8628	4,9049	4,77068	8,47458	370,71	10935,9	118
119	14161	1685159	10,9087	4,9187	4,77912	8,40336	373,85	11122,0	119
120	14400	1728000	10,9545	4,9324	4,78749	8,33333	376,99	11309,7	120
121	14641	1771561	11,0000	4,9461	4,79579	8,26446	380,13	11499,0	121
122	14884	1815848	11,0454	4,9597	4,80402	8,19672	383,27	11689,9	122
123	15129	1860867	11,0905	4,9732	4,81218	8,13008	386,42	11882,3	123
124	15376	1906624	11,1355	4,9866	4,82028	8,06452	389,56	12076,3	124
125	15625	1953125	11,1803	5,0000	4,82831	8,00000	392,70	12271,8	125
126	15876	2000376	11,2250	5,0133	4,83628	7,93651	395,84	12469,0	126
127	16129	2048383	11,2694	5,0265	4,84419	7,87402	398,98	12667,7	127
128	16384	2097152	11,3137	5,0397	4,85203	7,81250	402,12	12868,0	128
129	16641	2146689	11,3578	5,0528	4,85981	7,75194	405,27	13069,8	129
130	16900	2197000	11,4018	5,0658	4,86753	7,69231	408,41	13273,2	130
131	17161	2248091	11,4455	5,0788	4,87520	7,63359	411,55	13478,2	131
132	17424	2299968	11,4891	5,0916	4,88280	7,57576	414,69	13684,8	132
133	17689	2352637	11,5326	5,1045	4,89035	7,51880	417,83	13892,9	133
134	17956	2406104	11,5758	5,1172	4,89784	7,46269	420,97	14102,6	134
135	18225	2460375	11,6190	5,1299	4,90527	7,40741	424,12	14313,9	135
136	18496	2515456	11,6619	5,1426	4,91265	7,35294	427,26	14526,7	136
137	18769	2571353	11,7047	5,1551	4,91998	7,29927	430,40	14741,1	137
138	19044	2628072	11,7473	5,1676	4,92725	7,24638	433,54	14957,1	138
139	19321	2685619	11,7898	5,1801	4,93447	7,19424	436,68	15174,7	139
140	19600	2744000	11,8322	5,1925	4,94164	7,14286	439,82	15393,8	140
141	19881	2803221	11,8743	5,2048	4,94876	7,09220	442,96	15614,5	141
142	20164	2863288	11,9164	5,2171	4,95583	7,04225	446,11	15836,8	142
143	20449	2924207	11,9583	5,2293	4,96284	6,99301	449,25	16060,6	143
144	20736	2985984	12,0000	5,2415	4,96981	6,94444	452,39	16286,0	144
145	21025	3048625	12,0416	5,2536	4,97673	6,89655	455,53	16513,0	145
146	21316	3112136	12,0830	5,2656	4,98361	6,84932	458,67	16741,5	146
147	21609	3176523	12,1244	5,2776	4,99043	6,80272	461,81	16971,7	147
148	21904	3241792	12,1655	5,2896	4,99721	6,75676	464,96	17203,4	148
149	22201	3307949	12,2066	5,3015	5,00395	6,71141	468,10	17436,6	149

n	n^2	n^3	$\sqrt{n}$	$\sqrt[3]{n}$	$\ln n$	$\dfrac{1000}{n}$	$\pi \cdot n$	$\dfrac{\pi \cdot n^2}{4}$	n
150	22500	3375000	12,2474	5,3133	5,01064	6,66667	471,24	17671,5	150
151	22801	3442951	12,2882	5,3251	5,01728	6,62252	474,38	17907,9	151
152	23104	3511808	12,3288	5,3368	5,02388	6,57895	477,52	18145,8	152
153	23409	3581577	12,3693	5,3485	5,03044	6,53595	480,66	18385,4	153
154	23716	3652264	12,4097	5,3601	5,03695	6,49351	483,81	18626,5	154
155	24025	3723875	12,4499	5,3717	5,04343	6,45161	486,95	18869,2	155
156	24336	3796416	12,4900	5,3832	5,04986	6,41026	490,09	19113,4	156
157	24649	3869893	12,5300	5,3947	5,05625	6,36943	493,23	19359,3	157
158	24964	3944312	12,5698	5,4061	5,06260	6,32911	496,37	19606,7	158
159	25281	4019679	12,6095	5,4175	5,06890	6,28931	499,51	19855,7	159
160	25600	4096000	12,6491	5,4288	5,07517	6,25000	502,65	20106,2	160
161	25921	4173281	12,6886	5,4401	5,08140	6,21118	505,80	20358,3	161
162	26244	4251528	12,7279	5,4514	5,08760	6,17284	508,94	20612,0	162
163	26569	4330747	12,7671	5,4626	5,09375	6,13497	512,08	20867,2	163
164	26896	4410944	12,8062	5,4737	5,09987	6,09756	515,22	21124,1	164
165	27225	4492125	12,8452	5,4848	5,10595	6,06061	518,36	21382,5	165
166	27556	4574296	12,8841	5,4959	5,11199	6,02410	521,50	21642,4	166
167	27889	4657463	12,9228	5,5069	5,11799	5,98802	524,65	21904,0	167
168	28224	4741632	12,9615	5,5178	5,12396	5,95238	527,79	22167,1	168
169	28561	4826809	13,0000	5,5288	5,12990	5,91716	530,93	22431,8	169
170	28900	4913000	13,0384	5,5397	5,13580	5,88235	534,07	22698,0	170
171	29241	5000211	13,0767	5,5505	5,14166	5,84795	537,21	22965,8	171
172	29584	5088448	13,1149	5,5613	5,14749	5,81395	540,35	23235,2	172
173	29929	5177717	13,1529	5,5721	5,15329	5,78035	543,50	23506,2	173
174	30276	5268024	13,1909	5,5828	5,15906	5,74713	546,64	23778,7	174
175	30625	5359375	13,2288	5,5934	5,16479	5,71429	549,78	24052,8	175
176	30976	5451776	13,2665	5,6041	5,17048	5,68182	552,92	24328,5	176
177	31329	5545233	13,3041	5,6147	5,17615	5,64972	556,06	24605,7	177
178	31684	5639752	13,3417	5,6252	5,18178	5,61798	559,20	24884,6	178
179	32041	5735339	13,3791	5,6357	5,18739	5,58659	562,35	25164,9	179
180	32400	5832000	13,4164	5,6462	5,19296	5,55556	565,49	25446,9	180
181	33761	5929741	13,4536	5,6567	5,19850	5,52486	568,63	25730,4	181
182	33124	6028568	13,4907	5,6671	5,20401	5,49451	571,77	26015,5	182
183	33489	6128487	13,5277	5,6774	5,20949	5,46448	574,91	26302,2	183
184	33856	6229504	13,5647	5,6877	5,21494	5,43478	578,05	26590,4	184
185	34225	6331625	13,6015	5,6980	5,22036	5,40541	581,19	26880,3	185
186	34596	6434856	13,6382	5,7083	5,22575	5,37634	584,34	27171,6	186
187	34969	6539203	13,6748	5,7185	5,23111	5,34759	587,48	27464,6	187
188	35344	6644672	13,7113	5,7287	5,23644	5,31915	590,62	27759,1	188
189	35721	6751269	13,7477	5,7388	5,24175	5,29101	593,76	28055,2	189
190	36100	6859000	13,7840	5,7489	5,24702	5,26316	596,90	28352,9	190
191	36481	6967871	13,8203	5,7590	5,25227	5,23560	600,04	28652,1	191
192	36864	7077888	13,8564	5,7690	5,25750	5,20833	603,19	28952,9	192
193	37249	7189057	13,8924	5,7790	5,26269	5,18135	606,33	29255,3	193
194	37636	7301384	13,9284	5,7890	5,26786	5,15464	609,47	29559,2	194
195	38025	7414875	13,9642	5,7989	5,27300	5,12821	612,61	29864,8	195
196	38416	7529536	14,0000	5,8088	5,27811	5,10204	615,75	30171,9	196
197	38809	7645373	14,0357	5,8186	5,28320	5,07614	618,89	30480,5	197
198	39204	7762392	14,0712	5,8285	5,28827	5,05051	622,04	30790,7	198
199	39601	7880599	14,1067	5,8383	5,29330	5,02513	625,18	31102,6	199

n	n^2	n^3	$\sqrt{n}$	$\sqrt[3]{n}$	$\ln n$	$\dfrac{1000}{n}$	$\pi \cdot n$	$\dfrac{\pi \cdot n^2}{4}$	n
200	40090	8000000	14,1421	5,8480	5,29832	5,00000	628,32	31415,9	200
201	40401	8120601	14,1774	5,8578	5,30330	4,97512	631,46	31730,9	201
202	40804	8242408	14,2127	5,8675	5,30827	4,95050	634,60	32047,4	202
203	41209	8365427	14,2478	5,8771	5,31321	4,92611	637,74	32365,5	203
204	41616	8489664	14,2829	5,8868	5,31812	4,90196	640,88	32685,1	204
205	42025	8615125	14,3178	5,8964	5,32301	4,87805	644,03	33006,4	205
206	42436	8741816	14,3527	5,9059	5,32788	4,85437	647,17	33329,2	206
207	42849	8869743	14,3875	5,9155	5,33272	4,83092	650,31	33653,5	207
208	43264	8998912	14,4222	5,9250	5,33754	4,80769	653,45	33979,5	208
209	43681	9129329	14,4568	5,9345	5,34233	4,78469	656,59	34307,0	209
210	44100	9261000	14,4914	5,9439	5,34711	4,76190	659,73	34636,1	210
211	44521	9393931	14,5258	5,9533	5,35186	4,73934	662,88	34966,7	211
212	44944	9528128	14,5602	5,9627	5,35659	4,71698	666,02	35298,9	212
213	45369	9663597	14,5945	5,9721	5,36129	4,69484	669,16	35632,7	213
214	45796	9800344	14,6287	5,9814	5,36598	4,67290	672,30	35968,1	214
215	46225	9938375	14,6629	5,9907	5,37064	4,65116	675,44	36305,0	215
216	46656	10077696	14,6969	6,0000	5,37528	4,62963	678,58	36643,5	216
217	47089	10218313	14,7309	6,0092	5,37990	4,60829	681,73	36983,6	217
218	47524	10360232	14,7648	6,0185	5,38450	4,58716	684,87	37325,3	218
219	47961	10503459	14,7986	6,0277	5,38907	4,56621	688,01	37668,5	219
220	48400	10648000	14,8324	6,0368	5,39363	4,54545	691,15	38013,3	220
221	48841	10793861	14,8661	6,0459	5,39816	4,52489	694,29	38359,6	221
222	49284	10941048	14,8997	6,0550	5,40268	4,50450	697,43	38707,6	222
223	49729	11089567	14,9332	6,0641	5,40717	4,48430	700,58	39057,1	223
224	50176	11239424	14,9666	6,0732	5,41165	4,46429	703,72	39408,1	224
225	50625	11390625	15,0000	6,0822	5,41610	4,44444	706,86	39760,8	225
226	51076	11543176	15,0333	6,0912	5,42053	4,42478	710,00	40115,0	226
227	51529	11697083	15,0665	6,1002	5,42495	4,40529	713,14	40470,8	227
228	51984	11852352	15,0997	6,1091	5,42935	4,38596	716,28	40828,1	228
229	52441	12008989	15,1327	6,1180	5,43372	4,36681	719,42	41187,1	229
230	52900	12167000	15,1658	6,1269	5,43808	4,34783	722,57	41547,6	230
231	53361	12326391	15,1987	6,1358	5,44242	4,32900	725,71	41909,6	231
232	53824	12487168	15,2315	6,1446	5,44674	4,31034	728,85	42273,3	232
233	54289	12649337	15,2643	6,1534	5,45104	4,29185	731,99	42638,5	233
234	54756	12812904	15,2971	6,1622	5,45532	4,27350	735,13	43005,3	234
235	55225	12977875	15,3297	6,1710	5,45959	4,25532	738,27	43373,6	235
236	55696	13144256	15,3623	6,1797	5,46383	4,23729	741,42	43743,5	236
237	56169	13312053	15,3948	6,1885	5,46806	4,21941	744,56	44115,0	237
238	56644	13481272	15,4272	6,1972	5,47227	4,20168	747,70	44488,1	238
239	57121	13651919	15,4596	6,2058	5,47646	4,18410	750,84	44862,7	239
240	57600	13824000	15,4919	6,2145	5,48064	4,16667	753,98	45238,9	240
241	58081	13997521	15,5242	6,2231	5,48480	4,14938	757,12	45616,7	241
242	58564	14172488	15,5563	6,2317	5,48894	4,13223	760,27	45996,1	242
243	59049	14348907	15,5885	6,2403	5,49306	4,11523	763,41	46377,0	243
244	59536	14526784	15,6205	6,2488	5,49717	4,09836	766,55	46759,5	244
245	60025	14706125	15,6525	6,2573	5,50126	4,08163	769,69	47143,5	245
246	60516	14886936	15,6844	6,2658	5,50533	4,06504	772,83	47529,2	246
247	61009	15069223	15,7162	6,2743	5,50939	4,04858	775,97	47916,4	247
248	61504	15252992	15,7480	6,2828	5,51343	4,03226	779,11	48305,1	248
249	62001	15438249	15,7797	6,2912	5,51745	4,01606	782,26	48695,5	249

n	n^2	n^3	$\sqrt{n}$	$\sqrt[3]{n}$	$\ln n$	$\dfrac{1000}{n}$	$\pi \cdot n$	$\dfrac{\pi \cdot n^2}{4}$	n
250	62500	15625000	15,8114	6,2996	5,52146	4,00000	785,40	49087,4	250
251	63001	15813251	15,8430	6,3080	5,52545	3,98406	788,54	49480,9	251
252	63504	16003008	15,8745	6,3164	5,52943	3,96825	791,68	49875,9	252
253	64009	16194277	15,9060	6,3247	5,53339	3,95257	794,82	50272,6	253
254	64516	16387064	15,9374	6,3330	5,53733	3,93701	797,96	50670,7	254
255	65025	16581375	15,9687	6,3413	5,54126	3,92157	801,11	51070,5	255
256	65536	16777216	16,0000	6,3496	5,54518	3,90625	804,25	51471,9	256
257	66049	16974593	16,0312	6,3579	5,54908	3,89105	807,39	51874,8	257
258	66564	17173512	16,0624	6,3661	5,55296	3,87597	810,53	52279,2	258
259	67081	17373979	16,0935	6,3743	5,55683	3,86100	813,67	52685,3	259
260	67600	17576000	16,1245	6,3825	5,56068	3,84615	816,81	53092,9	260
261	68121	17779581	16,1555	6,3907	5,56452	3,83142	819,96	53502,1	261
262	68644	17984728	16,1864	6,3988	5,56834	3,81679	823,10	53912,9	262
263	69169	18191447	16,2173	6,4070	5,57215	3,80228	826,24	54325,2	263
264	69696	18399744	16,2481	6,4151	5,57595	3,78788	829,38	54739,1	264
265	70225	18609625	16,2788	6,4232	5,57973	3,77358	832,52	55154,6	265
266	70756	18821096	16,3095	6,4312	5,58350	3,75940	835,66	55571,6	266
267	71289	19034163	16,3401	6,4393	5,58725	3,74532	838,81	55990,2	267
268	71824	19248832	16,3707	6,4473	5,59099	3,73134	841,95	56410,4	268
269	72361	19465109	16,4012	6,4553	5,59471	3,71747	845,09	56832,2	269
270	72900	19683000	16,4317	6,4633	5,59842	3,70370	848,23	57255,5	270
271	73441	19902511	16,4621	6,4713	5,60212	3,69004	851,37	57680,4	271
272	73984	20123648	16,4924	6,4792	5,60580	3,67647	854,51	58106,9	272
273	74529	20346417	16,5227	6,4872	5,60947	3,66300	857,65	58534,9	273
274	75076	20570824	16,5529	6,4951	5,61313	3,64964	860,80	58964,6	274
275	75625	20796875	16,5831	6,5030	5,61677	3,63636	863,94	59395,7	275
276	76176	21024576	16,6132	6,5108	5,62040	3,62319	867,08	59828,5	276
277	76729	21253933	16,6433	6,5187	5,62402	3,61011	870,22	60262,8	277
278	77284	21484952	16,6733	6,5265	5,62762	3,59712	873,36	60698,7	278
279	77841	21717639	16,7033	6,5343	5,63121	3,58423	876,50	61136,2	279
280	78400	21952000	16,7332	6,5421	5,63479	3,57143	879,65	61575,2	280
281	78961	22188041	16,7631	6,5499	5,63835	3,55872	882,79	62015,8	281
282	79524	22425768	16,7929	6,5577	5,64191	3,54610	885,93	62458,0	282
283	80089	22665187	16,8226	6,5654	5,64545	3,53357	889,07	62901,8	283
284	80656	22906304	16,8523	6,5731	5,64897	3,52113	892,21	63347,1	284
285	81225	23149125	16,8819	6,5808	5,65249	3,50877	895,35	63794,0	285
286	81796	23393656	16,9115	6,5885	5,65599	3,49650	898,50	64242,4	286
287	82369	23639903	16,9411	6,5962	5,65948	3,48432	901,64	64692,5	287
288	82944	23887872	16,9706	6,6039	5,66296	3,47222	904,78	65144,1	288
289	83521	24137569	17,0000	6,6115	5,66642	3,46021	907,92	65597,2	289
290	84100	24389000	17,0294	6,6191	5,66988	3,44828	911,06	66052,0	290
291	84681	24642171	17,0587	6,6267	5,67332	3,43643	914,20	66508,3	291
292	85264	24897088	17,0880	6,6343	5,67675	3,42466	917,35	66966,2	292
293	85849	25153757	17,1172	6,6419	5,68017	3,41297	920,49	67425,6	293
294	86436	25412184	17,1464	6,6494	5,68358	3,40136	923,63	67886,7	294
295	87925	25672375	17,1756	6,6569	5,68698	3,38983	926,77	68349,3	295
296	87616	25934336	17,2047	6,6644	5,69036	3,37838	929,91	68813,4	296
297	88209	26198073	17,2337	6,6719	5,69373	3,36700	933,05	69279,2	297
298	88804	26463592	17,2627	6,6794	5,69709	3,35570	936,19	69746,5	298
299	89401	26730899	17,2916	7,6869	5,70044	3,34448	939,34	70215,4	299

n	n^2	n^3	$\sqrt{n}$	$\sqrt[3]{n}$	$\ln n$	$\dfrac{1000}{n}$	$\pi \cdot n$	$\dfrac{\pi \cdot n^2}{4}$	n
300	90000	27000000	17,3205	6,6943	5,70378	3,33333	942,48	70685,8	300
301	90601	27270901	17,3494	6,7018	5,70711	3,32226	945,62	71157,9	301
302	91204	27543608	17,3781	6,7092	5,71043	3,31126	948,76	71631,5	3'2
303	91809	27818127	17,4069	6,7166	5,72373	3,30033	951,90	72106,6	303
304	92416	28094464	17,4356	6,7240	5,71703	3,28947	955,04	72583,4	304
305	93025	28372625	17,4642	6,7313	5,72031	3,27869	958,19	73061,7	305
306	93636	28652616	17,4929	6,7387	5,72359	3,26797	961,13	73541,5	306
307	92240	28934443	17,5214	6,7460	5,72685	3,25733	964,47	74023,0	307
308	94864	29218112	17,5499	6,7533	5,73010	3,24675	967,61	74506,0	308
309	94481	29503629	17,5784	6,7606	5,73334	3,23625	970,75	74990,6	309
310	96100	29791000	17,6068	6,7679	5,73657	3,22581	973,89	75476,8	310
311	96721	30080231	17,6352	6,7752	5,73979	3,21543	977,04	75964,5	311
312	97344	30371328	17,6635	6,7824	5,74300	3,20513	980,18	76453,8	312
313	97969	30664297	17,6918	6,7897	5,74620	3,19489	983,32	76944,7	313
314	98596	30959144	17,7200	6,7969	5,74939	3,18471	986,46	77437,1	314
315	99225	31255875	17,7482	6,8041	5,75257	3,17460	989,60	77931,1	315
316	99856	31554496	17,7764	6,8113	5,75574	3,16456	992,74	78426,7	316
317	100489	31855013	17,8045	6,8185	5,75890	3,15457	995,88	78923,9	317
318	101124	32157432	17,8326	6,8256	5,76205	3,14465	999,03	79422,6	318
319	101761	32461759	17,8606	6,8828	5,76519	3,13480	1002,2	79922,9	319
320	102400	32768000	17,8885	6,8399	5,76832	3,12500	1005,3	80424,8	320
321	103041	33076161	17,9165	6,8470	5,77144	3,11526	1008,5	80928,2	321
322	103684	33386248	17,9444	6,8541	5,77455	3,10559	1011,6	81433,2	322
323	104329	33699267	17,9722	6,8612	5,77765	3,09598	1014,7	81949,8	323
324	104996	34012224	18,0000	6,8683	5,78074	3,08642	1017,9	82448,0	324
325	105625	34328125	18,0278	6,8753	5,78383	3,07692	1021,0	82757,7	325
326	106276	34645976	18,0555	6,8824	5,78690	3,06748	1024,2	83469,0	326
327	106929	34965783	18,0831	6,8894	5,78996	3,05810	1027,3	83981,8	327
328	107584	35287552	18,1108	6,8964	5,79301	3,04878	1030,4	84496,3	328
329	108241	35611289	18,1384	6,9034	5,79606	3,03951	1033,6	85012,3	329
330	108900	35937000	18,1659	6,9104	5,79909	3,03030	1036,7	85529,9	330
331	109561	36264691	18,1934	6,9174	5,80212	3,02115	1039,9	86049,0	331
332	110224	36594368	18,2209	6,9244	5,80513	3,01205	1043,0	86569,7	332
333	110889	36926037	18,2483	6,9313	5,80814	3,00300	1046,2	87092,0	333
334	111556	37259704	18,2757	6,9382	5,81114	2,99401	1049,3	87615,9	334
335	113225	37595375	18,3030	6,9451	5,81413	2,98507	1052,4	88141,4	335
336	112896	37933056	18,3303	6,9521	5,81711	2,97619	1055,6	88668,3	336
337	113569	38272753	18,3576	6,9589	5,82008	2,96736	1058,7	89196,9	337
338	114244	38614472	18,3348	6,9658	5,82305	2,95858	1061,9	89727,0	338
339	114921	38958219	18,4120	6,9727	5,82600	2,94985	1065,0	90258,7	339
340	115600	39304000	18,4391	6,9795	5,82595	2,94118	1068,1	90792,0	340
341	116281	39651821	18,4662	6,9864	5,83188	2,93255	1071,3	91326,9	341
342	116964	40001688	18,4932	6,9932	5,83481	2,92398	1074,4	91863,3	342
343	117640	40353607	18,5203	7,0000	5,83773	2,91545	1077,6	92401,3	343
344	118336	40707583	18,4120	7,0068	5,84064	2,90698	1080,7	92940,9	344
345	119025	41063625	18,5742	7,0136	5,84354	2,89855	1083,7	93482,0	345
346	119716	41421736	18,6011	7,0203	5,84644	2,89017	1087,0	94024,7	346
347	120409	41781923	18,6279	7,0271	5,84932	2,88184	10.0,1	94569,0	347
348	121104	42144192	18,6548	7,0838	5,85220	2,87356	1093,3	95114,9	348
349	121801	42508549	18,6815	7,0406	5,85507	2,86533	1096,4	95662,3	349

n	n^2	n^3	$\sqrt{n}$	$\sqrt[3]{n}$	$\ln n$	$\dfrac{1000}{n}$	$\pi \cdot n$	$\dfrac{\pi \cdot n^2}{4}$	n
350	122500	42875000	18,7083	7,0473	5,85793	2,85714	1099,6	96211,3	350
351	123201	43243551	18,7350	7,0540	5,86079	2,84900	1102,7	96761,8	351
352	123904	43614208	18,7617	7,0607	5,86363	2,84091	1105,8	97314,0	352
353	124609	43986477	18,7883	7,0674	5,86647	2,83286	1109,0	97867,7	353
354	125316	44361864	18,8149	7,0740	5,86930	2,82486	1112,1	98423,0	354
355	126025	44738875	18,8414	7,0807	5,87212	2,81690	1115,3	98979,8	355
356	126736	45118016	18,8680	7,0873	5,87493	2,80899	1118,4	99538,2	356
357	127449	45499293	18,8944	7,0940	5,87774	2,80112	1121,5	100098	357
358	128164	45882712	18,9209	7,1006	5,88053	2,79330	1124,7	100660	358
359	128881	46268279	18,9473	7,1072	5,88332	2,78552	1127,8	101223	359
360	129600	46656000	18,9737	7,1138	5,88610	2,77778	1131,0	101788	360
361	130321	47045881	19,0000	7,1204	5,88888	2,77008	1134,1	102354	361
362	131044	47437928	19,0263	7,1269	5,89164	2,76243	1137,3	102922	362
363	131769	47832147	19,0526	7,1335	5,89440	2,75482	1140,4	103491	363
364	132496	48228544	19,0788	7,1400	5,89715	2,74725	1143,5	104062	364
365	133225	48627125	19,1050	7,1466	5,89990	2,73973	1146,7	104635	365
366	133956	49027896	19,1311	7,1531	5,90263	2,73224	1149,8	105209	366
367	134689	49430863	19,1572	7,1596	5,90536	2,72480	1153,0	105785	367
368	135424	49836032	19,1833	7,1661	5,90808	2,71739	1156,1	106362	368
369	136161	50243409	19,2094	7,1726	5,91080	2,71003	1159,2	106941	369
370	136900	50653000	19,2354	7,1791	5,91350	2,70270	1162,4	107521	370
371	137641	51064811	19,2614	7,1855	5,91620	2,69542	1165,5	108103	371
372	138384	51478848	19,2873	7,1920	5,91889	2,68817	1168,7	108687	372
373	139129	51895117	19,3132	7,1984	5,92158	2,68097	1171,8	109272	373
374	139876	52313624	19,3391	7,2048	5,92426	2,77380	1175,0	109858	374
375	140625	52734375	19,3549	7,2112	5,92693	2,66667	1178,1	110447	375
376	141376	53157376	19,3907	7,2177	5,92959	2,65957	1181,2	111036	376
377	142129	53582633	19,4165	7,2240	5,93225	2,65252	1184,4	111628	377
378	142884	54010152	19,4422	7,2304	5,93489	2,64550	1187,5	112221	378
379	143641	54439939	19,4679	7,2368	5,93754	2,63852	1190,7	112815	379
380	144400	54872000	19,4936	7,2432	5,94017	2,63158	1193,8	113411	380
381	145161	55306341	19,5192	7,2495	5,94280	2,62467	1196,9	114009	381
382	145924	55742968	19,5448	7,2558	5,94542	2,61780	1200,1	114608	382
383	146689	56181887	19,5704	7,2622	5,94803	2,61097	1203,1	115209	383
384	147456	56623104	19,5959	7,2685	5,95064	2,60417	1206,4	115812	384
385	148225	57066625	19,6214	7,2748	5,95324	2,59740	1209,5	116416	385
386	148996	57512456	19,6469	7,2811	5,95584	2,59067	1212,7	117021	386
387	149769	57960603	19,6723	7,2874	5,95842	2,58398	1215,8	117628	387
388	150544	58411072	19,6977	7,2936	5,96101	2,57731	1218,9	118237	388
389	151321	58863869	19,7231	7,2999	5,96358	2,57069	1222,1	118847	389
390	152100	59319000	19,7484	7,3061	5,96615	2,56410	1225,2	119459	390
391	152881	59776471	19,7737	7,3124	5,96871	2,55754	1228,4	120072	391
392	153664	60236288	19,7990	7,3186	5,97126	2,55102	1231,5	120687	392
393	154449	60698457	19,8242	7,3248	5,97381	2,54453	1234,6	121304	393
394	155236	61162984	19,8494	7,3310	5,97635	2,53807	1237,8	121922	394
395	156025	61629875	19,8746	7,3372	5,97889	2,53165	1240,9	122542	395
396	156816	62099136	19,8997	7,3434	5,98141	2,52525	1244,1	123163	396
397	157609	62570773	19,9249	7,3496	5,98394	2,51889	1247,2	123786	397
398	158404	63044792	19,9499	7,3558	5,98645	2,51256	1250,4	124410	398
399	159201	63521199	19,9750	7,3619	5,98896	2,50627	1253,5	125036	399

n	n^2	n^3	$\sqrt{n}$	$\sqrt[3]{n}$	$\ln n$	$\dfrac{1000}{n}$	$\pi \cdot n$	$\dfrac{\pi \cdot n^2}{4}$	n
400	160000	64000000	20,0000	7,3681	5,99146	2,50000	1256,6	125664	400
401	160801	64481201	20,0250	7,3742	5,99396	2,49377	1259,8	126293	401
402	161604	64964808	20,0499	7,3803	5,99645	2,48756	1262,9	126923	402
403	162409	65450827	20,0749	7,3864	5,99894	2,48139	1266,1	127556	403
404	163216	65939264	20,0998	7,3925	5,00141	2,47525	1269,2	128190	404
405	164025	66430125	20,1246	7,3986	6,00389	2,46914	1272,3	128825	405
406	164836	66923416	20,1494	7,4047	6,00635	2,46305	1275,5	129462	406
407	165649	67419143	20,1742	7,4108	6,00881	2,45700	1278,6	130100	407
408	166464	67917312	20,1990	7,4169	6,01127	2,45098	1281,8	130741	408
409	167281	68417929	20,2237	7,4229	6,01372	2,44499	1284,9	131382	409
410	168100	68921000	20,2485	7,4290	6,01616	2,43902	1288,1	132025	410
411	168921	69426531	20,2731	7,4350	6,01859	2,43309	1291,2	132670	411
412	169744	69934528	20,2978	7,4410	6,02102	2,42718	1294,3	133317	412
413	170569	70444997	20,3224	7,4470	6,02345	2,42131	1297,5	133965	413
414	171396	70957944	20,3470	7,4530	6,02587	2,41546	1300,6	134614	414
415	172225	71473375	20,3715	7,4590	6,02828	2,40964	1303,8	135265	415
416	173056	71991296	20,3961	7,4650	6,03069	2,40385	1306,9	135918	416
417	173889	72511713	20,4206	7,4710	6,03309	2,39808	1310,0	136572	417
418	174724	73034632	20,4450	7,4770	6,03548	2,39234	1313,2	137228	418
419	175561	73560059	20,4695	7,4829	6,03787	2,38663	1316,3	137885	419
420	176400	74088000	20,4939	7,4889	6,04025	2,38095	1319,5	138544	420
421	177241	74618461	20,5183	7,4948	6,04263	2,37530	1322,6	139205	421
422	178084	75151448	20,5426	7,5007	6,04501	2,36967	1325,8	139867	422
423	178929	75686967	20,5670	7,5067	6,04737	2,36407	1328,9	140531	423
424	179776	76225024	20,5913	7,5126	6,04973	2,35849	1332,0	141196	424
425	180625	76765625	20,6155	7,5185	6,05209	2,35294	1335,2	141863	425
426	181476	77308776	20,6398	7,5244	6,05444	2,34742	1338,3	142531	426
427	182329	77854483	20,6640	7,5302	6,05678	2,34192	1341,5	143201	427
428	183184	78402752	20,6882	7,5361	6,05912	2,33645	1344,6	143872	428
429	184041	78953589	20,7123	7,5420	6,06146	2,33100	1347,7	144545	429
430	184900	79507000	20,7364	7,5478	6,06379	2,32558	1350,9	145220	430
431	185761	80062991	20,7605	7,5537	6,06611	2,32019	1354,0	145896	431
432	186624	80621568	20,7846	7,5595	6,06843	2,31481	1357,2	146574	432
433	187489	81182737	20,8087	7,5654	6,07074	2,30947	1360,3	147254	433
434	188356	81746504	20,8327	7,5712	6,07304	2,30415	1363,5	147934	434
435	189225	82312875	20,8567	7,5770	6,07535	2,29885	1366,6	148617	435
436	190096	82881856	20,8806	7,5828	6,07764	2,29358	1369,7	149301	436
437	190969	83453453	20,9045	7,5886	6,07993	2,28833	1372,9	149987	437
438	191844	84027672	20,9284	7,5944	6,08222	2,28311	1376,0	150674	438
439	192721	84604519	20,9523	7,6001	6,08450	2,27790	1379,2	151363	439
440	193600	85184000	20,9762	7,6059	6,08677	2,27273	1382,3	152053	440
441	194481	85766121	21,0000	7,6117	6,08904	2,26757	1385,4	152745	441
442	195364	86350888	21,0238	7,6174	6,09131	2,26244	1388,6	153439	442
443	196249	86938307	21,0476	7,6232	6,09357	2,25734	1391,7	154134	443
444	197136	87528384	21,0713	7,6289	6,09582	2,25225	1394,9	154830	444
445	198025	88121125	21,0950	7,6346	6,09807	2,24719	1398,0	155528	445
446	198916	88716536	21,1187	7,6403	6,10032	2,24215	1401,2	156228	446
447	199809	89314623	21,1424	7,6460	6,10256	2,23714	1404,3	156930	447
448	200704	89915392	21,1660	7,6517	6,10479	2,23214	1407,4	157633	448
449	201601	90518849	21,1896	7,6374	6,10702	2,22717	1410,6	158337	449

n	n^2	n^3	$\sqrt{n}$	$\sqrt[3]{n}$	$\ln n$	$\dfrac{1000}{n}$	$\pi \cdot n$	$\dfrac{\pi \cdot n^2}{4}$	n
450	202500	91125000	21,2132	7,6631	6,10925	2,22222	1413,7	159043	450
451	203401	91733851	21,2368	7,6688	6,11147	2,21729	1416,9	159751	451
452	204304	92345408	21,2603	7,6744	6,11368	2,21239	1420,0	160460	452
453	205209	92959677	21,2838	7,6801	6,11589	2,20751	1424,1	161171	453
454	206116	93576664	21,3073	7,6857	6,11810	2,20264	1426,3	161883	454
455	207025	94196375	21,3307	7,6914	6,12030	2,19780	1429,4	162597	455
456	207936	94818816	21,3542	7,6970	6,12249	2,19298	1432,6	163313	456
457	208849	95443993	21,3776	7,7026	6,12468	2,18818	1435,7	164030	457
458	209764	96071912	21,4009	7,7082	6,12687	2,18341	1438,8	164748	458
459	210681	96702579	21,4243	7,7138	6,12905	2,17865	1442,0	165468	459
460	211600	97336000	21,4476	7,7194	6,13123	2,17391	1445,1	166190	460
461	212521	97972341	21,4709	7,7250	6,13340	2,16920	1448,3	166914	461
462	213444	98611128	21,4942	7,7306	6,13556	2,16450	1451,4	167639	462
463	214369	99252847	21,5174	7,7362	6,13773	2,15983	1454,6	168365	463
464	215296	99897344	21,5407	7,7418	6,13988	2,15517	1457,7	169093	464
465	216225	100544625	21,5639	7,7473	6,14204	2,15054	1460,8	169823	465
466	217156	101194696	21,5870	7,7529	6,14419	2,14592	1464,0	170554	466
467	218089	101847563	21,6102	7,7584	6,14633	2,14133	1467,1	171287	467
468	219024	102503232	21,6333	7,7639	6,14847	2,13675	1470,3	172021	468
469	219961	103161709	21,6564	7,7695	6,15060	2,13220	1473,4	172757	469
470	220900	103823000	21,6795	7,7750	6,15273	2,12766	1476,5	173494	470
471	221841	104487111	21,7025	7,7805	6,15486	2,12314	1479,7	174234	471
472	222784	105154048	21,7256	7,7860	6,15698	2,11864	1482,8	174974	472
473	223729	105823817	21,7486	7,7915	6,15910	2,11416	1486,0	175716	473
474	224676	106496424	21,7715	7,7970	6,16121	2,10970	1489,1	176460	474
475	225625	107171875	21,7945	7,8025	6,16331	2,10526	1492,3	177205	475
476	226576	107850176	21,8174	7,8079	6,16542	2,10084	1495,4	177952	476
477	227529	108551333	21,8403	7,8134	6,16752	2,09644	1498,5	178701	477
478	228484	109215352	21,8632	7,8188	6,16961	2,09205	1501,7	179451	478
479	229441	109902239	21,8861	7,8243	6,17170	2,08768	1504,8	180203	479
480	230400	110592000	21,9089	7,8297	6,17379	2,08333	1508,0	180956	480
481	231361	111284641	21,9317	7,8352	6,17587	2,07900	1511,1	181711	481
482	232324	111980168	21,9545	7,8406	6,17794	2,07469	1514,2	182467	482
483	233289	112678587	21,9773	7,8460	6,18002	2,07039	1517,4	183225	483
484	234256	113379904	22,0000	7,8514	6,18208	2,06612	1520,5	183984	484
485	235225	114084125	22,0227	7,8568	6,18415	2,06186	1523,7	184745	485
486	236196	114791256	22,0454	7,8622	6,18621	2,05761	1526,8	185508	486
487	237169	115501303	22,0681	7,8676	6,18826	2,05339	1530,0	186272	487
488	238144	116214272	22,0907	7,8730	6,19032	2,04918	1533,1	187038	488
489	239121	116930169	22,1133	7,8784	6,19236	2,04499	1536,2	187805	489
490	240100	117649000	22,1359	7,8837	6,19441	2,04082	1539,4	188574	490
491	241081	118370771	22,1585	7,8891	6,19644	2,03666	1542,5	189345	491
492	242064	119095488	22,1811	7,8944	6,19848	2,03252	1545,7	190117	492
493	243049	119823157	22,2036	7,8998	6,20051	2,02840	1548,8	190890	493
494	244036	120553784	22,2261	7,9051	6,20254	2,02429	1551,9	191665	494
495	245025	121287375	22,2486	7,9105	6,20456	2,02020	1555,1	192442	495
496	246016	122023936	22,2711	7,9158	6,20658	2,01613	1558,2	193221	496
497	247009	122763473	22,2935	7,9211	6,20859	2,01207	1561,4	194000	497
498	248004	123505992	22,3159	7,9264	6,21060	2,00803	1564,5	194782	498
499	249001	124251499	22,3383	7,9317	6,21261	2,00401	1567,7	195565	499

n	n^2	n^3	$\sqrt{n}$	$\sqrt[3]{n}$	$\ln n$	$\dfrac{1000}{n}$	$\pi \cdot n$	$\dfrac{\pi \cdot n^2}{4}$	n
500	250000	125000000	22,3607	7,9370	6,21461	2,00000	1570,8	196350	500
501	251001	125751501	22,3830	7,9423	6,21661	1,99601	1573,9	197136	501
502	252004	126506008	22,4054	7,9476	6,21860	1,99203	1577,1	197923	502
503	253009	127263527	22,4277	7,9528	6,22029	1,98807	1580,2	198713	503
504	254016	128024064	22,4499	7,9581	6,22258	1,98413	1583,4	199504	504
505	255025	128787625	22,4722	7,9634	6,22456	1,98020	1586,5	200296	505
506	256036	129554216	22,4944	7,9686	6,22654	1,97628	1589,6	201090	506
507	257049	130323843	22,5167	7,9739	6,22851	1,97239	1592,8	201886	507
508	258064	131096512	22,5389	7,9791	6,23048	1,96850	1595,9	202683	508
509	259081	131872229	22,5610	7,9843	6,23245	1,96464	1599,1	203482	509
510	260100	132651000	22,5832	7,9896	6,23441	1,96078	1602,2	204282	510
511	261121	133432831	22,6053	7,9948	6,23637	1,95695	1605,4	205084	511
512	262144	134217728	22,6274	8,0000	6,23832	1,95312	1608,5	205887	512
513	263169	135005697	22,6495	8,0052	6,24028	1,94932	1611,6	206692	513
514	264196	135796744	22,6716	8,0104	6,24222	1,94553	1614,8	207499	514
515	265225	136590875	22,6936	8,0156	6,24417	1,94175	1617,9	208307	515
516	266256	137388096	22,7156	8,0208	6,24611	1,93798	1621,1	209117	516
517	267289	138188413	22,7376	8,0260	6,24804	1,93424	1624,2	209928	517
518	268324	138991832	22,7596	8,0311	6,24998	1,93050	1627,3	210741	518
519	269361	139798359	22,7816	8,0363	6,25190	1,92678	1630,5	211556	519
520	270400	140608000	22,8035	8,0415	6,25383	1,92308	1633,6	212372	520
521	271441	141420761	22,8254	8,0466	6,25575	1,91939	1636,8	213189	521
522	272484	142236648	22,8473	8,0517	6,25767	1,91571	1639,9	214008	522
523	273529	143055667	22,8692	8,0569	6,25958	1,91205	1643,1	214829	523
524	274576	143877824	22,8910	8,0620	6,26149	1,90840	1646,2	215651	524
525	275625	144703125	22,9192	8,0671	6,26340	1,90476	1649,3	216475	525
526	276676	145531576	22,9347	8,0723	6,26530	1,90114	1652,5	217301	526
527	277729	146363183	22,9565	8,0774	6,26720	1,89753	1655,6	218128	527
528	278784	147197952	22,9783	8,0825	6,26910	1,89394	1658,8	218956	528
529	279841	148035889	23,0000	8,0876	6,27099	1,89036	1661,9	219787	529
530	280900	148877000	23,0217	8,0927	6,27288	1,88679	1665,0	220618	530
531	281961	149721291	23,0434	8,0978	6,27476	1,88324	1668,2	221452	531
532	283024	150568768	23,0651	8,1028	6,27664	1,87970	1671,3	222287	532
533	284089	151419437	23,0868	8,1079	6,27852	1,87617	1674,5	223123	533
534	285156	152273304	23,1084	8,1130	6,28040	1,87266	1677,6	223961	534
535	286225	153130375	23,1301	8,1180	6,28227	1,86916	1680,8	224801	535
536	287296	153990656	23,1517	8,1231	6,28413	1,86567	1683,9	225642	536
537	288369	154854153	23,1733	8,1281	6,28600	1,86220	1687,0	226484	537
538	289444	155720872	23,1948	8,1332	6,28786	1,85874	1690,2	227329	538
539	290521	156590819	23,2164	8,1382	6,28972	1,85529	1693,3	228175	539
540	291600	157464000	23,2379	8,1433	6,29157	1,85185	1696,5	229022	540
541	292681	158340421	23,2594	8,1483	6,29342	1,84843	1699,6	229871	541
542	293764	159220088	23,2809	8,1533	6,29527	1,84502	1702,7	230722	542
543	294849	160103007	23,3024	8,1583	6,29711	1,84502	1705,9	231574	543
544	295936	160989184	23,3238	8,1633	6,29895	1,83824	1709,0	232428	544
545	297025	161878625	23,3452	8,1683	6,30079	1,83486	1712,2	233283	545
546	298116	162771336	23,3666	8,1733	6,30262	1,83150	1715,3	234140	546
547	299209	163667323	23,3880	8,1783	6,30445	1,82815	1718,5	234998	547
548	300304	164566592	23,4094	8,1833	6,30628	1,82482	1721,6	235858	548
549	301401	165469149	23,4307	8,1882	6,30810	1,82149	1724,7	236720	549

n	n^2	n^3	$\sqrt{n}$	$\sqrt[3]{n}$	$\ln n$	$\dfrac{1000}{n}$	$\pi \cdot n$	$\dfrac{\pi \cdot n^2}{4}$	n
550	302500	166375000	23,4521	8,1932	6,30992	1,81818	1727,9	237583	550
551	303601	167284151	23,4734	8,1982	6,31173	1,81488	1731,0	238448	551
552	304704	168196608	23,4947	8,2031	6,31355	1,81159	1734,2	239314	552
553	305809	169112377	23,5160	8,2081	6,31536	1,80832	1737,3	240182	553
554	306916	170031464	23,5372	8,2130	6,31716	1,80505	1740,4	241051	554
555	308025	170953875	23,5584	8,2180	6,31897	1,80180	1743,6	241922	555
556	309136	171879616	23,5797	8,2229	6,32077	1,79856	1746,7	242795	556
557	310249	172808693	23,6008	8,2278	6,32257	1,79533	1749,9	243669	557
558	311364	173741112	23,6220	8,2327	6,32436	1,79211	1753,0	244545	558
559	312481	174676879	23,6432	8,2377	6,32615	1,78891	1756,2	245422	559
560	313600	175616000	23,6643	8,2426	6,32794	1,78571	1759,3	246301	560
561	314721	176558481	23,6854	8,2475	6,32972	1,78253	1762,4	247181	561
562	314844	177504328	23,7065	8,2524	6,33150	1,77936	1765,6	248063	562
563	316969	178453547	22,7276	8,2573	6,33328	1,77620	1768,7	248947	563
564	318096	179406144	23,7487	8,2621	6,33505	1,77305	1771,9	249832	564
565	319225	180362125	23,7697	8,2670	6,33683	1,76991	1775,0	250719	565
566	320356	181321496	23,7908	8,2719	6,33859	1,76678	1778,1	251607	566
567	321489	182284263	23,8118	8,2768	6,34036	1,76367	1781,3	252497	567
568	322624	183250432	23,8328	8,2816	6,34212	1,76056	1784,4	253388	568
569	323761	184220009	23,8537	8,2865	6,34388	1,75747	1787,6	254281	569
570	324900	185193000	23,8747	8,2913	6,34564	1,75439	1790,7	255176	570
571	326041	186169411	23,8956	8,2962	6,34739	1,75131	1793,8	256072	571
572	327184	187149248	23,9165	8,3010	6,34914	1,74825	1797,0	256970	572
573	328329	188132517	23,9374	8,3059	6,35089	1,74520	1800,1	257869	573
574	329476	189119224	23,9583	8,3107	6,35263	1,74216	1803,3	258770	574
575	330625	190109375	23,9792	3,3155	6,35437	1,73913	180614	259672	575
576	331776	191102976	24,0000	8,3203	6,35611	1,73611	180916	260576	576
577	332929	192100033	24,0208	8,3251	6,35784	1,73310	1812,7	261482	577
578	334084	193100552	24,0416	8,3300	6,35957	1,73010	1815,8	262389	578
579	335241	194104539	24,0624	8,3348	6,36130	1,72712	1819,0	263298	579
580	336400	195112000	24,0832	8,3396	6,36303	1,72414	1822,1	264208	580
581	337561	196122941	24,1039	8,3443	6,36475	1,72117	1825,3	265120	581
582	338724	197137368	24,1247	8,3491	6,36647	1,71821	1828,4	266033	582
583	339889	198155287	24,1454	8,3539	6,36819	1,71527	1831,6	266948	583
584	341056	199176704	24,1661	8,3587	6,36990	1,71233	1834,7	267865	584
585	342225	200201625	24,1868	8,3634	6,37161	1,70940	1837,8	268783	585
586	343396	201230056	24,2074	8,3682	6,37332	1,70648	1841,0	269703	586
587	344569	202262003	24,2281	8,3730	6,37502	1,70358	1844,1	270624	587
588	345744	203297472	24,2487	8,3777	6,37673	1,70068	1847,3	271547	588
589	346921	204336469	24,2693	8,3825	6,37843	1,69779	1850,4	272471	589
590	348100	205379000	24,2899	8,3872	6,38012	1,69492	1853,5	273397	590
591	349281	206425071	24,3105	8,3919	6,38182	1,69205	1856,7	274325	591
592	350464	207474688	24,3311	8,3967	6,38351	1,68919	1859,8	275254	592
593	351649	208527857	24,3516	8,4014	6,38519	1,68634	1863,0	276184	593
594	352836	209584584	24,3721	8,4061	6,38688	1,68350	1866,1	277117	594
595	354025	210644875	24,3926	8,4108	6,38856	1,68067	1869,2	278051	595
596	355216	211708736	24,4131	8,4155	6,39024	1,67785	1872,4	278986	596
597	356409	212776173	24,4336	8,4202	6,39192	1,67504	1875,5	279923	597
598	357604	213847192	24,4540	8,4249	6,39359	1,67224	1878,7	280862	598
599	358801	214921799	24,4745	8,4296	6,39526	1,66945	1881,8	281802	599

315

n	n^2	n^3	$\sqrt{n}$	$\sqrt[3]{n}$	$\ln n$	$\dfrac{1000}{n}$	$\pi \cdot n$	$\dfrac{\pi \cdot n^2}{4}$	n
600	360000	216000000	24,4949	8,4343	6,39693	1,66667	1885,0	282743	600
601	361201	217081801	24,5153	8,4390	6,39859	1,66389	1888,1	283687	601
602	362404	218167208	24,5357	8,4437	6,40026	1,66113	1891,2	284631	602
603	363609	219256227	24,5561	8,4484	6,40192	1,65837	1894,4	285578	603
604	364816	220348864	24,5764	8,4530	6,40357	1,65563	1897,5	286526	604
605	366025	221445125	24,5967	8,4577	6,40523	1,65289	1900,7	287475	605
606	367236	222545016	24,6171	8,4623	6,40688	1,65017	1903,8	288426	606
607	368449	223648543	24,6374	8,4670	6,40853	1,64745	1906,9	289379	607
608	369664	224755712	24,6577	8,4716	6,41017	1,64474	1910,1	290333	608
609	370881	225866529	24,6779	8,4763	6,41182	1,64204	1913,2	291289	609
610	372100	226981000	24,6982	8,4809	6,41346	1,63934	1916,4	292247	610
611	373321	228099131	24,7184	8,4856	6,41510	1,63666	1919,5	293206	611
612	374544	229220928	24,7386	8,4902	6,41673	1,63399	1922,7	294166	612
613	375769	230346397	24,7588	8,4948	6,41836	1,63132	1925,8	295128	613
614	376996	231475544	24,7790	8,4994	6,41999	1,62866	1928,9	296092	614
615	378225	232608375	24,7992	8,5040	6,42162	1,62602	1932,1	297057	615
616	379456	233744896	24,8193	8,5086	6,42325	1,62338	1935,2	298024	616
617	380689	234885113	24,8395	8,5132	6,42487	1,62075	1938,4	298992	617
618	381924	236029032	24,8596	8,5178	6,42649	1,61812	1941,5	299962	618
619	383161	237176659	24,8797	8,5224	6,42811	1,61551	1944,6	300934	619
620	384400	238328000	24,8998	8,5270	6,42972	1,61290	1947,8	301907	620
621	385641	239483061	24,9199	8,5316	6,43133	1,61031	1950,9	302882	621
622	386884	240641848	24,9399	8,5362	6,43294	1,60772	1954,1	303858	622
623	388129	241804367	24,9600	8,5408	6,43455	1,60514	1957,2	304836	623
624	389376	242970624	24,9800	8,5453	6,43615	1,60256	1960,4	305815	624
625	390625	244140625	24,0000	8,5499	6,43775	1,60000	1963,5	306796	625
626	391876	245314376	24,0200	8,5544	6,43935	1,59744	1966,6	307779	626
627	393129	246491883	24,0400	8,5590	6,44095	1,59490	1969,8	308763	627
628	394384	247673152	24,0599	8,5635	6,44254	1,59236	1972,9	309748	628
629	395641	248858189	24,0799	8,5681	6,44413	1,58983	1976,1	310736	629
630	396900	250047000	25,0998	8,5726	6,44572	1,58730	1979,2	311725	630
631	398161	251239591	25,1197	8,5772	6,44731	1,58479	1982,3	312715	631
632	399424	252435968	25,1396	8,5817	6,44889	1,58228	1985,5	313707	632
633	400689	253636137	25,1595	8,5862	6,45047	1,57978	1988,6	314700	633
634	401956	254840104	25,1794	8,5907	6,45205	1,57729	1991,8	315696	634
635	403225	256047875	25,1992	8,5952	6,45362	1,57480	1994,9	316692	635
636	404496	257259456	25,2190	8,5997	6,45520	1,57233	1998,1	317690	636
637	405769	258474853	25,2389	8,6043	6,45677	1,56986	2001,2	318690	637
638	407044	259694072	25,2587	8,6088	6,45834	1,56740	2004,3	319692	638
639	408321	260917119	25,2784	8,6132	6,45990	1,56495	2007,5	320695	639
640	409600	262144000	25,2982	8,6177	6,46147	1,56250	2010,6	321699	640
641	410881	263374721	25,3180	8,6222	6,46303	1,56006	2013,8	322705	641
642	412164	264609288	25,3377	8,6267	6,46459	1,55763	2016,9	323713	642
643	413449	265847707	25,3574	8,6312	6,46614	1,55521	2020,0	324722	643
644	414736	267089984	25,3772	8,6357	6,46770	1,55280	2023,2	325733	644
645	416025	268336125	25,3969	8,6401	6,46925	1,55039	2026,3	326745	645
646	417316	269586130	25,4165	8,6446	6,47080	1,54799	2029,5	327759	646
647	418609	270840023	25,4362	8,6490	6,47235	1,54560	2032,6	328775	647
648	419904	272097792	25,4558	8,6535	6,47389	1,54321	2035,8	329792	648
649	421201	273359449	25,4755	8,6579	6,47543	1,54083	2038,9	330810	649

n	n^2	n^3	$\sqrt{n}$	$\sqrt[3]{n}$	$\ln n$	$\dfrac{1000}{n}$	$\pi \cdot n$	$\dfrac{\pi \cdot n^2}{4}$	n
650	422500	274625000	25,4951	8,6624	6,47697	1,53846	2042,0	331831	650
651	423801	275894451	25,5147	8,6668	6,47851	1,53610	2045,2	332853	651
652	425104	277167808	25,5343	8,6713	6,48004	1,53374	2048,3	333876	652
653	426409	278445077	25,5539	8,6757	6,48158	1,53139	2051,5	334901	653
654	427716	279726264	25,5734	8,6801	6,48311	1,52905	2054,6	335927	654
655	429025	281011375	25,5930	8,6845	6,48464	1,52672	2057,7	336955	655
656	430336	282300416	25,6125	8,6890	6,48616	1,52439	2060,9	337985	656
657	431649	283593393	25,6320	8,6934	6,48768	1,52207	2064,0	339016	657
658	432964	284890312	25,6515	8,6978	6,48920	1,51976	2067,2	340049	658
659	434281	286191179	25,6710	8,7022	6,49072	1,51745	2070,3	341084	659
660	435600	287496000	25,6905	8,7066	6,49224	1,51515	2073,5	342119	660
661	436921	288804781	25,7099	8,7110	6,49375	1,51286	2076,6	343157	661
662	438244	290117528	25,7294	8,7154	6,49527	1,51057	2079,7	344196	662
663	439569	291434247	25,7488	8,7198	6,49677	1,50830	2082,9	345237	663
664	440896	292754944	25,7682	8,7241	6,49828	1,50602	2086,0	346279	664
665	442225	294079625	25,7876	8,7285	6,49979	1,50376	2089,2	347323	665
666	443556	295408296	25,8070	8,7329	6,50129	1,50150	2092,3	348368	666
667	444889	296740963	25,8263	8,7373	6,50279	1,49925	2095,4	349415	667
668	446224	298077632	25,8457	8,7416	6,50429	1,49701	2098,6	350464	668
669	447561	299418309	25,8650	8,7460	6,50578	1,49477	2101,7	351514	669
670	448900	300763000	25,8844	8,7503	6,50728	1,49254	2104,9	352565	670
671	450241	302111711	25,9037	8,7547	6,50877	1,49031	2108,0	353618	671
672	451584	303464448	25,9230	8,7590	6,51026	1,48810	2111,2	354673	672
673	452929	304821217	25,9422	8,7634	6,51175	1,48588	2114,3	355730	673
674	454276	306182024	25,9615	8,7677	6,51323	1,48368	2117,4	356788	674
675	455625	307546875	25,9808	8,7721	6,51471	1,48148	2120,6	357847	675
676	456976	308915776	26,0000	8,7764	6,51619	1,47929	2123,7	358908	676
677	458329	310288733	26,0192	8,7807	6,51767	1,47710	2126,9	359971	677
678	459684	311665752	26,0384	8,7850	6,51915	1,47493	2130,0	361035	678
679	461041	313046939	26,0576	8,7893	6,52062	1,47275	2133,1	362101	679
680	462400	314432000	26,0768	8,7937	6,52209	1,47059	2136,3	363168	680
681	463761	315821241	26,0960	8,7980	6,52356	1,46843	2139,4	364237	681
682	465124	317214568	26,1151	8,8023	6,52503	1,46628	2142,6	365308	682
683	466489	318611987	26,1343	8,8066	6,52649	1,46413	2145,7	366380	683
684	467856	320013504	26,1534	8,8109	6,52796	1,46199	2148,8	367453	684
685	469225	321419125	26,1725	8,8152	6,52942	1,45985	2152,0	368528	685
686	470596	322828856	26,1916	8,8194	6,53088	1,45773	2155,1	369605	686
687	471969	324242703	26,2107	8,8237	6,53233	1,45560	2158,3	370684	687
688	473344	325660672	26,2298	8,8280	6,53379	1,45349	2161,4	371764	688
689	474721	327082769	26,2488	8,8323	6,53524	1,45138	2164,6	372845	689
690	476100	328509000	26,2679	8,8366	6,53669	1,44928	2167,7	373928	690
691	477481	329939371	26,2869	8,8408	6,53814	1,44718	2170,8	375013	691
692	478864	331373888	26,3059	8,8451	6,53959	1,44509	2174,0	376099	692
693	480249	332812557	26,3249	8,8493	6,54103	1,44300	2177,1	377187	693
694	481636	334255384	26,3439	8,8536	6,54247	1,44092	2180,3	378276	694
695	483025	335702375	26,3629	8,8578	6,54391	1,43885	2183,4	379367	695
696	484416	337153536	26,3818	8,8621	6,54535	1,43678	2186,5	380459	696
697	485809	338608873	26,4008	8,8663	6,54679	1,43472	2189,7	381553	697
698	487204	340068392	26,4197	8,8706	6,54822	1,43266	2192,8	382649	698
699	488601	341532099	26,4386	8,8748	6,54965	1,43062	2196,0	383746	699

n	n^2	n^3	$\sqrt{n}$	$\sqrt[3]{n}$	$\ln n$	$\dfrac{1000}{n}$	$\pi \cdot n$	$\dfrac{\pi \cdot n^2}{4}$	n
700	490000	343000000	26,4574	8,8790	6,55108	1,42857	2199,1	384845	700
701	491401	344472101	26,4764	8,8833	6,55251	1,42653	2202,3	385945	701
702	492804	345948408	26,4953	8,8875	6,55393	1,42450	2205,4	387047	702
703	494209	347428927	26,5141	8,8917	6,55636	1,42248	2208,5	388151	703
704	495616	348913664	26,5330	8,8959	6,55678	1,42045	2211,7	389256	704
705	497025	350402625	26,5518	8,9001	6,55820	1,41844	2214,8	390363	705
706	498436	351895816	26,5707	8,9043	6,55962	1,41643	2218,0	391471	706
707	499849	353393243	26,5895	8,9085	6,56103	1,41443	2221,1	392580	707
708	501264	354894912	26,6083	8,9127	6,56244	1,41243	2224,2	393692	708
709	502681	356400829	26,6271	8,9169	6,56386	1,41044	2227,4	394805	709
710	504100	357911000	26,6458	8,9211	6,56526	1,40845	2230,5	395919	710
711	505521	359425431	26,6646	8,9253	6,56667	1,40647	2233,7	397035˙	711
712	506944	360944128	26,6833	8,9295	6,56808	1,40449	2236,8	398153	712
713	508369	362467097	26,7021	8,9337	6,56948	1,40252	2240,0	399272	713
714	509796	363994344	26,7208	8,9378	6,57088	1,40056	2243,1	400393	714
715	511225	365525875	26,7395	8,9420	6,57228	1,39860	2246,2	401515	715
716	512656	367061696	26,7582	8,9462	6,57368	1,39665	2249,4	402639	716
717	514089	368601813	26,7769	8,9503	6,57508	1,39470	2252,5	403765	717
718	515524	370146232	26,7955	8,9545	6,57647	1,39276	2255,7	404892	718
719	516961	371694959	26,8142	8,9587	6,57786	1,39082	2258,8	406020	719
720	518400	373248000	26,8328	8,9628	6,57925	1,38889	2261,9	407150	720
721	519841	374805361	26,8514	8,9670	6,58064	1,38696	2265,1	408282	721
722	521284	376367048	26,8701	8,9711	6,58203	1,38504	2268,2	409415	722
723	522729	377933067	26,8887	8,9752	6,58341	1,38313	2271,4	410550	723
724	524176	379503424	26,9072	8,9794	6,58479	1,38122	2274,5	411687	724
725	525625	381078125	26,9258	8,9835	6,58617	1,37931	2277,7	412825	725
726	527076	382657176	26,9444	8,9876	6,58755	1,37741	2280,8	413965	726
727	528529	384240583	26,9629	8,9918	6,58893	1,37552	2283,9	415106	727
728	529984	385828352	26,9815	8,9959	6,59030	1,37363	2287,1	416248	728
729	531441	387420489	27,0000	9,0000	6,59167	1,37174	2290,2	417393	729
730	532900	389017000	27,0185	9,0041	6,59304	1,36986	2293,4	418539	730
731	534361	390617891	27,0370	9,0082	6,59441	1,36799	2296,5	419686	731
732	535824	392223168	27,0555	9,0123	6,59578	1,36612	2299,6	420835	732
733	537289	393832837	27,0740	9,0164	6,59715	1,36426	2302,8	421986	733
734	538756	395446904	27,0924	9,0205	6,59851	1,36240	2305,9	423138	734
735	540225	397065375	27,1109	9,0246	6,59987	1,36054	2309,1	424293	735
736	541696	398688256	27,1293	9,0287	6,60123	1,35870	2312,2	425447	736
737	543169	400315553	27,1477	9,0328	6,60259	1,35685	2315,4	426604	737
738	544644	401947272	27,1662	9,0369	6,60394	1,35501	2318,5	427762	738
739	546121	403583419	27,1846	9,0410	6,60530	1,35318	2321,6	428922	739
740	547600	405224000	27,2029	9,0450	6,60665	1,35135	2324,8	430084	740
741	549081	406869021	27,2213	9,0491	6,60800	1,34953	2327,9	431247	741
742	550564	408518488	27,2397	9,0532	6,60935	1,34771	2331,1	432412	742
743	552049	410172407	27,2508	9,0572	6,61070	1,34590	2334,2	433578	743
744	553536	411830784	27,2764	9,0613	6,61204	1,34409	2337,3	434746	744
745	555025	413493625	27,2947	9,0654	6,61338	1,34228	2340,5	435916	745
746	556516	415160936	27,3130	9,0694	6,61473	1,34048	2343,6	437087	746
747	558009	416832723	27,3313	9,0735	6,61607	1,33869	2346,8	438259	747
748	559504	418508992	27,3496	9,0775	6,61740	1,33690	2349,9	439433	748
749	561001	420189749	27,3679	9,0816	6,61874	1,33511	2353,1	440609	749

n	n^2	n^3	$\sqrt{n}$	$\sqrt[3]{n}$	$ln\,n$	$\dfrac{1000}{n}$	$\pi \cdot n$	$\dfrac{\pi \cdot n^2}{4}$	n
750	562500	421875000	27,3861	9,0856	6,62007	1,33333	2356,2	441786	750
751	564001	423564751	27,4044	9,0896	6,62141	1,33156	2359,3	442965	751
752	565504	425259008	27,4226	9,0937	6,62274	1,32979	2362,5	444146	752
753	567009	426957777	27,4408	9,0977	6,62407	1,32802	2365,6	445328	753
754	568516	428661064	27,4591	9,1017	6,62539	1,32626	2368,8	446511	754
755	570025	430368875	27,4773	9,1057	6,62672	1,32450	2371,9	447697	755
756	571536	432081216	27,4955	9,1098	6,62804	1,32275	2375,0	448883	756
757	573049	433798093	27,5136	9,1138	6,62936	1,32100	2378,2	450072	757
758	574564	435519512	27,5318	9,1178	6,63068	1,31926	2381,3	451262	758
759	576081	437245479	27,5500	9,1218	6,63200	1,31752	2384,5	452453	759
760	577600	438976000	27,5681	9,1258	6,63332	1,31579	2387,6	453646	760
761	579121	440711081	27,5862	9,1298	6,63463	1,31406	2390,8	454841	761
762	580644	442450728	27,6043	9,1338	6,63595	1,31234	2393,9	456037	762
763	582169	444194947	27,6225	9,1378	6,63726	1,31062	2397,0	457234	763
764	583696	445943744	27,6405	9,1418	6,63857	1,30890	2400,2	458434	764
765	585225	447697125	27,6586	9,1458	6,63988	1,30719	2403,3	459635	765
766	586756	449455096	27,6767	9,1498	6,64118	1,30548	2406,4	460837	766
767	588289	451217663	27,6948	9,1537	6,64249	1,30378	2409,6	462041	767
768	589824	452984832	27,7128	9,1577	6,64379	1,30208	2412,7	463247	768
769	591361	454756609	27,7308	9,1617	6,64509	1,30039	2415,9	464454	769
770	592900	456533000	27,7489	9,1657	6,64639	1,29870	2419,0	465663	770
771	594441	458314011	27,7669	9,1696	6,64769	1,29702	2422,2	466873	771
772	595984	460099648	27,7849	9,1736	6,64898	1,29534	2425,3	468085	772
773	597529	461889917	27,8029	9,1775	6,65028	1,29366	2428,5	469298	773
774	599076	463684824	27,8209	9,1815	6,65157	1,29199	2431,6	470513	774
775	600625	465484375	27,8388	9,1855	6,65286	1,29032	2434,7	471730	775
776	602176	467288576	27,8568	9,1894	6,65415	1,28866	2437,9	472948	776
777	603729	469097433	27,8747	9,1933	6,65544	1,28700	2441,0	474168	777
778	605284	470910952	27,8927	9,1973	6,65673	1,28535	2444,2	475389	778
779	606841	472729139	27,9106	9,2012	6,65801	1,28370	2447,3	476612	779
780	608400	474552000	27,9285	9,2052	6,65929	1,28205	2450,4	477836	780
781	609961	476379541	27,9464	9,2091	6,66058	1,28041	2453,6	479062	781
782	611524	478211768	27,9643	9,2130	6,66185	1,27877	2456,7	480290	782
783	613089	480048687	27,9821	9,2170	6,66313	1,27714	2459,9	481519	783
784	614656	481890304	28,0000	9,2209	6,66441	1,27551	2463,0	482750	784
785	616225	483736625	28,0179	9,2248	6,66568	1,27389	2466,2	483982	785
786	617796	485587656	28,0357	9,2287	6,66696	1,27226	2469,3	485216	786
787	619369	487443403	28,0535	9,2326	6,66823	1,27065	2472,4	486451	787
788	620944	489303872	28,0713	9,2365	6,66950	1,26904	2475,6	487688	788
789	622521	491169079	28,0891	9,2404	6,67077	1,26743	2478,7	488927	789
790	624100	493039000	28,1069	9,2443	6,67203	1,26582	2481,9	490167	790
791	625681	494913671	28,1247	9,2482	6,67330	1,26422	2485,0	491409	791
792	627264	496793088	28,1425	9,2521	6,67456	1,26263	2488,1	492652	792
793	628849	498677257	28,1603	9,2560	6,67582	1,26103	2491,3	493897	793
794	630436	500566184	28,1780	9,2599	6,67708	1,25945	2494,4	495143	794
795	632025	502459875	28,1957	9,2638	6,67834	1,25786	2497,6	496391	795
796	633616	504358336	28,2135	9,2677	6,67960	1,25628	2500,7	497641	796
797	635209	506261573	28,2312	9,2716	6,68085	1,25471	2503,8	498892	797
798	636804	508169592	28,2489	9,2754	6,68211	1,25313	2507,0	500145	798
799	638401	510082399	28,2666	9,2793	6,68336	1,25156	2510,1	501399	799

n	n^2	n^3	$\sqrt{n}$	$\sqrt[3]{n}$	$\ln n$	$\dfrac{1000}{n}$	$\pi \cdot n$	$\dfrac{\pi \cdot n^2}{4}$	n
800	640000	512000000	28,2843	9,2832	6,68461	1,25000	2513,3	502655	800
801	641601	513922401	28,3019	9,2870	6,68586	1,24844	2516,4	503912	801
802	643204	515849608	28,3196	9,2909	6,68711	1,24688	2519,6	505171	802
803	644809	517781627	28,3373	9,2948	6,68835	1,24533	2522,7	506432	803
804	646416	519718464	28,3549	9,2986	6,68960	1,24378	2525,8	507694	804
805	648025	521660125	28,3725	9,3025	6,69084	1,24224	2529,0	508958	805
806	649636	523606616	28,3901	9,3063	6,69208	1,24069	2532,1	510223	806
807	651249	525557943	28,4077	9,3102	6,69332	1,23916	2535,3	511490	807
808	652864	527514112	28,4253	9,3140	6,69456	1,23762	2538,4	512758	808
809	654481	529475129	28,4429	9,3179	6,69580	1,23609	2541,5	514028	809
810	656100	531441000	28,4605	9,3217	6,69703	1,23457	2544,7	515300	810
811	657721	533411731	28,4781	9,3255	6,69827	1,23305	2547,8	516573	811
812	659344	535387328	28,4956	9,3294	6,69950	1,23153	2551,0	517848	812
813	660969	537367797	28,5132	9,3332	6,70073	1,23001	2554,1	519124	813
814	662596	539353144	28,5307	9,3370	6,70196	1,22850	2557,3	520402	814
815	664225	541343375	28,5482	9,3408	6,70319	1,22699	2560,4	521681	815
816	665856	543338496	28,5657	9,3447	6,70441	1,22549	2563,5	522962	816
817	667489	545338513	28,5832	9,3485	6,70564	1,22399	2566,7	524245	817
818	669124	547343432	28,6007	9,3523	6,70686	1,22249	2569,8	525529	818
819	670761	549353259	28,6182	9,3561	6,70808	1,22100	2573,0	526814	819
820	672400	551368000	28,6356	9,3599	6,70930	1,21951	2576,1	528102	820
821	674041	553387661	28,6531	9,3637	6,71052	1,21803	2579,2	529391	821
822	675684	555412248	28,6705	9,3675	6,71174	1,21655	2582,4	530681	822
823	677329	557441767	28,6880	9,3713	6,71296	1,21507	2585,5	531973	823
824	678976	559476224	28,7054	9,3751	6,71417	1,21359	2588,7	533267	824
825	680625	561515625	28,7228	9,3789	6,71538	1,21212	2591,8	534562	825
826	682276	563559976	28,7402	9,3827	6,71659	1,21065	2595,0	535858	826
827	683929	565609283	28,7576	9,3865	6,71780	1,20919	2598,1	537157	827
828	685584	567663552	28,7750	9,3902	6,71901	1,20773	2601,2	538456	828
829	687241	569722789	28,7924	9,3940	6,72022	1,20627	2604,4	539758	829
830	688900	571787000	28,8097	9,3978	6,72143	1,20482	2607,5	541061	830
831	690561	573856191	28,8271	9,4016	6,72263	1,20337	2610,7	542365	831
832	692224	575930368	28,8444	9,4053	6,72383	1,20192	2613,8	543671	832
833	693889	578009537	28,8617	9,4091	6,72503	1,20048	2616,9	544979	833
834	695556	580093704	28,8791	9,4129	6,72623	1,19904	2620,1	546288	834
835	697225	582182875	28,8964	9,4166	6,72743	1,19760	2623,2	547599	835
836	698896	584277056	28,9137	9,4204	6,72863	1,19617	2626,4	548912	836
837	700569	586376253	28,9310	9,4241	6,72982	1,19474	2629,5	550226	837
838	702244	588480472	28,9482	9,4279	6,73102	1,19332	2632,7	551541	838
839	703921	590589719	28,9655	9,4316	6,73221	1,19190	2635,8	552858	839
840	705600	592704000	28,9828	9,4354	6,73340	1,19048	2638,9	554177	840
841	707281	594823321	29,0000	9,4391	6,73459	1,18906	2642,1	555497	841
842	708964	596947688	29,0172	9,4429	6,73578	1,18765	2645,2	556819	842
843	710649	599077107	29,0345	9,4466	6,73697	1,18624	2648,4	558142	843
844	712336	601211584	29,0517	9,4503	6,73815	1,18483	2651,5	559467	844
845	714025	603351125	29,0689	9,4541	6,73934	1,18343	2654,6	560794	845
846	715716	605495736	29,0861	9,4578	6,74052	1,18203	2657,8	562122	846
847	717409	607645423	29,1033	9,4615	6,74170	1,18064	2660,9	563452	847
848	719104	609800192	29,1204	9,4652	6,74288	1,17925	2664,1	564783	848
849	720801	611960049	29,1376	9,4690	6,74406	1,17786	2667,2	566116	849

n	n^2	n^3	$\sqrt{n}$	$\sqrt[3]{n}$	$\ln n$	$\dfrac{1000}{n}$	$\pi \cdot n$	$\dfrac{\pi \cdot n^2}{4}$	n
850	722500	614125000	29,1548	9,4727	6,74524	1,17647	2670,4	567450	850
851	724201	616295051	29,1719	9,4764	6,74641	1,17509	2673,5	568786	851
852	725904	618470208	29,1890	9,4801	6,74759	1,17371	2676,6	570124	852
853	727609	620650477	29,2062	9,4838	6,74876	1,17233	2679,8	571463	853
854	729316	622835864	29,2233	9,7875	6,74993	1,17096	2682,9	572803	854
855	731025	625026375	29,2404	9,4912	6,75110	1,16959	2686,1	574146	855
856	732736	627222016	29,2575	9,4949	6,75227	1,16822	2689,2	575490	856
857	734449	629422793	29,2746	9,4986	6,75344	1,16686	2692,3	576835	857
858	736164	631628712	29,2916	9,5023	6,75460	1,16550	2695,5	578182	858
859	737881	633839779	29,3087	9,5060	6,75577	1,16414	2698,6	579530	859
860	739600	636056000	29,3258	9,5097	6,75693	1,16279	2701,8	580880	860
861	741321	638277381	29,3428	9,5134	6,75809	1,16144	2704,9	582232	861
862	743044	640503928	29,3598	9,5171	6,75926	1,16009	2708,1	583585	862
863	744769	642735647	29,3769	9,5207	6,76041	1,15875	2711,2	584940	863
864	746496	644972544	29,3939	9,5244	6,76157	1,15741	2714,3	586297	864
865	748225	647214625	29,4109	9,5281	6,76273	1,15607	2717,5	587655	865
866	749956	649461896	29,4279	9,5317	6,76388	1,15473	2720,6	589014	866
867	751689	651714363	29,4449	9,5354	6,76504	1,15340	2723,8	590375	867
868	753424	653972032	29,4618	9,5391	6,76619	1,15207	2726,9	591738	868
869	755161	656234909	29,4788	9,5427	6,76734	1,15075	2730,0	593102	869
870	756900	658503000	29,4958	9,5464	6,76849	1,14943	2733,2	594468	870
871	758641	660776311	29,5127	9,5501	6,76964	1,14811	2736,3	595835	871
872	760384	663054848	29,5296	9,5537	6,77079	1,14679	2739,5	597204	872
873	762129	665338617	29,5466	9,5574	6,77194	1,14548	2742,6	598575	873
874	763876	667627624	29,5635	9,5610	6,77308	1,14416	2745,8	599947	874
875	765625	669921875	29,5804	9,5647	6,77422	1,14286	2748,9	601320	875
876	767376	672221376	29,5973	9,5683	6,77537	1,14155	2752,0	602696	876
877	769129	674526133	29,6142	9,5719	6,77651	1,14025	2755,2	604073	877
878	770884	676836152	29,6311	9,5756	6,77765	1,13895	2758,3	605451	878
879	772641	679151439	29,6479	9,5792	6,77878	1,13766	2761,5	606831	879
880	774400	681472000	29,6648	9,5828	6,77992	1,13636	2764,6	608212	880
881	776161	683797841	29,6816	9,5865	6,78106	1,13507	2767,7	609595	881
882	777924	686128968	29,6985	9,5901	6,78219	1,13379	2770,9	610980	882
883	779689	688465387	29,7153	9,5937	6,78333	1,13250	2774,0	612366	883
884	781456	690807104	29,7321	9,5973	6,78446	1,13122	2777,2	613754	884
885	783225	693154125	29,7488	9,6010	6,78559	1,12994	2780,3	615153	885
886	784996	695506456	29,7658	9,6046	6,78672	1,12867	2783,5	616534	886
887	786769	697864103	29,7825	9,6082	6,78784	1,12740	2786,6	617927	887
888	788544	700227072	29,7993	9,6118	6,78897	1,12613	2789,7	619321	888
889	790321	702595369	29,8161	9,6154	6,79010	1,12486	2792,9	620717	889
890	792100	704969000	29,8329	9,6190	6,79122	1,12360	2796,0	622114	890
891	793881	707347971	29,8496	9,6226	6,79234	1,12233	2799,2	623513	891
892	795664	709732288	29,8664	9,6262	6,79347	1,12108	2802,3	624913	892
893	797449	712121957	29,8831	9,6298	6,79459	1,11982	2805,4	626315	893
894	799236	714516984	29,8998	9,6334	6,79571	1,11857	2808,6	627718	894
895	801025	616917375	29,9166	9,6370	6,79682	1,11732	2811,7	629124	895
896	802816	719323136	29,9333	9,6406	6,79794	1,11607	2814,9	630530	896
897	804609	721734273	29,9500	9,6442	6,79906	1,11483	2818,0	631938	897
898	806404	724150792	29,9666	9,6477	6,80017	1,11359	2821,2	633348	898
899	808201	726572699	29,9833	9,5613	6,80128	1,11235	2824,3	634760	899

n	n^2	n^3	$\sqrt{n}$	$\sqrt[3]{n}$	$\ln n$	$\dfrac{1000}{n}$	$\pi \cdot n$	$\dfrac{\pi \cdot n^2}{4}$	n
900	810000	729000000	30,0000	9,6549	6,80239	1,11111	2827,4	636173	900
901	811801	731432701	30,0167	9,6585	6,80351	1,10988	2830,6	637587	901
902	813604	733870808	30,0333	9,6620	6,80461	1,10865	2833,7	639003	902
903	815409	736314327	30,0500	9,6656	6,80572	1,10742	2836,9	640421	903
904	817216	738763264	30,0666	9,6692	6,80683	1,10619	2840,0	641840	904
905	819025	741217625	30,0832	9,6727	6,80793	1,10497	2843,1	643261	905
906	820836	743677416	30,0998	9,6763	6,80904	1,10375	2846,3	644683	906
907	822649	746142643	30,1164	9,6799	6,81014	1,10254	2849,4	646107	907
908	824464	748613312	30,1330	9,6834	6,81124	1,10132	2852,6	647533	908
909	826281	751089429	30,1496	9,6870	6,81235	1,10011	2855,7	648960	909
910	828100	753571000	30,1662	9,6905	6,81344	1,09890	2858,8	650388	910
911	829921	756058031	30,1828	9,6941	6,81454	1,09769	2862,0	51818	911
912	831744	758550528	30,1993	9,6976	6,81564	1,09649	2865,1	653250	912
913	833569	761048497	30,2159	9,7012	6,81674	1,09529	2868,3	654684	913
914	835396	763551944	30,2324	9,7047	6,81783	1,09409	2871,4	656118	914
915	837225	766060875	30,2490	9,7082	6,81892	1,09290	2874,6	657555	915
916	839056	768575296	30,2655	9,7118	6,82002	1,09170	2877,7	658933	916
917	840889	771095213	30,2820	9,7135	6,82111	1,09051	2880,8	660433	917
918	842724	773620632	30,2985	9,7188	6,82220	1,08932	2884,0	661874	918
919	844561	776151559	30,3150	9,7224	6,82329	1,08814	2887,1	663317	919
920	846400	778688000	30,3315	9,7259	6,82437	1,08696	2890,3	664761	920
921	848241	781229961	30,3480	9,7294	6,82546	1,08578	2893,4	666207	921
922	850084	783777448	30,3645	9,7329	6,82655	1,08460	2896,5	667654	922
923	851929	786330467	30,3809	9,7364	6,82763	1,08342	2899,7	669103	923
924	853776	788889024	30,3974	9,7400	6,82871	1,08225	2902,8	670554	924
925	855625	791453125	30,4138	9,7435	6,82979	1,08108	2906,0	672006	925
926	857476	794022776	30,4302	9,7470	6,83087	1,07991	2909,1	673460	926
927	859329	796597983	30,4467	9,7505	6,83195	1,07875	2912,3	674915	927
928	861184	799178752	30,4631	9,7540	6,83303	1,07759	2915,4	676372	928
929	863041	801765089	30,4795	9,7575	6,83411	1,07613	2918,5	677031	929
930	864900	804357000	30,4959	9,7610	6,83518	1,07527	2921,7	679291	930
931	866761	806954491	30,5123	9,7645	6,83626	1,07411	2924,8	680752	931
932	868624	809557568	30,5287	9,7680	6,83733	1,07296	2928,0	682216	932
933	870489	812166237	30,5450	9,7715	6,83841	1,07181	2931,1	683680	933
934	872356	814780504	30,5614	9,7750	6,83948	1,07066	2934,2	685147	934
935	874225	817400375	30,5778	9,7785	6,84055	1,06952	2937,4	686615	935
936	876096	820025856	30,5941	9,7819	6,84162	1,06838	2940,5	688084	936
937	877969	822656953	30,6105	9,7854	6,84268	1,06724	2943,7	689555	937
938	879844	825293672	30,6268	9,7889	6,84375	1,06610	2946,8	691028	938
939	881721	827936019	30,6431	9,7924	6,84482	1,06496	2950,0	692502	939
940	883600	830584000	30,6594	9,7959	6,84588	1,06383	2953,1	693978	940
941	885481	833237621	30,6757	9,7993	6,84694	1,06270	2956,2	695455	941
942	887364	835896888	30,6920	9,8028	6,84801	1,06157	2959,4	696934	942
943	889249	838561807	30,7083	9,8063	6,84907	1,06045	2962,5	698415	943
944	891136	841232384	30,7246	9,8097	6,85013	1,05932	2965,7	699897	944
945	893025	843908625	30,7409	9,8132	6,85118	1,05820	2968,8	701380	945
946	894916	846590536	30,7571	9,8167	6,85224	1,05708	2971,9	702865	946
947	896809	849278123	30,7734	9,8201	6,85330	1,05597	2975,1	704352	947
948	898704	851971392	30,7896	9,8236	6,85435	1,05485	2978,2	705840	948
949	900601	854670349	30,8058	9,8270	6,85541	1,05374	2981,4	707330	949

n	n^2	n^3	$\sqrt{n}$	$\sqrt[3]{n}$	$\ln n$	$\dfrac{1000}{n}$	$\pi \cdot n$	$\dfrac{\pi \cdot n^2}{4}$	n
950	902500	857375000	30,8221	9,8305	6,85646	1,05263	2984,5	708822	950
951	904401	860085351	30,8383	9,8339	6,85751	1,05152	2987,7	710315	951
952	906304	862801408	30,8545	9,8374	6,85857	1,05042	2990,8	711809	952
953	908209	865523177	30,8707	9,8408	6,85961	1,04932	2993,9	713306	953
954	910116	868250664	30,8869	9,8443	6,86066	1,04822	2997,1	714903	954
955	912025	870983875	30,9031	9,8477	6,86171	1,04712	3000,2	716303	955
956	913936	873722816	30,9192	9,8511	6,86276	1,04603	3003,4	717804	956
957	915849	876467493	30,9354	9,8545	6,86380	1,04493	3006,5	719306	957
958	917764	879217912	30,9516	9,8580	6,86485	1,04384	3009,6	720810	958
959	919681	881974079	30,9677	9,8614	6,86589	1,04275	3012,8	722316	959
960	921600	884736000	30,9839	9,8648	6,86693	1,04167	3015,9	723823	960
961	923521	887503681	31,0000	9,8683	6,86797	1,04058	3019,1	725332	961
962	925444	890277128	31,0161	9,8717	6,86901	1,03950	3022,2	726842	962
963	927369	893056347	31,0322	9,8751	6,87005	1,03842	3025,4	728354	963
964	929296	895841344	31,0483	9,8785	6,87109	1,03734	3028,5	729867	964
965	931225	898632125	31,0644	9,8819	6,87213	1,03627	3031,6	731382	965
966	933156	901428696	31,0805	9,8854	6,87316	1,03520	3034,8	732899	966
967	935089	904331063	31,0966	9,8888	6,87420	1,03413	3037,9	734417	967
968	937024	907039232	31,1127	9,8922	6,87523	1,03306	3041,1	735937	968
969	938961	909853209	31,1288	9,8956	6,87626	1,03199	3044,2	737458	969
970	940900	912673000	31,1448	9,8990	6,87730	1,03093	3047,3	738981	970
971	942841	915498611	31,1609	9,9024	6,87833	1,02987	3050,5	740506	971
972	944784	918330048	31,1769	9,9058	6,87936	1,02881	3053,6	742032	972
973	946729	921167317	31,1929	9,9092	6,88038	1,02775	3056,8	743559	973
974	948676	924010424	31,2090	9,9126	6,88141	1,02669	3059,9	745088	974
975	950625	926859375	31,2250	9,9160	6,88244	1,02564	3063,1	746619	975
976	952576	929714176	31,2410	9,9194	6,88344	1,02459	3066,2	748151	976
977	954529	932574833	31,2570	9,9227	6,88449	1,02354	3069,3	749685	977
978	956484	935441352	31,2730	9,9261	6,88551	1,02249	3072,5	751221	978
979	958441	938313739	31,2890	9,9295	6,88653	1,02145	3075,6	752758	979
980	960400	941192000	31,3050	9,9329	6,88755	1,02041	3078,7	754296	980
981	962361	944076141	31,3209	9,9363	6,88857	1,01937	3081,9	755837	981
982	964324	946966168	31,3369	9,9396	6,88959	1,01833	3085,0	757378	982
983	966289	949862087	31,3528	9,9430	6,89061	1,01729	3088,2	758922	983
984	968256	952763904	31,3688	9,9464	6,89163	1,01626	3091,3	760466	984
985	970225	955671625	31,3847	9,9497	6,89264	1,01523	3094,5	762013	985
986	972196	958585256	31,4006	9,9531	6,89366	1,01420	3097,6	763561	986
987	974168	961504803	31,4166	9,9565	6,89457	1,01317	3100,8	765111	987
988	976144	964430272	31,4325	9,9598	6,89568	1,01215	3103,9	766662	988
989	978121	967361669	31,4484	9,9632	6,89669	1,01112	3107,0	768214	989
990	980100	970299000	31,4643	9,9666	6,89770	1,01010	3110,2	769769	990
991	982081	973242271	31,4802	9,9699	6,89871	1,00908	3113,3	771325	991
992	984064	976191488	31,4960	9,9733	6,89972	1,00806	3116,5	772882	992
993	986049	979146657	31,5119	9,9766	6,90073	1,00705	3119,6	774441	993
994	988036	982107784	31,5278	9,9800	6,90174	1,00604	3122,7	776002	994
995	990025	985074857	31,5436	9,9833	6,90274	1,00503	3125,9	777564	995
996	992016	988047936	31,5595	9,9866	6,90375	1,00402	3129,0	779128	996
997	994009	991026973	31,5753	9,9900	6,90475	1,00301	3132,2	780693	997
998	996004	994011992	31,5911	9,9933	6,90575	1,00200	3135,3	782260	998
999	998001	997002999	31,6070	9,9967	6,90675	1,00100	3138,5	783828	999

ALPHABETISCHES
INHALTSVERZEICHNIS.

327

Blowings 58.
Blutbaum 55.
Blutholz 55.
Blutlaugensalz, gelbes 130, 142, 185, 233, 262.
— rotes 130, 185.
Blutstein 19, 21.
Bodenflug 58.
Bodensteine 79.
Bogenlichtkohlen 79.
Bohlen 89, 90.
Bohnermassen 224.
Bohnerz 21.
Bohrer 134, 135.
Bohröle 223.
Bohrproben 121.
Bohrstähle 141.
Bolus, roter 263.
Bor 292.
Borax 105, 130, 232, 254, 272, 273, 292.
Bornit 22.
Boronatrokalzit 292.
Borsäure 269, 276, 292.
Börtelbleche 159, 160.
Börtelprobe 121.
Boucherisieren 278.
Bourrette 41.
Braminen 145.
Brammen 152.
Brandschiefer 12, 29.
Branntweinbrennereien, Wasser für 36.
Brauneisenerz 21.
Brauereien, Wasser für 36.
Brauerpech 222.
Braunbeizen 269.
Brauneisenstein 21.
Braunfärben 232, 233.
Braunkohle 24, 25, 26.
— böhmische 29.
— deutsche 29.
Braunkohlenbenzin 214.
Braunkohlenbriketts 69.
Braunkohlenöle 220.
Braunkohlenteeröle 216.
Braunpolitur 269.
Braunschweigergrün 264.
Braunstein 22, 265, 266, 271.
Brechbacken 138.
Brechflachs 58.
Brechweinstein 104.
Breikalk 70.
Breiteisen 145.
Breitschnittholz 90.
Brennessel 59.

Brennholz 26, 27.
Brennkalk 70, 71.
Brennkapseln 82.
Brennpunkt 221.
Brennstoffe 23, 67.
— künstliche 67.
— natürliche 23.
-- Zusammensetzung der 25, 26.
Brennstoffheizwerte 26.
Bretter 89, 90.
Bretterfußboden 93, 94.
Briketts 30, 67, 69.
Britanniametall 207, 277.
Bronze 92, 197, 200.
Bronzedraht 190, 202.
Bronzefarben 263.
Bronze, Schwindmaße der 203.
— weiche 100.
Bronzieren 276.
Bruchprobe 121.
Bruchsteinmauerwerk 93, 97.
— Mörtel für 243.
Brückenschienen 146.
Brünieren 272, 275.
Buche 26, 27, 45, 47, 92, 279.
Büchereigestelleisen 146.
Buchsbaum 44, 46, 52, 54.
Buckelplatten 145, 153, 158, 159.
Büffelhaut 240.
Bügelbolzeneisen 146.
Buntkupfererz 22.
Burgunderpech 267.
Burnettisieren 279.
Byssus 42.

Calcium 187.
Cambings 58.
Campecheholz 55.
Campechekarmin 55.
Cannelkohle 29.
Carborundum 256, 257.
Carcola 284.
Carnallit 103.
Cäsium 99.
Catechu 233.
Ceara 63.
Cellon 281.
Celluwert 286.
Cer 99, 102.
Ceresin 33.
Ceylongraphit 19.
Chalkopyrit 22.
Chalkozit 22.
Chappeseide 42.

22*

340

346

Radfelgeneisen 147.
Radialsteine 75, 77.
Radlenker 145, 179.
Radreifen 133, 137, 145.
Radreifeneisen 147.
Radsterne 132.
Raffinate 221.
Raffinierzink 192.
Ramiefaser 59.
Rangoon 57.
Rapsöl 222.
Rapssaat 62.
Rasenbleiche 231.
Raseneisenstein 21.
Rasenerz 21.
Rasiermesser 135, 136, 137.
Rathenowersteine 98.
Raufwolle 38.
Raummeter 90.
Reaganballen 57.
Réaumursche Legierung 199.
Rebenschwarz 264.
Rebstockpfähle 147.
Red oak 50.
Red gum 47, 50.
Red pine 50.
Reelingeisen 147.
Regenleisten 147.
Regulatorenöl 221.
Reibahlen 134, 135.
Reifholz 43, 44.
Reinaluminium 106, 107.
Reinflachs 58.
Reinickametall 204.
Reinkautschuk 63.
Reinkohle 79.
Reinkupfer 190.
Reinkupferdraht 190.
Reinnickel 186.
Reiserholz 89, 90.
Reisig 27.
Reißkraft 226.
Reißlänge 226.
Rejektion 60.
Remystahl 144.
Resistan 286.
Retortenkohle 67, 293.
Rhadonit 281, 282.
Rhea 59.
Rheinkies 246.
Rheinsand 246.
Rheotan 197, 199, 208.
Rhodium 99, 101.

Riegeleisen 147.
Riemen 239.
— einfache 240.
Riemenendenverbindung 239.
Riemenfette 224.
Riemen, Nutzbelastung der 240.
Riffelbleche 145, 157, 158.
Rinde 43, 238.
Rindstalg 223.
Ringziegel 75, 77.
Rippenwolle 38.
Rizinusöl 62, 273, 283.
Rogeneisenstein 21.
Rohbenzin 31, 215.
Roheisen 101, 116, 117, 119, 124, 145.
-- graues 117, 118, 120.
Roheisenguß 92.
Roheisen, halbiertes 117, 119.
-— hartes 126.
--- mittelhartes 126.
— schwach halbiertes 117.
— stark halbiertes 117.
— weiches 126.
— weißes 117, 118.
Rohflachs 58.
Rohgerberei 238.
Rohgips 72.
Rohgummi 63.
Rohhautritzel 240.
Rohkalk 273.
Rohkautschuk 63.
Rohkupfer 188.
Rohnickel 186.
Rohöl 31, 32.
Rohpappe 237.
Rohranbinder 147.
Rohrdach 97.
Rohre 145.
-- gußeiserne 146.
Röhren, eiserne 182.
Röhrenguß 126.
Röhrenstreifen 145.
Rohrflanscheneisen 147.
Rohrgewinde 184.
Rohrschlitzeisen 147.
Rohrstahl 138.
Rohseide 41, 227.
Rohspiritus 291.
Rohteer 216.
Rohtorf 27.
Rohzink 192.
Rollenpappe 237.
Rollenzinn 114.

357

LITERATUR.

ANDÉS. Vegetabilische und Mineralmaschinenöle.

ASCHER. Die Schmiermittel, ihre Art, Prüfung und Verwendung.

BERG- UND HÜTTENKALENDER.

BLÜCHER. Auskunftsbuch für die chemische Industrie.

BOTTLER. Die Beizen.

BORCHERS. Metallhüttenbetriebe.

BUCHNER. Ätzen und Färben der Metalle.

BREARLEY-SCHAEFER. Die Werkzeugstähle und ihre Wärmebehandlung.

BRÜNNER MONATSSCHRIFT FÜR TEXTILINDUSTRIE.

BURCHARTZ. Luftkalke und Luftmörtel.

DAMMER. Handbuch der chemischen Technologie.

DIEGEL. Das Schweißen und Hartlöten mit besonderer Berücksichtigung der Blechschweißung.

DITMAR. Mischungsbuch für die Kautschuk-, Guttapercha-, Balata-, Kabel-, Isolier- und Faktis-Industrie.

DOLDE. Untersuchung der Mineralöle und Fette.

DRALLE. Die Glasfabrikation.

FISCHER. Das Wasser.

FITZ-GERALD. Carborundum.

GEUSEN. Handbuch für Eisenbetonbau.

GLINZER. Bautechnische Chemie.

GOTTLOB. Technologie der Kautschukwaren.

GÜLDNERS Kalender und Handbuch für Betriebsleitung und praktischen Maschinenbau.

GUERTLER. Metallographie.

HAUSSNER. Vorlesungen über mechanische Technologie der Faserstoffe.

HEBER. Elektro-Auskunftei.

HECHT. Lehrbuch der Keramik.

HERZOG. Elektrotechnisches Auskunftsbuch.

HIRSCHWALD. Leitsätze für die praktische Beurteilung, zweckmäßige Auswahl und Bearbeitung natürlicher Bausteine.

KAPFF, Über Wolle, Baumwolle, Leinen, natürliche und künstliche Seide.

KARMARSCH. Handbuch der mechanischen Technologie.

KLUT. Untersuchung des Wassers an Ort und Stelle.

KOSMANN. Die technische Verwendung des Kalks.

KRUPP. Die Legierungen.

LACHEMAIR. Die Materialien des Maschinenbaues.

LEDEBUR. Die Legierungen in ihrer Anwendung für gewerbliche Zwecke.

LINCKE. Über Kopale.

LINDENBURG. Die Asphaltindustrie.

MARS. Die Spezialstähle.

MÜLLER. Das Eisen und seine Verbindungen.

NIESS-JOHANNSEN. Baumwollspinnerei.

RICHTER. Über das Holz als Baumaterial des Wasserbaues.

RZIHA UND SEIDENER. Starkstromtechnik.

SCHIEFER-GRÜN. Lehrgang der Härtetechnik.

SCHIMPKE. Technologie der Maschinenbaustoffe.

SCHWEIZERISCHE ELEKTROTECHNISCHE ZEITSCHRIFT.

SEIPP. Leitfaden der Baustofflehre.

SELIGMANN UND ZIEKE. Handbuch der Lack- und Firnisindustrie.

SIMMERSBACH. Die Eisenindustrie.

SIMON. Die Schneidestähle.

SINGER. Einige Probleme der Porzellanindustrie im Wechsel der Zeiten.

SINGER UND ROSENTHAL. Die physikalischen Eigenschaften des Porzellans.

STAHL UND EISEN.

STAHLWERKSVERBAND. Eisen im Hochbau.

SÜVERN. Die künstliche Seide.

UHLANDS technische Bibliothek.

TONINDUSTRIE-ZEITUNG.

UNNA. Die Bestimmung rationeller Mörtelmischungen.

WÄCHTER. Die Kitte und Klebemittel.

WAWRIZINICK. Handbuch des Materialprüfungswesens für Maschinen- und Bauingenieure.

WEISS-Vorlesungen über Textiltechnik und Textilhandel.

WOERNLE. Versuche über das Verhalten der Drahtseile gegenüber Biegungen.

WILDA. Das Holz.

ZEITSCHRIFT „BETON UND EISEN".

ZEITSCHRIFT DES VEREINS DEUTSCHER INGENIEURE.

ZIPSER. Die textilen Rohmaterialien.

FACHLITERATUR.

Materialprüfung und Baustoffkunde für den Maschinenbau. Von
W. Müller. 382 S. 315 Abb. gr. 8⁰. 1924.
Brosch. M. 11.—, geb. M. 12.50

Die Baumwollspinnerei. Von **Wm. Scott Taggart.** Übersetzt und
erweitert von **Wilh. Bauer.** Bd. I. Berechnungen. 339 S.
124 Abb. 8⁰. 1914.
Geb. M. 10.50

Gewinnung und Verarbeitung von Harz und Harzprodukten.
Von **G. Austerweil** und **J. Roth.** 185 S. 65 Abb. gr. 8⁰. 1917.
Brosch. M. 6.—, geb. M. 7.80

Die Technologie der Cyanverbindungen. Von **W. Bertelsmann.**
344 S. 27 Abb. gr. 8⁰. 1906.
Geb. M. 8.—

Über neue Wege zur Untersuchung von Schmiermitteln. Von
R. v. Dallwitz-Wegner. 65 S. 21 Abb. 8⁰. 1919. Brosch. M. 2.—

**Über das Verhalten von Guß- und Schmiederohren in Wasser,
Salzlösungen und Säuren.** Von **O. Kröhnke.** 126 S. 60 Abb.
gr. 8⁰. 1911.
Brosch. M. 4.—

**Flüssiger Sauerstoff und seine Verwendung als Sprengstoff im
Bergbau.** Von **R. Pabst.** 106 S. 47 Abb. gr. 8⁰. 1917.
Brosch. M. 3.40, geb. M. 5.20

Formale Stereochemie einiger wichtiger Kohlenwasserstoffe. Von
A. Schleicher. 34 S. 23 Abb. 8⁰. 1917.
Brosch. M. 1.—

Elemente der physikalischen und chemischen Krystallographie.
Von **Paul Groth.** 368 S. 962 Abb. gr. 8⁰. 1921. Geb. M. 16.—

Mineralogische Tabellen. Von **P. Groth** und **K. Mieleitner.** 176 S.
8⁰. 1921.
Brosch. M. 5.50, geb. M. 6.70

Die technisch wichtigen Mineralstoffe. Von **K. Mieleitner.** 200 S.
9 Abb. 8⁰. 1919.
Brosch. M. 4.80

Die mineralischen Rohstoffe Bayerns und ihre Wirtschaft. Herausgegeben vom Bayer. Oberbergamt. Bd. 1: Die jüngeren
Braunkohlen. 133 S. 29 Tafeln. gr. 8⁰. 1922.
Geb. M. 4.—

Das Vorkommen der »seltenen Erden« im Mineralreiche. Von
Johs. Schilling. 123 S. 4⁰. 1904.
Brosch. M. 12.—

Die nutzbaren Mineralien, Gesteine und Erden Bayerns. Herausgegeben von der Geologischen Landesuntersuchung München.
Lieferung 1: Fichtelgebirge, Frankenwald, Bayer. Wald. 222 S.,
zahlreiche Abb. gr. 8⁰. 1924. Brosch. M. 9.—, geb. M. 10.—.
Die Lieferungen 2 (Oberpfalz, Mittel- und Unterfranken),
3 (Niederbayern, Oberbayern, Schwaben, Alpen), 4 (Rheinpfalz), 5 (Die Böden Bayerns) folgen.

R. OLDENBOURG / MÜNCHEN UND BERLIN

WÄRMELITERATUR.

Wirtschaftliche Verwertung der Brennstoffe. Kritische Betrachtungen zur Durchführung sparsamer Wärmewirtschaft von Baurat Dipl.-Ing. G. de Grahl, Mitglied der Akademie des Bauwesens und des techn.-wirtschaftl. Sachverständigenausschusses für Brennstoffwesen. 3., vermehrte Auflage 1923. 658 S. 323 Abb., 16 Tafeln. Lex.-8⁰.　　　　　　　Brosch. M. 32.—, geb. M. 33.50

Die Heizerausbildung. Buchausgabe der Unterrichtsblätter für Heizerschulen von H. Spitznas, Reg.-Oberingenieur. 2. Aufl. 1924. 271 S., 59 Abb., 8 Tabellen, 2 Schaubild-Tafeln., gr. 8⁰.　　　　　Brosch. M. 5.—, geb. M. 6.—

Die Brennstoffe und ihre Verbrennung. Von Professor Dr. G. Keppeler. 60 S., 13 Abb. gr. 8⁰. 1922.　　　　　　　　　　Brosch. M. 2.—

Der Wärmefluß in einer Schmelzofenanlage für Tafelglas. Eine wärmetechnische Untersuchung nach durchgeführten Messungen im Betrieb von Dr.-Ing. H. Maurach. 106 S., 28 Abb., 1 Tafel. gr. 8⁰. 1923. Brosch. M. 5.—

Der eiserne Zimmerofen. Handbuch für neuzeitliche Wärmewirtschaft im Hausbrand. Herausgegeben unter Mitarbeit des Priv.-Doz. Dipl.-Ing. Dr. M. Wierz und des Dr.-Ing. G. Brandstäter von der Vereinigung deutscher Eisenofenfabrikanten. 120 S., 57 Abb. 8⁰. 1923.　　　　Brosch. M. 1.90

Tabellen und Diagramme für Wasserdampf, berechnet aus der spezifischen Wärme von Prof. Dr. O. Knoblauch, Dipl.-Ing. E. Raisch und Dipl.-Ing. H. Hausen. 32 S., 4 Abb., 3 Diagrammtafeln als Beilage. Lex.-8⁰. 1923.
　　　　　　　　　　　　　　　　　　　　　　　Brosch. M. 2.40

　Sonderausgaben der Diagramme. Ausgabe A enthaltend: Je ein i, s- und i, p-Diagramm. Ausgabe B enthaltend: Zwei i, s-Diagramme. Preis der Ausgabe (2 Tafeln) in Streifband je M. 1.10.

　Partiepreise: 10 Exemplare der Ausgaben A oder B je M. —.85. 25 Exemplare der Ausgaben A oder B je M. —.80. 50 Exemplare der Ausgaben A oder B je M. —.75. Diese Ausgaben werden auch gemischt abgegeben.

Anleitung zu genauen technischen Temperaturmessungen mit Flüssigkeits- und elektrischen Thermometern. Von Prof. Dr. O. Knoblauch und Dr.-Ing. K. Hencky. 141 S., 65 Abb. 8⁰. 1919.　　　Brosch. M. 3.—, geb. M. 4.20

Elektrische Temperaturmeßgeräte. Von Dr.-Ing. G. Keinath. 283 S., 219 Abb. gr. 8⁰. 1923.　　　　　　　　　　Brosch. M. 10.80, geb. M. 12.30

Wärmetechnische Berechnung der Feuerungs- und Dampfkesselanlagen. Taschenbuch mit den wichtigsten Grundlagen, Formeln, Erfahrungswerten und Erläuterungen für Büro, Betrieb und Studium. Von Ing. Fr. Nuber. 2., erweiterte Aufl. 1923. 90 S. kl. 8⁰.　　　　　　Kart. M. 1.80

Feuerungstechnische Rechentafel. Von R. Michel. 3. Aufl. 1924.　　M. 2.50

Wärme und Wärmewirtschaft der Kraft- und Feuerungsanlagen in der Industrie mit besonderer Berücksichtigung der Eisen-, Papier- und chemischen Industrie. Von W. Tafel. 376 S., 123 Abb. gr. 8⁰. 1924.
　　　　　　　　　　　　　　　　　　　Brosch. M. 9.50, geb. M. 11.—

R. OLDENBOURG / MÜNCHEN UND BERLIN

www.ingramcontent.com/pod-product-compliance
Lightning Source LLC
Chambersburg PA
CBHW031432180326
41458CB00002B/524